城市洪水风险综合管理

Cities and Flooding
A Guide to Integrated Urban Flood Risk Management for the 21st Century

[印] Abhas K Jha [英] Robin Bloch Jessica Lamond 著
王虹 等 译 向立云 审校

中国水利水电出版社
www.waterpub.com.cn

内 容 提 要

本书是世界银行于 2012 年底出版发行的第一本有关城市洪水风险综合管理方面的出版物，是该领域的指南性书籍。本书包括认识洪水灾害、理解洪水影响、洪水风险综合管理中的工程措施、洪水风险综合管理中的非工程措施、洪水风险管理方案评估、城市洪水风险综合管理的实施以及倡导城市洪水风险综合管理等 7 章，全面介绍了城市洪水风险综合管理所涉及的策略、技术、管理、评估、融资与具体实施。我国正处在高速城镇化发展时期，城市化水平不断提高，城市化建设和城市雨洪基础设施兴建、改建速度不断加快，书中其他国家的经验教训可供我国相关决策管理人员、科研技术人员和工程实践人员借鉴。

本书可作为城市规划、城市防洪、水利工程、土木工程、水资源管理、给水排水和水环境保护等专业大中专院校师生、工程技术人员及相关政府部门管理人员的技术参考书。

图书在版编目（CIP）数据

城市洪水风险综合管理 / （印）杰哈，（英）布洛克，（英）拉蒙德著；王虹等译. -- 北京：中国水利水电出版社，2014.8
书名原文：Cities and flooding a guide to integrated urban flood risk management for the 21st Century
ISBN 978-7-5170-2462-0

Ⅰ. ①城… Ⅱ. ①杰… ②布… ③拉… ④王… Ⅲ. ①城市－防洪工程－风险管理－研究 Ⅳ. ①TU998.4

中国版本图书馆CIP数据核字(2014)第215900号

书　　名	**城市洪水风险综合管理** Cities and Flooding	
原 书 名	A Guide to Integrated Urban Flood Risk Management for the 21st Century	
原　著	［印］Abhas K Jha　　［英］Robin Bloch　Jessica Lamond	
译　者	王虹　等	
审　校	向立云	
出版发行	中国水利水电出版社 （北京市海淀区玉渊潭南路 1 号 D 座　100038） 网址：www. waterpub. com. cn E - mail：sales@ waterpub. com. cn 电话：(010) 68367658（发行部）	
经　售	北京科水图书销售中心（零售） 电话：(010) 88383994、63202643、68545874 全国各地新华书店和相关出版物销售网点	
排　版	中国水利水电出版社微机排版中心	
印　刷	北京嘉恒彩色印刷有限责任公司	
规　格	184mm×260mm　16 开本　23.75 印张　564 千字	
版　次	2014 年 8 月第 1 版　2014 年 8 月第 1 次印刷	
印　数	0001—3000 册	
定　价	**98.00 元**	

ISBN (paper): 978-0-8213-8866-2
ISBN (electronic): 978-0-8213-9477-9
DOI: 10.1596/978-0-8213-8866-2

Library of Congress Cataloging-in-Publication data have been requested.

翻译人员表

章序	章　名	译　者
	作者简介、致谢、使用说明、概要	王虹
1	认识洪水灾害	凌永玉
2	理解洪水影响	凌永玉、陈翔、杨立疆
3	洪水风险综合管理：工程措施	王虹
4	洪水风险综合管理：非工程措施	王莹、朴希桐、王帆、张大茹、杨立疆
5	洪水风险管理方案评估：决策者的工具	王莹、张大茹、陈翔、朴希桐
6	城市洪水风险综合管理的实施	王虹、付晓洁、王帆
7	结语：倡导城市洪水风险综合管理	王虹

全书由王虹统稿，向立云审校。

译 者 的 话

在漫长的城市化进程中，人类趋向于利用、控制自然环境，使之遵从人类的意志，服务人类，却忽略了自然界的一些基本规律，以致对自然环境造成极大破坏。以天然水文循环系统为例，在早期城市化中，人类没有意识到天然水文循环系统对自然生态环境的重要性，规划修建城市时不注重保护天然降雨径流与河湖水系及地下水之间的连通循环途径，忽视洪泛区、湿地及周边的天然缓冲植被带对洪涝的调蓄、对环境生态的保护功能。平整天然汇流途径、填平湿地洼地、侵占洪泛区以及大量砍伐植被，以不透水地面和地下管网取而代之等种种错误行为改变了自然环境的地形地貌，造成了洼地湿地消失，河湖枯缩或成为分割的单独水体。以致在极端降雨时，雨洪不能在完整的水文系统中良性循环，导致城市水污染、地下水资源减少、城市水资源短缺、水岸侵蚀与泥沙沉积、生态环境恶化、城市洪涝频发等诸多问题。加之未来气候变化的不确定性，"城市弊病"已成为 21 世纪遍及全球的普遍难题。

《城市洪水风险综合管理》一书是世界银行于 2012 年底出版发行的第一本有关城市洪水风险综合管理方面的出版物，是该领域的指南性书籍。本书包括认识洪水灾害、理解洪水影响、洪水风险综合管理中的工程措施、洪水风险综合管理中的非工程措施、洪水风险管理方案评估、城市洪水风险综合管理的实施以及倡导城市洪水风险综合管理等 7 章，全面介绍了城市洪水风险综合管理所涉及的策略、技术、管理、评估、融资与具体实施等，并辅以相关的典型案例。有些案例记录了一些国家地区长达半个多世纪的城市洪水管理经验及教训。

正如书中案例所示，人类始终在探索与自然共存之路，从控制洪水到洪水风险管理，从人水对立到人水和谐，从雨洪灾害到雨洪资源，都体现着人类认识的不断深化与提高。目前，西方发达国家正以洪水风险综合管理理论为指导，采取各种措施，弥补 20 世纪城市化快速发展时期不断的不当行为对自然界所造成的破坏，构建可持续城市洪水风险综合管理体系。我国目前正在进入城市化快速发展阶段，应当汲取西方发达国家的经验教训，避免重复其所走的弯路。书中其他国家的经验教训可供我国相关决策管理人员、科研技术人员和工程实践人员学习借鉴。

本书的翻译出版得到"十二五"国家科技支撑计划项目（2012BAC21B02）与国家自然科学基金创新群体项目（51021006）的资助，在此表示感谢。

由于本书篇幅较大，专业涉及面较广，且受译者水平所限，虽几经审校，错误之处在所难免，敬请读者批评指正。

王虹

中国水利水电科学研究院

水利部防洪抗旱减灾工程技术研究中心

2014 年 6 月于北京

作 者 简 介

艾伯斯 K 杰哈（Abhas K Jha）

作为世界银行东亚和太平洋地区灾害风险管理业务的项目负责人，艾伯斯 K 杰哈先生是一位杰出的城市问题专家。自 2001 年就职世界银行以来，杰哈先生一直主持世界银行在土耳其、墨西哥、牙买加和秘鲁等国家的城市、住房及灾害风险管理工作。与此同时，他还兼任欧洲及中亚地区灾害风险管理的协调工作。同时作为世界银行执行主任的顾问，就印度、孟加拉国、斯里兰卡和不丹等国有关城市发展、基础设施和气候金融等问题提供咨询。杰哈先生早年曾在印度政府行政管理部门服务了 12 年，先后就职于比哈尔邦州和印度联邦财政部。以杰哈先生为第一作者的世界银行出版物还有《更强大的社区，更安全的家园：灾后重建指南》。杰哈先生的主要工作领域为城市抗灾能力和城市复杂系统的适应性。

罗宾·布洛克（Robin Bloch）

罗宾·布洛克博士是城市规划师。他供职于伦敦 GHK 咨询公司，担任"规划、土地和经济发展"部门的负责人兼首席顾问。布洛克博士的学生生涯早年起始于南非，其后就读于美国。他的专长和主要研究领域包括城市、区域及城市空间和土地利用规划，城市环境管理、可持续发展及适应能力，以及城市产业。在政策、策略规划以及项目和方案的制定、执行和评价领域，布洛克博士拥有 20 多年的国际经验，主要包括撒哈拉以南的非洲地区以及南亚和东亚。工作之余，他还兼任位于约翰内斯堡市的威特沃特斯兰德大学建筑与规划系的兼职教授以及开普敦大学社会科学研究中心的副研究员。

杰西卡·拉蒙德（Jessica Lamond）

杰西卡·拉蒙德博士是洪水风险管理领域经验丰富的研究员。她的研究范围侧重于洪水对建筑环境的影响。她的专长包括灾后恢复、财产所有人的金融经济影响、财产风险评估、对保险的影响以及修建耐水城市方面的研究。她目前为西英格兰大学高级研究员，从事前沿研究基金、政府机构和洪水风险管理专业组织自主的项目研究。拉蒙德博士在科技刊物上发表过大量论文，曾担任泰勒出版公司出版的《洪水的危害：在建筑环境中的影响及响应》一书的主编。该书汇集了这一领域的专家们对城市洪水风险管理，包括工程和非工程管理措施的研究成果。

致　谢

《城市洪水风险综合管理》由以世界银行艾伯斯　K　杰哈先生（Abhas K Jha）为主的项目组研究编写而成。该项目由 GHK 咨询公司罗宾·布洛克先生（Robin Bloch）担任项目经理，西英格兰大学杰西卡·拉蒙德（Jessica Lamond）担任技术编辑。该项目的协调人员素詹娜·斯维劳萨科瓦（Zuzana Svetlosakova，世界银行）和尼可拉斯·帕克瑞托洛（Nikolaos Papachristodoulou，GHk 咨询公司）为本书的出版发行付出了心血并提供了宝贵的建议。

该项研究得到了全球减灾与恢复基金（GFDRR）的经济资助。

本书的编写在邹比达·艾劳瓦（Zoubida Allaoua）、约翰·如米（John Roome）和赛若杰·库玛·杰哈（Saroj Kumar Jha）的全面指导下完成。

特别感谢该项目的合作伙伴：世界气象组织（WMO）和日本国际合作机构（JICA）。

该项目的咨询小组包括 GHK 咨询公司、伦敦的贝卡建筑事务所（Baca Architects）和英国伍尔弗汉普顿大学技术学院。Robert Barker、Alison Barrett、Namrate Bhattacharya、Alan Bird、John Davies、Emma Lewis、Peter Lingwood、Ana Lopez 和 David proverbs 参与了该项目的咨询工作。

本书的设计理念由 Baca Architects 提出，来自伦敦 Artupdate 的 Chris Jones 和 Jamie Hearn 制作了打印版本。

大幅面的照片，包括封面等由"淹没的世界"（Drowing World）项目提供。这一项目由盖顿·蒙戴尔先生（Gideon Mendel）于 2007 年发起，几年来，蒙戴尔先生走遍英国、印度、海地、巴基斯坦、澳大利亚以及泰国等地，拍摄了许多洪涝灾害事件。他的这项工作曾由《Guardian》及其他杂志和出版物做过专题报道。

同时，要感谢为本项目作出过贡献的来自下列组织和机构的人员：亚洲防灾中心（ADPC）、UN‑HABITAT、印度政府城市发展部下属的中央公共卫生和环境工程组织（CPHEEO）、德国地球科学研究中心（GFZ）、马尼拉城市发展委员会（MMDA）以及昆士兰灾后重建委员会。

该项目还得到来自本行业的下列核心评审专家和顾问的大力支持：Franz Drees‑Gross、Michael Jacobsen、Manuel Marino、Joe Manous、Carlos Costa、Frans van de‑Ven、Victor Vergara、Baba Hitoshi、Avinash Tyagi、Burrell E. Montz、Curtis B. Barrett、Joe Simas、Heinz Brandenburg 和 Emily White。

感谢下述人员在图书编纂过程中分享经验、提出建议、参加区域性的利益相关者和专家研讨会、帮助分析案例、协助校对草稿。他们是：Mathias Spalivero, Silva Magaia,

R. D. Dinye, Madame Ayeva Koko, Ndaye Gora, Zounoubate N' Zombie, Pramita Harjati, Muh Aris Marfai, N. M. S. I. Arambepola, Ho Long Phi, Menake Wijesinghe, Fawad Saeed, Janjaap Brinkman, Fook Chuan, Trevor Dhu, Achmad Haryadi, Marco Hartman, Josefi na Faulan, Dinesh Kumar Mishra, Stéphane Hallegatte, Aphisayadeth Insisiengmay, L. V. Kumar, Rajesh Chandra Shukla, Divine Odame Appiah, Robert Belk, Juzer Dhoondia, Heidi Kreibich, Philip Bubeck, Bill Kingdom, Fritz Policelli, Loic Chiquier, Marcus Wijnen, Marianne Fay, Nicola Ranger, Paul Huang, Rolf Olsen, Shahid Habib, Vijay Jagannathan, Winston Yu, Zachary Usher, John Frimpong Manso, Tony Asare, Segbefi a Alexander Yao, Stephen Yao, Anthony Mompi, Richard Dugah, Martin Oteng – Ababio, Grace Abena Akese, Clifford Amoako, Solomon N – N Benni, Mohammed Alhassan, Kwasi Baffour Awuah, James K. Boama, Daniel Ayivie, Felix Agyei Amakye, Wise Ametefe, David Asamoah, Ranjini Mukherjee, Rajeev Malhotra, Rajesh Chandra Shukla, Anirban Kundu, Ranu Sinha, Amit Saha, Deepak Singh, Ahmed Kamal, Naseer Gillani, Hazrat Mir, Alamgir Khan, John Taylor, Oktariadi Adi, Nanang W. P. Safari, Febi Dwi Rahmadi, Teguh Wibowo, Jose Miguel Ruiz Verona, Desti Mega Putri, Matt Hayne, Jonathan Griffin, Aris Munardar, Gita Chandrika, Iwan Gunawan, Peter de Vries, Koen Elshol, Jurjen Wagemaker, Tanaka Kataya, Yulita Sari Soepardjo, M. Abdul, Anton Sunarwibowo, Olivia Stinson, M. Rudy, G. Dedi, M. Feuyadi, A. Andi, Elfina Rosita, Omar Saracho, Yusak Oppusunggu, Faisyar, Suryani Amin, Paul van Hofwegen, Rinsan Tobing, Achmad Haryadi, Shinghu Tamotsu, Ampayadi N, Bambang Sigit, M. Feryadiwinarso, Hetty Tambunan, Michael van de Watering, Dan Heldon, Christopher Yu, Ramon Santiago, Liliana Marulanda, Wilson A. Tabston, Gloria R. , Arnold Fernandez, Aristioy Teddy Correa, Shelby A. Ruiz, Alvidon F. Asis, Noel Lansang, Reynaldo Versomilla, Joel Las, Yolando R. de Guzman, Morito Francesco, Gabrielle Iglesias, Khondoker Golam Tawhid, Prasad Modak, Young Kim, Arlan Rahman, Stefan G. Koeberle, Ousmane Diagana, Zie Ibrahima Coulibaly, Fasliddin Rakhimov, Makhtar Diop, Boris Enrique Utria, Yolande Yorke, Klaus Rohland, Kate Isles, Lasse Melgaard, Julia M. Fraser, Sombath Southivong, Khamlar Phonsavat, Alaa Hamood, Emmy Yokoyama, Faris Hadad – Zervos, Francis Ato Brown, Pilar Maisterra, Abdulhamid Azad, Suzy Kantor, Poonam Pillai, Anil Pokhrel, Penelope J. Brook, Ellen A. Goldstein, Swarna Kazi, Patricia Lopez, Tatiana Proskuryakova, Giovanna Prennushi, Raja Rehan Arshad, Haris Khan, Yan Zhang, Catherine G. Vidar, Mark C. Woodward, Asta Olesen, Nicholas J. Krafft, David Sislen, Jonathan Rothschild, Dzung Huy Nguyen, Dean A. Cira, Benita Sommerville, Josephine Masanque, A. David Craig, Piers E. Merrick, Chris Pratt, Marie E. Brown, Ana Campos Garcia, Geoffrey H. Bergen, Daniel M. Sellen, Eric Dickson, Francoise Clottes, Michael Corlett, Herve Assah, Syed Waqar

Haider, Emmanuel Nkrumah, Camille Lampart Nuamah, Nelson Antonio Medina Rocha, Francisco Carranza, Charles Tellier, Helene Djoufelkit, Michael John Webster, Carlos Felipe Jaramillo, Giuseppe Zampaglione, Armando Guzman, Asif Faiz, Rachid Benmessaoud.

此外，本项目在加纳阿克拉、印度新德里、印度尼西亚雅加达以及菲律宾马尼拉等地区组织区域研讨会时 Liz Campbell、Ryan Hakim、Lawrence Dakurah、D. K. Ahadzie 和 Ruby Mangunsong 曾为我们提供组织和后勤支持。来自 GHK 咨询公司的 Mathis Primdal 和 Roy Brockman 也曾参与支持，在此一并感谢。

Carly Rose 拷贝编辑了本书最后一版的草稿。世界银行地图设计部门 Jeffrey N. Lecksell 提供了书中的地图。在 Patricia Katayama 的监督和 Andrés Meneses 及 Denise Marie Bergeron 的支持下，世界银行出版部门提供了印刷服务。本项目的网站 http：// www. gfdrr. org /gfdrr /urbanfloods 是在 Hemang karelia 的协助下由 Indy Gill 开发、世界银行 Jaime Yepez 和 Ritesh Sanan 进行构建的。本书的电子版以及相关材料可在该网站下载。

参 与 人 员

Robert Barker，贝卡建筑事务所

Alison Barrett，独立咨询师

Namrata Bhattacharya，伍尔弗汉普敦大学技术学院（School of Technology, University of Wolverhampton)

Alan Bird，独立咨询师

John Davies，考文垂大学（Coventry University）工程与计算学院、建筑学院、土木工程学院教授

Emma Lewis，GHK 咨询公司

Peter Lingwood 博士，CeConsult

Ana Lopez 博士，伦敦经济政治学院格兰瑟姆时间序列分析研究中心

Nikolaos Papachristodoulou，GHK 咨询公司

David Proverbs，西英格兰大学建设和财产学系主任、教授

使 用 说 明

　　《城市洪水风险综合管理》是一本全面且具有前瞻性的实用指南，用以指导相关人员在快速变化的城市环境，不断变化的气候条件下正确管理洪水风险。作为一本基础读物，本书能够为决策者、技术专家，中央、区域及地方政府官员，以及社区、民间团体、非政府组织和个人等利益相关者提供帮助。

　　本书以"概要"开篇，为决策者们概括描述了制定政策的方向和城市洪水风险综合管理战略时应当了解和掌握的相关知识，并总结了 12 条用于洪水风险综合管理政策的准则。

　　本书的核心包含以下 7 章：

第 1 章　认识洪水灾害

第 2 章　理解洪水影响

第 3 章　洪水风险综合管理：工程措施

第 4 章　洪水风险综合管理：非工程措施

第 5 章　洪水风险管理方案评估：决策者的工具

第 6 章　城市洪水风险综合管理的实施

第 7 章　结语：倡导城市洪水风险综合管理

　　为了便于阅读与参考，本书的各章均以该章目录开篇，其后附有小结。每一章分若干节，在对城市洪水风险管理重要内容进行综述的同时，采用案例分析的形式，详细介绍洪水风险管理的方法及技术，案例中既有成功的，也有存在弊端的。而其后的"如何改进"一节中，给出了必须采取的措施。每一章的最后附有参考文献与延伸阅读文件。

　　本书最后一章简要列举了一些基本的注意事项，以确保洪水风险管理以一种综合的方式开展。这一章制定了一个基准水平，以评价城市洪水风险管理是否向着更加良好的方向发展，即应当符合 12 条准则以及标准步骤。该章还辅以相关案例说明。

　　本书由专门网站提供支持：http://www.gfdrr.org/gfdrr/urbanfloods。该网站旨在为相关从业者构建一个平台，以便相关人员能够围绕本书的主题和内容进行讨论，同时也为宣传本书提供了传播媒介。该网站中包含了与本书内容相关的许多其他信息与资源。

目　录

概要

背景

人类面临着日益严重的城市洪水之挑战。在世界人口不断增长，城市化进程快速发展以及气候变化加剧的今天，引发洪水的诸多条件正在不断变化，洪水所造成的影响也日益严重。面对这种不断变化的挑战，决策者们必须更深入地认识并有效地管理这种目前所面临的、延至未来的风险。

本章概述了本书的要点，提倡采用综合方法管理洪水风险，即在官方和利益相关者全过程广泛参与的基础上，提出、评估、选择及整合洪水风险管理措施。

本书体现了最先进的城市洪水风险综合管理理念。作为一本通俗易懂且易于使用的基本读物，本书可为决策者、技术专家，中央、区域与地方政府官员，以及社区、民间团体、非政府组织和个人等利益相关者提供帮助。

本书包括以下主要内容：

（1）描述洪水的成因、概率及其影响。

（2）选择并综合应用工程和非工程措施，开展战略性、创新性的洪水风险综合管理。

（3）讨论在如何获取资金并实施这些措施的同时，引导并激励所有利益相关者的积极参与。

（4）确定措施实施过程中的监督、评估方法及程序。

本书通过对全球50多个有关管理措施和步骤之案例研究，揭示关键政策要素。这些案例揭示了应对各种城市洪水风险所采取的不同管理措施和步骤。

本书还包括一系列"如何做"之章节，这些章节涵盖实施洪水风险管理措施过程中的运作细节，并为读者提供核心技术信息。

最后，本书提出针对洪水风险综合管理的12条准则。

为了便于决策者们成功应对日益增长的城市洪水风险，本篇概述总结在制定城市洪水风险管理相关政策及战略体系时应当了解的知识信息。

城市洪水风险是城市发展和人民生活面临的严峻挑战，这一挑战对发展中国家快速扩展的城镇尤为突出。

戈修拉姆·瑞苏尔·布瑞若（Ghulam Rasool Buriro）
走在卡布内森沙哈市（Khairpur Nathan Shah）
中心的积水中（巴基斯坦，2010年）。
来源：盖顿·蒙戴尔（Gideon Mendel）

日益严重的城市洪水

洪涝灾害遍及全球，并造成大范围的破坏和生命财产损失。

在过去的 18 个月内，灾难性洪水在世界各地频繁发生：2010 年 8 月巴基斯坦境内的印度河流域发生大洪水；2010 年末至 2011 年初澳大利亚昆士兰州、南非、斯里兰卡和菲律宾等地相继发生洪水；2011 年 1 月在巴西境内塞拉那地区发生洪水并伴随泥石流；2011 年 3 月由地震诱发的海啸席卷日本东北海岸；2011 年 5 月美国密西西比河沿岸发生特大洪水；2011 年 8 月飓风"艾琳"登陆美国，洪潮淹没东海岸；2011 年 9 月巴基斯坦南部信德省发生洪水；2011 年 10—11 月洪水波及包括首都曼谷的泰国大部分地区。

纵观所有自然灾害，洪涝灾害发生最为频繁。尤其是在过去的 20 年中，有报道的洪涝灾害事件显著增加。图 1 和图 2（略）展示了这种上升的趋势。随着洪水的日趋频繁，受到洪水影响的人口以及财政、经济和保险业的损失也相应增加。仅 2010 年，受到洪水影响的人口就高达 1.78 亿人次。在诸如 1998 年和 2010 年这样的极端洪水年份，洪水造成总损失超过 400 亿美元。

——洪水事件 - - - 10 年滑动均值

图 1　洪水事件记录

来源：EM－DAT／CRED

尽管洪水事件日趋频繁，随着时间的推移，洪水造成的直接生命损失增长速度却逐渐减缓，甚至呈下降趋势，这要归功于洪水风险管理措施的成功实施。诚然，这种趋势令人振奋，但是在发展中国家，洪水导致的穷人和社会弱势群体，尤其是妇女与儿童的死亡率仍然较高。

统观世界范围内日益增加的洪水影响，以城市洪水风险区遭受洪水冲击尤为突出。目前以及未来洪水影响预测表明，迫切需要将城市洪水风险管理作为政治和政策议事日程中的优先事项给予高度重视。认识洪水成因及其可能的影响，并将减轻洪水影响措施的设计、投资和实施作为城市发展总体规划的组成部分，支撑城市发展目标的实现是必不可少的。

洪水会影响所有类型的城市区域，从小村镇到诸如印度河（the Indus River）沿岸的中型集镇和服务中心，直至诸如仙台（Sendai）、布瑞斯班（Brisbane）、纽约（New York）、卡拉奇（Karachi）和曼谷（Bangkok）等近期遭受洪水灾害的大城市、特大城市和都市圈。

不同国家对于"城市"的定义各不相同，致使城市洪水也没有统一的定义。而且通常在统计洪水损失时，也没有对城市和乡村进行专门的区分，因此，很难确定城市和乡村人口之间的损失比例。

然而，城市洪水和乡村洪水之间有着本质的差异。乡村洪水灾害会影响到更广的土地面积，对于较贫困的人群产生较大的影响；而城市洪水灾害则会造成更大的损失，且更难以管理。

城市洪水灾害造成的影响往往更为突出。由于其较高的人口密度和经济发展水平，城市洪水往往会造成非常严重的破坏，并带来较大的经济损失。同时，城市地区也是一个国家的社会、经济及财富的基础，因此，城市洪灾所造成的干扰和破坏往往会超出实际洪水发生的范围，进而加剧对社会的影响。

大洪水直接影响表现为对生命和财产构成极大威胁。图3表明，随着时间的推移，洪水事件对于财产安全造成的直接影响在不断增长。除了直接影响，洪水还会造成一些间接影响，这些影响通常是长期的，诸如疾病、人们的营养状况下降、受教育机会减少、丧失生计手段等，这些都会影响社区的恢复能力和其他发展目标。与此同时，社区还要应对更经常的、小规模的洪水威胁。洪水的这些间接影响，在灾害过后并非显而易见，且很难定量衡量。贫穷和弱势群体往往要承受最大的洪水风险。

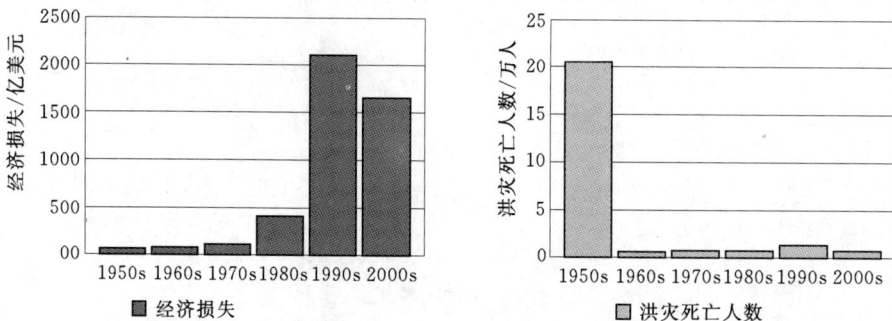

图 3 直接经济损失及死亡人数统计
来源：EM - DAT/CRED

城市化，作为世界人口增长的特点，与洪水风险紧密相关。2008年，世界上城市人口首次达到50%，其中有2/3的人口居住在低收入和中等收入水平国家。据估计，到2030年，这一比例将上升为60%，到2050年，城市人口将增长至70%，达到62亿人，是届时乡村人口的2倍。随着城市人口在世界总人口中日趋占据主导地位，城市洪水所造成的影响也将日趋显著。

城市地区庞大的人口数量致使城市洪水威胁与时俱增，治理的成本也越来越高，且将影响到任何规模的城市；虽然，对 2030 年的预测只是针对 75 个人口超过 500 万人的大城市，无疑，不同规模的城市人口都将会持续增长，如图 4 和图 5（略）所示。事实上，到 2030 年，城市人口中的大多数将会居住在规模小于 100 万人的中、小城市，这些地区的基础设施和管理机制将很难满足这样规模的人口。因此，城市洪水风险管理不仅仅是大城市所要面对的问题。

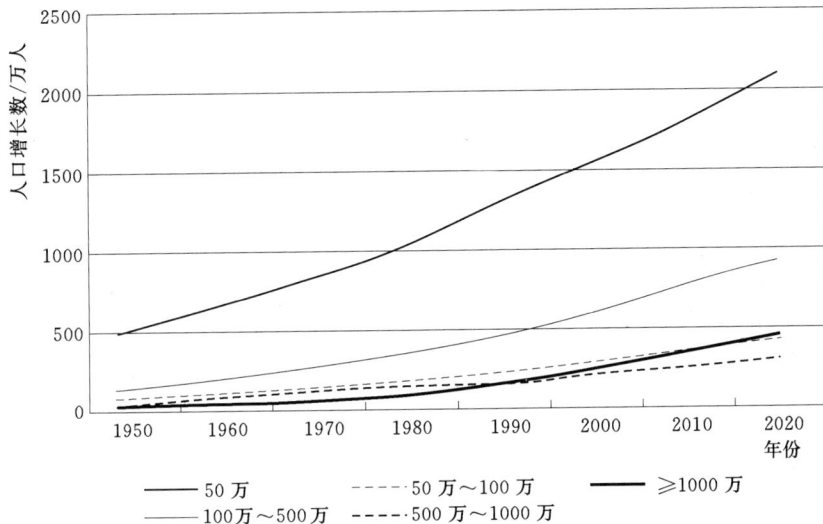

图 4 城市人口增长图

来源：Population Division of the Department of Economic and Social Affairs of the United Nations Secretariat，World Population Prospects：The 2008 Revision and World Urbanization Prospects：The 2009 Revision

由于缺乏合理的规划及管理，在城市化进程中对于土地的不合理利用也增加了洪水灾害的风险。随着城市化的加剧，城市和城镇只有通过不断扩大规模才能适应人口增长的需求，而在这个过程中，沿海和内陆地区都存在着城市向着洪泛区和易受洪水淹没区域大规模扩张的问题。

在发展中国家，城市人口增长和空间扩张在很大程度上都发生在那些人口稠密，居住条件较差的区域。这些被称为"贫民窟"的区域有可能位于市中心、城市外围、郊区或者城乡结合部，且往往是洪水多发区、高风险区。这些区域大多是贫困人口聚集区，住房稀缺、基础设施和社会服务系统薄弱，致使洪水风险加大，同时也导致了洪水对于弱势群体灾难性的影响。

决策者们所面对的日益严重的城市洪水影响由于下列原因而进一步加剧：城市发展超出了现有城市防洪措施范围；城市地面硬化程度不断增加；城市变得日益拥挤；人口密度逐年增高；城市排水系统、排污管网以及固体废弃物处理设施缺乏、年久失修或管理不善；超采地下水导致的地面沉降；缺乏相应的洪水风险管理措施等。

全球性的气候变化也是影响洪水风险的因素之一。全球变暖导致的气候变化以及随之产生的直接与间接影响可能会导致洪水频发。目前观察到的以及预测得到的气候变化可能会使洪水风险增加，例如：

（1）海平面上升速度的增加导致沿海地区洪水加剧。

（2）局部地区降雨模式的改变可能导致河流洪水量级加大且更加频繁，山洪也将变得更加猛烈。

（3）干旱事件发生的频率增加和持续时间的延长将会导致地下水的超采和地面沉降，从而加剧由海平面上升带来的影响。

（4）风暴发生频率增加将导致风暴潮频发。

如"政府间气候变化专门委员会"（IPCC）所称，气象学家们认为，观察到的极端气候事件与气温上升的变化趋势是一致的。尽管单独的极端气候事件不能确定是由于气候变化引起的，但是气候变化在一定程度上确实能够增加极端气候发生的概率。海平面上升同样也是一个公认的、已经被观测到的现象。尽管气候变化很可能在很大程度上增加洪水风险，但截至目前，气候变化并不是导致洪水风险加大的最主要因素。

与较长时期的气候变化趋势相比，气候系统在较短时间内发生的自然变异以及一些非气候因素实际上对洪水风险产生的影响更大。除了气候变化之外，越来越快的城市化进程和城市发展同样对洪水风险有着显著的影响。例如，在印度尼西亚（Indonesia）首都雅加达（Jakarta），由于地下水超采引起的地面沉降导致地面和海平面相对高程发生的变化相当于由海平面上升所带来的预期影响的 10 倍。

在较长的时间尺度上，气候变化可能会产生更为显著的影响。因此，洪水风险管理应当综合考虑短期及长期的气候预报。最基本的问题是在进行近期投资与措施的决策时，兼顾长期的气候变化趋势以及最不利的情况。图 6 展示了近 30 年来涉水灾害的发展趋势。

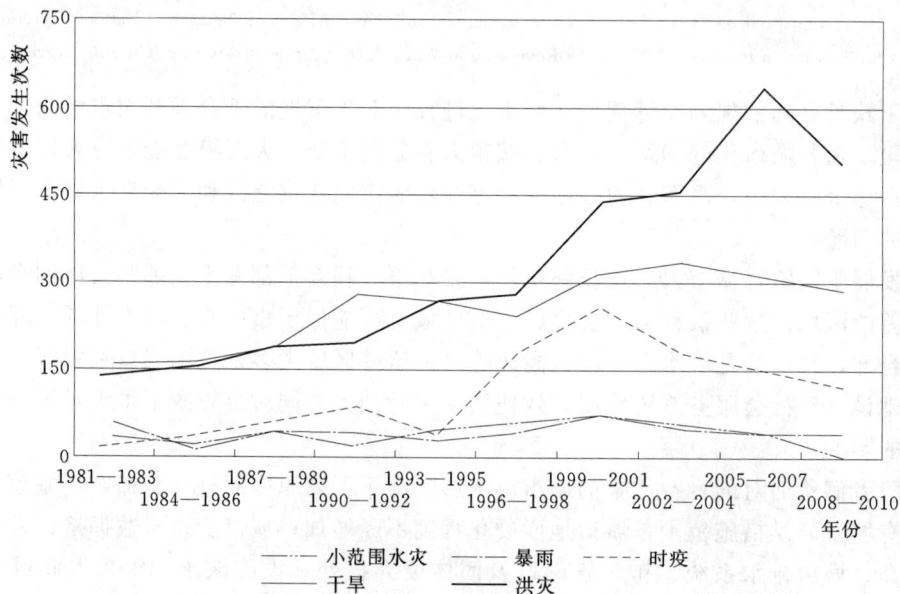

图 6　近 30 年来涉水灾害的发展趋势
来源：EM – DAT /CRED

在目前的洪水风险管理工作和对未来的规划中，需要对以下两方面进行权衡：①通过对城市进行科学合理的管理以及妥善维护现有的防洪减灾措施以减轻洪水风险；②着眼未来，实施新的防洪减灾措施或对城市环境进行重新设计规划，从而使城市能够应对未来可能出现的洪水风险。对于面临洪水风险的每一座城市，都需要针对上述两个方面进行不同的权衡。在决定适当的洪水风险管理措施时，必须对目前以及未来面临的洪水风险具有清楚的认识。

洪水过后，一位居民在清除淤泥
"[格奈乌斯，海地（Gonaives, Haiti），2008年]。
来源：盖顿·蒙戴尔（Gideon Mendel）

城市洪水成因及风险

作为城市洪水风险管理的第一步，决策者们需要认识可能对城市环境造成影响的洪水风险。而认识风险，首先应该清楚地了解洪水的类型、成因、发生概率、影响范围、持续时间、水深、流速等要素。

深入认识洪水的成因及风险，有助于对症下药，采取适当的措施，以防止或减少特定类型的洪水所造成的破坏。与此同时，了解洪水事件发生的时间和地点，可能受到洪水影响的人口和财产分布以及其脆弱性，洪水易发区的规划和发展现状以及该地区针对洪水风险所采取的措施等信息亦非常重要。这些信息有助于决策者理解推行洪水风险管理措施的必要性、紧迫性和优先次序。

由于洪水风险会随着时间的推移而不断变化，决策者们在制定相应决策时亦应考虑气候的变化对未来防灾减灾决策的影响。在进行决策的过程中，应该充分考虑目前不同尺度的气候变化数值模型的结果及其相应的不确定性。

河道洪水、风暴潮泛滥、暴雨洪水、地下水洪水以及涉水工程失事等都可能引发城市洪水。而城市洪水通常是由多个因素所导致的复杂过程。例如，极端气象与极端水文事件相遇，造成极端强降雨与河流洪峰相遇。城市洪水往往因人类活动而起，例如，洪泛区❶的不适当开发，或是大坝、堤防等工程失事而无法对其本应保护的区域起到保护作用。

极端气候事件发生的概率与洪水事件发生的概率有着重要区别。洪水根本上是由难以预测的气象事件引发的。鉴于此，在洪水预测时通常用洪水发生概率表征。洪水发生概率通过该地区的历史资料分析计算得到，其准确性自然也就依赖于历史数据的数量与质量。

了解洪水发生的概率对于认识洪水风险至关重要。然而，用概率的术语来表述洪水的风险有时令人困惑。许多人不能直观地理解发生概率为每年1‰的洪水事件的真正含义。另一种替代的概念是重现期，如"100年一遇的洪水"，这种表述方式有时也会引起误解，仿佛是在告知大众，在未来的100年中，必然会发生一场这样的洪水，或让人们误认为，这样的洪水在每100年中只会发生一次。与此类似，有时两场洪水重现期相同，而致灾量级却可能完全不同，因此，对于同一群体所产生的影响也可能大不相同。有时由于缺乏足够的数据或其他原因，造成对洪水预测中不确定性的影响认识不足，仅依据洪水发生概率来描述洪水风险，或是运用在洪水管理决策中，可能会产生误导的作用。

用图示的形式描述洪水的危害以及相应的风险信息有助于决策。洪水风险图作为可视化工具，直观地展示了某区域的洪水风险状况。此外，在规划编制、政策制定、应急管理等方面，洪水风险图的作用亦非常重要。洪水风险图综合展示了洪水淹没特征、受洪水威胁的财产和人口及其面对洪水的脆弱性等信息。简言之，洪水风险图能以洪水期望损失的方式表现洪水风险，是一种有效的辅助决策工具。

洪水预报是另一种非常重要的工具。早期预报系统可向位于洪水风险中的群体发布预

---

❶ 本书所称洪泛区是指洪水可能淹及的区域，但书中有明确定义的除外。

警通知，从而减少生命财产损失。然而，准确可靠的洪水预报预警建立在对历史洪水成因、地球物理、生物物理及人类行为等因素深入分析的基础之上。缺乏分析基础的洪水预报往往会过低或过高估计洪水，而造成不必要的额外损失。目前，洪水预报依然面临着诸多挑战。

预测未来的洪水风险面临着更多、更大的不确定性。通常的假定认为：未来的洪水模式仅是过去的洪水模式之延续，即未来诱发洪水的气候、地形、地质及其他各种因素与过去相比，只不过是相同的周期性循环过程。在恒定系统中，基于过去预测未来的假定可行。对于非恒定系统，未来的不确定性增加，这一假定并不成立。图 7 所示的洪水风险图展示了目前与未来的风险状况。对于城市洪水，至少有 2 个主要的非恒定因素使得过去的模式和趋势不能很好地预测未来：其一为城市化导致受洪水威胁区域不断被开发；其二为气候变化带来的气象模式变化。

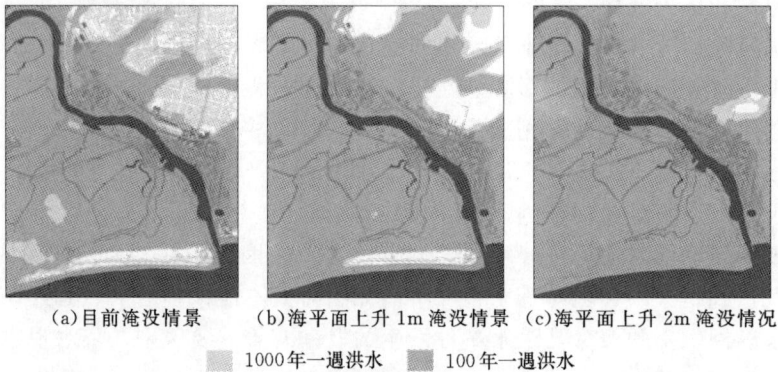

(a)目前淹没情景　　(b)海平面上升 1m 淹没情景　　(c)海平面上升 2m 淹没情况

■ 1000 年一遇洪水　　■ 100 年一遇洪水

图 7　洪水风险图
来源：Baca Architects

城市化是必然的、持续的单向发展趋势，这一趋势将加大城市所面临的洪水风险。然而，预测未来城市人口增长存在很大的不确定性，这种不确定性是由于人口规模和空间分布的不确定性而造成。同样，未来城市发展所面临的洪水风险亦受城市发展政策和城市居民的选择的影响，例如，城市建设是否侵占洪水风险区域，城市发展规划及设计是否合理等。

气候预测中同样存在着相当大的不确定性。由于无法准确地预测未来社会经济发展的情景，导致与气候系统相关的知识体系不完备。此外，用以模拟预测的数值模型也存在着一定的局限性。不同来源的不确定性在气候预测中的绝对与相对重要性取决于空间尺度、预见期以及所考虑的变量在预测中的权重。

由此可见，长期洪水风险预测的精度和可靠性不高，因此，过分依赖预测的未来洪水风险概率是不可取的，而科学合理的城市发展规划和管理则能够有效地减小未来可能增长的洪水风险。

然而，受城市基础设施的特性及城市防洪工程的规划、设计、施工期较长等因素的综合影响，采取适当措施应对未来不确定风险的过程进一步复杂化。这一特点，会导致某些大型防洪工程在尚未完成之前便面临新的挑战。例如，越南胡志明市（Ho Chi Minh

City，Vietnam），其 2001 年改善城市排水系统降低城市洪水风险的总体规划，目前不得不面对因降雨特征变化而导致设计标准不足的挑战。

可见，为应对未来的洪水，需要更为健全的洪水风险管理措施，以适应更大的不确定性和变化范围。因此，洪水风险管理应侧重于采用应变灵活、循序渐进的方法。在工程措施的设计过程中应采用更大的灵活性。对于不能灵活变动的工程，应适当考虑提高设计标准。

通过上述内容，相关人员应该对城市洪水的成因和影响有了比较深入的理解，对未来洪水发生的概率以及不确定性有了初步认识，对多样化的洪水风险管理方法的优势和局限性也有了一定的了解。在此基础上，决策者们能够采取一系列综合措施，妥善管理洪水风险。

2008年，海地格奈乌斯市（Gonaives Haiti）
遭受台风"爱卡"和台风"汉娜"的袭击，
整个城市全部淹没在水中。两周后，居民们在排队领取救灾物品。
来源：盖顿·蒙戴尔（Gideon Mendel）

城市洪水风险综合管理方法

城市洪水风险综合管理方法是一系列洪水风险管理措施的组合，作为一个整体共同实施，可以有效降低城市洪水风险。本书能够帮助决策者们制定出适应于各地具体、特殊条件的综合且具有战略性的管理方法，以达到降低洪水风险的目的。

洪水管理措施通常分为两类：工程措施和非工程措施。工程措施是通过控制城市内外区域的洪水流量以减少洪水风险。非工程措施，作为与工程措施的互补，通常是通过对城市发展进行更好的规划与管理来达到保障人民生命财产安全的目的。全面且综合的洪水风险管理战略应当与当前城市规划管理的政策及实际相结合。

工程措施与非工程措施互不排斥，成功的洪水风险管理战略往往是两者的合理组合和优势互补。若使洪水风险管理的长期及短期投入相协调，认识现阶段面临的洪水风险程度、特征及其未来的变化也十分重要。但是，由于城市化和气候变化的加快，由目前普遍采用且过于依赖的工程措施转向更加注重适应性强、循序渐进的非工程措施是有必要的。

工程措施种类繁多，既包括结构工程，诸如防洪工程和排水渠道等，又包括更加自然、可持续的措施，如湿地和滞洪区。使用得当时，这些措施能够发挥很好的作用，例如，英国的泰晤士河挡潮闸（Thames Barrier）、荷兰沿海堤防以及日本的河道防洪工程都是非常成功的实例。然而，当遭遇超过设计标准的洪水时，工程措施可能会失事或被漫顶。许多工程措施在降低某一区域洪水风险的同时，会将风险转移到其他区域。改变天然水流状态还会对环境产生影响。在某些情况下，这种改变可接受，或是有益的；而在另一些情况下并非如此。无论何种情况，都会有残留洪水风险。工程措施建设费用通常很高，而且由于其存在，会使受保护群体产生麻痹思想，当这些措施失事或是灾害超出其承受能力时，则会带来更大的危害，2011 年的日本海啸就是其中一例。

由于上述原因以及残留洪水风险的存在，所有洪水风险管理策略都应包含非工程措施。非工程措施通过提高人类适应洪水的能力，有效地降低洪水风险，其在洪水风险综合管理中有着重要作用。非工程措施，诸如预警系统等，在缺少造价昂贵的工程措施时，可有效地减少生命财产损失。即便在建有工程措施的地区，仍需要由非工程措施管理残留洪水风险。非工程措施通常不需要巨额的建设资金，但是却需要深入认识洪水风险、建立实用的预报系统。例如，没有早期预警，紧急避洪转移方案将无法发挥作用。

非工程措施，按其目的可分为以下 4 种：

（1）应急预案及应急管理：包括预警与避洪转移，如菲律宾与巴基斯坦莱努拉（Lai Nullah）流域的地区级洪水预警系统。

（2）防灾准备工作：通过宣传教育提高公众的洪水风险意识，掌握避险自救常识，从而使人们未雨绸缪。防灾准备工作也包括加强城市垃圾管理，以保持排水系统畅通。

（3）土地规划管理：合理规划和利用土地已被许多国家作为有效的洪水风险管理措施，如德国的《洪水法》以及英格兰和威尔士的一些管理规划条例。合理规划、利用城市土地既可减轻城市面临的洪水风险，也可使城市逐步适应洪水。

（4）加速灾后恢复和改进建筑物设计施工标准：在有条件的地区，适当的风险融资，如洪水保险、民间捐助以及政府援助等能够帮助灾区尽快得到恢复；改进建筑物的设计及施工标准，建设"耐水型城市"，可提高城市的抗灾能力。索马里的夏帆村（Village of Xaafuun）曾经被海啸摧毁，该村的重建充分体现了"更好的设计、施工，以提高承载能力"之理念。

许多非工程措施所面临的主要困难在于如何得到相关利益个人及组织的认可并确保其积极参与。尤其是在洪水罕见的地区，随着时间的流逝，人们对灾难的记忆逐渐淡化，若要长期维护非工程措施并使其发挥作用并非易事。另一个困难在于：许多非工程措施旨在将灾害最小化，而不是彻底杜绝灾害的发生，因此，许多人本能地倾向于工程措施。

公众的观念及行为的改变有赖于广泛的沟通、交流与协商，这是一个费时耗力的过程。莫桑比克发明的"河流游戏"（图8）是利用启发性工具促进社区、公众广泛参与的范例。这个游戏在教育宣传、启发公众积极参与中广泛使用。

图 8　河流游戏
来源：UN - HABITAT

洪水管理得益于利益相关者的广泛参与。如果能够成功地与利益相关者进行有效的沟通、交流和协商，城市的承灾能力以及灾后恢复能力均会显著增强。

在制定洪水管理战略时，时间及空间因素亦非常重要。城市洪水风险综合管理涉及不同的空间尺度，包括将城市所在流域作为一个整体综合考虑。有时城市洪水的来源可能离城市有相当的距离，解决城市洪水的最好方法是将洪水消弭于到达城市之前。

除城市内部外，许多洪水管理措施位于城市之外，如图9所示。工程措施，如防洪工程和排水系统，可长期减轻洪水风险，然而，因其建设投入较大，有时并不可行。非工程措施，如洪水预警系统及人员财产疏散计划，无论是否存在工程措施，都可以有效减轻生命财产损失。同样，城市设计和管理措施亦可有效降低洪水风险，例如，合理运行并妥善处理城市基础设施；增加城市绿化面积；强化排污系统及垃圾管理；改进建筑设计及施工规范等。

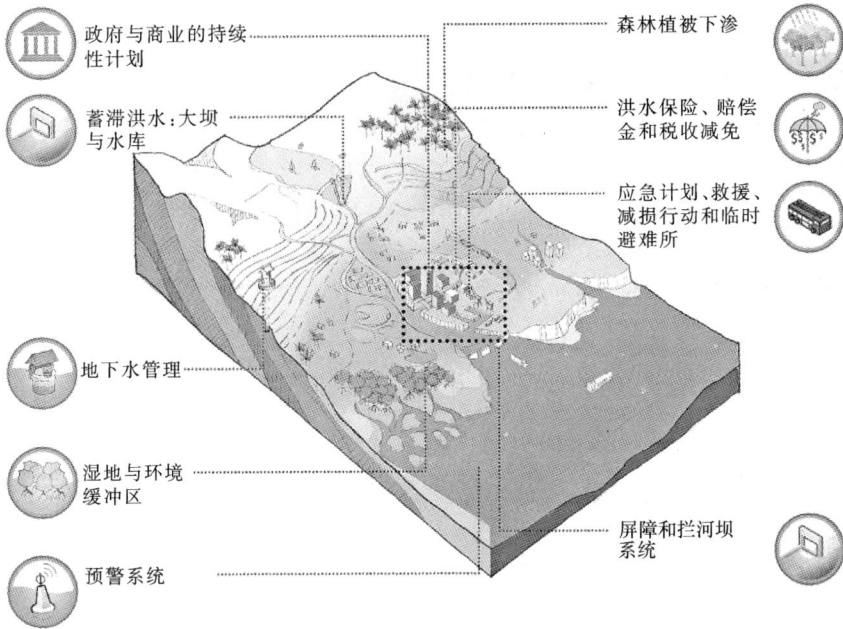

图 9 洪水风险管理措施综述
来源：Baca Architects

　　城市新开发区的土地利用规划和法规是洪水风险综合管理关键环节。这对发展中国家尤为重要。在城市发展初期，良好的规划建设，可有效防止未来可能的洪水灾害。

　　可见，将洪水风险综合管理措施融入城市土地利用规划管理，对于减轻城市洪水风险及其影响十分必要。在城市不断发展、区域不断扩建的现实情况下，与其他的社会与经济焦点问题相比，洪水风险可能居于相对次要地位。虽然，由于日益短缺的土地资源及其他政治经济因素，洪泛区的开发建设不可避免，然而，合理的土地利用规划及适宜的减灾措施可有效地提高该开发区的减灾、承灾能力。在城市开发建设的同时，针对洪水风险特征，统筹规划土地利用并实施减灾措施，从长远衡量，其投入与出现问题后再补救相比，费省效宏。

　　应不断挖掘减少洪水风险管理措施费用或增加其综合效益的方式。例如，在人口稠密的城区设置多用途蓄滞洪区，是充分利用有限土地的有效方法。这些场地在洪水期间蓄滞洪水，平时则可用做运动场、休闲场所或停车场。雨洪利用也是应对城市洪水的创新性措施，既可作为城市可持续排水系统的组成部分，同时亦能补充非饮用水，从而达到保护水资源之目的。在城市管理方面投资，如垃圾处理等，在有效维持排水系统的排水能力、降低城市洪水风险的同时，还具有改善城市卫生和居住环境，创造更多就业机会，减少贫困的功效。

　　合理管理地下水，不仅能够有效地防止地面沉降，减轻低洼地区的洪水风险，还可避免由于地面沉降而造成的建筑物和基础设施破坏，如曼谷因超采地下水导致地面沉降、洪水风险增加和部分建筑物破坏是一典型案例。湿地、生态屏障、环境缓冲区以及其他能够改善生态、环境和卫生条件的城市绿化措施，除了能够降低洪水风险及其影响外，还能为城市带来其他许多效益，诸如减少城市热岛效应、降低二氧化碳排放量、美化环境等。例如，阿根廷科尔多瓦市（Cordoba）内普里梅罗河（Primero River）周边的缓冲区域的修建，既改善了城市的环境，同时也将风险区的居民移到更安全的地区。

由于城市决策者们经常面临许多紧迫的发展目标并受到资源紧缺的约束，在确定洪水风险管理措施时，不可墨守成规，需因地制宜。适用于具体城市特点的特定的管理措施通常是经过反复权衡，经济技术可行，并得到利益相关者认同的结果。

城市洪水风险综合管理战略应同其他与水相关的规划相和谐，同时亦可作为更广泛的议题，例如，城市复兴和应对气候变化等的组成部分。减少城市洪水风险的行动应当有利益相关者全程的广泛参与，这些利益相关者包括直接面临洪水威胁的民众和间接受洪水影响的民众。洪水管理措施的选择必须与利益相关者协商决定，应当顺应自然、社会、经济条件，并可随着时间的推移而调整变更。

村民们共同修筑防洪堤防
（巴基斯坦，2010年）。
来源：盖顿·蒙戴尔（Gideon Mendel）

倡导城市洪水风险综合管理

本书倡导采用工程与非工程措施相结合，综合管理城市洪水风险。这一理念在整体协调的基础上既将战略性与具体措施相结合，又突出了与自然的和谐。

在缺乏技术、资金、资源支持的情况下，推行城市洪水风险综合管理并非易事。此外，利益相关者的利益也不尽相同，出于各自不同目的及动机，人们会倾向于不同的措施及方案。例如，居住于已经开发的洪泛区的居民不愿意搬迁，尽管这些地区是洪水频繁的高风险区，且在此居住违反土地利用管理条例的规定。洪泛区内居民通常为两种截然不同的群体，一种比较贫困，居住在距城市经济区较近的河岸地带以寻求更多的谋生机会；另一种是富人，贪图滨水优美景观。

综合管理的成败，取决于传统管理方式的改变和民众及各界团体的广泛参与。在政策和体制层面上应采用新的工具与技术，根据当前的灾情趋势和致灾因素预测未来的洪水影响，全面评估备选的洪水管理方案，据此建立洪水综合管理战略。如果继续重复过去的错误，只会为目前及将来带来灾难性的后果。

全面了解利益相关者的信息、经验和方法对于决策者制定洪水管理的政策措施十分重要。在切实了解当地实际情况和约束条件的基础上制定的管理措施才会真正有的放矢。不论是在国家、省级，还是地市以及社区的层面，均是如此。

洪水风险综合管理需要各级政府以及社会各阶层团体、人士的协同合作，其中包括：国家政府，省、地、市政府，公共部门公司（包括公用事业），气象和规划机构，民间团体，非政府组织，教育和研究机构以及私营部门之间的通力合作。由于综合管理需要全方位的合作，充分了解上述组织的能力、机制、利益、动机及其在面对高度不确定的情况下如何分配、利用各自所掌握的有限资源等十分重要。政府关于风险管理的决策，是在综合平衡稀缺资源竞争性需求和城市发展对土地利用优先度的基础上做出的。

权衡工程与非工程措施同样面临挑战。决策者们需要有明确的备选方案，以及辅助决策方法和工具，以便做出合理选择。与洪水风险管理有关的决策往往是非常复杂的，需要相关技术专家以及非专业人士的广泛参与。目前的决策工具和技术能够帮助决策者及相关专家们评价备选方案，并合理估算其成本。有些决策工具还具有预测决策效果、直观展现风险信息、建立决策者与利益相关者相互沟通基础的功能。例如，洪水风险图和模拟仿真技术，既可向利益相关者们展示决策所造成的影响，也能进行成本效益分析，从而使整个决策制定过程更加透明和公开。

量化逼真的仿真技术，全面的风险信息和可视化工具均有助于决策，但这些只是手段，更为重要的是深入认识洪水的物理过程以及所采取的洪水风险管理措施的效果，而这往往也正是所缺乏的。

虽然洪水风险管理措施的实施与效果可以单纯通过经济指标衡量，但是决策者们、城市规划人员和技术专家们在评价措施时还应当做更全面的考虑，例如，这些措施对于环境、生物多样性、公平性、社会资本和生产力以及其他因素的影响。必须认识到，无论采取何种措施，洪水风险不可能完全消除。有时，为了减少风险而进行的投入也可能会超过其效益；有时，实施洪水风险管理措施的投资并不一定能够得到。此外，在城市化进程不断加快以及气候不断变化的情况下，制定决策时必须考虑到预测未来的洪水情景存在着很大的不确定性，这种不确定性可能会导致决策变数增加。

决策应当健全可塑。对单项措施或组合措施的成本效益评估必须纳入更高层面的战略框架之中，该战略框架设定了未来投资的目标，明确了最紧迫、最有效的优先项目或措施。应当倾向于选择那些在不同情景下都运行良好的组合措施，而非寻求最优解，如图 10 所示。这种方法优先选择那些无论未来的洪水风险如何变化，效益成本可行且适应性强的，即所谓"无悔"的措施。

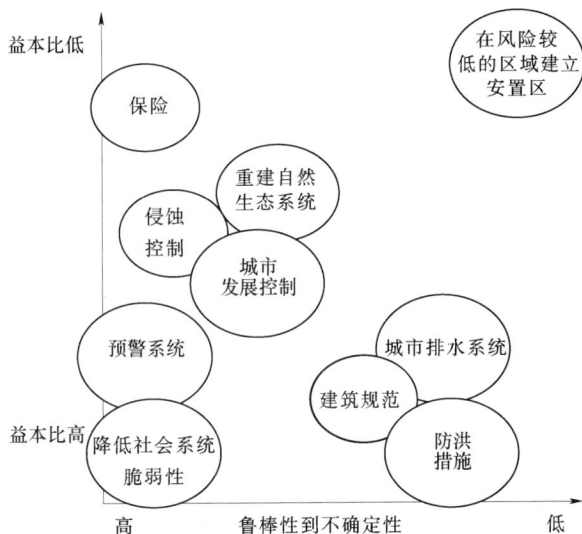

图 10　洪水风险管理方案的相关成本和收益
来源：改编自 Ranger 和 Garbett - Shields，2011

许多非工程措施具有较强的适应性，如预警系统和应急避洪转移预案。工程措施的应变性能相对较差。当然，工程措施也可在一定程度上设法增加适应性，例如，加宽防洪建筑物地基以满足未来可能加高的需求，储备可拆装的防洪挡板以临时应对超标准洪水等。这种"无悔"措施具有益本比高，且不受未来洪水风险变化影响的特性。类似的措施还包括：预报和早期预警系统，这类系统对未来的洪水风险变化不很敏感，且成本也相对较低；改善固体废弃物管理系统，除了能够降低洪水风险之外，还具有环境卫生方面的效益；一些可改善环境的洪水风险管理措施还同时拥有美化价值。

构建有效推行城市洪水管理策略的体制至关重要。有着良好的行政体制的国家与城市能够更加有效地防止灾难发生。然而，在推行综合的、多部门合作的城市洪水风险管理措施过程中，往往缺乏适宜有效的制度安排和政策框架的支撑。政府灾害管理机构的职能难以满足实施综合洪水风险管理的需要，是制约因素之一。因此，对于职能不明确的相关部门和机构，需要进行相应的改革，完善现行体制，以保证各部门职能互补和协调一致，从而快捷高效地承担并推行洪水管理策略。非正式的机构和社会网络同样也会发挥非常重要的作用。家庭和社区拥有应对洪水的实践，从中可获得有益的经验。

城市洪水风险综合管理是一项多学科交叉、跨部门合作的工作，其中的责任涉及不同的政府部门及非政府组织。洪水风险管理措施应当全面、具体、综合，相关部门应各司其职、协同合作。由于熟悉情况，地方当局往往能够做出明智的决定。然而，更加广泛的政治及组织基础的支持才是确保洪水风险综合管理成功实施的关键。

在快速城市化的压力下，城市治理和决策制定常常不能满足应对洪水变化挑战的要求。对于一些标准和规程的执行往往不彻底，有时甚至是完全没有执行。规章制度中的要求通常是最低标准，即使如此，仍缺乏有效的机制保障法规的执行。资金不足也制约了城市应对挑战能力的提高。

城市洪水风险管理还应与一些城市规划管理过程中特殊的问题联系起来考虑，如消除贫困、应对气候变化以及住房供应、土地产权、城市基础设施建设和提供基本服务等。有效且统筹兼顾的综合解决方案能够在减少洪水风险的同时为城市更好、更加可持续的发展创造机会。

图 11 展示了城市洪水风险综合管理的流程，共包括 5 个步骤：认识洪水风险、确定最佳措施、制定规划、经费与实施、方案评估。

改善：寻求降低风险，提高风险意识和改进和改进实施措施

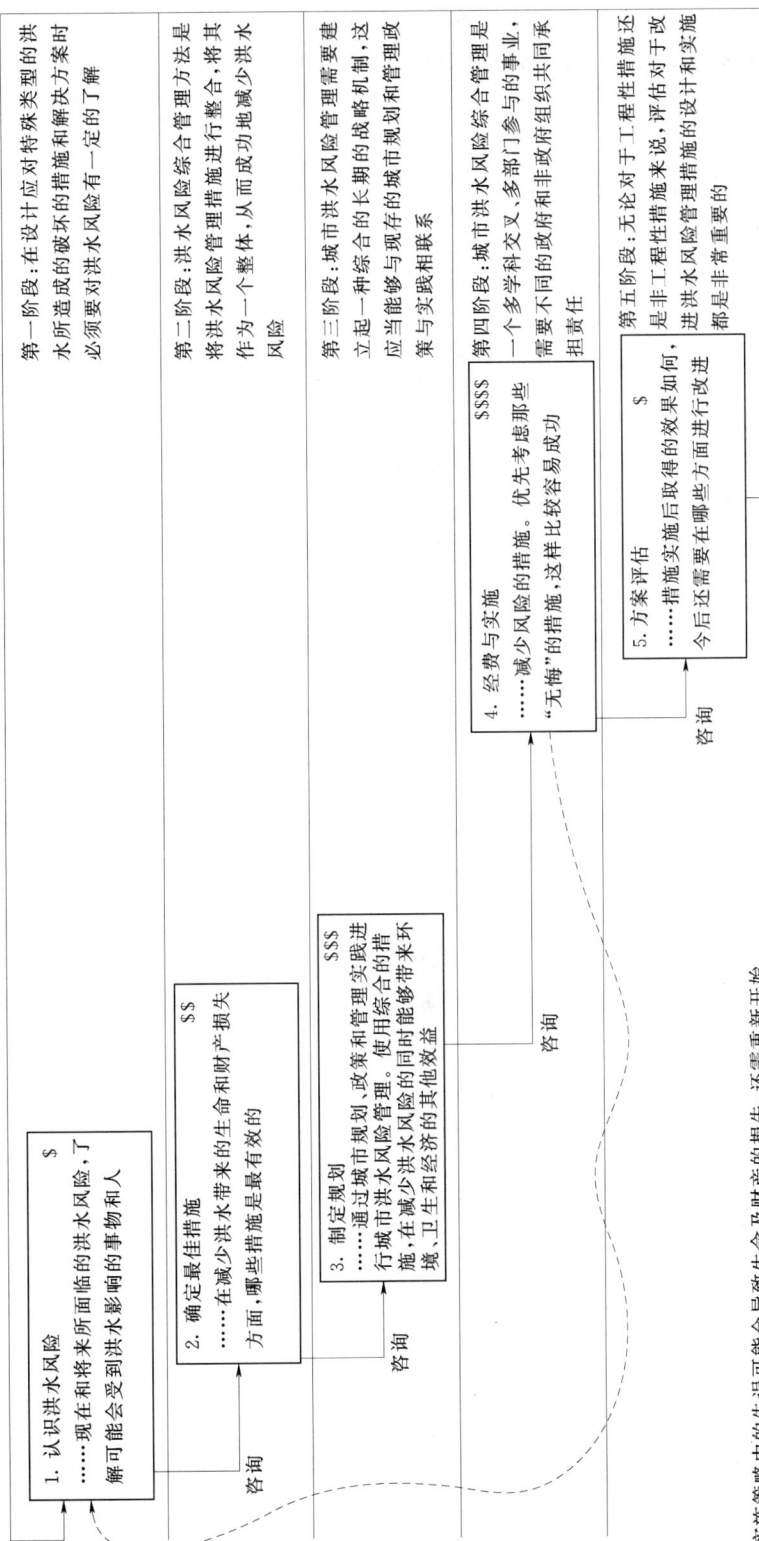

1. 认识洪水风险 $
……现在和将来所面临的洪水风险，了解可能会受到洪水影响的事物和人

2. 确定最佳措施 $$
……在减少洪水带来的生命和财产损失方面，哪些措施是最有效的

咨询

3. 制定规划 $$$
……通过城市规划、政策和管理实践进行城市洪水风险管理，使用综合的措施，在减少洪水带来的同时能够带来环境、卫生和经济的其他效益

咨询

4. 经费与实施 $$$$
……减少风险的措施。优先考虑那些"无悔"的措施，这样比较容易成功

咨询

5. 方案评估 $
……措施实施后取得的效果如何，今后还需要在哪些方面进行改进

第一阶段：在设计应对特殊类型的洪水所造成的破坏的措施和解决方案时必须要对洪水风险有一定的了解

第二阶段：洪水风险综合管理方法是将洪水风险管理措施进行整合，将其作为一个整体，从而成功地减少城市洪水同乘风险

第三阶段：城市洪水风险管理需要建立起一种综合的长期的战略与机制，这应当能够与现存的城市规划和管理政策与实践相联系

第四阶段：城市洪水风险综合管理是一个多乎科交叉，多部门参与的事业，需要不同的政府和非政府组织共同承担责任

第五阶段：无论对于工程性措施还是非工程性措施来说，评估对于改进洪水风险管理措施的设计和实施都是非常重要的

实施策略中的失误可能会导致发生致命及财产的损失，还需重新开始

图 11　洪水风险综合管理流程

来源：GHK Consulting 和 Baca Architects

23

城市洪水风险综合管理的 12 条准则

1. 洪水风险因时因地而异：洪水风险管理没有一成不变的蓝图

认识洪水类型、来源及发生概率，了解受洪水威胁的人口资产及其脆弱性，是确定适宜的城市洪水风险管理措施的先决条件。措施应顺应环境，因地制宜。例如，在错误的地方修建堤坝有可能会隔断排水通道，加重内涝，也有可能将洪水导向下游，转移风险；早期预警系统对降低突发性洪水风险作用有限。

2. 洪水管理需应对未来可能的变化和不确定性

在目前与未来，城市化都将对洪水管理造成显著的影响。但是，完全预测未来是不可能的。此外，在当前和将来相当长的时期内，即使最好的洪水模型和气候预测模型所得到的结果仍会存在很大程度的不确定性。这不仅因为未来的气候将受到人类活动的影响，而人类活动是不可预知的，还因为气候变化的进程与以前截然不同。鉴于此，洪水风险管理者应当策划采用既可妥善处理不确定性，又能应对不同气候变化条件的洪水管理措施。

3. 洪水风险管理应纳入城市规划及管理之中

由于洪水风险综合管理涉及土地利用、避难场所、基础设施和公共服务内容，因此，需将其纳入城市规划管理的过程中统筹考虑。城市快速扩张也要求针对新的开发建设开展洪水风险综合管理。此外，洪水管理设施的合理调度运行及日常维护也属城市管理的范畴。可见，城市洪水风险管理是城市管理的重要组成部分。

4. 合理组合、综合应用工程与非工程措施

工程和非工程措施并非互不相干，恰恰相反，它们是相辅相成的。每一种措施都能够在一定程度上减少洪水风险，最有效的策略是两类措施的优化组合，优势互补。在制定洪水风险管理策略过程中，需深入分析、切实把握具体措施减轻洪水风险的程度和效果，以选择可实现目前及未来预期的防洪目标的最佳策略。

5. 防洪工程可能将风险转移到上游或下游

如果应用得当，设计良好的防洪工程效果显著。然而，工程措施在减少某一区域的洪水风险的同时，可能会增加其他区域的洪水风险。城市洪水管理者应在流域层面上综合权衡这些措施是否有利于全局。

6. 洪水风险不可能完全被消除

工程措施是按照一定的标准设计建造的，因此，只能防御特定量级的洪水，存在着失效的可能性，而非工程措施通常设计为尽可能减轻而非彻底消除洪水风险。在制定任何计划时均应对残留风险有充分的认识和准备。因此，工程措施在设计时就应当考虑其可能存在的失效或失事的危险，并制定针对性预案，以防万一，保证即使其失效或失事，所造成的危害不超过未修建该设施时可能出现的危害。

7. 许多洪水风险管理措施兼有其他效益

将洪水管理、城市规划管理以及应对气候变化等统筹考虑可提高管理效益。例如，城市绿化带在消化蓄滞雨洪的同时，还能够美化市容，增加生物多样性，缓解城市热岛效应，用做消防隔离带和避难安置区。加强垃圾管理既能改善卫生条件，同时又可维持排水系统的排水能力，减少洪水风险。

8. 洪水管理费用评估应考虑社会及生态成本

虽然成本和效益可以从单纯的经济学角度来定义，但决策者在做决定时一般很少单纯地依靠经济学。一些决定所引起的，诸如使团体凝聚力减少或生物多样性损失等社会和生态后果，不能用简单的经济指标定量衡量。因此，城市管理者、规划者、存在风险的社区团体以及洪水管理人员通常要对此类广泛的问题做出定性判断。

9. 应明确实施洪水风险管理计划各部门的职责

洪水风险综合管理通常涉及各级政府的相关部门，如国家级、省级、市县级、社区级等。各级部门均有各自的管理及决策程序。明确洪水问题涉及的相关机构和个人的职责，能够使他们采取积极的行动以减少可能面对的洪水风险。

10. 实施洪水风险管理措施需各利益相关者密切配合

身处风险的人们达成共识，遵循共同规则并全程参与是洪水风险管理措施成功实施的关键因素之一。共识和规则增加了人们相互之间的信任，让人们变得更加包容，可减少不必要的冲突和分歧。当然，达成共识和形成规则需要强大且果断的领导力，以及国家和当地政府的相关支持和承诺。

11. 加强宣传教育对于提高公众风险意识，增强备灾能力必不可少

一般而言，每次大灾难的记忆"半衰期"都不超过两代人，而一些其他的惊吓和恐慌延续的时间则更短暂。通常，在3年时间内，一些不太重要的事件往往就能够被彻底遗忘。因此，有必要进行持续的宣传，提醒公众时刻警惕洪水威胁，提高风险意识，常备不懈，随时应对可能发生的洪水灾害。

12. 制定灾后迅速恢复计划并在恢复过程中提高城市的抗灾能力

即使采用最好的洪水风险管理措施，洪水灾害仍会发生，社区仍可能遭受严重损失。因此，预先制定灾后快速恢复重建计划，包括对可用的人力和物力资源进行规划至关重要。最有成效的灾后恢复计划是以灾后重建为契机，建设更加安全和具有更强抗灾能力的城市和社区，从而更为有效地应对未来可能出现的洪水。

第 1 章　认识洪水灾害

一位妇女站在里伯斯维斯高速公路旁
巡视遭受水灾的洛克利市郊（Rocklea）
[澳大利亚，布瑞斯班（Brisbane，Australia），2011年]。
来源：盖顿·蒙戴尔（Gideon Mendel）

1.1 引言

本章小结

本章涉及一些人们常常提到的、有关城市洪水风险的最基本的问题：

洪水来自于哪里？有多严重？多频繁？未来会变得更严重吗？

本章要传递的关键信息为：

- 若要确定适宜的洪水管理措施，了解洪水的类型及来源是非常必要的。
- 洪水分析预报工具和模型有助于洪水风险管理措施的规划和运行。
- 任何洪水与气候预测模型的分析结果都存在不同程度的误差和不确定性，因此，洪水风险管理者必须策划能有效应对不确定性和各种洪水情景的措施。

在牛津英语字典中，洪水一词的定义为："大量的水流溢出或突然宣泄，造成土地淹没的现象"。洪水是自然现象，但当其超过受影响区域的承灾能力时，将会造成严重的生命及财产损失，因此，常会引起全社会的高度关注。在全球范围内，洪水是发生最为频繁的自然灾害，对农村及城市均可能造成严重影响。随着全球，尤其是发展中国家的人口增长并向城市、城镇不断聚集，城市化已经成为全球人口迁移的明确特征。因为洪泛区开发毫无章法，排水设施老化且排水能力低下，不透水地面不断增加，洪水管理措施缺乏等，洪水正在影响甚至毁灭更多的城市区域。洪水问题也因气候变化而变得更为复杂。

洪水风险管理的前提是认识洪水及其风险，包括了解洪水的类型及成因，各种类型洪水发生的概率，模拟洪水淹没情况并绘制洪水风险图，预测气候变化并评判预测的不确定性等。

1.2节和1.3节描述了不同类型、不同成因的洪水及其频率和发生概率；1.4节及1.5节介绍了量化、评价和预报洪水的各种方法；1.6节讨论了在气候变化的背景下，如何应对变化的洪水问题。本章最后的技术附录进一步给出了一些技术信息资源，可以帮助决策者与参与者们更好地评价专业知识，以开发更合适的洪水模型。

1.2 洪水的类型及成因

洪水通常源于极端气象和极端水文的结合，如极端降雨和极端流量。然而，一些人类活动也会引发洪水。例如，侵占洪泛区将会使财产及耕地处于洪水威胁之下；大坝溃决、堤防漫溢均会造成其保护范围内的生命及财产损失。在世界上很多地方，人们从农村迁移到城镇中的洪水多发的区域，缺乏洪水防御机制使这些人处于脆弱的环境之中。土地利用变化也可能增加洪水的风险，例如，城市的发展降低了土壤的渗透性，增加了地表径流。在许多情况下，城市的排水系统没有能力承载增加的径流，从而导致洪涝灾害。

洪水的描述及分类有许多方式。基于洪水的来源、成因及其影响等因素的组合,洪水通常可分为河道洪水、内涝洪水、沿海洪水、地下水洪水以及人工涉水系统失事引发的洪水等。基于发生洪水的速度,洪水通常分为突发性洪水、城市洪水、半永久性洪水和缓涨性洪水。

上述各类洪水均会对城市地区造成严重的影响,因此,都可以归类为城市洪水。了解洪水的成因及发生速度对于掌握洪水可能对城市造成的影响以及如何减小其损失至关重要。表1.1总结了洪水的类型及成因,具体细节将在后面进一步描述。

表 1.1　　　　　　　　　　　　　　洪 水 的 类 型 及 成 因

洪水类型	成因		发生时间	持续时间
	自然诱因	人为诱发		
城市洪水	河流洪水、沿岸洪水、山洪、雨季洪水、地下水洪水	排水系统和下水道排水能力饱和;建设增加而导致的渗透性减小;有问题的排水系统和缺乏管理	成因不同而不同	几小时到数天不等
暴雨及地表洪水	强对流雷雨、暴雨、破碎的冰塞、冰川湖突发、地震导致的山体滑坡	土地利用的变化、城市化;地表径流的增加	多种原因	根据先决条件不同而不同
沿海洪水（海啸、风暴潮）	地震、海底火山喷发、沉陷、海岸侵蚀	沿海地区的发展;沿海自然植被（如红树林）的破坏	各不相同但通常相当迅速	通常持续很短的时间,不过有时需要很长时间才能消退
地下水洪水	高水面线结合强降雨联合影响	低洼地区的开发对自然蓄水层的干扰	通常很缓慢	持续时间较长
突发性洪水	河流、内涝、沿海风暴、强对流暴雨、GLOFs	挡水建筑物的灾难性失效;排水基础设施不足	迅速	通常持续时间很短,经常只有几个小时
半永久性洪水	海平面上升、地面沉降	排水系统过载,失败的排水系统,不恰当的城市发展;落后的地下水管理	通常很缓慢	很长的持续时间或永久

1.2.1　城市洪水

城市洪水正在产生日益严重的影响,是发达国家与发展中国家共同关心的问题。洪水对城市的影响包括对建筑物、供水供电系统、民居、财产等的损害,造成生产及贸易收入减少、临时或长期失业、交通运输中断等,且这些损失正在不断增加。因此,了解不同种类的洪水成因及其对城市的影响日趋重要。

城市洪水通常源于复杂因素的共同作用。较之自然环境,城市环境亦经受同样的自然力的影响,且城市居住环境加剧了这些问题。城市地区可能遭受河流洪水、沿海洪水、暴雨及地表洪水、地下水洪水以及人工涉水系统失事引发的洪水。在城市和城镇,可用于蓄水的土地非常有限,所有降雨及其他水流必须通过地表或地下排水系统排出。这类系统通常为人工修建，且受到城市对土地的竞争性需求所制约。当高强度的降雨造成大量地面径流超过城市排水系统的设计能力时，将会导致城市洪水。有时候水流由一处进入排水系统，而从另一处溢出。此类洪水在欧洲时常发生，例如，在 2007 年的夏天，部分英格兰地区即遭受这类洪水的侵袭。

在其他地区，如墨西哥城，持续的城市扩展降低了地下水补给区土壤的渗透性，加之 20 世纪地下水的过度开采引起的明显的地面沉陷，导致洪水风险增加。在低洼地区，由排水管道反溢出的水汇集成灾，已是很常见的现象。

土地利用规划的缺乏及不合理也会造成城市洪水。许多城市正面临着城市化进程中人口增长和对土地高需求的挑战。虽然现行法律法规对新的基础设施及各种开发形式均有控制，但往往由于经济、政治等因素，或能力、资源的限制而不能严格执行，常常导致水流自然通道堵塞或被填埋，从而引发洪水。

决策者和城市管理者有时亦会受到其他问题的影响。这些问题，在洪水对城市的实际风险未暴露之前，也许显得更重要。只有提高民众的洪水风险意识，在洪水风险管理过程中加强民众及决策者之间的沟通合作，才能控制日益恶化的全球城市洪水风险局面。

1.2.2　河道洪水

当地表径流超过天然或人工渠道的宣泄能力时，将发生河道洪水。多余的水溢出河岸，泛滥至低洼的洪泛区。

通常，一条河，如美国的密西西比河或北非的尼罗河时常会淹没其洪泛区的某一部分。而淹没面积较大的情况发生的频率较低，如 20 年一遇洪水；发生大面积严重淹没的情况更为稀少，如 100 年一遇洪水。

河道中的流量及水位取决于自然因素，如降雨历时及降雨量，同时也受人为因素的影响，如约束水流的堤围的存在。

河道洪水的形成速度可快可慢，例如，持续降雨引发的洪水可能较慢，而快速融雪形成的洪水则会很快。洪水亦可能由季风暴雨、飓风或热带低压而引起，或是由于山体滑坡、冰或泥石流引起的河道阻塞所引发。

案例 1.1 探讨了中国长江流域大洪水。

案例 1.1　中国长江流域大洪水

在中国南部，热带气流和气旋伴随的强降雨经常影响当地的气候。1931 年的暴雨导致了长江水文观测以来最大的洪水，6000 万人遭受影响。1998 年，另一场大的洪水导致 4000 多人死亡，造成约 250 亿美元的经济损失。目前，集聚于长江流域的居民超过 4 亿人，包括大型城市武汉、长沙和南昌等。中国国内生产总值的 40% 产生于该地区。该地区洪水频率增加的主要原因为：洪泛区的农业开垦，河道过水面积的缩小，洪峰流量增加，流域水土流失导致泥沙淤塞了长江中游湖泊及河漫滩地区，减小了这些地区蓄滞洪水削减洪峰的功能。

1998 年洪水之后，中国政府决定采取措施来减少该地区的洪水风险。与传统的工程控制措施大相径庭，政府采用了新的方法，即计划在 2030 年前，恢复 14000km² 的自然湿地。

河流漫滩区修复是灵活的"无悔"措施，并且经济实用，其效果不随未来的洪水风险变化而变化。

来源：Pittock 和 Xu，2001

1.2.3　内涝或内陆洪水

内涝洪水亦称为内陆洪水，是由于过多的降雨或融雪不能被土地吸收，在进入大排水系统及河湖水系之前，流过地表及城市地区所造成的洪水。这种洪水经常发生在地表渗透性较差的城市地区。由于城市地面硬化，降雨不能及时渗入地下，从而导致洪水。内涝洪水往往由夏季局部强暴雨或极端的大面积低气压气候所造成。其特点为：强降雨超过当地排水系统的能力（如果排水系统存在），雨水经地表汇流于地势低洼的区域。此类型洪水通常影响区域较大，持续时间较长。2007 年发生在英国赫尔地区的洪水即是由于长时间的降雨导致地表土层饱和，使排水系统不堪重负，最终造成城市中河流漫滩区之外区域的涝灾。在某些地区，涝灾可能会经常发生，尤其是在热带气候条件下。此类涝灾可能会很快排干，亦会频繁发生。在雨季，有时每天都会发生。

1.2.4　沿海洪水

沿海洪水源于海水的入侵。与周期性的潮汐不同，沿海洪水是由意外的海平面急剧上升所引起的，一般如海上风暴、飓风（台风）或海啸。当风暴或飓风发生时，在强风以及风暴中心负压的作用下，海面高高涌起，形成一个圆顶的水柱。如果接近沿海地区，圆顶水柱将会迫近陆地。而在近海地带，海底高程通常会增高，造成海平面上升，从而形成巨大涌潮，淹没沿海地区。通常，风暴潮引起的海平面上升的持续时间相对较短，一般为 4～8h，但在一些地区可能需要更长时间才能消退到正常的海平面。

海啸引起的沿海洪水不像风暴潮或台风引起的洪水那样频繁，但会在沿海低洼地区造成巨大损失。2004 年，由有记录以来最强的地震之一引起的印度洋海啸，波及环太平洋地区的海岸，14 个国家的数十万人丧失了生命。

1.2.5　地下水洪水

地下水位在冬季或雨季上升，在夏季或旱季再次下降。地下水洪水的发生是由于某一区域的地下蓄水层水面高度上升到地表高度所致。在长时间的持续强降雨后，上升的地下水可能会淹没通常不受水淹地区，还可能使季节河流充满水。雨季时，这些季节河流中的地下水流入常年河流，将会造成洪水问题，而且还可能导致大量水流汇入城市地区。地下水洪水有可能发生在低洼地区透水岩石片底部，这样的区域一旦形成，其影响将变得非常巨大。

当以前用于供水的地下水层不再被使用时，也会引起地下水洪水。如果一个地区的地下水开采减少，地下水面将会上涨得很快。发生在布宜诺斯艾利斯（Buenos Aires）的情况是很好的案例。当地的地下水遭受污染后即停止使用，饮用水通过外部调水替代。由此产生的地下水位上升，导致了地下室被淹没及排水系统溢流，而泛滥入城市的地下水量超过了排水系统设计能力中雨污排放总体积之和（Foster，2002）。

较之于河水，地下水通常响应缓慢。地下水洪水可能需要数周至数月才能消散。地下水洪水也比地表洪水更难控制。在一些地区，可以用水泵来降低地下水位。但如果水泵发生故障，将会带来洪水，并有可能转化为半永久性洪水。

地下水洪水与地表洪水往往难以区分。增加入渗，地下水位上升可能会导致更多的地下水流入河流，从而引发河水漫过河堤淹没附近地区。当降雨量过高时，地下水位则会上升，地下水可能渗入排水管道中，造成排水系统不能正常排放地表径流，从而导致洪水。

1.2.6 人工涉水系统失事之洪水

如前所述，人工修建的涉水系统均有失效的可能，其失效导致的大量水体宣泄则有可能引发洪水。这样的例子包括水管或排水管道破裂、水泵系统故障、大坝或堤防溃决。这种类型的洪水不仅仅局限在通常所认为的有洪水风险的区域，而且附近的低洼地区和防御工程应该保护的区域也将面临很大的风险。由于系统失效导致水体在高压作用下迅速泄出，这类洪水通常来势凶猛，如溃坝。溃坝产生洪水的体积大、流速快，其后果往往是灾难性的。堤防失事也会导致毁灭性的洪水。从失事堤防中宣泄出来的洪水通常没有通道流回河流或排出淹没区，洪水后的积水可能会持续较长时间。1993年4—10月期间，美国中西部密西西比河、密苏里河及其支流发生大洪水，许多长期以来一直保护当地居民区和耕地免遭水灾的堤防，在洪水期间溃决，造成洪水泛滥。这场洪水造成50人死亡，经济损失估计高达150亿美元（Larson，1993）。

1.2.7 突发性洪水

根据美国国家海洋和大气管理局（NOAA）定义，当洪水峰值出现在暴雨发生后的6h内时，称为突发性洪水。突发性洪水可能起源于局部强对流雷雨、上游水库溃决、滑坡、冰川崩塌或冰塞等。影响突发性洪水的因素，除了降雨强度和持续时间以外，还有地表面条件和流域的地形及坡度。例如，在陡峭的山区，大雨流经山坡，迅速汇流入原本很少或没有水的河道中，水位在河道中迅速上升，突然引发该地区的洪水。

突发性洪水对城市地区的危害更为严重，因为城市大部分地表由不透水的街道、屋顶及停车场组成，而水体在不透水地面的流动速度更快。

突发性洪水，由于其突发的特性，往往很难预测（如果不是不可能的话），故十分危险。较之其他类型的洪水，突发性洪水的影响范围要小些，但由于水的流速很高且携带了大量的碎片，包括岩石、树木和汽车，所造成的损失亦很严重。

2009年11月，突发性洪水袭击了沙特阿拉伯的吉达（Jeddah）市。在4个小时之内，降雨量超过90mm，接近年均降雨量的2倍，为沙特阿拉伯10年来最大的降雨。死于洪水的人数超过100人，经济损失估计为2.7亿美元。

另一种类型的突发性洪水亦称为冰川湖突泄洪水（GLOF）。冰川很容易受到温度上升影响，温度上升会导致冰川加速融化，由于冰块或其他物质的堵塞，形成冰川湖泊。如果堵塞的冰块等物质被湖水侵蚀而溃决，大量水体将冲向下游河谷，形成突发性洪水。这类洪水造成的损失取决于诸多因素，如湖水的深度、溃决特征、河谷的地形地貌以及受影响对象的特性。在尼泊尔喜马拉雅地区，这类洪水是一个特殊的危害。截至目前，该地区有记录的此类洪水共有 24 次。1985 年，该地区地格槽（Dig Tsho）冰川湖泊的突然破裂，影响范围波及下游数十千米，导致了重大经济损失和基础设施的严重损坏，其中包括一个位于 11km 外、接近完成的水电站，并造成 5 人丧生（ICIMOD，2011；Matambo，2011）。

1.2.8 半永久性洪水

在某些情况下，城市会向洪水多发且持续时间较长的地区扩张。这些地区通常低于海平面或地下水位接近地表面。这里通常是一些未经规划、非正式的居住点，是伴随快速的城市扩张而形成的贫困居民区。照片 1.1 显示了这类地区典型的洪水场景。

照片 1.1 2010 年发生在 Baguida（Lome）
的大洪水（7 个月后地面仍然积水）
来源：K. Ayeva

在失事后有待修复的涉水建筑物的附近地区也可能发生半永久性洪水。例如，美国的新奥尔良市，卡特里娜飓风破坏了海堤，造成洪水。飓风过后 6 周之久，一些住宅仍然浸泡在水中（Kates 等，2006）。海平面上升和地面沉降将会在未来增加更多这样的地区。

1.3 洪水概率

开展洪水风险管理必须认识并把握洪水发生的可能性。洪水风险识别过程可以概化为图 1.1 所示的模式。

该模式将洪水风险识别过程分解为：识别洪水的成因、洪水演进的路径以及受到洪水影响的对象（承灾体），如人类定居点、建筑物、可能会受到洪水影响的土地或者其他结构及环境。上述三步的前两步为洪水灾害分析，包括洪水的成因及其演进的路径。洪水有

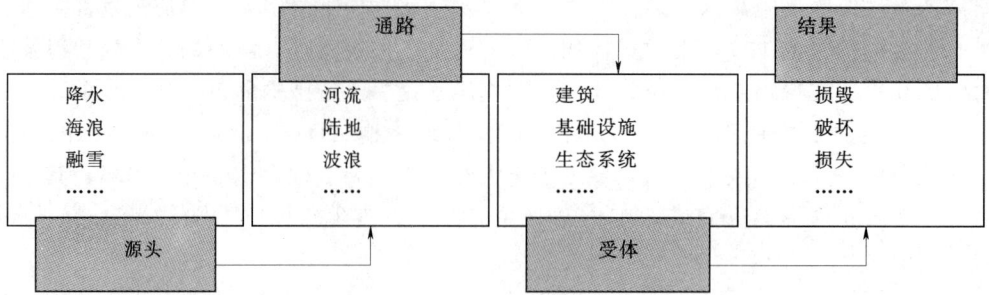

图 1.1　洪水风险识别过程模式

可能对其演进路径上的任何承灾体造成破坏，为了充分地评估风险，需了解承灾体受淹的程度、性质及其忍受和抵御破坏的能力。本节将讨论洪水灾害，主要内容包括其性质、成因和演进路径。同时也涉及洪水发生的概率。

若要将水文气象模型得出的洪水发生概率转化为大众能够理解的、决策者能够用来评估选择可行性方案的、简明易懂的术语，并非易事。本节介绍了计算洪水发生概率的几种不同方法，并对一些洪水风险的概念进行了区分。

区分气象事件发生的概率和洪水事件发生的概率是非常重要的。气象事件是影响洪水的主要因素，但是气象事件却很难预报，因为气象本身具有混沌的性质。换句话说，尽管人类在天气预报方面取得了长足进步，但仍然不能准确预报何时何地会下雨或是形成风暴。因此，不可能精确地得知未来会在何时何地发生洪水，也不可能知道下一场洪水的规模及量级究竟有多大（洪水水位及流量）。洪水的预测一般由概率的形式给出，而概率通常是使用研究区域的长期历史数据计算而得出。

以下将介绍如何使用频率分析与水文模型估算洪水发生的概率。

1.3.1　洪水发生概率

自然流域或城市地区的洪水预测可通过分析过去发生的洪水事件来确定其重现期，然后使用这些信息来推断未来发生的概率。下面将以简化的方式，以河道洪水为例介绍这种常用方法。

内涝、地下水、突发性及半永久性洪水的发生概率，即使在有历史数据的情况下，亦很难估算。因为造成这类洪水的原因很多，如前所述，可能是气象事件，如暴雨或其他因素，或排泄水能力不足，或关键基础设施的管理不善，以及其他人为因素。

对于沿海地震活动造成的洪水，预测其发生概率与预测地震的发生概率同样困难。而沿海地区风暴及飓风引起的洪水，其发生概率原则上可以使用历史数据或数值模拟其关键变量，如风速、海平面、河流流量和降雨等来计算。

1.3.1.1　重现期

重现期的定义为：假设不同事件为随机事件，对于一个给定的幅度（或等级），其重复发生的平均间隔时间。对于不同量级的洪水，其重现期因流域不同而异，取决于多种因素，如区域的气候、河滩地的宽度、河道的大小。较之降雨丰沛的湿润地区，干旱地区的一个 3m 水深洪水的重现期可能会更长。因此，重现期是由流域的特性决定的。

由于在计算重现期时只考虑年最大流量，在某种情况下，可利用的计算数据量会非常有限。在欧洲和亚洲部分地区，有些数据可以追溯到几百年前，如荷兰的海岸洪水。而在其他地方，则可能数据稀少，记录很少长于 50 年。这会为重现期的计算带来局限性。在评估和估计不确定性时，必须加以考虑。

当基于历史数据的洪水重现期决定之后，应作出关于洪水频率分布的一些假设，以便利用内插或外插的方法估算出没有历史记录的洪水事件之重现期。欲达到此目的，必须假设洪水频率的分布，从而得出任意洪峰流量的重现期（不仅仅是有历史记录的洪水重现期）。

1.3.1.2　洪水概率

如前所述，重现期指的是过去发生的洪水，而洪水的概率是指某一洪水事件在未来发生的可能性。这两个概念是相关的，因过去事件的重现期常用来估计未来事件发生的概率：对于任何洪峰流量，发生的概率是重现期的倒数 $p=1/T$。

利用重现期 T 和洪水概率 p 之间的关系，可以明显看出，重现期为 100 年的事件，在任意一年中，有 1% 的几率发生（或超出）。术语"100 年一遇的洪水"经常被用来描述具有 100 年的重现间隔的洪水（Defra，2010；Dinicola，1996）。但是这可能会被误解，因为 100 年一遇洪水并不一定在 100 年期间内必然发生一次。在未来 100 年不发生 100 年一遇洪水的概率为 $0.99^{100}=0.366$。因此，在未来 100 年之内，发生 100 年一遇洪水的概率为 0.634，接近 2/3。

1.3.1.3　洪峰流量、洪水位及淹没程度

常用于描述河道洪水严重程度的参数为：流量、水位和洪峰值（或峰值）。流量定义为：单位时间通过某一横断面的水流体积（通常以 m^3/s 为单位）。水位是水的表面高程（通常表示为在某一基准高程之上的高度）。随着流量的增加，水位亦会增加，但这种关系并非线性的，而是取决于特定的河流及流域集水区。洪峰水位是在洪水事件期间所达到的最高水位。本节使用的"水位"不同于"洪水位"，"洪水位"有时用于描述：当河水漫岸而出，淹没大量的土地、道路，严重威胁生命及财产的水位。

在某一位置的流量和水位呈经验性的关系，通常可用这两个参数的观测数据绘制曲线图形来表示。这些曲线只是近似值，因为流量和水位之间的关系是非线性的，插值得出的流量并不准确。有时实测数据亦很缺少。同时应该指出，由于自然及人为引起的河道特征变化，亦会导致流量—水位曲线的变化。

当得知洪水位时，下一步即可确定相应的淹没范围。这一过程并不简单：在陡峭的峡谷，洪水位上涨 2m 可能不会有显著影响，而在广阔的河漫滩区，则会淹没很大范围。因此，由洪水造成的潜在损失不仅取决于流量和水位，同时也取决于当地的地形。要确定某一特定水位的淹没范围，地形图是必要的。而洪水淹没图可显示在某一概率的洪水流量—水位情况下的淹没范围。

通常，即使是预测河流洪水，亦须掌握流量及其他因素的综合影响，如潮汐、涌浪、降雨及可能的风浪，方可确定河流的整体水位，并由此得出河流漫溢及泛滥的可能性。

涉及海岸工程时，海水位和海浪的综合影响将决定沿海结构的荷载，以及损坏、严重漫溢和洪水泛滥的可能性。在沿海城镇，设计城市排水系统时，应综合考虑海平面与高强度降雨的影响，以确定防潮汐排水管渠的设计频率。当洪水的概率依赖于两个或多个变量时，需要联合估计。

1.3.2　洪水概率分析的不确定性

上述计算洪水概率的方法是基于一系列的假设，在大多数情况下这些假设或多或少均有些问题。这些假设如下（Klemeš，1993，2000）：

（1）存在长期的、高质量的观测记录。

（2）洪水事件之间没有相关性。

（3）物理系统是静止的（即不变化）。因此，观测数据对所有可能的洪水事件均具有代表性。

（4）由历史时间序列生成的概率分布代表任何时间的瞬时概率分布。

了解这些假设的存在对于决策者们是至关重要的。

如果洪水预测的不确定性的程度使得最有效的减灾措施难以选择，则会对洪水风险管理造成严重影响。下面两小节将详细讨论其中两个假设——数据的质量和系统的平稳性。

1.3.2.1　历史记录的质量

根据历史观测数据推求的结果无疑依赖于历史数据的数量及质量。若要得到有用的统计结果，水文数据必须是准确的、有代表性的（即在所需的时间范围内）、均匀的（测量的数量不随时间而变）及覆盖足够的时间长度。实测数据很少符合这些要求。例如，当一条河流发生了一场大洪水之后，某个特定重现周期事件的数值可能会发生变化，或新的观测技术将改善数据的质量，采用新的测量技术会导致观测流量发生小的变化，进而影响到某一重现期的洪峰流量。同样，重现期对引入任何新的数据均很敏感（Dinicola，1996）。

应用历史数据时，还应考虑洪水的成因。用某类洪水数据得出的估算值并不能用于其他类型较为罕见的洪水。例如，在加拿大东部，大多数年最大洪水流量是由融雪所造成的，但是该地区亦有可能遭受飓风袭击，从而引起较之单独的融雪洪水要大得多的洪水（Klemeš，1989）。同时还应该认识到，采用外推法将只有50年的历史数据延伸到1000年甚至10000年时，将会带来许多问题。对这种高风险、低发生概率洪水事件的预测，在设计一些重要设施，如有毒废弃物填埋场及核电站时，将非常重要。使用概率分布最佳拟合法来估算这类洪水往往会导致荒谬的结论，因为这种规模的洪水可能发生的条件是完全不同的。此外，来自两个不同气候区域的历史数据有可能符合同一个概率分布，一个区域有可能以融雪洪水为主，而另一个区域则可能以对流强降雨为主，不应该假设这两个区域的1000年一遇的洪水是同等量级，尽管在数值预测中完全可能。在未对历史洪水的物理成因做出详细分析之前，仅仅根据概率分布拟合所做出的预测有可能过高或过低估计洪水的危害。影响历史洪水的物理因素包括地球物理、生物物理以及人类活动等决定洪水形成的因素。

1.3.2.2　平稳性假定

在预测未来城市洪水的发生概率时所产生的最大不确定性源于平稳性假定：即假定过

去观测到的洪水的重现期等规律与未来洪水的相同，这样就可以根据历史上的洪水来推测未来可能发生的洪水。这个假定成立的前提为：该系统是稳定的，观测到的历史记录能够为所有可能发生的洪水事件提供可靠数据。这个假定显然是不成立的，例如，一个流域可能会由于人类活动或者其他的一些事件而发生改变，又如，降雨的模式会受到当地或者是全球气候变化的影响（Klemeš，1989，1993，2000）。

对于城市洪水而言，两个潜在的非平稳性来源分别为：城市化过程中洪泛区的快速发展以及由于气候变化导致的天气模式变化。其他的一些变化亦会导致洪水概率的变化，例如，一些减灾措施所造成的影响。在美国华盛顿州绿河（Green River）上修建的霍华德汉森大坝（Howard Hanson Dam）就是很好的一例。该坝于 20 世纪 60 年代完工，将下游 30km 外的奥本（Auburn）地区的 100 年一遇的洪水量级削减了近一半（Dinicola，1996）。大洪水事件也可能会改变一些物理条件，如水流流态、横断面等，从而影响未来的洪水。

由上述分析可见，在具有很长的历史观测记录的流域内，利用历史观测数据预测近期类似量级的洪水概率一般相对比较稳定可靠。当利用历史记录进行外推，预测观测数据之外的洪水事件时则应当特别谨慎，尤其是在那些气候变化可能导致未来气候事件的模式和发生频率变化的地方。在这种情况下，使用洪水发生概率来评估洪水风险时，应当对于其中所包含的不确定性有一个清楚的认识。最优的洪水管理方法应当尽量减少未来不确定性所带来的影响。

1.4　洪水灾害评估

灾害的概念可定义为：潜在的、可能会引起伤亡、财产损失、社会和经济破坏或者是环境破坏的物理事件、现象或人类活动（UNISDR，2004）。

灾害事件在特定的时间段和区域内有一定的发生概率和强度。通过收集到的历史记录或是最近的实时数据对物理事件和现象进行分析的工作通常称为灾害评估。为了更好地了解自然洪水过程，评估时需要考虑 3 个方面：发生的概率、发生的量级和强度以及预计下次发生的时间（ADPC，2002）。本章将讨论洪水灾害评估与洪水灾害图。洪水灾害图不同于洪水风险图，洪水风险图将在本书 2.4 节中讨论。

洪水灾害图是帮助我们了解某一地区可能面临的洪水灾害状况的有效手段，对于规划区域发展是十分重要的，同时，还可作为决策支持工具。洪水灾害图的制作应以简单易懂为宗旨。要制作出使专业技术人员与非专业的相关阅读者都能够一目了然的洪水灾害图。就需要根据不同用户特定的需求来制作，以便满足个人或相关机构的要求。洪水灾害图要能够显示洪水的类型、水深、流速、淹没范围以及洪水流量；也可以根据洪水的频率或者重现期，例如，10 年一遇、25 年一遇、100 年一遇或者更加极端的，如 1000 年一遇的洪水制作洪水灾害图。

1.4.1　灾害评估中洪水发生概率的估算

洪水是由气候因素和一些可能会引发洪水的非气候因素共同造成的：一场河道洪水的

量级会受到许多物理条件的影响，例如，降雨强度、降雨量以及降雨历时。发生洪水之前，河流及流域的条件（如有积雪或者冰的存在、土壤类型以及土壤的饱和程度等）也会对洪水产生影响。除此之外，还受人为因素的影响，如堤防、大坝和水库，或者是由于城市向洪泛区发展而导致的地面透水系数降低等。

洪水通常以降雨事件或者"设计洪水"来评估，如前文所提到"100年一遇洪水"。洪水发生的概率或灾害的评估往往需要综合运用统计学、气候学、气象学、水文学、水利工程以及地理学等相关知识。在1.3.1小节中提到的标准方法假定在使用统计学方法计算设计洪水时所需要的流量数据是足够的。在那些由于数据不足或质量较差而导致流量数据不能满足要求的地区，则需使用其他方法。这类方法包括：使用邻近河道的相关数据进行插值，以得到所需站点的数据；在降雨数据可用的情况下，可以由此计算出设计降雨，再通过降雨—径流模型来估算河道径流量。将算出的径流量输入水力学模型，就可以计算出水深及洪水的淹没范围。最后，将这些信息与地形、基础设施、人口以及其他的地理数据结合起来，以估算洪水带来的风险。表1.2展示了目前常用的几种模型："代"代表了模型的成熟水平和完善程度，"第一代"的模型中包含了许多的假定以便模型能够简化，而随着模型的发展，越来越先进的模型中所包含的简化假定逐步减少。

表 1.2   洪 水 模 型 的 种 类

模型类型	适用领域	优 点	缺 点
第一代具有2Dh网格的模型	估计洪水持续时间和洪量。适用于简单河道	中低成本；计算简单；运行时间短（几分钟到几小时）	在大面积的区域或洪泛区得到的效果不佳
第二代一维/二维、二维和有限元模型	大尺度模拟，城市洪水模拟。适用于复式河道	中高成本；结果较准确，计算时间较短（几小时到几天）；除了水深、流速和水量之外还能够得到渗流和渗透	在进行大尺度计算时划分的网格应尽量大一些，否则计算时间会变得非常长；需要大量的数据
第三代模型	能够三维显示河道，二维显示洪水演进。适用于局部预报	成本较高；计算较精确；精确模拟流速和洪水边界随时间的变化	运行时间较长；对数据要求较高；成本略高
侵蚀模型（Vellinga，1986）	适用于基于浪高和风暴潮水位预测最终的侵蚀轮廓线	可用于不同形态的海岸	没有波动周期
Komar等（1999，2001）	适用于预测在极端事件发生时的最大侵蚀程度	模型较简单	没有考虑暴雨历时
Sheach模型	适用于估算在不同海岸地带的交叉海岸迁移速率	分析得更加灵活全面	对数据质量要求较高，且需要庞大的数据集
TIMOR3和SWAN模型	基于过程的模型，适用于短期计算模拟	能够给出详细的地形动力	计算初始响应时效率不高

来源：Floodsite Report T03-07-012008

联合国国际减灾署（UNISDR）指出，公众对灾害的认识将在防灾减灾过程中起非常重要的作用。为此，该机构制定了一系列开展对公众宣传活动的原则，包括：宣传活动在设计和实施的过程中应当充分考虑当地的实际情况和需求；应当涵盖社会的所有层面，包括决策者、教育人员、专业人士以及居住在危险区域的公众；开展特殊的灾害风险意识宣传活动，使之持之以恒。

传统的洪水风险管理主要依靠工程措施，如修筑滞洪区与堤防。在大多数情况下，规划和实施这类措施主要由政府负责。而一些非工程措施，如早期预警等，正在发挥日益重要的作用。这类措施则需要社会广泛的参与，其中包括：明确公示洪水风险，就减灾措施的选择开展沟通与对话。这类非工程措施已经成为洪水风险综合管理不可缺少的重要部分。

在具体实践中，很多工程都已经表明：让可能受到洪水影响的公众参与到洪水风险管理之中会取得很好的效果。例如，在瑞士，各城市均制定了鼓励当地的利益相关者参与的办法。通过召开相关研讨会并邀请风险方面的专家，将当地利益相关者（减灾和灾害管理部门组织的相关成员以及会受到洪水影响的人群）所掌握的知识和经验系统性地整合起来；然后，据此确定具有代表性的灾害，并分析灾害发生的概率，从而为社区大致确定其可能面临的洪水风险并讨论应对方案。这种方法能够确保在制定管理计划时，充分考虑到当地的特点和实际情况，同时，也激发了同当地民众间的对话和沟通，从而进一步增强对所采取措施的理解与认同（Merz，2010）。

任何洪水灾害评估均存在不确定性，而向不懂水文原理的民众表达并使之理解其含义，则是巨大的挑战。如前文所述，"100 年一遇"在统计上的实际意义常被人们所误解。大多数人认为，"100 年一遇"即是每 100 年只发生一次，或是这样的洪水的循环周期为100 年。而其真正的含义为，这样的洪水在任意一年发生的概率为 0.01。

洪水灾害的表述中还有一点容易混淆：有时两场洪水事件被报道为具有相同的重现期，但其量级却不同、对于同样的人所造成的影响也不同。有时，由于缺乏数据或者对过程理解不够透彻，洪水预测的不确定性非常大或者对其知之甚少，依据洪水发生的概率来传递洪水风险或制定决策，可能会出现误导的情况。此时，侧重于用洪水造成的后果表达或公示灾害信息可能更为恰当。

1.4.2　洪水灾害评估的数据要求

定性及定量的洪水数据都可用于建模与分析。水文气象数据属定量数据，而洪水影响范围、深度及流动快慢等文字描述则是定性数据。数据可通过当地市政部门、政府环境部门与环境机构、天气和气象部门（当地或区域）、媒体报道和文件档案等获得，或者通过参与式地区评估（PRA）方式收集。水文数据可从监测站和测量站（如果有的话）以及卫星影像（实时或发生后）获得，还可从国家或国际组织收集和储存的卫星图像获得［如美国国家航空及太空总署（NASA）、欧洲太空总署（ESA）和印度理工学院遥感（IIRS）］。洪水发生后的影响情况可以从媒体或当地政府获得。

马尼拉市有关台风 Ondoy 的洪水淹没图的数据收集就是一个协作收集数据的例子。马尼拉天文台开发了一个交互式地图，显示菲律宾马尼拉市各个地区的最大洪水深度。这个项目最重要的部分在于，要求生活在洪水影响区域的每个居民收集洪水数据并在线提交。收集到的数据被用来验证洪水模拟并预测未来的洪水（马尼拉天文台，2010）。日益增长的灾难意识促使国家地质研究所建立了类似的平台，用于接收来自全国各地的灾害数据。由于此类平台允许公众反馈，其弱点之一为，收集到的数据需要进一步验证。与所有类型的洪水灾害图一样，数据定期更新是十分重要的，因为任何变化将会影响最终风险评估结果。

参与收集与归档灾害数据的主要国际机构包括：全球紧急事件数据库（EM-DAT）、流行病学研究中心（LRED）、世界卫生组织（WHO）、慕尼黑再保险公司、联合国办公室人道事务协调厅（UNOCHA）的救援网络和全球灾难信息网络（GDIN）。除了实时水文气象数据外，这些国际组织的大部分历史数据均免费提供。

灾害评估的最终结果取决于数据获得的方法及其质量，有关细节可参考美国联邦应急管理署（FEMA，2003）的相关指南，其中包括：实地调查和控制点布设、水工建筑物的测量、基于航空照片和卫星影像绘制地形图、激光雷达（光探测和测距）技术应用以及空间数据集的质量要求等，这些均为编制洪水灾害图的基础数据。类似的指南还有许多。

在水力学分析中数字地形模型（DTM）是最重要的数据，其质量取决于高程数据的精度。通常，高程数据可通过摄影测量、激光雷达和合成孔径雷达（SAR）等技术与传统的地形图以及 DGPS 现场测量方法相结合获取。但此类方法均有其局限性：在较大区域内数据是否具备，经济上是否可行等。遥感方法已广泛用于生成高分辨率的 DTM 数据，值得注意的是，在数据采集与数据处理过程中产生的误差仍可能影响最后洪水灾害图的精度。

洪泛区的地形是洪水灾害评估的另一个重要方面。传统的地形和水深数据取自地形测量和水深测量。近年来，水下实时动态 GPS 测量技术以及激光雷达技术越来越多地应用于监测全球海岸变化。同时，机载激光雷达扫描水电图形操作调查（SHOALS）等技术亦被广泛应用于同步测量地形和水深，从而减少了由于数据获取时间不同而产生的不确定性（Lillycrop 等，1996）。更新水深数据最常见的方法为多束 Eco 测深仪测量（MBES）。

数据采集的成本永远是一个令人关注的问题：购买昂贵的数据和技术，如激光雷达和 SAR 时，必须与提高风险分析精度所带来利益相比较，益本比应满足经济可行性要求。

案例 1.2 描述了在塞内加尔（Senegal）运用数据源和 GIS 技术进行灾害评估。

案例 1.2 达喀尔（Dakar）城郊地区自然灾害和气候变化风险的空间分析

2009 年世界银行在达喀尔城郊地区进行了自然灾害风险识别的试点研究。达喀尔大都会地区覆盖了塞内加尔将近 1% 的国土面积，但在此居住的人口接近该国城市总人口的 50%。达喀尔地势低洼，沿着漫长的海岸线呈半岛状。洪水、海岸侵蚀、海平面上升等灾害对城市构成严重威胁。2008 年、2007 年、2003 年、2002 年及 2000 年均发生了重大洪水事件。

达喀尔大部分的人口增长位于未经规划的城市周边地区。这些地区极易发生自然灾害。达喀尔城区行政管理安排亦不明确，增加了城市管理难度。在此情况下，系统考虑市郊地区的灾害风险管理，加强机构能力对灾害风险管理极为重要。此试点的目标之一为：利用基于地理信息系统（GIS）的空间分析工具，提出灾害风险快速评估的方法。

研究以可能的洪水、海岸侵蚀和海水淹没为对象，将土地价格数据和土地利用信息纳入灾害图中，评估人口资产受灾情况。同时，采用空间分析方法，开展灾害统计，绘制灾害图，得出热点地区、有发展规划区和无发展规划区的灾害风险状况。

研究表明，该方法和技术可以为其他地区所用，并可在以下几个方面经一步发展完善。

• 考虑更多的自然灾害类型。
• 更详细地分析自然灾害的经济影响。
• 开展有规划发展与无规划发展的对比研究，分析建筑物的密度和人口密度与规划之间的各种关系。
• 添加更多的信息（通过分层），如大型基础设施（道路、电网、排水和卫生系统）。

最后，该方法可以更有效地了解洪水灾害风险（特别是在城市周边地区），并促使洪水风险管理与土地利用规划更好地结合。

来源：Wang 等，2009；GLIDE Disaster Data

1.4.3　制作洪水灾害图（河道洪水）

制作洪水灾害图是迈向洪水风险评估的第一步。其目的在于更好地理解与展示洪水灾害的范围及特点，如水深、流速。各利害相关团体和个人，如市政管理者、城市规划师、应急响应人员、风险区内的社区，均可参考洪水灾害图来制定长期的减灾措施及应急行动预案。

洪水灾害的准确评估有赖于可靠准确的数据、适用的数值模型、明确易懂的图示、合理的参数和模型率定及验证。主要步骤包括：

（1）收集整合建立数字地形图所需的基本数据。

（2）计算洪水重现期。

（3）利用 1D、2D 或 3D 水力学模型模拟各种洪水情景（需要洪水模拟软件）。

（4）模型结果的率定及验证。

（5）制作洪水灾害图并发放给不同的使用者。

（6）跟踪监控并适时更新洪水灾害图。

1. 收集整合建立数字地形模型所需的基本数据

可以用来生成数字地形模型（DTM）和数字地表模型（DSM）的数据包括：激光扫描地形数据、地理测绘数据、正交照片、卫星图像、数字化的人工结构物和人造地形数据、河道断面数据、流量数据、水深数据等。

首先，将可用的数据数字化生成初步的数字地表模型；然后，可根据具体需要进行地形数据插值；最后进行错误矫正，以确保生成的地表尽可能地吻合实际。

若要得到可靠的洪水风险数值模拟结果，用来进行数值模拟的数字地形与数字地表模型必须能精确反映该地区的实际情况。应用 GIS 技术，将激光测取的地形数据与地理测量数据（数字化的等高线）相融合，可以得到最佳结果，不过，激光地形数据一般较昂贵。数值模拟结果亦会受到其他因素的影响，如数据的类型，操作人员的专业技术、背景知识以及对模型、数据、洪水等的理解。所有的因素均会影响最终结果。

2. 计算洪水重现期

年最大洪水系列指一年内流经某一特定断面（通常在水文测站）的最大流量值，以 ft^3/s、m^3/s 或（$AC \cdot ft$）$/h$[●] 等为单位表示。重现期的计算公式为

$$Tr=(N+1)/M$$

式中：Tr 为洪水重现期；N 为年度最大洪峰量；M 为序列号，按流量值大小排序。

当流域中包含多个支流时，有必要测量每一个支流的流量。有关重现期和洪水概率的详细介绍，请参考1.3.1小节。

洪水重现期的计算结果可以使人们理解某一给定洪水的"超越概率"。如果实测的年最大洪水量数据难以获得，则需粗略估计。但是，这将导致模型的不确定性，进而影响最终结果。

3. 利用1D、2D、3D水力学模型模拟各种洪水情景

如表1.2所显示，目前有很多洪水模拟数值模型可用，都有不同程度的概化，各有适用性和优势及劣势，最大的区别在价格和计算时间上。无论选择哪个模型，均需按照用户对洪水情景模拟的需要，结合数据情况和边界条件，设计合理的技术路线。模型的率定及验证则保证了其结果与实际情况相符（如将模拟结果与当地的历史洪水数据相比较）。

模型的输出结果也有一定的差别，通常为相应重现期洪水的水深、流速和淹没范围等。根据需模拟的洪水特性，应选用在资源许可的条件下最"前沿"的洪水分析模型。当实测数据有限时，应将输入数据"参数化"，从而得到尽可能接近实际情况的结果。这一重要步骤的具体操作依据使用的模型而异。模型输出结果也可能受模型内部计算公式所影响。

4. 模型结果的验证

通过现场调查验证模型结果，亦称为模型的"实地检验"，是确定模型结果准确性的重要方法。利用实际洪水数据验证模型结果也是一种常用的方法，由此可显示模型的精确度。

为了提高模拟的精确度，确保最终的洪水灾害图可应用于实际，以上两种检验方式是必须的。

5. 制作并分发洪水灾害图

模型结果的输出可以是GIS格式（栅格或者矢量数据），据此生成图件，从而将模型的结果由数字转化为方便用户使用的图形模式。可针对不同的用户绘制不同形式的洪水灾害图（如比例尺、大小、信息量及通用化程度等）。有些软件可以用来制作不同形式的洪水灾害图，以满足不同用户的特殊要求。

显而易见，不确定性存在于灾害评估的全过程：数据收集，模型选择，参数输入，模拟运算，模型人工处理直到最终的结果输出。每一阶段的不确定性都会增加结果的不确定

● 1($AC \cdot ft$)$/h$=12.1ft^3/s=0.45m^3/s。

性，因此，有必要考虑不确定性对模型结果的影响，并尽可能减少不必要的不确定性。

6. 跟踪监控并及时更新洪水灾害图

便于公共使用的洪水灾害图通常只有有限的信息，多用 GIS 软件生成，往往只显示洪水淹没范围及可能的防护措施（如果存在）。地方当局用于决策的洪水灾害图则要复杂得多，其中包括较多的信息，例如，市政级别的洪水灾害图可能会标注资产信息。专业机构使用的洪水灾害图可能会更详细，信息可能具体到每家每户。

洪水灾害图必须根据当地情况变化而及时更新（如道路及主要建筑的修建会在很大程度上改变地形）。其他相关信息，如来自测站的新的极端洪水记录，亦需更新。洪水灾害图的使用情况也应跟踪记录（如实际洪水事件数据是否超过洪水灾害图中显示的预测数据）。

地方政府在做决策时，应将模型结果的不确定性纳入考虑，要及时根据新的实测数据修改洪水灾害图，并采取措施，确保旧图不再使用，从而保证未来的决策基于新的洪水信息。

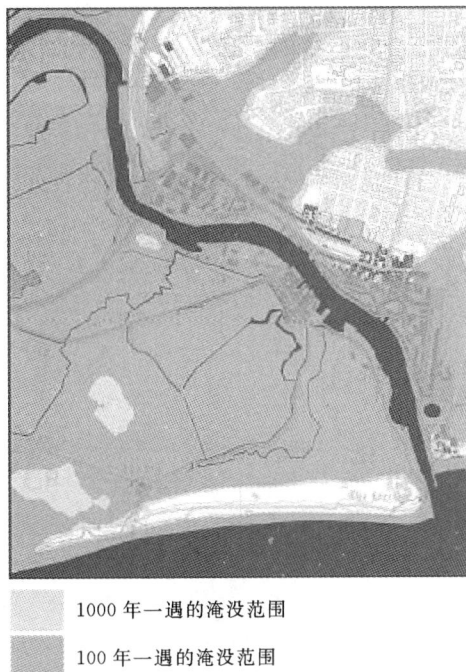

1000 年一遇的淹没范围

100 年一遇的淹没范围

图 1.2　洪水灾害图
来源：The Defra funded LifE Project by Baca

1.4.4　沿海地区洪水灾害图的制作

沿海地区洪水灾害图的制作与其他地区有所不同。这类灾害图只适用于由风暴潮引起的沿海地区洪水。随着气候变化和海平面上升，绘制这类洪水灾害图对沿海城市极为重要。沿海地形和近海浅水域的水深是沿海洪水风险数值模拟中的两个最重要因素。

对城市管理者来说，洪水灾害图是很重要的。这类地图能使他们更好地了解可能受洪水威胁的区域，从而采取适当的行动；能够在某种程度上预测一个事件的严重程度，这对规划是非常有利的。下面将介绍绘制沿海洪水灾害图的具体步骤。

1.4.4.1　绘制方法

为绘制灾害图，需对可能引起洪水灾害各种因子进行合理评估。与其他类型的灾害评估类似，由风暴潮引起的沿海地区洪水灾害的评估也需要开展数据收集、建模、模型参数化和输出可视化。然而，在灾害评估的各个阶段和最终成果产生过程中需考虑一些特定的因素。各个步骤中需考虑的内容如下：

（1）收集描述沿海特征的数据并生成数字地形模型。

（2）表征海岸线形态及近海水深的数据。

（3）生成不同洪水概率的洪水水位。

（4）模拟沿海区域的洪水事件（数字模型和分析模型）。

（5）模型的率定及验证。

（6）洪水灾害图的制作。

（7）跟踪检查与更新。

1. 收集描述沿海特征的数据并生成数字地形模型

制作灾害地图的第一步是收集所需的数据。建立数据库时，可使用已有的历史数据，或通过测量考察收集需要的数据。这类需要收集的数据一般包括海岸线的形态、水体横截面和水深的测量数据。收集数据的工具多种多样，如通过差分全球定位系统（DGPS）对控制点进行地面测量，或者通过水工建筑物进行测量，还可以运用摄影测量法、合成孔径雷达（SAR）和激光雷达（LIDAR）进行测绘。然而，地面实测的方法很昂贵且耗费时间，在难以接近的地区测量数据十分困难。这些地区通常采用遥感的方法来测量数据。通过遥感以及测量所获得的数据经过扫描后可融合一体进行分析处理，进而生成数字地形模型的数据网格，然后用插值法来创建地表面。为了增加精度，需要进行误差修正，且需保证垂直和水平维度地形信息的准确性。同时，数据获得标准对于输出质量至关重要。生成的 DTM 对洪泛区的划分十分重要。将 DTM 与沿海地区土地利用等其他数据相结合，可用来理解洪水的总体损失。

2. 表征海岸线形态及近海水深的数据

对于海岸线形状的表征需要两类数据：陆上数据与水中数据。陆上数据包括地形信息，水中数据包括水深信息。地形形态数据对于了解现有防护措施水平和风暴潮强度十分重要。海滩坡度的改变也会带来涌浪高度的变化。由于海岸形态本身是动态多变的，必须考虑尽最大可能降低不确定性。海岸形态的数据应该经常更新，以保证在风暴潮到来前得到尽可能精确的数据。通过运动的 GPS 进行局部水深数据收集，通过 LIDAR 调查获得陆上土地调查数据和水深数据。虽然 LIDAR 调查既贵且需要专门的知识和高超的技术，但其使用在变得越来越重要。必须牢记，陆地与海中的测量必须在同一时间完成，并且使用同一个数据基础。最终结果会受到海岸线形态变化的影响，如波浪的变化和涌浪的传播会影响洪水强度。而海滩和沙丘的变化也会使模型结果产生变化。

水下数据的采集与数据库的生成对描述海岸形态演变过程是十分重要的。由于水深具有高度的动态性，要不断更新水深数据并不十分容易。这个过程耗时且成本高。对于水深数据的扫描最好是在干净的水里，这样可以获得高达 ±15cm 的精确度（Lillycrop 等，1996）。在浑浊的水里精确度会下降，且通常不适合用该数据来建模。可以探测的水的深度范围与水的浑浊度有关，一般介于 50~10m 之间。近岸水域的水深数据对水底形态的描绘非常重要，由此可模拟沿海岸带波浪传播的自然形态。

3. 生成不同洪水概率的洪水水位

计算不同概率的洪水水位的方法取决于可利用的数据特性。可以通过现有数据库的数据直接计算，该方法亦称为响应方法；另一种方法通过考虑每个变量对洪水事件的影响程度（如天文、气象和波浪）来计算联合概率，亦称为事件方法。响应方法使用历史记录的水位数据，而历史数据通常不能反映波浪所产生的影响。事件方法通常包括一个或多个水位与波浪的组合。例如，联合概率（结合潮汐波效应）使用下列公式计算：

$$P_{c.k}(H_I,C_I) = P_{H.I}(H_I) \times P_{c.j}(C_j)\ (K-1,\ i \times j)$$

式中：$P_{H.I}(H_I)$ 为波浪高度；$P_{c.j}(C_j)$ 为潮汐高程；$K=1$。

计算洪水位固然重要，但洪水事件的持续时间亦不可忽视。采用不同的计算方法，得出的持续时间亦不相同。当多个变量之间没有直接相关性时，应采用响应方法来计算；当变量之间存在相关性时，如波浪和水位同时变化，彼此影响时，事件方法所得出的计算结果则更加准确、有效。

4. 模拟沿海区域的洪水事件（数学模型和分析模型）

目前有几种数值模型可以用来模拟沿海区域的洪水过程。海浪壅高的计算依区域特性而定，如近海、近岸、海岸线和淹没区等。根据海岸结构物对风浪影响的特性，选取适当的波浪演进公式，则可计算出海浪的壅高。影响波浪壅高的因素有海滩坡度、糙率、渗透性、渗流以及波的倾角。波浪的漫顶流量根据海水通过海岸流向陆地的单宽流量计算得到。Fema（2003）提出了在倾斜的表面上计算流量的公式，然后将结果转化为流入内陆的水量，以此来估算漫过挡潮结构物的实际水量。在模型中，挡潮结构物通过地形数据体现。由带状波、涌浪、潮汐以及浪与浪之间的相互作用引起的许多情况均可用模型反映出来。沿海区域的洪水模拟有不同的数学模型和解析模型。较之于解析模型，数学模型可考虑更多情况。Vellinga（1986）曾引入一个最通用的模型，Komar 等（1999，2001）也介绍了其他模型，Sheach 模型、TIMOR3 和 SWAN 模型亦广为应用。经过反复验证的模型亦不少，如 Delft 3D，曾用于特别的海岸情况，如海岸侵蚀。多种成因的洪水均可由模型计算出来，如结构物漫顶、溢流、溃决等。输出的计算结果的质量取决于模型的选择、数据的精度、模型计算参数的选择以及模型本身采用的计算方法。

5. 模型的率定及验证

模型的率定在结果形成过程中进行。之后，将率定的结果用实测数据来验证，以确保结果的准确性。有些数值模型采用输移系数值来率定参数，以估计模拟变量的不确定性。有些模型，针对许多具体应用情况，设置了默认值作为一些参数的率定基值。好的率定、验证过程将减少模型输出结果的不确定性。

6. 洪水灾害图的制作

运用 GIS 应用程序可基于模型结果制作洪水灾害图。图中应标明不确定性程度，以帮助使用者了解不确定性范围。在指定政策时，决策者们亦应该考虑不确定性区间，因为这往往是产生争议之处。

7. 跟踪检查与更新

如前所述，洪水灾害图应该及时更新，加入新近变化的地理信息以及其他相关数据。遥感数据采集方法可用于像沿海地区这样的动态区域，以保持数据库的不断更新。对洪水灾害图应用情况开展跟踪检查，可保证在决策过程中考虑不确定性，这对于确定适当的减灾措施十分重要。

1.4.4.2 制图过程中的常见问题

数据、适当的模型软件和缺乏熟练的技术人员是制图中常见的问题。当数据不足时，可通过参与式过程，将历史洪水事件的记录（如当时的报纸、建筑物及构筑物上洪水深度的标记、以前的照片）数字化制作实况图。

1.4.4.3 制图的时间及成本

制作洪水灾害图所需的人力、财力取决于可以获得的数据以及所需地图类型。因此，需在成本、资源投入与图的精度、功能之间进行权衡。当高分辨率数据已存在并可以购买时，则可很快制作出洪水淹没范围图。对于某一区域，若数据具备，从建模到成图，可以在几个星期之内完成。如果只是一次性的制图，则可雇用咨询公司，这样可节省人员培训及模型软件购置的费用。

成本和时间投入最大的是获取数据和模型验证。经验表明，数据数字化是一项艰苦耗时的工作，城市洪水灾害图编制更是如此，图上很小的误差在地面上会成倍放大。在城市环境中，由于下垫面情况复杂，航空测量效果不佳，数据收集主要依赖于现场测量以及大量的历史记录。对于包含复杂河流水系的大区域，河流水系汇流处的边界条件可能会使模拟变得更为困难。

为有效支持紧急计划与土地利用规划，需在技术上及能力建设上进行持续的投入，不断提高模型软件性能，完善并更新洪水灾害图。这部分投入列入土地利用规划或应急管理计划工作中。

1.4.5 延伸阅读

FLOODsite. 2008. "Review of Flood Hazard Mapping." Integrated Flood Risk Analysis and Methodologies. No：T03 - 07 - 01，Wallingford，UK.

Neelz，S. and Pender，G. 2010. "Benchmarking of 2D hydraulic modeling packages." Bristol，Environment Agency.

WMO. 1999. "Comprehensive Risk Assessment for Natural Hazards." WMO/TD No. 955. Geneva，WMO.

1.5 短期和实时洪水预报

洪水灾害评估与短期和实时洪水预报作用有所不同。洪水灾害评估主要为制定减灾计划服务。洪水预报是将可能发生的洪水提前通知处于洪水威胁下的人们，从而减少生命与财产损失。以英国为例，近几十年来，全国范围内的洪水预报和早期预警系统取得了长足进步，在技术、准确度、预报提前量、信息传递等领域均居世界前列。较之于估算未来洪水事件的概率、强度及其影响的洪水评估，短期洪水预报是根据当前的天气和降水条件预测洪水将在近期的某地发生。

有些洪水预报和洪水灾害评估的模型工具可以通用，1.4.2 小节介绍了一些，下面的 1.5.2 小节将结合一些国家的实例进一步讨论。洪水预报模型因终端用户的需求而异：此类系统可能对公众开放，或仅供政府当局使用。在此领域并没有全球适用的统一方法，但其基本原理则大致相同。主要包括：

（1）在洪水事件发生之前及时准确地监测。

（2）准确解译监测到的现象并及时预报可能影响的区域。

（3）通过媒体和其他通信系统向有关当局和公众发布预警信息。

（4）在准备应对未来事件的过程中鼓励公众参与，不断完善应急计划。

1.5.1　洪水预报的不确定性

模型，顾名思义，只是对现实的模拟。如前所述，尽管具有强大的计算机系统、数据存储和高水平的技术，所有模型都具有一定程度的近似或不确定性。决策者在决策过程中必须考虑不确定因素的影响。预报误差，如洪峰水位或到达时间不准，可能导致准备不足（代价是发生本可以避免的危害）或准备过度（导致不必要的焦虑）。在预警过程中，必须妥善权衡掌握错报（应发布警报而未发布）与误报（不应发布警报而发布）的尺度，太多的误报会侵蚀预警的作用。

洪水预测模型的可靠性依赖于不确定性的定量化。所有的自然灾害均有不确定性。预报与预警中不确定性的各种来源分类如下（Maskey，2004）：

（1）模型的不确定性。

（2）参数的不确定性。

（3）输入数据的不确定性。

（4）自然及操作的不确定性。

有些方法可以较好地处理不同来源的不确定性。例如：

（1）基于多种模型预报结果的分析比较，生成优化结果可减少模型的不确定性。

（2）改善数据的时空密度，提高处理速度，随机（随机元素）模拟以及错误数据剔除等可减少数据的不确定性。

（3）自然或运行中的不确定性通常来自于数据，因此，要及时报告数据的质量和可靠性。

这些方法能够在一定程度上减少不确定性，但不可能完全消除。

预报模型的初始条件一般由雨量观察数据得出。通常，雨量站在整个流域的分布并不均匀，导致总降雨量的不确定性。如果一些水文特性很特殊的区域（如陡峭的斜坡）没有实测数据，模型只能使用插值法（引入另一个不确定性因素）来估计径流体积和流量高峰期。一些复杂的模型可以解决此类问题，但是计算时间会延长，还可能需要更高速的计算机。

为了抵消部分不确定性，洪水预报系统正在向"水文集合预测系统"（HEPS）发展，该方法为目前预报科学领域的"最新技术"。这种方法的部分先期工作，如 HEPEX（水文集合预测实验），旨在研究如何最好地生成、交互、使用水文集合预测系统进行短期、中期与长期预测。尽管该方法的优势已经初步显示，但该系统的实际应用仍然很有限。目前仅在法国、德国、捷克共和国和匈牙利等国用于实验目的。

近年提出的一种新方法对减小时空分布和极端降雨预测中的不确定性，尤其是使用雷达测雨数据时所产生的不确定性较为有效，这种方法结合了随机模拟和雷达误差结构的详细知识（Germann等，2006a，2006b，2009；Rossa等，2010）。雷达集合技术有可能增加预警提前量，尤其是针对山洪及突发洪水（Zappa等，2008）。先进技术，如雨滴测量网络（能够测量水滴大小、分布和不同类型的降水速度）以及激光雷达技术常应用于获取小尺度降雨数据，而卫星遥感更适合大的区域以及全球级别的应用。无疑，集合所有技术、融合所有信息是最有前效、最先进的方法。

案例 1.3 印度使用的基于 Web 的洪水预报系统（WISDOM）

印度中央水委员会（CWC）开发了一个网站，以便将收集的气象水文数据（如元数据）提供给公众。WISDOM 网站为非注册用户提供洪水警报服务注册用户可以通过选择选项来查看和索取有关数据。

- 利用选项选择省/地区/区域，或流域/主要河流/当地河流，或者任何机构的数据中心的数据（DSC），包括地表水和地下水的数据。
- 使用地图选择省份边界、地表水流域边界或地下水流域边界。

选择相关参数之后，电子数据索取系统（DRF）将给有关 DSCs 发送电子邮件。一旦成功，DSC 各自的机构通过电子邮件、软拷贝或硬拷贝将数据发送给用户。

基于 Web 的系统是广泛传播信息的一种有效方法，可为大量用户提供水文和气象数据，有利于更好地预报和研究洪水问题。

来源：CWC：http：//www.cwc.nic.in/

1.5.2 改善预报系统的制约因素

在短期和实时预报实践中常遇到的问题为：缺少降雨量和其他地表参数数据，以及缺少上下游数据实时共享的机制。有时，上游国家缺少实时监控的必要资金或者国家之间没有达成协议。预报系统的分散限制了洪水的预见期。作为一个地势较低的沿河国家，孟加拉国深受其害。该国预报延迟的主要原因就是很难得到其他国家洪水预报的实时数据和信息。

然而，东南亚的湄公河流域委员会（MRC）却是一个成功的案例（见案例 1.4），MRC 拥有完整的数据收集、监控系统，并定期向其成员国传播信息。该系统应用卫星遥感技术实时测量地表参数，从而提供了增加洪水预见期的机会。

尽管全球数据处理与预报系统的数据是共享的，但使用这些数据的资源和技术能力仍然不足。在技术落后的地方，仍存在成本和可靠性的矛盾，并且需要确定优先次序并加强政府和相关地方当局的领导能力。在这些情况下，整合当地可利用的资源，以提高可持续能力是很重要的。若要取得进展，应以开发适应性强且能够由技术人员和非技术人员长期维护使用的系统为目标。流域内的数据共享及定期交流，对于建立更好的洪水预报与早期预警系统而言，与采取最新技术同样重要。

案例 1.4 湄公河流域委员会：湄公河洪水预报

1995 年，柬埔寨、老挝、泰国和越南政府签署协议成立了湄公河流域委员会。这 4 个国家同意共同管理其共享的水资源，共同开发该河流的潜在经济效益。湄公河流域委员会已经公开了沿湄公河干流水位的有关数据。使用者可以获得沿河 22 个水文测站的一系列数据和信息，包括观测和预测的湄公河干流水位。数据在网上每周定期更新。

湄公河流域委员会发布的洪水预报在下游地区更为精确。而上游地区，由于大面积的森林覆盖，导致数据缺少，造成预报困难。其中短期预报（1~3 天）的精确度最高，因为每天输入的参数确定性较高。较长期的预报，由于参数的不确定性随着时间增加，准确性相对减小。观测站的数据和信息为湄公河成员国政府服务。各国可以将其应用于各自的预报和预警系统。

MRC 项目大大提高了成员国的洪水风险管理能力，同时也促进了国家之间的合作与和谐。过去的几年间，MRC 沿河国家之间洪水预报合作和数据与信息的共享获得了重大进展，洪水风险共同管理的重要性也获得了更多的认同。

来源：The Mekong River Commission（http：//www.mrcmekong.org；MRC2010）

1.5.3 洪水预报系统

受世界气象组织（WMO）支持的国家气象和水文气象服务局（NMHS）负责向 187 个成员国提供有关洪水的监测、预报信息，并担负水灾害的预警工作。WMO 支持的全球观测体系（GOS）对全球的气候现象和水现象进行定期的监测与分析。全球电信系统（GTS）是信息交流的支持系统，通过该系统，WMO 开发了全球数据处理和预测系统，该系统为各成员国的气象和水文局提供预警和公告服务。

上述系统尚未覆盖全球，尤其是在非洲、亚洲和加勒比海等区域仍缺少成熟的预报、预警系统。在热带地区，如印度洋委员会地区（COI），区域洪水监测系统通常与气旋预警体系紧密相连。许多区域性的洪水预警系统是独立的国家系统，没有与国际接轨，一些国际河流包括莱茵河、多瑙河、易北河以及欧洲的摩泽尔河、湄公河，亚洲的印度河—恒河—雅鲁藏布江—纳河流域，南非的赞比亚河已经包含在国际系统中。

为了便于洪水管理国际化而成立的国际水灾网（IFNeT）通过全球洪水预警系统（GFAS）向全世界发布基于卫星数据的洪水警报信息。美国国家海洋和大气局（NOAA）也根据主要河流流域的卫星数据发布季节性预报。

较之发展中国家，大部分发达国家采用相当复杂的洪水预报系统。应用卫星数据，如 NOAA—AVHRR 图像数据，可进行实时预报。美国宇航局（NASA）和国家冰雪数据中心（NSIDC）等机构可以向公众提供 16~72h 内获取的信息。一些国家则利用世界气象组织的全球电信系统获取实时数据。美国宇航局和日本宇航探索局（JAXA）相互合作，提供热带降雨数据，如案例 1.5 所介绍。

一些目前运行的洪水预报系统及其启用日期为：苏丹的洪水早期预警系统（FEWS，

1990），巴基斯坦的早期洪水警告体系（FEWS，1998），覆盖大部分欧洲的 EFAS 系统（1999—2003），英国的洪水预报系统（NFFS，2002）和美国的社区水文预报系统（SFFS，2009）。澳大利亚气象局（2010）的同类系统正在开发阶段。在亚洲，亚洲备灾中心（APDC）和湄公河流域委员会是主要的洪水预报部门。

洪水预报有两种方法：确定性方法与概率方法。为了证明这两种方法，英格兰和威尔士环境署开发了集确定性和概率于一体的混合洪水预报方法，并用于该地区的洪水预警。有些预报提前量短、应急避险准备时间不足的流域，正在尝试运用概率方法预报洪水，即将一个事件发生的可能性纳入预报中。该方法目前正在试验阶段，其目的为：向利益相关者提供更好的信息，为决策争取更多的时间。

案例 1.5　热带降雨测量项目（TRMM）

热带测雨卫星是美国宇航局和日本宇航探索局合作建立的用于监测和研究热带降雨量的系统，归属于日本航天局。热带测雨卫星的观测数据已经改进了热带降雨量的数值模型，并可以在台风期间更好地预测内陆洪水发生的可能性。热带测雨卫星可以提供暴雨期间的图像及动画，展示降雨覆盖区域以及估算降雨区域。

热带测雨卫星得到的降雨数据在几小时之后即可使用。据此可绘制降雨量图，降雨量图则可用于计算其他气候状况下的降雨量或用于完成多卫星降雨分析（TMPA）。这些科学信息可以更好地了解影响全球天气及气候的因素，如陆块、海洋和大气之间的互动。

所有的热带测雨卫星数据都是公开的，可以从美国宇航局戈达德地球科学数据和信息服务中心分布式档案中心（GESDISCDAAC）获取到。网上档案馆和其他关于热带测雨卫星产品的信息可以在 http：//disc.sci.gsfc.nasa.gov/和 ftp：//pps.gsfc.nasa.gov/pub/trmmdata 上找到。

来源：NASA TRMM（http//trmm.gsfc.nasa.gov/）

1.5.4　设计洪水预报系统时的注意事项

对于任何洪水多发的城市，洪水预报系统是十分必要的。该系统可预报流量与水位，是洪水预警的重要组成部分。洪水预报的精度，是决策者决定是否发布洪水警报最关键的依据。洪水预报还可延长人们转移行动的时间。综合洪水预报系统的组成见表 1.3。

表 1.3　　　　　　　综合洪水预报预警系统的组成

措施	考虑因素/操作	输出/效益
数据采集/数据同化	遥感气象及水文数据（从测站获取）；收集历史数据；数据的不确定性削减	生成数据库；从多处来源收集数据并将其整合，以便于分享资源
数据交换	基于标准数据交换的数字格式；利用如网站收音机、通信卫星、蜂窝式无线电台等可靠方式交换数据	用标准格式进行数据转换、发布，有助于协调利用数据（在国家、区域和当地机构之间协调分享数据）

续表

措施	考虑因素/操作	输出/效益
预测（其他参数包括：环境因素、历史洪水数据、经济和人口因素）	运用集合技术进行气象和水文预测（由模型产生多种预测方案）；泥石流模型、山洪预测、国家气象局河流预测体系	由不同的参数产生不同的方案，有助于突出在措施阶段运用不同因素和参数时的作用及其在改变未来状况时的潜在作用。采用综合方式分析时更为有效
决策支持	早期规划，早期行动，包括用非技术方式进行预测时所出现的不确定性	根据不同用户的要求提供不同结果（如表格、水文测量、淹没图）；在决策过程中尤为重要，可清晰显示哪些地区应该立即得到关注
信息发布	用户组的清单；用户的详细信息；快速响应措施	以易于理解的模式快速向危险区民众发布信息，以便提供充足的时间
协调/响应	终端相连的洪水响应程序；当局的警惕性；理解预报预警的重要性	交流系统应更好地传达到民众，有助于快速有效地反应

1.5.5　延伸阅读

EXCIMAP（2007）Handbook on good practices for flood mapp ing in Europe，European exchange circle on flood mapping. http：//ec. europa. eu/environment/water/flood _ risk/flood _ atlas/pdf/handbook _ goodpractice. pdf.

1.6　考虑气候变化与海平面上升

　　气候变化可能会对现代城市洪水风险管理决策产生影响，但只是众多必须考虑的因素之一，其他因素包括：城市化、城建基础设施老化以及城市人口增长等。目前许多有关洪水风险管理的决策，都会对未来产生直接或间接的影响，如果在目前的决策中未能充分考虑气候变化，将会在未来导致不必要的损失、投资浪费甚至造成生命危险。这就需要决策者在详细了解目前洪水风险现状的同时，掌握长期风险预测的信息。气候的不断变化将对城市洪水风险产生巨大的影响，进而使目前的城市洪水风险管理措施在不久的将来，变得过时而不适用，这一理念已经广为人知并在一些案例中得到证实。基于此，政府以及个人在做投资决策以及风险评估时会面临极大的困难。长期基础设施建设规划的决策对未来气候变化趋势的假设较为敏感。不准确的气候变化假设会导致优柔寡断、延误投资，同样，无视气候变化，仅以短期洪水数据制定长期规划也可能导致不必要的洪水损失。因此，探索气候变化对未来洪水灾害的影响并将这些影响融入决策过程中是至关重要的。

　　目前，洪水风险正以明显的速度发生变化，且这种变化将在未来几十年有所加剧的观点已得到广泛认同（PALL 等，2011）。正如 1.2 节所述，洪水过程受各种各样的与气候有关或无关的因素所影响。与气候有关的因素包括：降水强度、降水发生时间、降水历时、降水类型（降雨或降雪）以及降水的空间分布等。突然融雪所造成的洪水事件中，气温变化及风速也是影响洪水的关键因素。本节的主要内容是介绍气候因素对洪水的影响，并简要讨论这些因素实测及预测的变化。

1.6.1 气候变化对城市的潜在影响

目前世界上大约有一半的人口居住在城市，据预测，这一数字将在 2030 年达到 60%。而气候变化带来的负面影响使城市人口和城市基础设施遭受洪水的风险日益增大。洪水风险逐渐加剧的原因可能来自以下几方面：

（1）降雨量增加。

（2）因干旱缺水造成地面沉降。

（3）海平面上升。

（4）融雪加速。

海平面上升、风暴潮和热浪对于那些地处沿海低洼地带的城市中心区的影响尤为明显。而上述因素很可能由于气候的变化而变得越发剧烈。截至 2005 年，世界上人口最密集的 20 个城市中，有 13 个属于港口城市（Nicholls，2007）。

三角洲也是极易受气候变化所影响的区域，尤其是海平面上升及径流变化。多数三角洲地区都面临自然沉降带来的危害，而自然沉降又加剧了海平面上升的影响。这一情况还因人类活动进一步恶化，例如，超采地下水以及地表水分流、大坝截留泥沙而导致的三角洲来沙量减少。据估计，全世界近 3 亿人口分别居住在 40 个三角洲地区，这些三角洲地区的平均人口密度为 500 人/km^2，人口最多的三角洲是位于恒河流域的布拉马普特拉河三角洲（the Ganges - Brahmaputra Delta），人口密度最大的三角洲是尼罗河三角洲（the Nile Delta）。由于三角洲地区的人口密度较高，这里的居民几乎都面临着洪水、风暴潮及海岸侵蚀的威胁。模拟研究结果显示，这 40 个三角洲地区的居民中，相当一部分会继续处于由海岸侵蚀、水土流失以及海平面加速上升等带来的更高的危险之中（Nicholls，2007）。

预测海平面上升、气温升高和降水形式变化对城市的影响，并提出健全有效的适应性措施是非常复杂的，其中不仅要考虑被保护的基础设施的性能特点，而且存在着区域气候预测的不确定性。在采取适当措施时，不仅要合理评估现有的城市基础设施的固有或长期使用寿命，而且要预先规划未来的替代性工程，如案例 1.6 所述。

案例 1.6　密克罗尼西亚联邦考斯瑞市（Kosrae）应对气候变化的道路设施

由位于太平洋的密克罗尼西亚联邦政府修建的这条道路为克雷斯群岛西南部的偏远村庄威伦治（Walung）提供交通。道路全长 16km，海拔 7～10m，最低处海拔仅为 4m，工程从 2004 年开始建设。在设计过程中，天气及气候的风险因素反映在工程的水力特性设计中。

截至 2005 年，有 3.2km 的道路完成了主体工程及配套排水设施的建设，排水标准为 25 年一遇（每小时降雨量为 178mm）。由于当地缺乏降雨数据，这个数值实际上是由华盛顿特区的小时降雨数据推导而来。目前，当地 1h 降雨量已经达到 190mm，据预测，这一数字将在 2050 年达到 254mm。虽然 2005 年时 3.2km 的道路已经完成建设，但是为了让排水设施能适应未来 254mm 的小时降雨量，当地政府最终决定更改当初的工程设计。

这一决定推迟了工程的竣工时间。此外，因为要适应气候变化，调整后方案的建设成本比最初的预算高得多。然而，据有关部门估计，工程完工 15 年后，由于原方案的工程维护改建费较高，调整方案的累计成本将低于原设计方案。

以上案例证明，在进行近期和远期基础设施工程规划的同时，综合考虑气候变化对工程的影响是十分重要的，所有基础设施的选址和设计都应当参考气候变化的预测结果。问题的关键在于，如何将未来的不确定性纳入长期性工程的设计中，从而避免不必要的维修成本。

来源：ADB，2005

虽然不能把所有极端天气事件都归因于气候变化，但最新研究发现，人类活动造成的气候变化会增加这些事件的发生几率（Pall，2011；Min，2011；Stott，2004）。最新的 IPCC 极端天气事件与灾害风险管理专题报告（2011）指出，强降雨、极端气温、强热带气旋和干旱的发生频率将会增加，海平面也将继续上升。

分析特殊的极端事件案例有助于解释其可能造成的影响，并预测其在未来更高的发生频率以及更大的强度。一个众所周知的例子是卡特里娜飓风，飓风于 2005 年 8 月登陆路易斯安那州（Louisiana）沿海地区，横扫新奥尔良市沿海地带的湿地和岛屿，冲溃城市防洪墙，新奥尔良市遭遇灭顶之灾。飓风及其引发的洪水共造成 1800 多人死亡，经济损失超过 1000 亿美元。路易斯安那州和密西西比州海岸大约 30 万栋房屋和 1000 处历史文化遗址遭到破坏，并使石油产量和炼油能力降低，全球油价在短期内也有所上涨（Nicholls，2007）。

1.6.2　气候变化与差异性：观测及预测的变化

1.6.2.1　实测的气候变化

气候系统的显著变化在大陆、区域及海盆尺度上都已经有观测数据。过去 50 年间全球平均地表温度上升率为（0.13℃±0.02℃）/10a，这几乎是 1906—2005 年 100 年间平均地表增温率［（0.07℃±0.02℃）/10a］的两倍。而且，有记录以来温度最高的 10 年都发生在 1998 年之后（Trenberth，2007）。卫星观测到的大西洋冰盖面积中，2010 年 9 月融雪期末的冰盖面积是仅次于 2007 年和 2009 年的第三小值。1993—2008 年间，全球海平面的年均上升速度为 3.4mm（世界气象组织，2009），高于过去 3000 年的任何阶段。

降雨方面，高纬度地区，尤其是北纬 30°~85°地区的降雨量在 20 世纪一直处于增加趋势，而南纬 10°~北纬 30°地区的降雨量在 1900—1950 年之间呈增加趋势，但从 1970 年以来却有所减少。从全球的角度来讲，平均降雨量在 1951—2005 年之间并未表现出明显的变化趋势，但是不同数据集间差异很大，10 年期的数据差异更大。

观测到的极端天气事件与不断变暖的气候具有良好的一致性。政府间气候变化专门委员会（IPCC）第四次评估报告指出，从 1950 年开始就已经观测到发生于中纬度地区的强降雨事件，但是有些地区的平均降雨量并未增加。从 1970 年开始人们发现，尽管全球范围内气旋发生的总次数以及气旋天数略有减少，但强飓风发生的次数及比率却在增加。此外，随着全球降雨量逐渐减少，受干旱影响的区域面积越来越大，随着气温逐渐升高，蒸发量也越来越大。

传统的洪水预测依据过去的水文数据预测未来。然而，近几十年观测到的强降雨和海平面上升等气候变化现象表明，未来的洪水管理系统不能建立在传统假设的基础上（Bates 等，2008）。IPCC 对决策者的建议中指出（IPPC，2007），在 20 世纪末期，绝大多数地区强降雨事件的发生频率很可能都增加了，而人类活动更有可能是造成这一趋势的原因（Solomon 等，2007）。据估计，全球升温对大气及海洋循环的影响，最终将导致全球水循环领域的诸多变化。

1.6.2.2　气候变化预测

在 2000 年排放情景特别报告（SRES）中，IPCC 根据预测的各级温室气体排放水平，阐明了地球未来可能的景象。排放情景共有 4 组，每组情景称为一个"族"，A1 族的排放量最大，A2 族、B1 族次之，B2 族的排放量最少。在每一族中，都有若干个由不同变量水平值组成的子情景，例如，A1 族就包括了 A1T、A1F1 及其他子情景。

各情景预测结果显示，即使温室气体排放量维持在 2000 年的水平，全球平均气温还是会略微升高。这种持续性升温的趋势意味着，即使现在的温室气体排放量大幅减少，全球气温至少在短期内还会上升 0.5℃左右（IPCC，2007）。最不利情景预测结果显示，2100 年全球平均气温可能要比现在高 6℃。

这一研究还表明，21 世纪的前 20 年中，在温室气体排放量最高和最低的两种情景下，全球平均气温和平均降雨量的变化预测结果差别不大，即全球平均降雨量在短期内的变化会被自然变异所掩盖。但是，长期预测结果则相反（Solomon 等，2007）。20 年之后，全球平均降雨量的变化从自然变异中突显出来，表现出与温室气体排放量明显的相关性。例如，热带和高纬度地区的最大降雨量有所增加，而亚热带的最大降雨量有所减少。然而，由于降雨模拟具有更大的不确定性，降雨对温室气体变化响应的可靠性远低于对温度变化响应的可靠性（Stone，2008）。

与全球平均变化相比，区域性的变化会更大或更小。一般来说，从全球气候模式（GCM）的整体预测结果来看，区域尺度越小，一致性越差，尤其对于某些气候变量的预测更是如此。在 IPCC 第四次评估报告中，区域气候预测部分预测了大陆尺度的气候变化，并利用 Giorgi 分区方法将大陆分为若干子大陆（如将非洲分为西非、东非、南非和撒哈拉 4 个子区域），再对子大陆尺度的气候变化做出预测。这些子大陆的一个关键特征为，它们的面积通常都大于 100 万 km²，要比多数影响研究所采用的空间尺度大得多。

观测数据及预测数据均显示，在内陆地区，尤其是高纬度地区，升温幅度最大。虽然这些区域的气候预测有着较大的不确定性，而且一些全球气候模式预测从现在到 21 世纪 20 年代末，这些区域的气温几乎不会出现较大变化（甚至会略有降低），但是所有的全球气候模式的预测结果都显示，到 21 世纪 80 年代，这些区域的气温将比 1997—2006 年这 10 年的平均气温升高 1~2℃（Stone，2008）。

降雨变化的一致性比气温变化要差一些，一方面，由于降雨本身的可变性比气温的可变性大；另一方面，与气温相比，降雨并不会对温室气体排放量的增长做出直接响应。

截至 2020 年的年平均降雨预测显示，降雨量变化最大的区域是在沙漠和南北两极附近等降雨量稀少的地区，同时，预测的不确定性在这些区域也最大。预测结果还显示，到 2080 年，降雨量将发生更大变化，同时将出现新的降雨分布模式，如两极地区降雨将增加。这一预测结果与气候变暖吻合，由于气候逐渐变暖，未来的两极冰层覆盖将减少，海岸线退缩，致使海面蒸发量加大，导致两极地区降雨量增加（Stone，2008）。

与全球性预测不同，区域性的预测还要考虑气候变化的季节性，因为年平均值的显著变化并不能预测出极端天气事件的发生频率和强度的变化。以欧洲为例，整个欧洲的年平均气温很可能升高，但是，冬季升温幅度最大的地区是北欧，而夏季升温幅度最大的地区却是地中海地区（Christensen 等，2007）。

预测极端事件，尤其是热浪、强降雨和干旱等的发生频率和强度变化时，其可靠性是一个关键因素。可靠性可用不同信息源估计（包括实测数据和模拟数据）。例如，人们普遍认为，极端降雨事件与平均降雨量的变化无关。平均降雨量取决于大气层的垂直气温梯度，而垂直气温梯度又取决于大气层顶端向空间辐射能量的速度，这一因素与大气中二氧化碳浓度的变化基本无关。然而，极端降雨强度取决于空气中所容纳水分的多少，而空气容纳水分的能力是随着气温的升高呈指数型增长的。因此，有理由相信，在更温暖的气候条件下，短历时极端降雨事件的发生强度和频率会越来越大，甚至在干旱加剧的地区也会出现这种情况。一些研究发现，在湿润地区，极端降雨事件会越来越频繁，与此同时，干旱地区也会越来越干旱，因为那里的旱季会越来越长。

热带地区极端事件预测具有很大的不确定性，一方面是因为现代气候预测模式的空间分辨率太低，借此来预测热带气旋的难度很大；另一方面是因为 20 世纪所观测的气旋数据本身就有很大的不确定性。例如，一些研究发现，近几十年内，随着海水表面温度逐渐升高，全球强热带气旋的发生频率也大大增加。这一结果与之前的假设相吻合，即随着海洋温度逐渐升高，将会有越来越多的能量传递到热带气旋中。但是，也有人质疑由实测数据做出的预测的可靠性，原因是自 1990 年以来，卫星探测覆盖范围不断扩大、新的分析方法出现以及热带气旋预警中心运作方式的改变，使得以前可能漏网的更多的极端热带旋风被观测到，这些都造成了观测数据的不一致性（Fussel，2009）。

研究结果表明，全球平均海平面一直处于上升状态，在 19 世纪中期至 20 世纪中期，海平面上升的速率有所增加。然而，虽然在 20 世纪全球海平面年均上升 1.7 ± 0.5mm，但观测数据显示出较大的 10 年际和年际间的变化，而且这种变化的空间分布也极不均匀。例如，在 1993—2003 年间，全球海平面年均上升 3.1 ± 0.7mm，但有些地区的上升速率高于平均值，而有些地区的海平面却在下降（Solomon 等，2007）。造成海平面长期变化的主要因素是海洋热膨胀、冰川与冰帽以及格陵兰岛及南极大陆上冰盖的大量消融。

目前，人们对于导致海平面上升的影响因素的认识尚十分有限。因此，在 IPCC 第四次评估报告中（Solomon 等，2007），并未对海平面上升的可能性做出预测，也未给出海平面上升的最佳估计值或上限。基于 GCM 预测结果及不同排放情景的分析结果显示，从

20 世纪末（1980—1999 年）到 21 世纪末（2090—2099 年），全球平均海平面高度将会升高 0.18～0.59m。但是，这些预测并没有考虑上面提到的各种不确定性（Bates 等，2008）。据估计，由于海洋环流模式等因素的变化，海平面上升将在 21 世纪表现出较大的地理空间差异性。尽管人们预测，河口三角洲和地势低洼岛屿最容易受海平面上升的影响，但是究竟哪些地区还可能受影响，仍需要进一步研究。

1.6.2.3 预测的不确定性

气候变化预测的不确定性来自很多方面。首先是未来社会经济发展本身的不确定性，其次是人们对于气候系统认知的局限性，此外还有预测模型自身的不足（Stainforth，2007）。不同来源的不确定性对于预测结果的相对和绝对重要性取决于空间尺度的大小、预测期的长短以及变量的选取。对于短期预测，在许多情况下，气候系统和其他非气候因素的自然变异比气候变化本身造成的影响还要大。例如，在未来几年内，城市化的进展和在不适当的地区发展城市将使城市发生洪涝灾害的风险加大，而这些洪涝灾害风险与气候变化本身并无关联。然而，对于长期的预测，气候变化将是影响城市洪水风险的重要因素。

鉴于此，在提出气候风险管理对策时，必须考虑气候变化预测的不确定性。更为重要的是，必须认识到，在许多情况下，尤其是在局部尺度上，目前用来预测气候变化的任何工具都不能准确揭示未来的实际变化情况（Oreskes 等，2010；Risby 等，2011）。下面提到的加尔各答（Kolkata）的案例是一个很好的注释，该案例给出了如何利用水文学、水力学及城市暴雨模型等多种工具来识别洪水产生的潜在原因。

案例 1.7 处于气候变化中的大都市

印度加尔各答都市区（KMA）拥有 1470 万人口，是排名世界前 30 的大城市。受季风气候影响，该地区洪涝灾害频繁。OECD 发布的《当前和未来世界上易受沿海洪水灾害城市排名》报告显示，到 21 世纪 70 年代，港口城市将易受极端气候的影响，其自身抗灾能力削弱，其中加尔各答将成为受沿海洪水灾害人口最多的港口城市。加尔各答面临的威胁包括：

- 不利的自然因素，如地势平坦低洼和难于排泄洪水。
- 城市发展规划不科学、监管不力。
- 排水和污水处理设施未随城市发展而更新，排水能力和污水处理能力低下。
- 在类似沼泽地的自然排水区进行大规模建设，阻塞了行洪通道。
- 降雨强度增大，海平面上升以及风暴潮增多等气候变化，可能造成洪水事件的破坏性加大、洪水历时延长。

为正确识别可能造成 KMA 发生洪水的原因，相关研究人员采用水文学、水力学和城市暴雨模型开展分析。为此，选取了 1976—2001 年的降雨系列，并模拟预测了未来可能发生的气候变化，过程如下：

- 利用从印度气象部门获取的过去 35 年胡格利河（Hooghly River）全流域降雨和气温数

据构建模型，预测胡格利河的径流过程，得到胡格利河沿程多处的日径流过程线。

- 利用水力学模型模拟河道洪水运动过程，得到胡格利河的水面线变化过程以及洪水期间的水深变化。
- 结合 KMA 的城市特点并基于城市现有的排水系统建立了城市暴雨数值模型，模拟了胡格利河和 KMA 城市同时发生洪水情况下的情景。

通过参考上述研究成果并综合考虑气候变化因素，技术专家可对 KMA 洪水风险进行较为准确的评估，决策者也能更全面合理地考虑如何采取应对措施。

来源：World Bank，2011；Nicholls 等，2007

1.6.3　在概率分析和洪水风险管理中考虑气候变化

建立考虑气候变化影响的洪水灾害综合评估模型时，需要对大气、海洋、流域河网、洪泛区以及其他受洪水间接影响的区域进行全面模拟。在模拟的每个阶段，包括全球气候变化过程设定、温室气体排放假设、自然变异特性分析、降尺度运算、水文模型选择和构建、参数选取等，都会引入不同程度的不确定性。

不确定性存在于模拟的全过程，并随模拟的进程逐渐累积增长，尤其在政策制定这样的宏观尺度下，不确定性就会非常大。一些学者将这种在模拟过程中各个阶段出现的不确定性累积现象称为"不确定性爆炸效应"（Dessai，2009）。此外，很多案例研究都发现，不同的模型设置往往会得出不同的结论，这意味着模型得出的结果是和模型所依据的假设条件紧密相关的（Merz，2010）。

值得注意的是，在小尺度下（如特定流域中的一条河流）进行气候变化影响预测时的不确定性，与基于历史记录的洪水概率估计的不确定性有许多共同的特点，即两者的预测结果都取决于模型假设和对相关过程的认知程度。因此，准确预测洪水灾害的变化情况是很难的，因为气候变化和土地利用变化等动态变化过程都增加了洪水风险管理中的不确定性，而这些不确定性正是洪水风险管理工作者希望解决的。

除气候因素外，洪水灾害还会因各种社会因素的变化而变化。各类因素对洪水灾害变化的影响程度很难评估。在较短的时间尺度上，经济、社会、人口、技术和政治等因素的变化似乎比气候变化对洪水灾害的影响还要大。因此，气候变化对洪水灾害的影响应该在全球性的变化中考虑，而这些全球性变化又会影响到受洪水威胁的区域。总之，洪水风险管理应该是一个不断修正、不断更新的过程（Merz，2010）。

最后，洪水风险具有动态变化性，风险评估本身也带有很大的不确定性，这使得气候变化背景下的洪水风险管理成为具有很大不确定性的决策过程。因此，有必要采取有效应对变化的举措，包括不受气候变化影响的"无悔"城市洪水风险管理措施（如增强适应气候和气象变化能力，或控制非气候风险因子）、提高长期决策应变能力的方法和兼顾其他效益的措施（如生态友好的防洪工程）等（Ranger，2010）。图 1.3 概述了气候变化条件下健全决策中的主要过程，案例 1.8 以正在墨西哥城实施的气候变化适应性计划为例，阐述了该计划的应变性和采用的"无悔"措施。

观察到的变化

- 地球变暖
- 冰层减少
- 海平面上升
- 降雨模式发生变化,但全球降雨量并未增加
- 水文变化与气候变化相符合

预测的变化

- 世界将继续温暖,带来一致的气候变化
- 在短期内,降雨模式仍将依据过去的变异形式而改变
- 从长远考虑,废气排放将产生最大影响
- 热带地区极端降雨将增加
- 亚热带地区降雨将减少
- 热带气旋和海平面上升的不确定性

不确定性的来源

- 未来社会经济发展的未知性
- 对气候系统知识的了解不全面
- 采用的假设或不稳定性
- 计算机模型的局限性
- 在许多情况下,当地尺度的模式是不可预知的

处理不确定性

- 改进气候模型,使预测的范围更加广泛
- 使用多个模型来提供未来可能的信息
- 决策者应学会处理较大的不确定性

健全的决策

- 从静态设计转向更灵活的措施
- 测试决定对假设的敏感性
- 制定残余风险处理计划
- 使用"对冲—调整"的方法,而不是"预测—优化"的方法
- 研究可能发生的不同情况
- 选择"无悔"措施
- 持续监测实际的和预计的变化

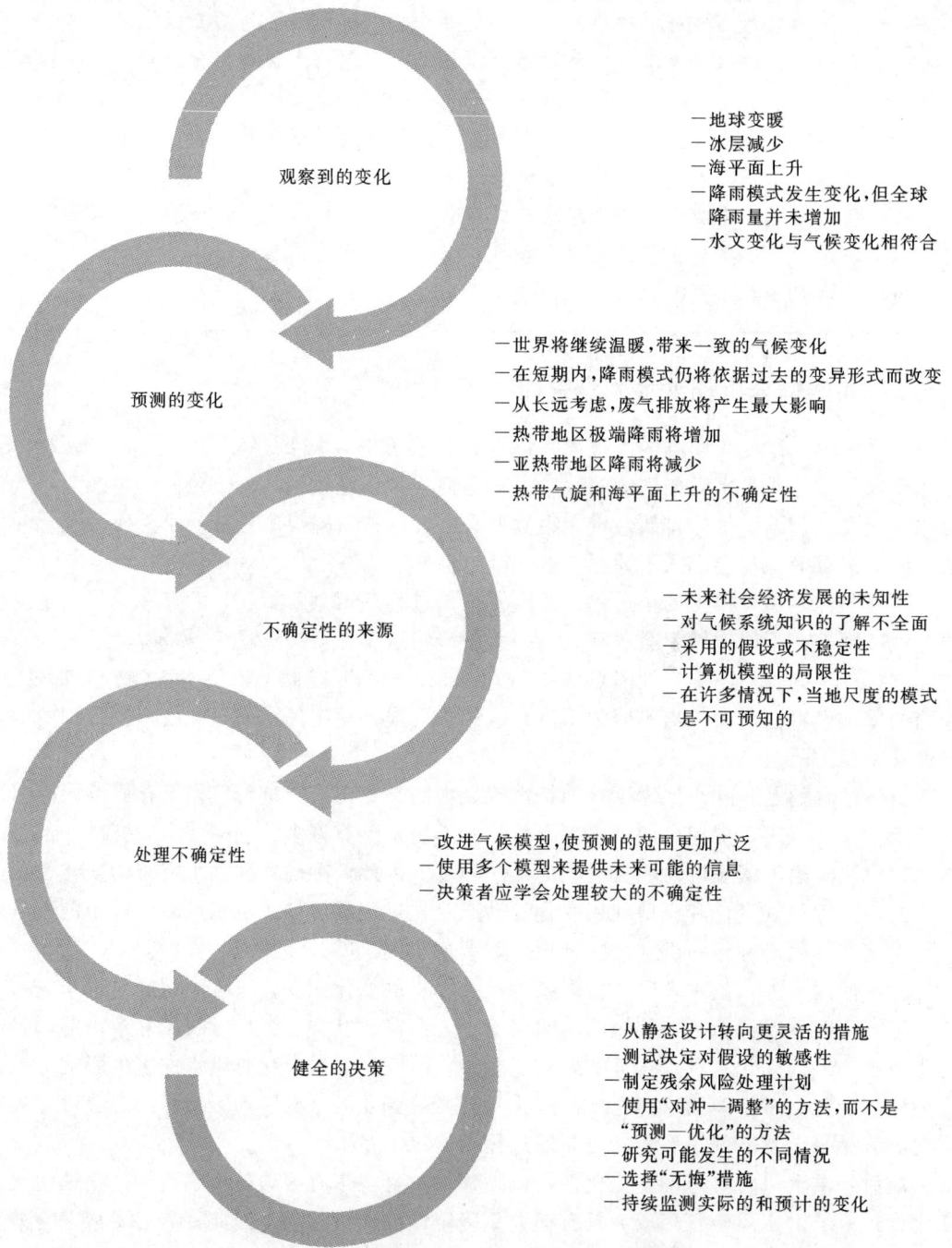

图 1.3　在气候变化时代制定健全计划过程图

案例 1.8　墨西哥城应对气候变化和变异性的措施

墨西哥城总人口约 1950 万,是世界上人口最多、人口密度最大的城市之一。近几十年来,洪水灾害更加频繁,年平均降雨量从 20 世纪初的 600mm 增加到 20 世纪末的

900mm，由强降雨引发的突发性洪水也从每年的 1～2 次增加到每年 6～7 次。据预测，随着气候变化及其变异，强降雨发生频率会继续增加，突发性洪水也会越来越多。

除了气候变化因素之外，该城市的快速发展和扩张，是造成洪水问题加剧的另一原因。居住在棚户区的人最易受到洪水灾害，因为他们多处于洪水和滑坡等灾害易发的贫困、无规划地区。

意识到气候变化对当地人民与地方经济的危害加剧，市政府在气候变化行动计划的总体框架下制定了"气候变化适应性措施计划"，其中包括为降低灾害风险、化解气候变化负面影响的一系列措施，该计划将于 2012 年启动。

该计划在气候变化主要危害识别和脆弱性分析的基础上，将气候变化适应性理念和对策融入政府计划中。具体措施主要分为两组：第一组包括水文气象监测预报系统的构建和子流域管理（如城市水系的保护与修复），第二组包括水土保持工程和绿色屋顶计划。

在选择具体措施时，当地政府同时考虑了措施的应变能力和"无悔"特性，如建立早期预警系统和绿色基础设施等。这些设施应对未来洪水风险的能力较强，建设成本也相对低廉。随着未来风险不确定性的增加，当地政府仍需要对减灾计划做出适当调整，但该计划的可塑性使得当地政府在进行计划调整时，不需要大量的重新投资，也不需要彻底改变原有计划。

来源：Ibarraran，2001；Martinez 等，2008

1.7 技术附录

1.7.1 洪水计算模型的类型

根据数据需求、基础方程的复杂程度和精度，可将洪水计算模型划分为不同类型。

区分不同洪水计算模型的最明显的两大特征是模型空间维数和模型输入数据。按空间维数，洪水计算模型可分为：

（1）一维（1D）模型。这类模型是一种简化模型，即通过一系列横断面概化地形，计算断面水深和沿水流方向的流速。这类模型适用于水流方向确定的情况。主要的一维模型包括 HEC - RAS、LISS - FLOOD 和 HYDROF。

（2）二维（2D）模型。这类模型用于计算在平面的两个方向上相对均衡的水流运动，适用于地形复杂的区域，例如，较开阔的洪泛区和河口部分。但这类模型需要的数据质量较高，计算耗时较长。主要的二维模型包括 TELEMAC 2D、SOBEK 1D 2D 和 Delft 3D 等。

（3）三维（3D）模型。这类模型用于计算 3 个方向的流速均需考虑的水流情况。模型更为复杂，因此，适合于模拟面积较小区域的流体运动。主要的三维模型包括 FINEL 3D、FLUENT 和 PHOENIX。

从模型所需输入数据的角度讲，洪水计算模型可分为集总式模型、分布式模型和水力学模型：

（1）集总式模型不考虑水文现象或要素的空间分布，将流域作为一个整体进行研究，模型的参数和变量采用空间平均值；半分布式模型也属于集总式模型，为了模拟部分物理参数，该类模型将整体流域划分为若干子流域。

（2）分布式模型利用降雨、入渗、截留、壤中流和基流等呈空间分布的数据进行模拟；需要的数据和相关知识要比集总式模型多。

（3）水力学模型利用标准的非恒定流或非均匀流方程进行数值模拟，适用于预测洪水波的演进过程。

根据模拟技术和模拟方法的不同，可将洪水计算模型进一步分类，例如，线性模型和非线性模型，有限元模型、有限差分模型和有限体积模型，耦合模型和嵌套模型等。模型的复杂性还体现在对它们的描述上：第一代模型、第二代模型、第三代模型等。

此外，针对用户不同需求，有两种模拟洪水事件的方法，即概率预测和降雨—径流分析。概率预测方法利用统计分布确定模型输入的不确定性，由于该方法在洪水发生概率预测和不确定性预测方面的优势，常用于辅助决策。降雨—径流分析方法将流域划分为若干子流域，通过模拟各子流域的径流情况得到流域的水文过程。由于该方法还能反映大流域内降雨空间分布的优势，因此，常被用于大流域水文计算。

对于沿海洪水，则可利用侵蚀模型预测海浪造成的海岸侵蚀或岸线崩塌。其中 Vel-linga 在 20 世纪 80 年代开发的侵蚀经验模型运用最为广泛，该模型已被用于不同海岸形态和特点的海岸地区（最初版本的模型并未考虑海岸形态这一因素）。最近，该模型被进一步完善，考虑了波浪周期的影响（FLOODsites，2008）。其他的侵蚀模型包括：Komar 模型（1999，2001），Kribel - Dean 模型（1993）以及 Sheach 模型（Larson 等，2004）等。Sheach 模型中包含波浪传播模块，可预测波浪向海岸行进时途径各海区的传播过程。TIMOR3 模型是基于侵蚀详细过程的数值模型，可与 SWAN 模型耦合，用于模拟泥沙输移和海床演变过程（Witting 等，2005）。目前，科研工作者正试图开发综合性的侵蚀数值模型。

洪水分析数值模型通常价格昂贵，需要较多的专业知识才能正确使用。作为洪水管理人员，模型有助于制定防洪减灾计划以及合理利用有限资源，选择合适的洪水预测模型是至关重要的。表 1.2 列出了一些常用模型的基本功能、特点及不足。然而，并非所有发展中国家都有能力购买如此昂贵的洪水仿真模型，因此有必要了解其他相对便宜、易于获得的洪水模拟软件，此部分内容将在 1.7.3 小节中介绍。

1.7.2 洪水灾害图

1. 亚洲

国际水灾害和风险评估中心发表的一份报告中，评估了亚洲各国洪水灾害图绘制现状（ICHARM，2010）。该报告称，孟加拉全国各大区域以及达卡市已经有了大尺度和中尺度的洪水淹没图，标识了 25～50 年一遇洪水的淹没范围，仅用于洪水预报和行政管理，并不对公众公开。马来西亚已在全国范围编制了洪水灾害图，其中城市地区的洪水灾害图涵盖了 100 年一遇以下的洪水，而农村地区的洪水灾害图仅涵盖了 25 年一遇以下的洪水，且各流域的洪水灾害图正在不断更新中。印度尼西亚首都雅加达已有 1 年、2 年、5 年、10 年、25 年、50 年及 100 年一遇的洪水灾害图，图中展示了工程设计信息，例如，100 年一遇标准的河道，5 年、10 年、25 年一遇标准的蓄水池和大型、小型排水设施等。

此外，许多国家开始了局部区域的洪水灾害评估。中国针对某些典型城市、水库和防洪保护区开展了 50～100 年一遇洪水的模拟；菲律宾绘制了全国和一些重要城市的 25 年一遇洪水灾害图；泰国绘制了 10 年、20 年和 50 年一遇洪水灾害图，在有防洪工程地区，绘制了 25 年、50 年、100 年和 500 年一遇洪水灾害图；印度的洪水灾害图由中央水务委员会（CWC）组织，并由建筑材料与技术推广委员会（BMTPC）和国家地图集与专题图制图组织（NATMO）等机构进行具体的制图工作。同时，印度气象部门还收集了全国各地区可能最大降雨量的统计数据，为后续的洪水概率分析和洪水灾害评估奠定了重要的数据基础。

2. 欧洲

欧洲各国绘制的洪水灾害图对公众公开，但是对公众发放的范围以及可用性则因国家而异。英格兰、苏格兰和北爱尔兰地区的洪水风险图分别由国家环境署、国家环保总局（苏格兰）和流域机构（北爱尔兰）发布，其中标绘了 100 年一遇河道洪水、200 年一遇沿海洪水以及 1000 年一遇极端洪水的淹没区域。在芬兰，比例尺为 1∶20000～1∶25000 的各种频率洪水灾害图都已绘制完成。在德国，洪水灾害图根据用户的类型分别绘制，例如，一般大众使用的洪水灾害图为 1∶5000 比例尺，包含有限的信息量，而研究机构及行政部门使用的洪水灾害图比例尺大，且包含各地区的详细信息。在匈牙利，洪水灾害图自 1972 年绘制完成后，至今尚未更新。在荷兰，公众可得到不同重现期的定期更新的洪水灾害图；在保加利亚，洪水灾害图是按照城市、地区、流域和国家等层次绘制，公众可得到 1∶50000 比例尺的灾害图。在爱沙尼亚，公众可从气象部门和水文机构获得洪水灾害图。在波兰，公众可从区域水资源管理委员会和国家消防总部获得 1∶25000～1∶100000 比例尺的洪水灾害图。

3. 美洲

美国负责制作和发布洪水灾害图的机构是联邦紧急事务管理署（FEMA）。图中标识了 100 年和 500 年一遇洪水淹没范围，并将风险区域分为高、中、低 3 类，比例尺分别为 1∶12000、1∶16000 和 1∶24000 3 种。同时，还针对某些洪水多发区提供实时洪水灾害图。

巴西国家信息局（Agencia Nacional de Aguas）负责洪水灾害图的绘制工作。在加勒比地区（Caribbbean），洪水灾害评估工作一般由各国政府负责承担。在伯利兹（Belize），洪水灾害评估工作始于 1998—1999 年。在牙买加，政府有关部门已制定了主要流域洪水灾害图编制计划。安提瓜（Antigua）、巴布达（Barbuda）、圣基茨（St. Kitts）和尼维斯（Nevis）等国家也已完成了内陆洪水灾害图的编制工作，这些灾害图均向公众发布。美属维尔京群岛（USVI）也制定了防洪减灾计划，安排更新洪水灾害图。在巴巴多斯（Barbados）、圣文森特（St. Vincent）、格林纳丁斯（Grenadines）、特立尼达（Trinidad）和多巴哥（Tobago），由日本政府援建的加勒比灾害紧急管理局（CDEMA）针对特定洪水风险启动了洪水灾害图编制试点。

4. 非洲

非洲是洪水灾害图绘制工作进展最慢的地区。仅有几个国家开展了洪水灾害图的绘制工作，已完成的洪水灾害图一般不对公众开放。位于肯尼亚（Kenya）内罗毕（Nairobi）市的资源开发制图中心负责绘制东非的洪水灾害图。非洲的洪水灾害信息还可从美国达特茅茨洪水观测站（Dartmouth Flood Observatory）获得。该站拥有涵盖世界不同地区的庞大的数据库以及世界各地不同尺度的历史典型洪水淹没图，其中包括非洲部分国家（如津巴布韦、莫桑比克、马拉维、肯尼亚、布基纳法索、马里、尼日尔、尼日利亚、科特迪瓦、加纳、多哥、贝宁和几内亚、乍得、苏丹、索马里、坦桑尼亚以及乌干达）。该站还保存有许多其他各洲不同国家的洪水灾害图，这些资料、信息均向公众开放。以下网址提供了该站收藏的洪水灾害图：http：//floodobservatory. colorado. edu/Archives/MapIndex. htm。

洪水灾害图编制所需的数据包括：
- 用于确定设计频率洪水的流量数据。
- 确定高程所需的数字高程模型。
- 人工结构物，如道路、建筑物、桥梁、堤防等，将这些结构物与DTM数据相结合后生成数字地面模型，或者分别加入计算模型，以便进行数值分析。
- 气温、降雨量、融雪和风速等气象数据。
- 历史洪水和从地质、地貌和植物等历史洪水证据中得到的古洪水数据。
- 洪水影响范围估计所需要的地形数据。

1.7.3 建模及可视化工具

洪水灾害评估模型和软件一般均非常昂贵，且不对公众免费。因此，对很多发展中国家而言，购买这些昂贵的模型和软件是不现实的。然而，有些高质量的开源代码软件（免费）与那些昂贵的商业软件功能相当，可用于洪水多发地区的洪水灾害评估。

下列免费开源软件包可供数据分析和可视化应用：

（1）由荷兰乌得勒支大学（Utrecht University）开发的基于Windows平台的流量数据处理软件。

（2）GRASS：为最流行、最著名的开源代码软件应用程序，同时具有栅格和矢量处理系统以及数据管理和空间建模系统，可在Windows、Macintosh、Sun-Solaris和HO-Ux平台上运行。

（3）gvGIS：用Java语言编写的GIS应用软件，可在Windows、Macintosh和Linux平台上运行。

（4）ILWIS：一款结合GIS和遥感的多功能软件并具有建模功能，该软件的定期更新版亦可免费获得。

（5）Quantum GIS：一款能在Windows、Macintosh、Linux和Unix平台上运行的GIS软件。

（6）SPRING：一款GIS与遥感影像处理软件，具有目标导向型建模功能，可在

Windows、Macintosh、Linux 和 Unix 平台上运行。

（7）uDig GIS：一款桌面应用软件，支持本地图形文件的查看和空间数据库几何图形的编辑等功能。

（8）KOSMO：一款桌面应用软件，支持空间数据库编辑和分析等功能，并配有用户图形界面。

交互式可视化工具包括：

（1）海平面上升展示软件，见 http：//globalfloodmap. org/South _ Africa。

（2）1985—2002 年全球极端洪水事件地图库，见 http：//floodobservatory. colorado. edu/Archives/GlobalArchiveMap. html。

位于荷兰的代尔夫特（Deltares）三角洲研究中心是世界领先的研究机构。目前，该中心已发布了包括 FLOW、Morphology 和 Waves 在内的 Delft 3D 模型中的部分模块，以供世界各国专家分享和交流。Delft 3D 模型以其优化、稳定、灵活和易于使用等特点闻名。更多信息请参考 http：//oss. deltares. nl/web/opendelft3d/home。

值得注意的是，不确定性存在于数值模拟的每一个步骤。从数据收集、模型选择、参数输入、模型应用直到结果输出的整个风险评估过程的每一阶段都会产生不确定性，而这些不确定性将反映在最终结果中。因此，有必要认真衡量不确定性对模型输出的影响，并尽最大可能减少这种影响。

1.7.4　洪水预报及早期预警系统案例

以下是几个典型的洪水预报和早期预警系统。

（1）DELFT - FEWS：是由代尔夫特三角洲研究中心开发的先进的水文预报和预警系统。该系统包含了很多复杂的模块，各有其特殊的功能，具有应用广泛、通用性强等特点。该系统可作为独立环境使用，也可作为兼容客户端使用。通过其先进的模块化系统，FEWS 能将人工操作和数据综合等过程产生的问题控制在一定范围内。更多信息请参考 http：//www. deltares. nl/en/software/479962/delftfews/479964？ highlight ＝ delft％ 20fews。

（2）ALERT（Automated Local Evaluation in Real Time）：是由 8 个成员国共同建立的数据传递和信息共享软件，旨在对突发性洪水做出预警。更多信息请参考 http：// www. sutron. com/project _ solutions/Case _ Studies _ Individual. htm。

（3）中美洲突发性洪水指导系统：是由美国国家水文预警理事会（NHWC）开发并用于指导区域突发性洪水预警工作的软件系统。该理事会主要宗旨在于发布洪水事件早期预警数据。其成员国来自北美以及世界多个地区。

（4）湄公河流域委员会洪水预报系统：是由湄公河流域委员会开发并用于向各成员国提供实时洪水预报服务的综合系统，于 1970 年投入使用。该系统包括数据收集与传输、洪水预报和信息发布三大组成部分。更多信息请参考 http：//www. mrcmekong. org/。

（5）南非河流洪水预报模型（SFM）：是由美国地质调查局（USGS）建立的一套模型，借助地球资源观测系统（EROS）向南非各国提供河流监测和洪水预报模型建立等服务。SFM 于 2000 年莫桑比克洪水后开始应用。

（6）莫桑比克水资源管理局负责为全国提供洪水预警和实时预报服务。该机构开发的 ARA-Sul 系统已应用于南非 $3500km^2$ 的土地上，莫桑比克洪水预警系统相对简单，主要满足莫桑比克当地民众的需求。与此同时，莫桑比克管理局还通过向地方提供软件、洪水监测以及系统维护等培训服务，使当地居民参与到洪水预警工作中。

（7）波兰洪水水文气象紧急恢复项目。

（8）不丹的冰川湖溃决洪水（GLOFs）卫星通信系统，以遥测技术支撑不丹的 GOLF 早期预警项目。

（9）加拿大多伦多当地的保护管理局已经将洪水预报与预警系统应用于洪水预警工作中。

（10）波多黎各的洪水预警系统中包含大坝自动监测和预警系统，能够对该地区 29 个重要水库的入流和出流、闸门启闭以及库水位等关键安全参数进行实时监控分析。

（11）印度中央水务委员会（CWC）开发的洪水预警系统覆盖了 6 个流域上的 14 个地区，且拥有 168 个监控站。详情见 http://www.india-water.com/ffs/index.htm。

1.7.5　降尺度全球气候模型信息（GCM）

全球气候模型已经普遍用于预测未来气候变化，其空间分辨率通常为 100km。为了获得适应规划所需要的某一空间尺度下的气候变化信息，各国科研人员开发了多种不同的方法。Wilby 等（2009）的研究中详细介绍了这些方法，在此，将每种方法的优缺点总结如下。

1.7.5.1　信息需求量较少的方法

这些方法对数据的依赖性较低，对技术资源的需求也不多，适用于区域范围的评估。

（1）敏感性分析法。需要对特定系统建立一个经过精确校准和验证的模型，例如，某一沿海地区的海潮洪水模型。首先将已观测到的气候变化数据融入模型，确定建模所需要的基准条件。然后对输入的数据进行一定的摄动以反映个例雨量的随机变化。随后将每一次变化的数据重新模拟。最后将每一组模拟结果与基准模拟结果相比较，从而得出该模型对气候因素变化的敏感性。

优点：易于应用；不需要未来的气候变化信息；可以显示系统阈值。

缺点：不能提供产生不同影响的可能性和时间；不能对未来尚未发生的气候事件做出预报；一系列的摄动数据也许并无任何实际意义；没有考虑不确定性对模型的影响。

（2）变化因素法。首先假定通过 GCM 模拟结果可以获得气候模型信息，即可将计算区域划分网格，在此基础上计算当前气候因素与未来气候因素之间可能发生的变化情况（通常是每个月的平均变化）。温度变化常用温差来表示，降水变化则用百分比来描述。然后，将这些变化因素引入相应的实测时间系列中，温度变化通常是加入实测数据；降水变化则是作为系数乘以实测数据。最后，通过模拟计算，产生摄动气候时间系列。

优点：易于应用（在能获得气候模型数据的前提下）。

缺点：摄动变量仅限于基准值的平均值和方差；忽略了降雨频率和时间顺序的变化；所产生的摄动气候时间系列并不一定具有物理意义，或者在不同变量之间缺乏一致性；需要相关区域的全球气候模型 GCM，或区域气候模型 RCM 数据作支撑。

（3）气候比拟法。通过可反映区域气候条件的古数据或近年的观测记录创建比拟模型。其中，时间比拟可从该地区过去的气候数据中获取；空间比拟可从能够反映研究地区未来气候变化的其他地区的气候数据中获取。在进行气候比拟时，假定类比区域的地理位置相似，且不同纬度的区域特点对比拟结果影响不大。

优点：易于应用；不需要未来的气候变化信息；潜在地揭示了降水易受多种类型条件影响以及容易受历史气候条件或极端天气（如洪水或干旱）影响的特点。

缺点：时间比拟的前提在于，驱动历史极端气候事件的气候条件将在未来再现，但如果这类事件是由人类活动引起的（如土地利用的改变），驱动极端气候时间的条件再次发生的可能性则不大；即使相同的气候事件在未来再现，产生的影响也会不同，因为经济发展、基础设施建设和适应性措施等限制性因素均发生了变化。

（4）趋势外推法。在预测未来的气候变化时，趋势外推法因其自身的简明性，成为一种不错的选择。但这种方法的前提为，近年来的变化趋势仍将保持不变，且历史记录可作为趋势外推的依据。这种假设在短时间内对于变化缓慢的气候系统要素（如全球海平面上升）或许是正确的，但是，趋势外推过程中忽略了气候循环和降水类型等因素突变的可能性，其结果也极易受数据质量的影响。

优点：易于应用；使用近期的气候变异和变化类型。

缺点：通常假设线性趋势，但趋势极易受所选历史数据的影响；假设区域的气候条件不变；需要高质量的观测数据；易受各种限制性因素的影响而产生错误的结果。

1.7.5.2　信息需求量适中的方法

这类方法利用不同的统计方法，结合气候模型输出结果进行气候变化预测。

（1）模式缩放法。类似于变化因素法，即利用 GCM 或 RCM 的输出结果推算出地球上每个网格内气候变化的空间模式；再用全球平均气温变化情况进行缩放；最后借助简单而且运行方便的模型进行气候模拟。该方法能够给出气候变化的空间分布情景。其主要假设包括：几十年内，区域的气候变化模式恒定不变，只是变化幅度的大小不同；区域变化响应与全球平均气温变化呈线性相关；气候变化模式可通过不同的排放情景进行缩放。

优点：所需要的信息量适中；可对 GCM 和排放情景的不确定性进行分析；可给出区域性的、短时间内的气候变化情况。

缺点：非常依赖于气候变化与不同驱动力的线性相关假设；与 GCM 和 RCM 相似，预测情景的空间分辨率较低；无法给出可识别极端事件的气候变量。

（2）气象重现法。气象重现法是通过数值模型复制气象观测数据之统计属性（如均值和方差），但无法重现观测事件发生的序列。例如，Markov 模型可对干湿转换进行仿真，利用概率分布进行日降水量的优化模拟，利用多元回归方程将最高气温、最低气温、日照和风速等次生变量与干、湿季耦合，从而得到这些次生变量。应用气象重现法进行气候变化预测的前提假设是：当前气候条件下的有效统计关系不随气候变化而变化。

优点：计算量适中；可给出每天或每天内若干时段的气象数据。

缺点：需要高质量的观测数据进行率定及验证；假设大范围的循环模式和当地天气状况是相互独立的；预测结果易受气象变量的选择和 GCM 输出质量的影响；预测结果是时

段性而非连续性；只能产生滞后于模拟数据的时间关系，无法给出长期的时间关系。

（3）经验降尺度法：该模型最简单的版本是通过对 GCM 或 RCM 的栅格数据空间差值得到特定区域（如流域内的某个地区）的分布情况。更复杂的应用涉及对大范围大气变量（预测变量）与区域性变量（预测值）关系的统计分析。不同的降尺度方法可通过其选择的变量或统计模型类型加以区分。

优点：计算量适中；可给出连续性的日变量；反映区域性特点；可给出"异常/他因变量"的变化情景，如城市热岛效应和空气质量。

缺点：需要高质量的观测数据进行调参和模型验证；假定大范围循环模式和区域天气之间关系不变；预测过程高度依赖所选择的预测值以及用于估算预测值的 GCM。

1.7.5.3 信息需求量较大的方法

这类方法需要持续的技术支持以及大量计算资源，但是唯一能够对不同气候驱动做出响应的模拟方法。以下就其中一种方法为例说明。

动态降尺度法：区域气候模式（RCMs）与全球气候模式（GCMs）非常相似，但在有限的空间域内的模拟结果具有更高的分辨率（如大陆地区）。RCM 能够在小的区域以 10～50km 的分辨率对气候变量进行动态模拟。其边界条件，如每个时间步长和不同的水平及垂直面上的表面压力、风温以及水汽等变量等，从大尺度的全球气候模型中提取。当 RCM 嵌入 GCM 时，数据是单向流动的，所以 RCM 并不会影响 GCM 的模拟结果。正因如此，RCM 模拟结果的优化程度不仅取决于 RCM 物理机制的有效性，而且取决于 GCM 边界信息的有效性。例如，RCM 模拟降水过程中出现的较大误差可能是由于 GCM 错误计算了暴雨行进路线而引起的。理论上，研究区域应该足够大，这样才能获取大尺度的大气循环信息，栅格空间则应该足够小，以获取地形、海岸特征及动力学特征（如对区域气候模拟至关重要的热带风暴）等信息。而在实践中，研究区及栅格空间的大小是受计算能力限制的。

优点：能够进行 10～50km 分辨率的气候情景模拟以反映下垫面变化，同时以较小尺度进行反馈；保留了气候变量之间的相对关系；能够进行不确定分析。

缺点：计算资源和技术支持的需求较高；模拟结果易受所嵌入的 GCM 影响；模型验证需要高质量的观测数据；模拟情景通常是时段性而非连续性；气候模式的不确定性以及误差来源类似于 GCM，但由于其嵌套在 GCM 中，所以其中还夹杂着 GCM 的不确定性。

需要注意的是，这种方法无法对被降尺度的数据进行修复。例如，为了获取流域尺度信息，常常借助 RCM 或者统计降尺度方法将 GCM 数据降尺度，但如果 GCM 的原始数据不够稳定，则降尺度后的数据也易受参数摄动的影响。实际上，降尺度方法会在结果输出过程中再引入一种不确定性。所以，利用降尺度方法进行气候预测肯定会比 GCM 预测的不确定性更大。

1.8 参考文献

ActionAid. 2005 Floods in Mumbai and Maharashtra：Report on Flood affected people in Mumbai. Bangalore：Books for Change.

ADB (Asian Development Bank). 2005. Climate Proofing: A Risk – based Approach to Adaptation. Pacific Studies Series.

Bates, B. C., Kundzewicz, Z. W., Wu, S. and Palutikof, J. P., ed. 2008. "Climate change and water." Technical paper VI of the Intergovernmental Panel on Climate Change, Geneva, IPCC.

Benito, G. and Thorndycraft, V. R. 2005. "Paleoflood hydrology and its role in applied hydrological sciences." Journal of Hydrology 313, (1 – 2): 3 – 15.

Christensen, J. H., B. Hewitson, A. Busuioc, A. Chen, X. Gao, I. Held, R. Jones, R. K. Kolli, W. – T. Kwon, R. Laprise, V. Magaña Rueda, L. Mearns, C. G. Menéndez, J. Räisänen, A. Rinke, A. Sarr and P. Whetton, 2007. "Regional Climate Projections." In Climate Change 2007: The Physical Science Basis. Contribution of Working Group I to the Fourth Assessment Report of the Intergovernmental Panel on Climate Change, ed Solomon, S., D. Qin, M. Manning, Z. Chen, M. Marquis, K. B. Averyt, M. Tignor and H. L. Miller. Cambridge, UK and New York, NY, USA: Cambridge University Press.

CRED (Centre for Research on the Epidemiology of Disasters) n. d. http://www.cred.be/.

Dessai, S., Hulme, M., Lempert, R., and Pielke Jr. R. 2009. "Do We Need Better Predictions to Adapt to a Changing Climate?" Eos, Transactions, American Geophysical Union 90 (13): 112 – 3.

Defra. 2010. UK Climate Projections (UKCP09) index. Last updated April 30, 2010. http://ukclimateprojections.defra.gov.uk/content/view/601/690/.

Dinicola, K. 1996.. The "100 – Year Flood – USGS fact sheet 229 – 96." US Geological Survey (USGS), Last Modified 22 August 2005. Accessed 11 March 2011. http://pubs.usgs.gov/fs/FS – 229 – 96/pdf/FS _ 229 – 96. pdf.

EM – DAT (Emergency events database). n. d. http://www.emdat.be/.

Environment Agency 2009. TE2100 Plan Consultation Document. London: Environment Agency. http://www.environment – agency.gov.uk/static/documents/Leisure/TE2100 _ Chapter01 – 04. pdf.

EXCIMAP (European Exchange Circle on Flood Mapping) n. d. " Handbook on good practice in flood mapping in Europe." http://ec.europa.eu/environment/water/flood _ risk/flood _ atlas/pdf/handbook _ goodpractice. pdf.

FEMA (Federal Emergency Management Agency). 2003. Guidelines and Specifications for Flood Hazard Mapping Partners, Appendix A: Guidance for Aerial Mapping and Surveying, 57. Washington, DC: FEMA. http://www.fema.gov/library/.

—. 2005. Final Draft guideline for coastal flood hazard analysis and mapping for Pacific coast of United States, Draft Guidelines. Washington, DC: FEMA. http://www.fema.gov/plan/prevent/fhm/frm _ cfham. shtm.

FLOODsite. 2008. "Review of Flood Hazard Mapping – Report no: T03 – 07 – 01.". Integrated Flood Risk Analysis and Management Methodologies – Integrated Project, Floodsite. http://www.floodsite.net/html/partner _ area/project _ docs/T03 _ 07 _ 01 _ Review _ Hazard _ Mapping _ V4 _ 3 _ P01. pdf.

Foster, S. S. D., Hirata, R., Gomes, D., D'Elia, M. and Paris, M. 2002. Groundwater quality protection: a guide for water utilities, municipal authorities and environment agencies. Washington, DC: World Bank.

Füssel, H – M. 2009. "An updated assessment of the risks from climate change based on research published since the IPCC Fourth Assessment Report." Climatic Change 97 (3): 469 – 82.

Garrity, N. J., Battalio, R. P. E., Hawks, P. J. and Roupe. D. 2006. "Evaluation of event and response approaches to estimate the 100 year coastal flood for Pacific Coast sheltered waters" Coastal Engineering 2006 Vol2 – Proceedings of the 30th International Conference. San Diego, California, USA. 1651 – 63.

Germann, U., Berenguer, M., Sempere‐Torres, D., and Salvadè, G. 2006a. "Ensemble radar precipitation estimation—a new topic on the radar horizon." Proceedings of the 4th European Conference on Radar in Meteorology and Hydrology (ERAD). Barcelona. September 18‐22, 2006. 559‐62.

Germann U., Galli, G., Boscacci, M, and Bolliger M. 2006b. "Radar precipitation measurement in a mountainous region." Quarterly Journal Royal Meteorological Society 132: 1669‐92.

Germann, U., Berenguer, M., Sempere‐Torres, D., and Zappa, M. 2009. "REAL—Ensemble radar precipitation estimation for hydrology in a mountainous region." Quarterly Journal Royal Meteorological Society 135: 445‐56.

GLIDE (GLobal IDEntifier Number). n. d. "Disaster Data" (Africa; Senegal; Flood). http: // www. glidenumber. net/glide/public/search/search. jsp.

Hall, J. W. and Solomatine, D. 2008. "A framework for uncertainty analysis in flood risk management decisions." International Journal of River Basin Management 6 (2): 85‐98.

Hopson, T., and Webster, P. 2008. "Three‐tier flood and precipitation forecasting scheme for Southeast Asia." http: //cfab2. eas. gatech. edu/.

—. 2010. "A 1‐10 day ensemble forecasting scheme for the major river basins of Bangladesh: Forecasting severe floods of 2003‐2007." Journal of Hydrometeorology 11: 618‐41.

Ibarrarán, M. E., 2011 "Increased incidence of flash flooding in Mexico City." In Global Report on Human Settlements 2011 ‐ Cities and Climate Change, United Nations Human Settlements Programme (UN‐Habitat), ed. Naison D. Mutizwa‐Mangiza; Ben C. Arimah; Inge Jensen; Edlam Abera Yemeru and Michael K. Kinyanjui, 68. http: //www. unhabitat. org/grhs/2011.

ICHARM (The International Centre for Water Hazard and Risk Management). 2010. Progress Report on Flood Hazard Mapping in Asian Countries. Tsukuba‐shi, Ibaraki‐ken: PWRI. http: //www. icharm. pwri. go. jp/publication/pdf/2010/4164 _ progress _ report _ on _ fhm. pdf.

ICIMOD. 2011. "Glacial Lakes and Glacial Lake Outburst Floods in Nepal." Kathmandu: ICIMOD.

IPCC (Intergovernmental Panel on Climate Change). 2000. "Summary for Policymakers ‐ Emissions Scenarios ‐ Special Report." Geneva: IPCC. http: //www. ipcc. ch/ipccreports/sres/emission/index. php? idp=0.

—. 2007. "Summary for Policymakers." In Climate Change 2007: The Physical Science Basis. Contribution of Working Group I to the Fourth Assessment Report of the Intergovernmental Panel on Climate Change, ed. Solomon, S., D. Qin, M. Manning, Z. Chen, M. Marquis, K. B. Avery, T., Tignor, M. and Miller, H. L. Cambridge, UK and New York, NY, USA: Cambridge University Press.

—. 2011. "Summary for Policymakers. In: Intergovernmental Panel on Climate Change Special Report on Managing the Risks of Extreme Events and Disasters to Advance Climate Change Adaptation, ed. Field, C. B., Barros, V., Stocker, T. F., Qin, D., Dokken, D., Ebi, K. L., Mastrandrea, M. D., Mach, K. J., Plattner, G. ‐K., Allen, S. K., Tignor, M. and P. M. Midgley. Cambridge University Press, Cambridge, United Kingdom and New York, NY, USA.

ISDR (International Strategy for Disaster Reduction). 2004. Living with risk: A global review of disaster reduction initiatives. Geneva: United Nations Publications.

Kates, R. W., Colten C. E., Laska S., Leatherman S. P. 2006. "Reconstruction of New Orleans after Hurricane Katrina: A Research Perspective." Proceedings of the National Academy of Sciences. 103 (40): 14653‐60.

Klemeš, V. 1989. "The improbable probabilities of extreme floods and droughts." In Hydrology of disasters, ed. O. Starosolsky & O. M. Melder, 43‐51. London: James and James.

—. 1993. "Probability of extreme hydrometeorological events ‐ a different approach." In Extreme

Hydrological Events: Precipitation, Floods and Droughts (IAHS Publ. no. 213), ed. Z. W. Kundzewicz, D. Rosbjerg, S. P. Simonovic & K. Takeuchi. Yokohama: IAHS. 167 – 76.

—. 2000. "Tall Tales about Tails of Hydrological Distributions I and II." Journal of Hydrologic Engineering 5 (3): 227 – 39.

Komar, P. D., McDougal, W. G., Marra, J. J. and Ruggiero, P. 1999. "The Rational Analysis of Setback Distances: Applications to the Oregon Coast." Shore & Beach 67 (1): 41 – 9.

Kriebel, D. L. and Dean, R. G. 1993. "Convolution Method for Time – Dependent Beach – Profile Response". J. Waterway, Port, Coastal and Ocean Engineering 119 (2): 204 – 26.

Larson, L. W. 1993. "The Great Midwest Flood of 1993." Natural Disaster Survey Report. Kansas City, MO: National Weather Service.

Larson, M., Erikson, L. and Hanson, H. 2004. "An analytical model to predict dune erosion due to wave impact." Coastal Engineering 51 (8 – 9): 675 – 96.

Lillycrop, W. J., Parson, L. E., and Irish, J. L. 1996. "Development and operation of the SHOALS airborne LIDAR hydrographic survey system". Proceedings of SPIE 2694 CIS Selected Papers: Laser Remote Sensing of Natural Waters: From Theory to Practice, St Petersburg, November 01, 1996. 26 (1996): 26 – 37.

Manila Observatory. n. d. "Interactive Flood Map Post Ondoy." http: //www. observatory. ph/ondoy/index. php.

Martínez, O. V., del Valle Cárdenas, B., Álvarez. S. S., ed. 2008. "Mexico City Climate Action Program 2008 – 2012 Summary." Translated by Carolina Clark Sandoval. Mexico City: Secretaría del Medio Ambiente del Distrito Federal. http: //www. sma. df. gob. mx/sma/links/download/archivos/paccm _ summary. pdf.

Maskey, S., Guinot, V. and Price, R. K. 2004. "Treatment of precipitation uncertainty in rainfall – runoff modeling: a fuzzy set approach." Advances in Water Resources 27 (9): 889 – 98.

Matambo, S. and Shrestha, A. 2010. "World Resources Report Case Study. Nepal: Responding Proactively to Glacial Hazards." Washington, DC: World Resources Report. http: //www. worldresourcesreport. org.

Mekong River Commission homepage. n. d. http: //www. mrcmekong. org/.

Merz, B., Hall, J., Disse M. and Schumann, A. 2010. "Fluvial flood risk management in a changing world." Natural Hazards and Earth System Sciences. 10: 509 – 27.

Min, S. K., Zhang, X., Zwiers, F. W. and Hegerl, G. C. 2011. "Human contribution to more – intense precipitation extremes." Nature 470: 378 – 81.

MRC (Mekong River Commission). 2010. "8th Annual Mekong Flood Forum Flood Risk Management and Mitigation in the Mekong River Basin. Proceedings." Mekong River Commission Regional Flood Management and Mitigation Centre.

Munich Re. n. d. "NatCatSERVICE." http: //www. munichre. com/en/reinsurance/business/non – life/georisks/natcatservice/default. aspx.

Néelz, S. and Pender, G. 2010. "Benchmarking of 2D Hydraulic Modelling Packages." Bristol: Environment Agency. http: //publications. environment – agency. gov. uk/PDF/SCHO0510BSNO – E – E. pdf.

Nicholls, R. J., Hanson, S., Herweijer, C., Patmore, N., Hallegatte, S., Corfee – Morlot, J., Chateau, J. and Muir Wood, R. 2007a. "Ranking port cities with high exposure and vulnerabilty to climate extremes: Exposure estimates." OECD Environment Working Paper 1, ENV/WKP (2007) 1. Paris: OEDC.

Nicholls, R. J., Wong, P. P., Burkett, V., Codignotto, J., Hay, J., McLean, R., Ragoonaden, S, and Woodroffe, C. D. 2007b. "Coastal systems and low - lying areas." In Climate Change 2007: Impacts, Adaptation and Vulnerability. Contribution of Working Group II to the Fourth Assessment Report of the Intergovernmental Panel on Climate Change, ed. M. L. Parry, O. F. Canziani, J. P. Palutikof, P. J. van der Linden and C. E. Hanson. Cambridge: Cambridge University Press. 315 - 56.

Olsen, R. 2011. "Climate Change and Risk - Informed Decision Making." In Scaling up World Bank's role in Disaster Risk Reduction - Urban Flood Risk Management: Workshop Session 3, Washington, DC, March 17. Washington, DC: World Bank. http://siteresources. worldbank. org/INTEAPREGTO-PHAZRISKMGMT/Resources/4077899 - 1228926673636/4 - Rolf _ Olsen. pdf.

Oreskes, N., Stainforth, D. A. and Smith, L. A. 2010. "Adaptation to Global Warming: Do Climate Models Tell Us What We Need To Know?" Philosophy of Science 77 (5): 1012 - 28.

Oxford English Dictionary 1989 (2nd edition). Oxford: Clarendon Press Pall, P., Aina, T., Stone, D. A., Stott, P. A., Nozawa, T., Hilberts, A. G. J., Lohmann, D. and Allen, M. R. 2011. "Anthropogenic greenhouse gas contribution to flood risk in England and Wales in autumn 2000." Nature 470: 382 - 85.

Pittock, J. and Xu, M. 2011. "World Resources Report Case Study. Controlling Yangtze River Floods: A new Approach." Washington, DC: World Resources Report. http://www. worldresourcesreport. org/files/wrr/ wrr _ case _ Study _ controlling _ yangtze _ river _ floods. pdf.

Ranger, N., Millner, A., Dietz, S., Fankhauser, S., Lopez, A. and Rura, G. 2010. "Adaptation in the UK: a decision - making process (Policy Brief)." London: Centre for Climate Change Economics and Policy. http://personal. lse. ac. uk/RANGERN/PB - adaptationUK - rangeretal. pdf.

Ranger, N., Lopez, A. 2011. "The role of climate change in urban flood risk management today." In Scaling up World Bank's role in Disaster Risk Reduction - Urban Flood Risk Management: Workshop Session 3, Washington, DC, March 17. Washington, DC: World Bank.

Rossa, A. M., Cenzon, G. and Monai, M. 2010. "Quantitative comparison of radar QPE to rain gauges for the 26 September 2007 Venice Mestre flood." Natural Hazards and Earth System Science 10 (2): 371 - 7.

Risbey, J. S, and O'Kane, T. J. (2011) "Sources of knowledge and ignorance in climate research." Climatic Change Online First, August 19, 2011.

Ruggiero, P., Komar, P. D., McDougal, W. G., Marra, J. J. and Beach, R. A. 2001. "Wave Runup, Extreme Water Levels and the Erosion of Properties Backing Beaches." Journal of Coastal Research 17 (2): 407 - 19.

Schaake, J., Franz, K., Bradley, A., and Buizza, R. 2006. "The Hydrological Ensemble Prediction Experiment (HEPEX)." Hydrological and Earth System Sciences Discussions 3: 3321 - 32.

Solomon, S., D. Qin, M. Manning, R. B. Alley, T. Berntsen, N. L. Bindoff, Z. Chen, A. Chidthaisong, J. M. Gregory, G. C. Hegerl, M. Heimann, B. Hewitson, B. J. Hoskins, F. Joos, J. Jouzel, V. Kattsov, U. Lohmann, T. Matsuno, M. Molina, N. Nicholls, J. Overpeck, G. Raga, V. Ramaswamy, J. Ren, M. Rusticucci, R. Somerville, T. F. Stocker, P. Whetton, R. A. Wood and D. Wratt, (2007). "Climate Change 2007. The Physical Science Basis. Contribution of Working Group 1 to the Fourth Assessment Report of the Intergovernmental Panel on Climate Change." Cambridge, UK and New York, USA. Cambridge University Press.

Stainforth, D. A., Allen, M. R., Tredger, E. R., and Smith, L. A. 2007. "Confidence, uncertainty and decision - support relevance in climate predictions." Philosophical Transactions of the Royal Society A 365 (1857): 2145 - 61.

Stone, D. A. 2008. "Predicted climate changes for the years to come and implications for disease impact studies. " Revue Scientifique et Technique – Office international des epizooties 27 (2): 319 – 30.

Stott, P. A. , Stone, D. A. &. Allen, M. R. 2004. "Human contribution to the European heatwave of 2003. " Nature 432: 610 – 4.

Thielen, J. , Schaake, J. , Hartman, R. and Buizza, R. 2008. "Aims, challenges and progress of the hydrological ensemble prediction experiment (HEPEX) following the third HEPEX workshop held in Stres 27 – 29 June 2007. " Atmospheric Science Letters 9: 29 – 35.

Thorndycraft, V. R. , Benito, G. , Barriendos, M. and Llasat, M. C. , ed. 2003. "Palaeofloods, Historical Floods and Climatic Variability: Applications in Flood Risk Assessment. " Proceedings of the PHEFRA Workshop, Barcelona, October 16 – 19, 2002.

Thorndycraft V. R. , Benito G. , Walling D. E. , Sopeña A. , Sánchez – Moya Y. , Rico M. and Casas A. 2005. "Caesium – 137 dating applied to slackwater flood deposits of the Llobregat River, N. E. Spain". Catena 59: 305 – 18.

Trenberth, K. E. , P. D. Jones, P. Ambenje, R. Bojariu, D. Easterling, A. Klein Tank, D. Parker, F. Rahimzadeh, J. A. Renwick, M. Rusticucci, B. Soden and P. Zhai. 2007. "Observations: Surface and Atmospheric Climate Change. " In Climate Change 2007: The Physical Science Basis. Contribution of Working Group I to the Fourth Assessment Report of the Intergovernmental Panel on Climate Change, ed. Solomon, S. , D. Qin, M. Manning, Z. Chen, M. Marquis, K. B. Averyt, M. Tignor and H. L. Miller. Cambridge, UK and New York, NY, USA. Cambridge University Press, UNISDR (United Nations International Strategy for Disaster Reduction). 2004. "Guidelines for Reducing Flood Losses. " Geneva: UNISDR. http: //www. unisdr. org/files/5353 _ PR200402WWD. pdf.

UNOCHA (United Nations Office for Coordination of Humanitarian Affairs). n. d. http: //www. unocha. org/.

Vellinga, P. 1982. "Beach and dune erosion during storm surges. " Delft Hydraulics Communication No 372. Delft: Waterloopkundig Laboratorium (Delft Hydraulics Laboratory).

Wang, H. G. , Montoliu – Munoz,. M. , GeoVille, G. and Gueye, N. F. D. 2009. "Preparing to Manage Natural Hazards and Climate Change Risks in Dakar, Senegal: A Spatial and Institutional Approach. " Washington, DC: World Bank.

WHO (World Health Organisation). n. d. http: //www. who. int.

Wilby, R. L. , Troni, J, Biot, Y. Tedd, L. , Hewitson, B. C. , Smith, D. M. and Sutton, R. T. 2009 "A review of climate risk information for adaptation and development planning. " International Journal of Climatology 29 (9): 1193 – 215.

Witting, M. , Mewis, P. and Zanke, U. 2005. "Modeling of storm induced island breaching at the Baltic Sea coast. " Coastal Dynamics Barcelona: ASCE.

WMO (World Meteorological Organisation). 1999. "Comprehensive Risk Assessment for Natural Hazards. WMO/TD No. 955. " Geneva: WMO.

— . 2009 "Statement on the status of the global climate in 2009". World Meteorological Organization Report no 1055. Geneva WMO. 14

World Bank. 2011. "Vulnerability of Kolkata Metropolitan Area to Increased Precipitation in a Changing Climate. " Sector Note: 53282 – IN. Environment, Climate Change and Water Resources Department. South Asia Region.

Zappa, M. , Rotach, M. W. , Arpagaus, M. , Dorninger, M. , Hegg, C. , Montani, A. , Ranzi, R. , Ament, F. , Germann, U. , Grossi, G. , Jaun, S. , Rossa, A. , Vogt, S. , Walser, A. , Wehrhan, J. , and Wunram, C. 2008. "MAP D – PHASE: Real – time demonstration of hydrological ensemble prediction systems. " Atmospheric Science Letters 2: 80 – 7.

第 2 章　理解洪水影响

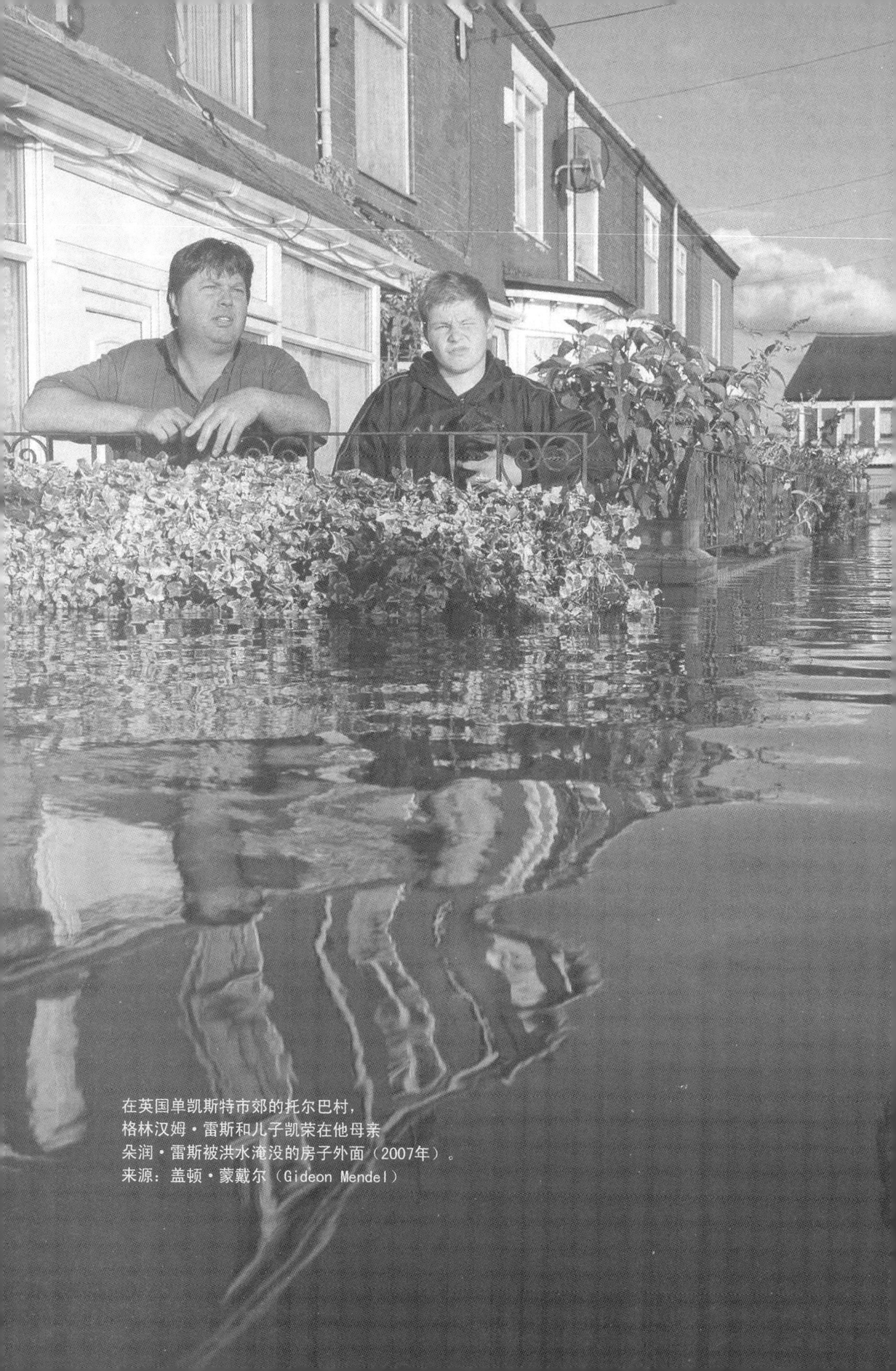

在英国单凯斯特市郊的托尔巴村，
格林汉姆·雷斯和儿子凯荣在他母亲
朵润·雷斯被洪水淹没的房子外面（2007年）。
来源：盖顿·蒙戴尔（Gideon Mendel）

2.1 引言

本章小结

本章将洪水灾害向洪水风险的概念延伸。为了说明把握洪水风险对于备灾和应对实际洪水的紧迫性和必要性，本章阐述了以下问题：

洪水对城市有哪些影响？受影响的人口和资产有哪些，影响时间多长？城市化对洪水风险有哪些影响？如何根据洪水风险程度合理配置资源？

本章的主要内容包括：

- 高速城市化进程既对城市现有基础设施提出了巨大挑战，也为具有完善的洪水管理措施的新型城市建设创造了机遇。
- 重大洪水事件的直接影响对生命和财产的威胁最大，而其间接与长期的影响以及经常发生的中小洪水则会危及城市的其他发展目标。
- 洪水风险对贫困和弱势群体危害最大。全面深入地把握风险及脆弱性有助于向这一群体配置必要的资源。

洪水是主要的自然灾害之一，可能危及经济发展、削弱人类居住环境的安全性和舒适性。洪水有多种类型，有时伴有其他致灾因子（如风）。洪水的来源包括海洋（以风暴潮或海岸侵蚀的形式出现）、冰川融化、融雪、降水（由于流量超过河道泄流能力而形成河道泛滥洪水或突发性洪水）以及地下水泛滥等。此外，水库大坝、堤防和排水系统等人工设施的失事也会引发洪水。

水量过多本身并不是问题，然而，当洪水造成损失、人员伤亡以及破坏时，便产生了负面影响，形成社会问题。农民和市民对洪水的感受是不一样的：对农民来说，合理控制并利用洪水能够带来长期效益；但对市民来说，小洪水造成不便，而洪水可能使人一无所有。

本章重点讨论洪水对城市环境的影响。

2.2节分析了快速城市化和城市扩张带来的挑战，探讨了城市中心及周边地区的非正式聚居点或贫民区的状况。众所周知，这些地方极易受洪水的影响。本节通过案例研究揭示了这些区域的现状。

2.3节分析了洪水对人、城市建筑环境、基础设施以及家庭财产等主要承灾体造成的直接影响。讨论了洪水对生命健康的直接或间接危害，包括灾前、灾中以及灾后的危害。

2.3节还分析了洪水对城市建筑和基础设施等造成的破坏，并罗列了各类直接和间接影响。在确定洪水的灾害范围和灾害特性时，分析洪水自身的特点是非常重要的。此外，城市建筑物的建造方法、建筑材料使用以及建筑形式等因素都会影响洪水灾害的程度。城市基础设施的破坏也对灾后重建提出了重大挑战。

2.3节也介绍了洪水损失评估方法（DALA），并以实例加以说明。

2.4节讨论了洪水造成的其他影响，包括对自然环境的影响（如土壤侵蚀和滑坡）以及对人类社会的影响，后者又包括对人口和经济的影响、政治和社会部门的影响等。同时，还讨论了洪水对人的心理影响。

本章采用了普遍接受的洪水风险定义：洪水风险由三要素组成——洪水灾害、承灾体的暴露性和受灾体的脆弱性。需要注意的是，人们不仅会受洪水的影响，而且也有适应洪水的能力。

2.5 节讨论了洪水风险及脆弱性评估的方法、洪水风险图绘制的方法以及所需数据的类型和数据来源等问题。提出了脆弱性评价等级及其评价指标体系。

本章以详细说明如何开展脆弱性评估结束。

2.2　城市化、城市扩展及城市贫困

就目前而言，特别是处于发展中国家的大多数城市，影响其洪水的暴露性及脆弱性的因素正在快速增加。城市化，即人口从乡村向城市的大规模迁移，使更多生命和财产处于洪水威胁之下。在城市中心区、城市边缘或城市外围迅速增加的非正式聚居点（通常称为贫民窟）尤其容易受到洪水的影响。

2.2.1　城市化趋势

2008 年，全世界城市人口占总人口的比例历史性地达到 50%，如图 2.1（略）所示。据估计，这一数字将在 2030 年达到 60%，在 2050 年达到 70%（UN - HABITAT，2008；WDR，2010）。在发展中国家，大约 95% 的城市人口增长发生在环境差、过度拥挤的部分城区或非正式居住区。尽管各大陆之间有所不同（WDR，2010；WGCCD，2009；Parnell 等，2007），但总体来说，中小型城市的城市化速率较高。

以东亚为例，未来 15 年的人口增长将主要发生在城镇和人口不足 100 万的城市（Jha 和 Brechat，2011）。此外，很大一部分的城市化发展将发生在大城市的外围。需要注意的是，城市区域并不仅仅指城市，正如 Satterthwaite（2011）所指出："虽然常听人们评论，世界上有一多半的人住在城市，但这种说法并不准确，一些人住在城市的中心，但有相当一部分人住在类似于集镇或服务区这类不能算做城市的区域。"

2.2.2　城市的定义

虽然全球正在向城市化发展，但是目前并没有一个公认的有关"城市"的确切定义。通常认为，一些有铺装道路、路灯、供水管网、排水设施、卫生设施、医院、学校以及其他公共设施的地区就是城市。然而，城市可以是只有几千人规模的集镇，也可以是拥有超过 1000 万人口的大都市。此外，在空间形式、经济基础、资源可利用性和体制等方面，不同城市也互有差异。目前，人们在讨论城市时常常从农村—城市空间跨度的角度考虑，一般而言，可将某一社会区域划分为乡村、小乡镇、二级城市（或中型城市）、大城市和巨型都市。与此同时，城市群也如雨后春笋般出现，包括整个城市区域，还包括由不同大小的城市带组成的都市走廊。

不同地域的城市差异显著：在非洲，一个拥有几千人口的城镇就能算做一个城市，而在亚洲，城市常常是拥有相当数量人口的聚居区。此外，不同城市之间的城市化水平和速度的差异更大（Cohen，2004）。例如，拉丁美洲的城市化程度比亚洲和非洲都要高，但仅相当于欧洲和北美的70％；然而，拉丁美洲的城市化速度远低于亚洲和非洲，据预测非洲和亚洲在未来的几十年里会有更快的城市化进程。撒哈拉以南是当今世界上城市化速度最快的地区，到2030年将超过其他非洲地区而成为主要的城市区域。到2050年，非洲的城市人口将达到13亿。

2.2.3 城市化与城市扩张对环境和洪水灾害的影响

城市在聚集大量人口、企业、基础设施以及公共机构的同时，需要城市以外的地区为其提供充足的食物、淡水以及其他资源（Satterthwaite，2011）。此外，城市时常建造在洪水威胁较为严重的地区，如低海拔的沿海地带（受海平面上升的威胁），或其他易受洪水和极端天气事件影响的区域（OECD，2009；WDR，2010）。

人口的增长使城市和集镇不断向外膨胀扩张，城市化进程通常伴随着大规模的都市空间扩展。城市扩展改变了自然景观格局，也改变了土地利用和土地覆盖状况，例如，城市建设改变了自然河道，增加了不透水地表面积，从而增加了洪水灾害风险（Satterthwaite，2011）。此外，河流冲积平原和流域其他区域的高度城市化可能改变洪水发生的频率。20世纪70年代中期，当时城市化刚开始加速，Hollis（1975）完成的一项研究表明，小洪水发生的频率会因快速的城市化而增加10倍；如果30％的道路被衬砌，则100年一遇以上的大洪水将会倍增。城市化带来的土地利用变化会影响当地的土壤条件和径流特性。越来越多的不透水地面将导致地面径流的增加和下渗量的减少。此外，城市化还影响着自然蓄水区并改变地表径流路径（Wheater和Evans，2009）。

城市会使当地降水量减少、夜间气温增加，自然环境因此而改变。城市小气候，尤其是由植被损失引起的城市热岛效应将改变区域的水文特性。热岛效应导致城市气温的大幅上升，例如，2003年夏季出现在英国的热浪，伦敦地区观测到的城乡温差达到惊人的10℃。

城市化的影响，加之城市规划不当以及河流缺乏维护道，增加了城市对洪水的脆弱性，详见案例2.1。

案例2.1 由于降水模式变化及不合理的城市规划，
卢萨卡（Lusaka）置于洪水风险之中

2010年3月的大洪水使赞比亚首都卢萨卡陷于瘫痪。据当地居民描述："洪水漫过了窗户，水流卷走了许多摊位，男孩们试图用渔网罩住洪流中的东西，而他们不久前还从洪水流过的地方步行上学。"

赞比亚的雨季通常在3月就已结束。但在2010年，3月的降雨比以往更大、历时更长。人口增长压力以及城市规划水平低下增加了人们对洪水的脆弱性：赞比亚中央统计局的数据显示，从2004年至今，卢萨卡人口净增40万，目前总人口至少150万。这一增长趋势由本地人口增长和乡村移民共同引起，并将持续下去。卢萨卡的人口密度，尤其是城郊地带的人口密度也在不断增加，根据卢萨卡城市委员会的报告，赞比亚城郊地带的人口密度达到了每公顷 1450 人，其中 30 岁以下的年轻人大约占 70%。

由于 60% 的卢萨卡居民居住于拥挤、非正式且缺乏合理规划的区域，这些居民更易受洪水灾害的威胁。尤其是许多房屋都建在不适合建房或易受洪水侵袭的区域，当排水渠道被建筑物阻碍或被垃圾堵塞时，洪水对这些区域的影响更为严重。

需要强调的是，洪水对人类健康的影响更应引起重视。赞比亚卫生部的报告显示，2010 年 3 月的洪水导致全国 564 人感染霍乱，其中卢萨卡有 30 人死亡。之所以造成如此多的死亡，还与污水治理率低、饮用水井设计、施工不合理有关。

据赞比亚财政部估计，仅卢萨卡的排水系统更新就将是一项耗资巨大的工程，而提高污水管理水平和污水处理水平以及增加安全可靠的饮用水源所要耗费的资金更是不堪设想。然而，在 2011 年赞比亚的国家预算中，水利和卫生工程项目的投入仅为 332 万美元。如果国家的投入不增加，卢萨卡所面临的问题仍将继续。此外，按照赞比亚目前的城市化速度，此类投资只有在更好的城市规划和管理的情况下才能真正发挥作用。

来源：Kambandu‐Nkhoma，日期不详

2.2.4　城市贫民

越来越多的人拥挤在城市，使他们更容易遭受自然灾害和气候变化的影响。在那些基础设施不足且缺乏定期维护、房屋质量差、贫困人口抗灾能力差的地区，面对洪水，其脆弱性增加得更为显著（世界银行，2008）。事实上，飞速的城市扩张通常无视既定的土地利用开发计划和规章制度，而使问题更加严峻。此外，由于城市贫民通常处于城市经济体制之外，基础服务得不到保障，也正是由于城市贫民无法承担从市场购房的经济压力，所以，通常居住在洪水脆弱性显著的棚户区。

城市贫民居住的房屋多由劣质材料建成，建筑技术也不高，这些房屋根本无法抵御极端天气或自然灾害（Parry 等，2009）。中低收入国家的高速城市化通常发生在这种高危地区，导致越来越多的人口和经济面临洪水威胁（Bicknell 等，2009）。

案例 2.2 展现了城市洪水对城市贫民影响的复杂性。

案例 2.2　贫困与安全的悖论：加纳（Ghana）阿鲍伯河（Aboabo River）流域库马西（Kumasi）市的城市洪水问题

库马西都市区（KMA）是加纳第二大城市，拥有 160 万人口。阿鲍伯河流域是许多社区，包括安罗佳（Anloga）、迪禅索（Dichemso）、阿鲍伯（Aboabo）以及阿麦寇牧（Amakom）的家园。阿鲍伯河的洪水以多种方式对生命财产造成影响，其中，受影响最严重的是建筑物。几乎每年都会出现许多已建和在建房屋因洪水淹没而废弃的现象。

恩科洛马科技大学（Kwame Nkrumah University of Science and Technolog）的学者进行了相关调查，当地很多居民认为洪水泛滥的主要原因之一是垃圾处理不当导致排水沟和河床被垃圾阻塞，其次是缺乏排水设施。

调查还发现,虽然这些地区每年都受洪水侵袭,但出于不同考虑,人们还是选择居住于此,其中61%的居民是因为无力负担搬迁费用,10%则因为这里离工作地近,另外10%是因为在这个地区有业务,剩下的19%则是因为世代居住、拥有土地等其他原因。

以上事实表明,城市人口之所以选择居住在洪水风险高的地区,是各种社会经济因素综合作用的结果,而搬迁成本似乎是最主要的因素。由此可见,为制定健全的洪水风险管理规划及策略,需要充分考虑上述那些影响重大的社会问题。

来源:Divine Odame Appiah(加纳恩科洛马科技大学环境资源管理系讲师)

2.2.5 城市所面临的挑战

不同城市的经济发展模式不同,有的结构简单、规模很小,如小城镇,有的则是为地方、区域、全国甚至世界提供服务的结构复杂、规模巨大的大城市或大都市。城市是主要的经济体,它们拥有绝大多数企业和工厂,是世界生产总值(GWP)的主力军(Kamal - Chaoui 和 Robert,2009;Bicknell 等,2009)。然而,城市产生的利益是非常复杂的,尚且存在一些负面的外部效应,例如,大量碳排放增加了环境成本,以及相对于气候变化和自然灾害(如洪水)较高的脆弱性等(Corfee - Morlot 等,2009)。

此外,城市化在某种程度上增加了城市地区温室气体浓度,而造成额外资本成本及环境破坏(Corfee - Morlot 等,2009)。迅速的城市化还意味着城市中心区对基础设施服务需求的增长(Jha 和布莱希特,2011)。

城市化将伴随着的人口增加和城市扩张,可能使城市平均人口密度减少,因为新建的居民区不断向外围扩展。随之而来的便是日益增加的洪水风险以及逐渐削弱的城市抵御洪水的能力。虽然有些风险是城市扩张的直接后果,但也与不合理的土地利用和城市规划政策有关(世界银行,2008)。为了适应人口增加和城市扩张,往往需要占用大量土地。与之类似,越来越多的城市基础设施并不总是缓解城市洪水风险的灵丹妙药,因为修建这些设施意味着越来越多的不透水陆面、占用高风险土地和造成城市拥堵,而这又会阻碍基础设施正常发挥作用。照片2.1展示了洪水对非正式居民点所造成的影响。

照片 2.1 墨西哥市的非正式居民点
版权:UN - HABITAT

2.2.6　机遇

当前，全球正处于史无前例的城市化进程之中，随之而来的危险性与脆弱性也日益增加，如不在城市规划时采取积极措施，则会造成大量的生命和财产损失（Jha 和 Brecht，2011）。长期以来，尽管城市本身存在诸多问题，如社会不公平、政府与权力机构无能以及城市环境恶化等（UN - HABITAT，1996；Dodman，2009），但如果城市能得以科学规划与管理，则有望实现可持续发展。城市化的快速发展意味着越来越多的机遇，但需要在发展的同时综合考虑洪水风险管理。杜德曼认为，伴随城市化而产生的很多事物其实对全球环境变化都是有益的，就像经济规模扩大为人们带来的价格低廉的基础设施和服务一样。然而，为了能够充分利用城市化带来的好处，需要科学合理的城市规划与管理。

气候变化与发展工作组（WGCCD）在 2009 年的一份报告中建议，对于发展中国家而言，如果它们希望增强自身适应气候变化的能力，需在城市化过程中，协调好基础设施更新改造与城市扩张的关系。此外，城市化进程会打破个人措施与集体行动之间的平衡关系，为了增强低收入和中等收入国家应对洪水风险的能力，需要建立一种具有可持续性并且符合地方特色的综合响应机制。

2.3　洪水对承灾体的直接影响

本节描述了洪水对主要承灾体（主要包括人口、城市环境、基础设施以及家庭财产）的直接影响，讨论了洪水对生命财产安全造成的直接或间接影响，同时描述了洪水前、洪水中和洪水后 3 个阶段内与洪水相关的损失。

2.3.1　城市人口

在世界范围内，许多地区都面临洪水威胁。2010 年，已报道的因洪死亡人数就超过了 8000 人。尽管因灾造成的经济损失会不断增加，但随着城市防洪投入不断增长（尤其是发达国家），防洪措施日益丰富，因灾死亡人口会逐渐减少。

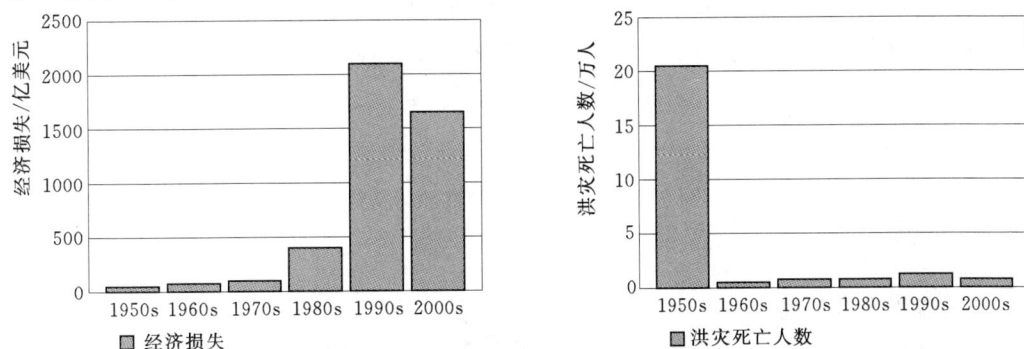

图 2.2　直接经济损失及死亡人数统计

来源：EM - DAT/CRED

因洪水造成的直接人员死亡中，2/3 死于溺水，剩余的 1/3 则死于物理创伤、心脏病、电击、一氧化碳中毒或火灾等（Jonkman 和 Kelman，2005）。由此可以看出，更多的人是死于洪水发生时的突发性水流（Du 等，2010）。

类似孟加拉国这样的发展中国家，因洪死亡的主要原因包括：腹泻、水传播疾病、溺水和蛇咬。在越南，电击是造成洪水中人员死亡的最主要原因，其他原因包括呼吸道疾病、肺炎和感冒等。导致腹泻的主要原因是纯净饮用水缺乏、纯净水的不合理储存与饮用、卫生医疗条件差以及饮用水污染等（Kunii 等，2002；Ahern 等，2005）。这些死亡往往发生在洪水过后的一段时间，所以一般都未计入因洪死亡中。

紧急事件数据库（EM－DAT）中的洪水数据显示，1950 年全球受洪水影响人口为 400 万，而过去 30 年的年均受洪水影响人口已超过 1 亿，占全球总人口 1‰以上。这一数据足以引起各国政府高度重视。受灾人口数量和严重程度各年度会有变化，除死亡外，受伤或影响也应纳入考虑。

报道最多的与洪水相关的身体损伤包括扭伤、拉伤、撕裂伤、挫伤和擦伤等。这是因为在逃避洪水的过程中，人们往往会被洪水中夹杂的建筑物残片或其他杂物所伤。此外，在洪水发生前，人们在搬迁转移财产和物品过程中也有可能受伤。洪水过后，损伤则主要发生在清理废墟和恢复正常生活及工作秩序的过程中。以上不同阶段的损伤无法全部监控，因此，很难准确统计洪水灾害中的伤员数量。

在某些案例中，一些人会因为目睹死亡、受伤和流离失所等场面而遭受心理创伤。由洪水导致的心理疾病主要分为 3 类：普通精神紊乱、精神障碍和自杀。

贫困人口、老人和儿童等弱势群体是受洪水影响较大的群体，需要特殊保护和援助。研究发现，儿童和老人最易死亡，尤其是溺水。

2.3.2 建筑物及其内部物品

洪水发生时，建筑物及其内部物品会受到各种直接或间接影响，如城镇的地铁、地下室等地下设施会进水淹没。直接影响主要指洪水对建筑物及其内部物品的损坏，间接影响则是指工商业的损失。

洪水对建筑物的影响可以是毁灭性的，高速水流甚至可以席卷全部建筑物和设施。由于建筑物的类型不同，洪水特性也不相同，一些建筑物会在洪水中幸存，但是也会遭受冲刷或咸水的侵蚀，需在洪水过后维护修复。案例 2.3 描述了在巴西发生的突发性洪水与滑坡。

案例 2.3 巴西的突发性洪水与滑坡

在巴西，洪水对百姓日常生活、城市基础设施以及工商业都构成巨大的威胁。滑坡与洪水并发的现象司空见惯。值得注意的是，洪水和滑坡不仅对百姓日常生活、城市建筑与基础设施以及自然环境有直接影响，而且会造成工商业秩序紊乱、财政负担加重等间接影响。然而，工商业秩序紊乱以及与此相关的损失是很难衡量的。

2011 年，发生于巴西东南部的大洪水造成里约热内卢（RiodeJaneiro）和圣保罗

（SãoPaulo）地区 800 多人死亡，超过 10 万人流离失所，大量基础设施损坏。越发频繁和严重的洪水事件使得防洪成为巴西亟待解决的问题。为此，当地政府制定了"加速增长计划"（PAC），以增加防洪投入，迪尔马·洛塞夫总统（Dilma Rousseff）要求世界银行协助巴西建立现代化的灾害风险管理系统。该计划由联邦政府投资，并在洲和直辖市两个层面实施。

弗鲁米嫩塞（Baixada Fluminense）地区排水工程是其中的典型案例，该工程旨在有效控制城市洪水，保护约 50 万户家庭。该工程的建设也体现了政府投资城市洪水风险预防措施以缓解未来洪水风险的迫切性。

来源：Swiss Re，2011；IUCN，2011；PAC 2：http：//www.brasil.gov.br/pac

---

洪水会对工商业产生各种各样的影响。在英国，洪水造成的影响主要包括房屋与设备损坏、股票贬值、顾客量与营业额减少以及工商业活动取消等（Ingirige 和 Wedawatta，2011）。

洪水特性，包括淹没水深、流速、淹没历时和污染物含量等因素都将对洪水破坏程度产生影响。例如，突发性洪水的高速水流可能造成居民财产和建筑物的毁灭性破坏。

缓慢上涨的洪水对建筑物的影响主要包括：

（1）水流渗入建筑材料导致材料慢性腐蚀。

（2）由积水产生的水压导致建筑结构变形甚至崩塌。

（3）水流流经建筑物或其地基，造成建筑物移位。

（4）水中的化学物质或者污染物与建筑材料发生反应，损坏建筑物。

（5）洪水造成电力系统中断，导致次生灾害。

突发性洪水和海洋洪水对建筑产生以下几方面的影响：

（1）相比静态水体，流动水体会对建筑物产生更大的侧向压力。

（2）流动水体造成冲刷和侵蚀，会掏空基础并最终导致建筑物崩塌。

（3）水流中携带的沙石杂物撞击建筑物，破坏结构的稳定性。

（4）如果油箱和建筑发生碰撞，会引发火灾。

一般情况下，流速越大，对建筑造成的破坏也越大。与此同时，水深也是影响洪水破坏程度的一个重要因素。研究表明，当水深大于 6m 时，洪水将对建筑物造成结构性破坏（USACE，1998），如图 2.3 所示。

水深预测是洪水预报的关键。静压力水头由位于压力点以上的静水形成，对墙体或其他垂直结构产生压力，也会驱动水流穿透墙壁。当水深超过 9m 时，如果建筑物没有采取特殊的防水措施，洪水对建筑的破坏将是致命性的。因此，人们一致认为，建筑物防水部分的高度至少要达到 6m。

目前的洪水损失评估模型很少考虑流速的影响，但不可否认，流速是导致洪水损失的重要因素之一。近期研究发现，在水深和流速这两个影响洪水损失程度的重要因素中，流速往往造成结构性破坏，而对工商业造成的破坏相对较小（Kreibich 等，2009）。也有研究者认为，当水深低于 2m 时，在损失评估分析中可不将流速作为必须考虑的因素。

除了与水流相关的因素之外，建筑材料的特性和建筑物周围的环境条件也会影响洪水

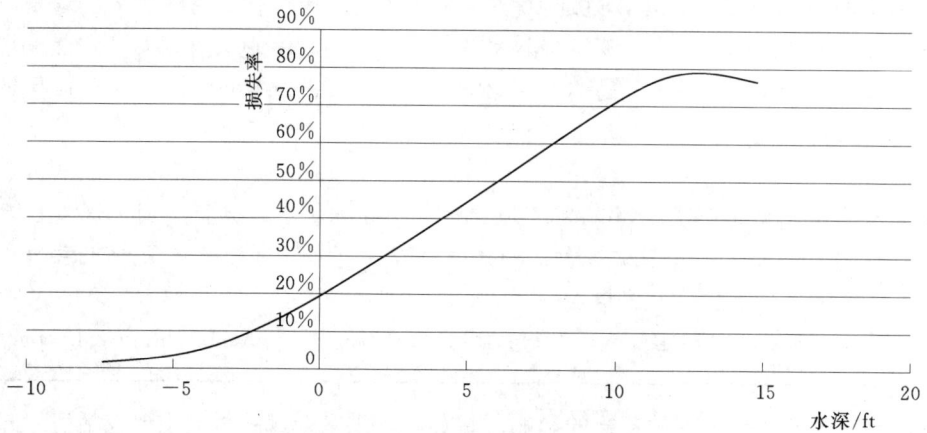

图 2.3　水深—损失曲线范例（一层带地下室的民居）
来源：USACE Nationl Economic Development Manuals

破坏程度。例如，石料建筑物在整体上能抵御洪水，但由于石料是多孔介质，在吸收大量水分后，需要很长时间才能使水分排出，木质建筑物的防水性能相对较好，但结构本身不够结实，土质建筑则更易受冲刷的影响。

建筑物本身的质量也是影响其防洪能力的重要因素之一。突发性洪水对城市建筑物的破坏尤为严重。如前所述，世界上许多遭受洪水威胁的大城市往往有极高的人口密度和非常拥挤的交通环境。以孟买为例，其高度密集的人口，为城市管理带来了很大难度，大量的污水使排水系统不堪重负，生活和商业垃圾随地丢弃或直接倒入水体，为满足城市发展对土地和建设的要求而忽视城市安全等，致使孟买的城市防洪问题日益严重。洪水发生时，水流夹杂着城市垃圾和废污水以及破损的建筑碎片四处扩散，不仅导致严重的次生灾害，也使人口过度密集地区变得更为危险。

对位于受洪水威胁地带的建筑物而言，如何采取措施适应因气候变化导致的洪水风险增加是许多国家面临的巨大挑战。虽然通过采用新的设计规范和新的建筑材料，可使建筑物有效地应对洪水风险，但制定法规，限制或禁止在这些地带的发展也势在必行（Satter-thwaite 等，2007）。

洪水对公共设施（如医院、诊所、学校以及教堂等重要的文化场所）的破坏会造成更深远的间接影响，例如，学校毁坏使教学活动中断，导致学生长时间失学；医疗卫生设施毁坏导致医疗条件变差等。

城市中的各类污染物会对受灾群众的健康造成严重威胁。当洪水来临时，城市污水与洪水混合，大大增加了水传播疾病的发病率。尽管有毒物质会在洪水演进过程中逐步稀释，但与此同时，某些化学物质会发生反应生成新的有毒物质，对受灾民众构成进一步威胁。

英国基础设施保护中心（CPNI）对国家基础设施的定义是："那些有益于国家的发展运行并能为公民提供必要服务的设备、系统、枢纽或网络"（CPNI，2010），涉及政府、财政、食品、紧急事务服务以及卫生等部门。其中易受洪水威胁的包括：通信、交通（包括公路、桥梁、铁路和航道等）、电信、能源（包括电力、石油、天然气、柴油和木柴等）、供水以及污水回收与处理设施等。

案例 2.4 以多哥首都洛美为例说明洪水对基础设施，特别是道路系统的影响。

案例 2.4　发生在多哥（Togo）首都洛美（Lomé）的洪水

洛美市是西非国家多哥的首都，城市南部为滨海平原，沿海有沼泽、潟湖和沙洲。由于其特殊的地理位置，洛美同时拥有亚马逊河型和刚果盆地两种不同湿润气候类型。随着人口扩张与城市发展，当地对沙子的需求也日益增加，这导致非法挖沙现象层出不穷，已成为洛美一大问题。大量挖沙已导致海岸侵蚀、地面沉降，而且严重打破了几内亚海岸的生态平衡。

洛美的海岸低地区域备受当地居民的青睐，目前面临着正式和非正式住房大量无序修建、城市规划缺乏、排水设施建设和维护滞后、教育水平低下以及社会风险意识薄弱等诸多问题。洛美目前的城市总体规划还是 1983 年制定的，当时洛美的城市面积仅有 $120km^2$，规划基本符合要求。然而随着当地人口增长，以及寻找就业机会和谋求较高生活水平的外地人口不断涌入城区，城市迅速发展，城市面积目前已增至 $160km^2$，使得洛美所面临的城市问题日益严重，修订规划迫在眉睫。在洛美及其周边地区（即人们常说的"大洛美"），超过 25 万人口住在非正式居民点，这些居民点多位于自然河道滩区或自然汇水区，因此，地势都相对较低。此外，这些居民点的主要住户都是穷人，使得这些区域的洪水脆弱性尤为突出。当地的洪水往往需要几个月才能消退，是长期困扰洛美的一大难题。由于沿海平原的地下水位很高，采用水泵排水并不可行。

多哥的政治危机造成国家长达 10 年的社会政治动荡：①客观上阻碍了城市基础设施维护与建设的进程；②冲突导致了大量人口向城市迁移，使得城市迅速发展，城市，特别是洛美市的基础设施与服务的压力日益增加。目前，超过 54% 多哥人居住在洛美。

2010 年 6 月洛美发生大洪水，约 20 万人受灾。据估计，洪水共造成 1550 万美元的社会损失和 1900 万美元的基础设施损失。洪水对洛美和多哥的影响十分严重。洛美不仅是多哥的物资交流中心，而且是连接多哥与布基纳法索等周边内陆国家的重要交通枢纽。2008 年，洪水切断了多哥的骨干公路和铁路，使得运输只得依赖小型道路，很快，这些道路变得破损严重，泥泞不堪（见照片 2.2 和照片 2.3）。

照片 2.2、照片 2.3　2008 年多哥被洪水冲毁的道路

来源：Ayeva，2011

2008 年大洪水后，由于资金匮乏，连接洛美和瓦加杜古、尼亚美以及巴马科等内陆国家的主要干道中，仅有一小部分得以重建。2010 年的大洪水使这一状况进一步恶化。多哥连续发生的洪水导致大量人口流离失所，为了寻找一份稳定且有可靠经济来源的工作，原本居住于北部农村地区的农民多数都转移到城市中。洛美的贫困与拥挤问题加剧。

最近，当地政府采取了多项举措，修改完善了城市规划方案并已开展相关工作，包括：翻修泵站、疏浚和整治河道以及建设排水设施等。

这一案例研究揭示了洪水响应行动也会导致间接影响——为应对洪水造成交通干线中断的紧急事态，人们将运输压力转到支线，而造成支线道路的损坏，进一步增加了损失。同样，直接影响与间接影响之间的复杂关系，以及洪水对社会——技术的挑战也因洪水而凸显。

来源：Amankwah–Ayaeh 和 Caputo，2011；Ayeva，2011

英国基础设施保护中心（CPNI）也对国家的关键基础设施进行了定义："那些……破坏后，可能丧失重要的社会服务功能，从而对经济社会产生重大影响，对生命安全构成威胁的设施"。由于会严重影响应急响应行动和灾后恢复工作的开展，洪水对基础设施的破坏是一个需要高度重视的问题。例如，道路交通中断，不仅会影响短期内的防洪工作，而且会严重威胁生命财产安全以及工商业的正常运行，而机场和铁路在洪水中被破坏，则可能导致国内和国际的交通混乱。

洪水还会对灾区的电力、供暖及照明系统造成短期或者长期的影响。表 2.1 列举了 2008 年也门大洪水造成的当地电力系统损失情况。

表 2.1　　　　　　　　　　也门洪水中电力系统的受损情况

破坏项目		哈德拉毛省瓦迪		哈德拉毛省萨赫勒		马哈拉		合计
		城市	农村	城市	农村	城市	农村	
电站	柴油发电机组	0	50	200	90	220	40	600
	其他	10		10		4		24
输配电系统	输电线	880	300	220	40	140	20	1600
	配电线	300	150	200	20	120	20	810
	转换器	120	30	70	100	40	40	400
输配电网络		150	50	100	20	20	10	350
其他		40	10	150	20	10	2	232
合计		1500	590	950	290	554	132	4016

在洪水发生时，供水系统也可能遭到破坏，这将导致居民饮水困难。污水回收与处理设施被破坏，则可能污染供水水质。当上述情况发生在城市，其后果会更加严重，见表 2.2。

表 2.2　　　　　　　　　也门洪水对供水和净水系统所造成的破坏与损失

部门	破坏	损失	总计	总计/百万美元
	百万里亚尔币			
农村	1059	66	1125	5.63
城市供水	3559	612	4171	20.86
城市污水	1414	43	1457	7.29
总计	6032	721	6753	33.78

除了供水系统，排水系统也可能因强降雨而毁坏。此外，强降雨产生的洪水，通常会超过排水系统的排水能力，导致洪水泛滥成灾。

专　栏　2.1

目前，针对关键基础设施服务中断对社会、经济以及环境的影响的专业指南相当匮乏。英国水务监管部门（Ofwat）总结了洪水对水利基础设施可能产生的各类影响：

- 私营水利基础设施丧失功能而造成国家财政损失。
- 当洪水造成相关设施根本性毁坏时，会额外增加紧急供应费用。
- 洪水削弱相关设施的服务功能。
- 供水水质污染和生态环境破坏将引致健康风险。
- 清除污水与洪水混合物会产生额外的费用。
- 污水与洪水混合将产生严重的环境污染问题。

来源：Ofwat，2009

各种基础设施系统往往是相互关联的，如果某一系统遭到洪水的破坏，与之相关的其他系统也可能受到间接影响。例如，电力系统破坏后，会影响供水及通信等系统。这一特征在信息与通信系统上表现得尤为明显，因为信息与通信系统与社会各种活动几乎都有关联，当洪水造成该系统中断时，连带损失将非常严重。

2.3.3　动物与农作物

在城市和城郊，洪水还可能对当地居民豢养的宠物或食用动物（如家禽）产生影响。这些动物往往被人们视为家庭成员。洪水发生时，人们也会关注它们的去向。与此类似，洪水也会对农村地区的牲畜、鱼类以及农作物产生影响。正因如此，当洪水扰乱了正常的农业生产活动时，高度依赖于农业生产的城市食品供应链将遭受沉重打击（Weir，2009）。类似于洪水这样的大规模灾害会减少城市的食品供应量，但在多数情况下，这并不是食品来源不足，而是食品供应渠道受阻。食品短缺会导致食品价格上涨，穷人又因失业而难以承受不断上涨的食品价格，这将其经济状况陷入困境（IFRC，2010）。

2.3.4　连锁性影响

洪水可能导致其他自然或人为灾害，其他自然灾害也可能引发洪水。2011 年日本海啸导致福岛核电站核泄漏是其中的典型案例，海底地震发生后，各种大规模灾难接连发生，见案例2.5。

最常见的洪水次生灾害是泥石流和滑坡，正如2011年韩国洪水后的情景。当相互关联的基础设施系统破坏后，也会导致人为灾害。例如，洪水发生后，大坝调度中心的电力系统会受到影响，导致调度系统失效，可能造成大坝失事；污水处理设施因洪水破坏后，化学污染物或废污水将严重污染水体。在考虑洪水影响与防洪效益时，连锁性影响是一个不能忽视的因素。

案例 2.5　2011 年日本海啸

2011 年 3 月，震中仅距日本海岸 70km 的 9.0 级海底大地震袭击了日本海岸，并引发了最大浪高达到 30m 的巨大海啸，灾害共造成 2.8 万人死亡，49 万人受灾。地震及海啸对日本的公路、铁路以及核电站等基础设施也造成了重大影响。据初步估计，灾害造成的经济损失高达 3090 亿日元，是世界历史上有记录的最严重灾害。

日本大地震的例子说明，即使是在高度发达、灾害应急处置能力很高的国家，灾害同样能造成毁灭性破坏。在日本，超过 40% 的海岸线由混凝土防浪墙或防波堤防护，然而在这次大地震中，海啸仍然漫过了这些高标准防潮设施。

更为惨重的是，海啸对福岛核电站造成了毁灭性破坏：摧毁了福岛核电站的柴油发电机组，使核电站的反应堆冷却系统彻底崩溃。随之而来的是核反应堆因过热而逐渐熔化，最终酿成严重的核泄漏，成为日本历史上最严重的核事故。

史无前例的福岛核事故警示我们，在今后的防洪工作中，要充分认识海堤以及其他防洪措施本身存在的风险。大阪关西大学教授、神户减灾研究院主任川田义名在纽约时报上评论："这场灾难驱使我们反思现有的政策与措施……仅依赖工程措施是远远不够的。"

来源：Onishi，2011；Em-DAT，日期不详；UNEP，2011

2.3.5　灾后损失评估

灾后损失评估指在洪水等重大灾害发生后，受灾国家的政府在有关机构，如世界银行或联合国等组织的帮助下，开展的损害、损失以及需求评估等一系列工作，也称为"灾后需求评估"（PDNA）。其目的是对灾后重建工作进行合理的规划。联合国经济委员会在 19 世纪 70 年代为拉丁美洲和加勒比地区建立的"损害和损失评估方法"（Dala），被许多国家用于开展灾后损失评估。2010 年，巴基斯坦发生了 80 年来最大的洪水，利用 PDNA 评估的这次灾害造成的经济损失高达 8550 亿巴基斯坦卢比（或 101 亿美元），相当于巴基斯坦 2010 年 GDP 的 5.8%。

洪水损失评估可以在洪水过程的任何阶段进行：洪水发生过程中（协助洪水紧急响应）、洪水发生后短期内（大约洪峰过后的 1～3 周）或洪水发生后 3～6 个月（提供更详尽的洪水损失评估结果）。通常，进行洪水损失评估的最佳时机是洪水发生后 6 个月，那时的直接和间接损失统计数据更可靠。

由于可评价减灾措施的成效，并支撑减灾方案选择和灾后重建规划等，因此，采用标准方法开展洪水损失评估十分必要。

灾后损失评估应透明化，以保证评估工作顺利进行；应标准化和规范化，以利于横向比较；应可重复，以利于事后评价与检验；应遵循经济学原理，使评估结果更接近实际。

2.3.6　如何开展洪水损失评估

大灾（包括洪水）之后，开展损失评估十分重要，这一工作能够让人们对灾害类型和灾害程度有充分准确的认识。洪水所造成的影响包括经济、社会和环境影响等。洪水损失评估的最佳时机是洪水发生后，洪水造成的直接或间接损失统计和调查完成之时，评估结果可为政府的洪水风险决策提供有效支撑。除洪水直接损失外，其他与直接破坏相关联的社会经济系统的间接影响，例如，生产设备破坏导致的生产损失，能源与电信中断和物资供应中断造成的损失等，在洪水发生后的短时间内，尚未完全体现，难以量化。灾后损失的评估结果还可以用于不同防洪方案的成本—效益评估。在更小的尺度上，灾后损失评估可用于辅助防洪应急行动和灾害救济时的资源优化配置。灾后损失评估的可靠性、一致性和透明性与灾后损失评估工作同等重要，错误的评估结果可能导致投资失误和资源浪费。一致性较好的评估方法不仅保证灾害损失评估的长期有效性，而且能保证防洪减灾措施效益评估的可靠性。

以下介绍的区域洪水直接损失评估方法，主要基于 Jha 等研究者（2010）提出的思路。评估所得信息，特别是有关损失类型与损失特性的信息，将为灾后重建工作以及资源需求（如设备、人力资源以及时间等）统计工作提供强有力的支撑。该方法中还利用了系统论的相关知识，可为未来的洪水预警与防洪规划工作提供科学依据。

洪水灾害损失评估主要包括初步普查、制作灾区影像图、受灾城镇带状调查、财产情况调查、影像存档和建筑物分类等步骤。

1. 初步普查

初步普查的主要工作是灾区实地考察，内容包括了解灾害影响范围和洪水影响特点等。初步普查最好在洪水消退后，安全能够得到保障的情况下进行。调查需准备的安全防护装备包括手套、高筒靴以及头盔等。本阶段获取的信息有助于从整体上了解洪水灾害，为制定后续的详细调查计划提供依据。与此同时，本阶段也可为制定重建计划以及重建过程中所需要的应急服务提供信息支撑。初步调查工作可由专业团队或经过培训的普通社会成员、工程师以及地方官员负责。

2. 制作灾区影像图

利用灾区的地理信息制作洪水损害情况的空间影像图，确定受损财产与受损基础设施的空间位置，并根据损坏情况（如受损范围、损害类型以及受损严重程度等）进行分类。该图可对了解局部地区的财产损失情况提供帮助。制图工作可手工完成，也可在高分辨率的 GIS 数据基础上，利用 GIS 软件完成。图件完成后，应将图上的相关信息整理成表，以便与公共记载/数据库相互对照。制图工作最好由受过专业培训的人员承担。

3. 城镇带状调查

带状调查是沿着一条路线进行调查或观察，以便分析不同地点之间物理特性的变化。城镇带也许是一条街道或多条街道，能够充分展现不同建筑或设施的受损情况，同时还能识别不同的损害类型，并在损害类型与居民地类型、地理条件、环境特征以及土地利用情况之间建立起对应关系。据此，可利用绘图或草图对洪水损害的范围与特征加以描述。以上获得的信息可作为环境规划与管理、城区规划以及灾后重建规划与组织工作的重要依据。城镇带状调查所得到的结果通常是洪水事件的特性和当地环境与土地利用特征相结合的灾害信息。

4. 财产情况调查

无论是出于管理目的（包括财产所有权、所有者和损害类型等），还是技术目的（包括建筑物及其建筑材料类型、损害详情和修复程序等），都需要对各类资产进行调查，以获取其详细信息。调查之前，为确保信息收集工作的顺利进行并保持信息的一致性，应专门设计一套标准调查方法和调查清单。调查时，尤其需要了解淹没水深，因其与洪水损失程度和修复工作直接相关。较大的淹没水深可能造成建筑物结构性破坏，甚至造成建筑物彻底毁坏。石质建筑一般能抵御400mm深的洪水，但渗入石材孔隙的水分需要很长时间才能疏干。调查所需的电子设备应当在调查前进行全面检查与测试，以确保其正常使用。洪水过后，往往会沉积大量的杂物和泥沙，因需将其清理后才能开展修复工作，开展相关调查也是必要的。财产情况调查最好由经验丰富的调查员或具有建筑或材料专业背景的工程师完成。

5. 影像存档

对各类资产进行影像记录是非常重要的，这项工作可以作为资产情况调查的一部分一并开展，这些影像资料还有其他许多用途。保险公司可根据这些影像确定投保人所遭受损失的具体情况。此外，还可用于检验其他资料的真实性和可靠性，真实记录重建工作过程等。这项工作应由具备相关专业知识的当地摄影师完成。

6. 建筑物分类

为了记录恢复重建过程中的有关信息和管理情况，需对那些尚无编号系统的地区建立一套逻辑性强、操作简单的临时编号系统。这一工作最好由当地社区工作人员完成。与此同时，还需要设计一套简单的建筑物受损等级划分标准。这一工作需要由受过专业培训的调查员或工程师完成，以确保前后信息的一致性。在上述工作的基础上，可对资产损失进行综合的编号和分类。

2.4 洪水的间接及其他影响

除上述直接影响外，因城镇的自然环境与人类活动之间存在着复杂的相互作用和相互依存的关系，洪水还会造成间接影响。间接影响通常难以立即识别且更难以量化。事实上，直到洪水消退之后的很长时间，一些间接影响才会完全显现出来。这些间接影响主要可分为 4 类，概述如下。

2.4.1 自然环境影响

在地形陡峭的地区，强降雨常会导致水土流失、泥石流或滑坡，泥石杂物俱下，破坏基础设施，特别是道路。携带高浓度泥沙和其他杂物的洪水，淹没城市地区，消退后留下淤泥杂物。清除这些泥沙和杂物成本高且耗时长。在某些极端情况下，泥沙可能淤埋整个城镇或其中一部分，因无法清除而废弃。搬迁可能是唯一的解决方案，这将涉及修改土地区划。

有机质含量较低的泥沙淤积耕地表面可能导致耕地沙化，影响城郊蔬菜或其他作物的生长。在有些地区，作物收获可能永远不会回到灾前水平，从而对部分人的生计和营养造成影响。

强降雨也可能导致植被的破坏（无论是自然或种植的），或者导致植被的缓冲能力削弱。原始森林高树冠覆盖率非常高，能很好消除降雨能量；而次生林或出于经济原因种植的树木则不太可能形成高树冠覆盖，因此，其消能作用大大减弱。这可能导致土壤植被覆盖率的减少和更强的地面径流，从而增加土壤侵蚀与沟蚀的风险（后者见照片 2.4）。

在热带地区，因地震或龙卷风引发的海啸可能破坏沿海珊瑚礁，从而削弱珊瑚礁群耗散波浪能量的能力，加速海岸侵蚀。加之目前许多地方海平面上升的速度快于珊瑚生长的速度，使得洪水风险进一步增加。

由于飓风和海啸，导致咸水入侵，使一些农田，包括那些位于城市周边原本种植高价值蔬菜的农田，不再适合某些作物的种植。

照片 2.4　土壤侵蚀造成的沟壑
来源：Alan Bird

这就需要花很长时间和精耕细作来降低土壤盐度，而且在很多情况下其盐碱度可能永远无法降低。在有些沿海地区，咸水淹没的土地被转化为水产养殖，但会带来一系列复杂的问题，如土地所有权、土地利用规划、水质量和水管理等。例如，1991 年的孟加拉国吉大港飓风后，此类问题进一步复杂化，由于疫病在咸水虾间蔓延，迫于水产养殖者的压力，该国调整了水资源管理系统，从而为水产养殖者提供更多的淡水（Aftabuddin 和 Akte，2011）。

2.4.2 人口和社会影响

洪水过后的幸存者有一系列的迫切需求，包括安全的饮用水、食物和住所。这些幸存者可能会有心理创伤并且非常脆弱。具有讽刺意味的是，有时，洪水警报、人员疏散和安置措施的及时有效实施，反而会增加流离失所的难民数，因为如果没有这些措施，也许有更多的人在洪水中死亡，但难民数会减少。应急行动所拯救的人会使灾后救助变得更为艰难，还可能增加难民死亡率。可见，有效的洪水预警和备灾是以灾前充分的物质储备和可行的洪水后恢复计划为后盾的。

2.4.2.1 人口变化

洪水造成的人员伤亡对灾区人口分布影响很大，可能导致社区人口年龄结构的不平衡。1991年孟加拉国飓风后，对两个受灾地区进行的流行病评估显示，10岁以下儿童死亡率最高；超过10岁的男性死亡率最低（约4%）。此外，对于女性，随着年龄的增加，死亡率逐渐增高，最高的是60岁以上的女性（大约40%）（Bern等，1993）。

受灾地区的老人很少能存活下来。同样，一定年龄段的孩子（10岁以下）死亡率也很高，因为他们已经过了能被大人背着、抱着逃走的年龄，又没有能力自己跑到高处的避难地。女性的死亡率高于男性，一方面由于女性奔跑的能力不如男性；另一方面，她们还试图拯救自己的孩子，而自己的生命将处于更高的危险中。女孩和年轻妇女的死亡率也高于相同年龄的男性，因为男性能爬树避险，而女性则不能，部分原因是社会禁忌。若干年后，人口出生率会增加，被认为是'代替'那些已经去世的孩子。这导致了年龄结构非常不平衡，尤其是女性，她们将承受更多的负担，因性别歧视，洪水后女性受虐待的程度也会上升，女性的价值，如嫁妆等也会受到洪水影响。这些在灾后影响评估中通常并不被引起重视。

在孟加拉国以及其他国家，人口结构的变化在灾区内不同地区也有差异，很大程度上反映出洪水风险分布高度局部性特点。

2.4.2.2 对健康的危害

洪水对人类健康的影响非常严重。有证据表明，在一些洪水事件中，水传染疾病或与水相关疾病造成的死亡人数远多于溺水造成的直接死亡。例如，在2007年孟加拉国洪水中，腹泻和呼吸道疾病造成的死亡人数最多，蛇咬居第二（Alirol等，2010）。

灾后人类健康还与自然环境和生态是否平衡密切相关。例如，洪水泛滥或风暴潮可能会破坏淹没区自然环境，扰乱生态平衡，会加速疾病的传播和细菌的繁殖，导致霍乱爆发或疟疾发病率增加。Noji（2005）认为，洪水过后疾病传播和流行风险的增加取决于人口密度和迁移情况，以及自然环境改变或破坏的程度。2009年，菲律宾在接连两场飓风造成将近1000人丧生后，一些污水尚未消退的地区又爆发了钩端螺旋体疫情。在提交给应急救援机构的一份报告中，卫生部秘书长弗兰西斯科·杜克（Francisco Duque）援引国家流行病学中心（IRIN，2009）的数据称，截至当年10月26日，已确诊2158例感染病例，其中167人死亡。

洪水期间和洪水之后，确保灾区足够的清洁水源供给对于灾民健康至关重要。烧水燃料缺乏的问题也时有发生。解决此类问题的措施将在第4章详述。通过水传播的疾病主要包括：霍乱、腹泻、痢疾、伤寒以及疟疾、登革热（虽然蚊子的繁殖需要相对干净的水栖息地）、黑热病和钩端螺旋体病等。

另一个明显的健康问题是对幸存者的心理影响，包括滞后的心理创伤。许多幸存者，包括孩子，会受到严重的心理创伤，这类问题需及时且谨慎地处理。大量的研究表明，自然灾害（包括洪水）可能引发各类心理疾病，诸如创后应激症（PTSD）、抑郁症和焦虑（Mason 等，2010）。Fischer（2005）和 Miller（2005）的研究表明，2004 年印度洋海啸后，饮酒、滥用药物和反社会行为的男性明显增加。

考虑到灾害对健康危害的广泛性和严重性，卫生行业创立了"灾难医学"或"灾难健康管理学"（Andjelkovic，2001）等新学科和新方法，以应对灾后健康问题。

2.4.2.3 对人类发展的影响

洪水对灾民的长期健康和灾区人口发展的影响可能很难量化，但一些研究显示，严重的洪水造成的儿童营养不良，使他们体质受损，其影响可能永远不能弥补，（巴特利特，2008）。在灾后短期内出生的婴儿可能有更高的死亡率和先天缺陷。大灾造成的流离失所或因父母一方或双方死亡不仅对家庭本身，而且可能对整个社区带来灾难性的长期后果。营养不良、因灾迁移或学校关闭等问题也会影响灾区的教育。虽然在富裕地区，洪水事件的影响通常是暂时的，可以应对；但在贫困地区，洪水通常使贫困加剧。

2.4.3 经济和金融影响

除恢复重建成本外，在 2.3 节中所述的洪水直接影响还会造成其他的连锁后果。例如，最近的一份报告中指出，洪水是阻碍非洲不断增长的城市居民摆脱贫困的主要因素之一，可能导致联合国计划在 2020 年"明显改善"城市贫民生活的目标流产（行动救援组织，2006）。

案例 2.6 表明洪水灾害会对社会经济造成的重大影响。

案例 2.6 哥伦比亚 2011 年洪水

在哥伦比亚的 32 个省中，有 28 个省因持续强降雨引发了泥石流和洪水。总计有超过 300 万人家园受到严重破坏，占全国人口的 7%。这是该国历史上由自然事件造成的最严重的灾难：洪水使哥伦比亚 2011 年的 GDP 减少逾 2%。

厄尔尼诺和拉尼娜气候现象以及哥伦比亚的地理状况是这次史无前例的大灾难的主要诱因。2010 年中期哥伦比亚部分地区的平均降雨比平均值高 5~6 倍。另外，因降雨而饱和的山区土壤开始崩塌，日复一日的滑坡和水土流失堵塞河道、淤积河床，导致河流水位升高。

但是，正如前环境部长曼努埃尔·罗德里格斯·贝塞拉所说，人类活动的影响使洪水风险大幅增加。对山林的砍伐和热带草原湿地的破坏改变了水循环态势，导致洪水事件增多，这反过来又为山体滑坡创造了便利条件。此外，洪泛区的无序发展，设计不佳的排水系统意味着即使中等强度的降雨也可能引发洪水。"这些是自然灾害，但本质上是人为的"，在哥伦比亚的联合国人道主义事务协调员布鲁诺·摩洛说。哥伦比亚最近的洪水说明了人类活动对洪水风险的影响（在这个案例中综合了森林砍伐、湿地破坏、不合理的发展和糟糕的基础设施设计），以及在设计洪水风险管理措施时考虑这些影响的必要性。

来源：Otis，2011；Morales，2011

2.4.3.1 对长期经济增长的影响

在进行洪水对经济长期影响的评估时，必须同时从地方和国家两个角度考虑。灾害对那些直接受灾地区会产生很大影响，但对国家经济的影响则要小得多。一些局部影响，如对旅游业的冲击，可能被国家其他地区的贸易增长所平衡。通常，小到中等规模的灾难可能对国家资产负债表没有影响。

在国家层面上，研究发现，灾害和经济增长之间的关系复杂而多样。有些证据表明，频繁的自然灾害对国家的经济有积极的一面（Kim，2010）。这个过程被称之为"创造性毁灭"，它基于的假定是，重建活动会增加就业并且更新设施。Skidmore 和 Toya（2002）在对 89 个国家的自然灾害分析后，撰文指出，发生气象灾害的频率与人力资本积累、总要素生产力的增长以及人均国内生产总值的增长呈正相关。Noy（2009）发现，一个国家在灾后重建时的资源调动能力会影响灾难和经济的关系。但是，从长远来看，发展中国家不太可能从灾难中受益。

其他研究反驳了这些结论，但是 Kim（2010）发现了气候灾害和地质灾害间的差异，他指出前者对长期经济有积极影响。Loayza 等（2009）发现中等程度的洪水事件对经济增长有显著的积极影响，但是更大规模洪水的正面影响很小。

2.4.3.2 对发展目标的影响

由于缺乏保险，大部分低收入国家会挪用其他发展目标的资金进行洪水后的救援行动。在特大自然灾害面前，政府可能面临资金困难，需要通过国际援助、发行债券和推行保险等弥补国家税收的不足。Gurenko 和 Lester（2004）估计，印度自然灾害的直接累计成本均值高达中央财政收入的 12%。这对国家经济影响重大，将导致重要的基础设施投资被搁置或取消。

此外，更新基础设施的投资可采取私人和公共的融资体系。有可能要以牺牲当前的发展为代价来换取资金。经济上的优先次序应取决于更广泛的社会需求，因此，经济影响应惠及比直接遭受洪水影响的地区更大的社会范围。目前面临的挑战是，政府和私营部门如何能齐心协力地确定重建的优先次序。

洪水后另一个影响是因恢复经济，灾民直接或者间接承担的债务负担。这一负担将进一步增加灾民的压力，降低他们应对形势变化的财力，使他们变得更加脆弱。

2.4.3.3 对生计的影响

在家庭层面，生计可能受到严重影响。其严重性与洪水对就业能力的影响有关，尤其与受灾家庭中是否有成员在洪水中丧生或受伤，以及他们对家庭的社会和经济贡献密切相关。单亲家庭，特别是单亲妈妈特别容易丧失生计。

在更广泛的社区层面，洪水之后会需求某些具有特殊技能的人才，如重建基础设施的人才，但幸存的人可能无法满足需要。

2.4.3.4 贸易中断

因灾害的直接破坏或贸易中断的间接影响，商业活动在灾后往往会衰退。贸易可能因为缺乏基础服务，例如，自来水供应、废水收集和处理、电力、道路和通信而中断，反过来会对除灾区以外的更多地区的经济造成严重影响。重建基础设施非常复杂（如修复电站重新供电）和耗时耗资。2011 年的日本海啸既对本国经济造成巨大损失，也对全球产生影响。例如，世界各地的汽车装配厂都受到了日本制造的汽车零部件供应的严重影响。

尚可继续运营的企业可能要用几个月的时间才能恢复正常。洪水中丢失的文档会阻碍企业复苏，导致交易订单和发票开具的推迟，并延长保险索赔的时间。其他可能的间接影响包括：费用增加，需求不足，市场份额的短期降低，失去骨干职员；因受伤、交通困难或参与恢复工作导致人手短缺，生产效率降低，供应减少，许可吊销，失去质量认证等。对许多企业来说，这些影响是灾难性的，有报道称，43％的公司在经历自然灾害后倒闭，幸存企业中的 29％在两年内关闭（Wenk，2004）。

2.4.4　政治和制度问题

严重的水灾将对政府机构的灾害应对与处理能力提出严峻的挑战，这一现象在防灾减灾能力较弱的欠发达地区体现得尤为明显。政府组织与非政府组织所扮演角色之间有巨大的差异。政府组织表现不佳或不作为将会大大降低政府的公信力，这在 2005 年美国新奥尔良卡特里娜飓风中体现得非常明显。在某些案例中，政府在分配救援物资时出现不公正等问题，会令捐赠者寒心，从而导致他们对未来的救灾援助犹豫不决。

另一个主要社会问题是如何保障人们避灾时遗留资产的安全。社会的贫穷阶层往往自助能力较差，但反过来讲，他们所损失的财产实际上不会很多。在灾害和恢复过程中还可能存在种族和性别歧视，这也将导致社会政治的不稳定。

2.5　脆弱性与洪水风险图

如前所述，洪涝灾害影响严重、危害广泛，研究新的方法以准确评估和降低灾害风险变得迫在眉睫。根据联合国人道主义事务部的界定，风险评估是指对于已发生的或可能的灾害进行调查研究，评估实际的或潜在的损害，从而为防灾、备灾和应急相应提供支撑（联合国人道主义事务部，1992）。风险评估主要以伤亡、财产损失和经济活动中断的期望值表征。根据现行定义，风险是危害性与脆弱性的乘积，对发生在特定时间、特定地点的一场特定洪水，其风险可用数学公式表示。

第 1 章已详述了灾害评估，以下讨论与风险评估相关的脆弱性。

评价主要基于洪水淹没水深，该值还将进一步用于风险分析和灾害损失评估。风险评价的主要目的是为规划、资金与资源配置提供坚实的依据。联合国气象组织（WMO，1999）的风险评价框架表明，灾害评估和脆弱性评估应以统一的方式平行进行，以便使结果具有可比性和全面性。例如，两个城市可能有同样的脆弱性，但是由于它们的海拔不同，发生灾害的概率会有很大差别。评价的主要难点在于数据的完备性以及收集数据所需的时间和成本，对发展中国家尤其如此。

风险评价的基本步骤包括：

（1）具体地区洪水事件危害性、严重程度以及发生频率评估。

（2）处于风险的承灾体的暴露程度评估。

（3）脆弱性评估。

（4）综合危险程度、暴露性及脆弱性进行洪水风险评价。

如前所述，风险评价通常针对直接损失，间接损失（即次生影响）则常常被忽视，从而导致损失被低估。获得评估间接损失的数据相当困难，主要原因在于难以准确衡量基础设施破坏及通信中断引发的连锁反应影响。另外，历史数据也未明确区分直接损失和间接损失，由于当事人及公司可能不会对相关调查披露真实财务损失数据，由此可能带来更大的统计数据失实。但是，如果所获得的数据是真实可信的，次生风险则可以评估。综合开展直接和间接损失评价和风险评估，对于降低损失评估与实际损失之间的误差、全面评价洪水风险是必要的。

在多种灾害同时发生的地区，有时风险会叠加。有些风险并非来自自然界，而是由某种灾害衍生的。洪水沿程留下大量杂物泥沙、损坏正常的排水系统和运输系统、引起火灾和电线短路等，都会造成更大损害与破坏。沿海地区的咸水入侵，可能会影响供水系统，也可能导致一些固定资产的腐蚀与变质。

除了造成未经处理的污水漫溢和扩散垃圾杂物以外，洪水还可能包含有毒的物质，污染环境。有时，山体滑坡或地震也可能导致洪水。尤其是在多种灾害频发的地区，常常是一个灾难引发另一个灾难，造成大得多的损失和破坏。

案例2.7　2010年巴基斯坦洪水及风险评估的挑战

2010年7—8月间，巴基斯坦发生极端强降雨，导致2000人死亡，至少2000万人受灾。当地属于半干旱地区，人们都选择在离水源近的地方定居，而这次印度河洪水泛滥之处正是人口最密集的地区。

2010年7月29日至8月1日，季风性强降雨一直持续了4天。降雨首先引起流域北部的河水急剧上涨，随后，持续的强降雨移向下游，造成更大灾害。

主要人员伤亡来自于暴涨暴落、水流湍急的流域上游，水位远超过近66年来的最高纪录。采用历史数据外插方法估算，上游的洪水为1000年一遇，中游接近86年一遇，而下游半干旱地区则更习惯于应对干旱而不是洪涝。

控制和预防类似于印度河这样级别河流的洪水难度很大。虽然洪峰来临的时间可以预测（在南方地区，预报提前量一般为10~15天），但是洪水在洪泛区如何泛滥却难以预测。主河道与其广阔的洪泛区紧密联系，在洪峰时，洪泛区蔓延至20km之外。堤坝质量的不确定性加剧了洪水的不可预测性：一旦溃堤，洪水立即淹没堤后的区域。这也表明了以往的洪水数据可能对于预测将来的洪水没有太大帮助。问题的复杂性在于，除洪水演进和泛滥过程难以预测外，堤防质量状况不清更增加了不确定性。

来源：Straatsma等，2010；NDMA Pakistan：http://www.ndma.gov.pk

如前所述，洪水对于城市环境的主要影响因子包括：洪水的危害性、承灾体的暴露性

及脆弱性。因此，洪水对城市的影响可随下列情况变化而改变：洪水灾害发生变化，人员和财产相对于洪水的暴露性发生变化，暴露于洪水的人员及财产的脆弱性发生变化。为了更好地了解洪水对社会的潜在影响并制定合理的应对方案，洪水风险图是非常有效的工具：可为风险管理系统的建设提供坚实的基础依据；可辅助决策者进行成本效益分析，从而更合理地配置资源、指导紧急救援和设计并实施各类减灾行动。洪水风险图还可用于制定财政计划和实施洪水保险。

洪水风险图的基础是第 1 章所述的洪水灾害图以及对各类洪水事件造成的影响的认识。关于洪水造成的损失及影响的讨论见本章的前几节。为了全面量化洪水风险，有必要在对洪水影响深入认识的基础上，估计未来可能的洪水事件所造成的损失。大多数风险评价始于根据水深—损失关系，利用资产数据库的数据评估直接损失。

同时考虑间接和无形损失的全面的风险分析在实际操作中不多见。这种损失计算引入其他来源的不确定性，如估计非市场物品（如生态系统和生物多样性）和受影响的服务的价值的不确定性，处理时间偏好时，选取折扣率或其他参数的不确定性等（Hall，2008；Merz，2010）。

2.5.1　脆弱性评估

脆弱性是表征一个系统（以下指人口或资产）受自然灾害影响程度或承受自然灾害负面影响能力的指标。脆弱性是下列因素的函数：灾害特点、影响范围、受灾频率、敏感程度（系统受正面影响或负面影响）以及适应能力（系统适应变化环境并合理应对变化环境的能力）。表 2.3 列举了不同类型的脆弱性以及影响其暴露程度的各种因素。

表 2.3　　　　　　　　　不同类型的脆弱性及其影响因素

脆弱性的类型	影响因素
个人或家庭脆弱性	教育、年龄、性别、种族、收入、历史灾害经验
社会脆弱性	贫困程度、种族、隔离性、社会安全服务水平
机构脆弱性	政策有效性、公共或私人机构的组织能力与公信力
经济脆弱性	金融风险、GDP、国家财政收入与防灾减灾投入
物理脆弱性	居民点的地理位置、建筑材料、修复能力、预报与预警技术
环境脆弱性	环境保护工作、人口增长与移民
系统脆弱性	社会公用服务、健康服务、自我修复能力
空间脆弱性	社会结构

为了衡量不同尺度的脆弱性，灾害研究者采用了各种强相关变量，如灾区的自然、社会、经济以及政治条件等。导致城市，尤其是发展中国家城市洪水脆弱性的主要因素包括：贫穷、住房条件差、防洪能力低、人口增长、棚户区扩张、排水设施维护不善、公众风险意识薄弱以及早期预警系统缺乏等。

脆弱性评估的目的是分析确定社会最脆弱之处，以为未来的资源配置提供依据。开展脆弱性评估需要考虑的因素包括：区域的地理位置、受到危害的资源（人口和物质资源等）、现有技术水平、预警系统预见期、居民的风险意识等。绘制洪水脆弱性图可为政府决策者以及各部门的管理者提供洪水的基本信息，从而采取措施有效降低洪水脆弱性并增强应对洪水的能力。

案例 2.8 印度苏瑞特（Surat）的洪水脆弱性分析

苏瑞特是印度西部谷加瑞特（Gujarat）邦的一个沿海城市，位于孟买以北 250km 受潮汐影响的泰皮特（Tapti）河沿岸。苏瑞特是城镇化发展速度最快的城市之一，在过去的 4 年里，人口增长了 10 倍。大约有 20% 的城市人口分散居住在 420 个贫民区。

这些贫民区多位于赶潮区和河岸带，洪水风险较高。洪水、沿岸风暴和飓风以及海平面上升等是苏瑞特必须应对的问题。最近，研究者们将 GIS 技术融入了城市脆弱性评估。英国国际发展部（DFID）采用脆弱性的分析技术，对城市脆弱性进行了评估，分析表明：

- 低收入群体和贫民窟居民受教育程度低是制约风险意识提高和有效减灾措施实施的主要因素。
- 苏瑞特是印度人均收入最高地区之一，然而，约 1/3 的家庭收入不稳定，例如，75% 以上的低收入群体和棚户区居民从事半技术性或非技术性工作；大约一半的中产阶级人口依靠非正式贸易谋生。因此，在城市经济受灾害或其他外部冲击时，上述人口受影响最大。
- 分析结果还表明，在非政府组织和小额信贷覆盖面有限的情况下，低收入群体、棚户区居民以及外来移民难以获得社会保障的支持，这意味着必须探索其他增加社会资本的方式。
- 贫穷群体的保险覆盖率低。因此，在灾害期间，他们境况最为艰难，恢复所需的时间也更长。
- 低收入群体和棚户区居民以及上层社会经济群体的住宅都在不断侵占受洪水威胁的地区，使与社会经济因素无关的自然脆弱性增加。

苏瑞特脆弱性研究揭示了教育、收入、社会网络、保险和住所对脆弱性的影响。所有这些因素，必须在洪水风险管理的投入和其他社会干预活动中给予优先考虑。

来源：ACCCRN，2009；SMC，日期不详；Bhat，2011

2.5.2 洪水脆弱性图

脆弱性图主要展示两个要素：处于风险中各单元（建筑物、道路、桥梁、重要基础设施和公用事业）的空间位置，这些单元相对于洪水各类特性（水深、历时、含沙量、流速、冲量和污染水平等）的脆弱性。针对不同的土地利用类型可建立特定的损失与洪水量级关系，从而生成相应的脆弱性曲线或水深—损失曲线（Smith，1994）。

脆弱性可表示为自然事件造成的损失程度，定义在 0~1 间，其中 0 表示没有脆弱性（无损失），1 代表最高级别的脆弱性（完全损失）。这有利于确定减灾措施的优先次序。绘制水深—损失曲线有两种方法：实际损失调查法和灾害事件模拟分析法。水深损失函数的数据一般从现有资料得到，如地籍图、土地利用图或土地估价和注册部门掌握的资料等。建筑材料信息是必需的，并需详细说明其状态（如是否处于妥善维护的状态）。在许多情况下，特别是资产统计体系薄弱的国家，对所有资产逐一取得如此详细的数据十分困难，甚至是不可能的。在不同类别资产的价值调查的基础上，分析得到潜在价值曲线或水深—损失曲线，据此，可以利用 GIS 软件对整个受灾地区的每一单元赋值从而绘制出洪水脆弱性图。结合根据水深—损失曲线得到的相应损失值，该图可显示各土地利用类型的脆弱性分布情况。

利用脆弱性程度区划可有效提高洪水风险管理的效率。区划可辅助洪水防御机制的建立，洪水控制措施、疏散计划和洪水预警措施等的规划建设。图 2.4 说明了如何将水深、流速等要素在洪水风险图中表现，并进而基于土地利用图识别最脆弱的地区。据此可表明哪些区域最需要迅速疏散，并确定区域内适合临时避难的安置场所。表 2.4 总结了用于不同尺度的脆弱性评估方法。

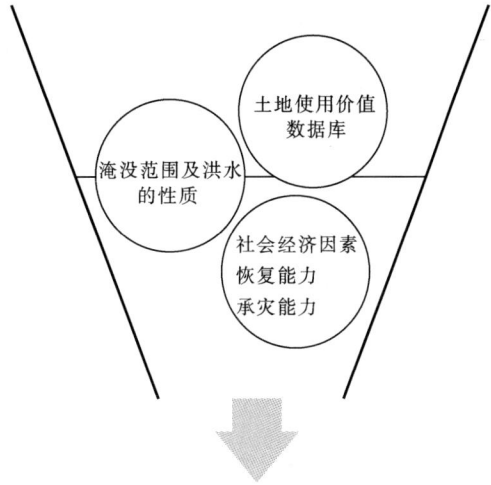

图 2.4　城市区域洪水脆弱性评估

表 2.4　　　　　　　　　　　　　　　不同尺度的脆弱性评估方法

序号	方　法	评　论
A	国家尺度	
1	灾害风险指数（联合国开发计划署危机预防与灾后重建局）	基于死亡率和受灾程度等历史脆弱性数据；方法简单，容易理解
2	热斑模型（世界银行）	需要先计算得到脆弱性评估所需要的参数；基于与灾害相关的死亡率及其他损失数据
3	综合脆弱性指数（适用于小型岛国）	只适用于特定事件
4	自然灾害脆弱性指标（适用于小型岛国）	使用了 5 个脆弱性指标；通过 1～4 这 4 个数来描述脆弱性（1 代表脆弱性最高，4 代表脆弱性最低）
B	城市尺度	
1	大城市脆弱性评估方法（慕尼黑保险公司）	需要了解现有基础设施与人口的洪水脆弱性等级；不考虑历史情况
C	区域尺度	
1	区域脆弱性评估	需要从当地政府部门收集城市尺度的数据、调查问卷以及国家有关档案；借助几个因子评估脆弱性
2	家庭单元脆弱性评估	对较大的洪灾更为有效；需要调查各个家庭的有关数据，用以评估他们的脆弱性程度
3	社区脆弱性评估	提供了为某区域内不同社区的脆弱性进行评估的方法；主要通过调查问卷收集数据
4	脆弱性的正常化与社区风险对比	通过整合城镇或城市尺度上的脆弱性参数来评估不同城市的脆弱性
5	历史方法	结合受灾率、社会脆弱性以及恢复措施等历史数据；适用于城市；需要补充调查

2.5.3 洪水风险图

受洪水威胁地区的洪水风险本质上是动态的，随着自然和社会发展水平的变化而变。洪水风险的增加主要是由于受洪水威胁的人口和资产增加而造成的，例如，在有些情形下，基础设施或其他建筑物建于洪水可能淹没的区域，自然会有风险。当然也有其他的情况，例如，建设时资产和基础设施虽然位于风险区之外，但因城市发展改变土地利用情况，可能产生新的变化，这些变化包括径流量增加、雨水排蓄系统能力不足导致雨水倒灌、河道渠化导致泄流能力降低等。所有这些因素都会增加洪水淹没范围进而导致处于洪水风险之中的人口资产数量增加。因此，需要不断更新洪水风险图对于洪水风险管理十分重要：决策者需要最新的信息以保证减灾资源的合理配置。

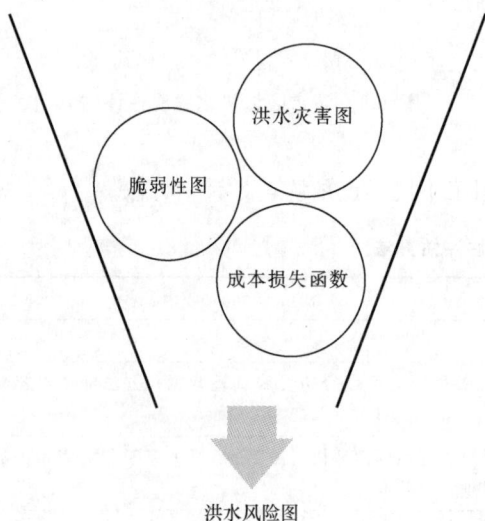

图 2.5　洪水风险图的生成

洪水风险图有效地将洪水灾害图和脆弱性图合二为一，综合表现了洪水灾害、暴露性和脆弱性程度的空间分布，是洪水风险情况的全景图，如图 2.5 所示。

洪水灾害图提供了不同重现期的洪水的深度和洪水影响范围。一种观点认为，即使洪水灾害不随时间增长，因为承载体对洪水的暴露性在增加（Changnon，2003），洪水的影响还将继续增加。其他因素的影响也显而易见，但可能难以量化：社会因素造成风险改变（如在洪泛区周边的开发）、地表改变、社会系统的动态特性，尤其是社会对水灾的脆弱性（Moors，2005）。

如 1.3.2 小节所述，常规的风险计算存在众多的不确定性：洪水损失评估结果取决于水文和水力模型的有关假设，包括不考虑某些因素，如水流中固体物质（泥沙、杂物等）、结构破坏、局部排水系统等的影响。

在决策过程中，对于某一地区的洪水风险分布和风险程度，可能会有不同的看法。因此，需要预先对洪水风险区的风险水平做出合理的评判，以支撑确定最佳的降低风险的策略。这尤其需要（根据洪水灾害地图）了解洪水淹没程度并识别在此淹没状况下的脆弱单元（根据脆弱性评估准则）。因洪水风险图中脆弱单元的空间分布清楚地展示了关注地区的风险范围及其风险水平，从而成为决策过程中评判风险、达成共识的最有效手段。当然，在决策过程中还需考虑其他因素，如洪水风险与成本效益分析的关系、降低风险策略的选择或减灾措施的可行性等。然而，洪水风险图无疑是洪水风险管理策略的核心内容之一。

2.5.4 洪水风险图编制

风险评估是应对自然灾害以及设计防灾减灾措施与方法的基础。虽然已有多种风险评估方法，但据观察，在许多情况下，社会倾向于随意设定某一标准并将其作为减轻洪水的基础。

如果没有完备而详细的风险评估，负责制定减灾计划的决策者在储备和配置减灾资源时将面临信息不足的困扰。因此，应建立洪水风险图制作的标准化方法，使其成为决策者的实用工具。表 2.5 列举了洪水风险图编制的关键问题。

表 2.5　　　　　　　　　　　洪水风险图编制的注意事项

措施	考虑事项/工作	输出/优点
数据收集和整理	水文气象数据、历史洪水和损失数据、社会经济和实物（建筑物、基础设施等）数据； 来源：当地市政府、区域或国家的数据档案；国际组织如世界气象组织，EM-DAT，不同国家现有的脆弱性曲线； 现场测量； 生成用于模拟脆弱性的水文情景	以数据库的形式输出； 该阶段工作对于整合不同来源数据和风险单元脆弱性分析十分重要
生成水深—损失关系或脆弱性曲线	不同重现期洪水水深； 风险单元的价值决定于他们的位置、条件、施工材料、建筑层数和是否有地下室； 对于缺乏抗灾能力和自适应能力的单元，以差值方式提取数据，代表其在不同深度洪水风险下的脆弱性之百分比。	脆弱性曲线对于确定各单元在不同水深下的损失程度至关重要
将水深—损失曲线转换至脆弱性图	GIS 软件的数据导入 ArcGIS（ESRI）、ILWIS（综合土地和水信息系统，开源）、GRASS（地理资源分析支持系统，开源）；图的分类基于脆弱性的高、中、低	结果可转换为易理解，可视化的图片；高、中、低脆弱性的图示可显示各区域的行动优先级
用脆弱性图进行风险评估	将灾害图和脆弱性图相叠加，从而得出洪水风险图	输出是以图的形式展示高、中、低风险的区域；可作为决策地方、区域、国家和全球机构的实用工具

2.5.5　延伸阅读

UN Economic Commission for Latin America and the Caribbean（ECLAC）. 2003 "Handbook for Estimating the Socio-Economic and Environmental Impact of Disasters." ECLAC.

Planitz，A. 1999. "A Guide To Successful Damage And Needs Assessment." South Pacific Disaster Reduction Program（SPDRP）.

World Bank. 2010. "Damage, Loss and Needs Assessment. Guidance Notes." Washington DC：World Bank.

WMO. 2007. "Associated Program on Flood Management - Conducting Flood Loss Assessments." Geneva：WMO/GWP.

2.6　参考文献

ActionAid. 2006. "Climate change，urban flooding and the rights of the urban poor in Africa." ActionAid International.

ADPC and UNDP (Asian Disaster Preparedness Center and United Nations Development Programme). (2005). Integrated flood risk management in Asia. Bangkok: ADPC and UNDP. http://www. adpc. net/maininforesource/udrm/floodprimer. pdf.

Aftabuddin S. and Akte N. 2011. "Swollen hindgut syndrome (SHG) of tiger shrimp Penaeus monodon (Crustacea, Malacostraca, Penaeidae) post larvae: Identification of causing pathogenic bacteria and their sensitivity to some antibiotics." AACL Bioflux 4 (1).

Ahern, M. and Kovats, S. 2006. "The Health Impact of Floods." In Flood Hazards and Health: Responding to Present and Future Risks, ed. Few, R. and Matthies, F. London: Earthscan.

Ahern, M., Kovats, R. M., Wilkinson, P., Few, R. and Matthies, F. 2005. "Global Health Impacts of Floods: Epidemiologic Evidence." Epidemiological Review 27 (1): 36 – 46.

Alirol E, Sharma SK, Bawaskar HS, Kuch U, Chappuis F (2010) Snake Bite in South Asia: A Review. PLoS Negl Trop Dis 4 (1): e603. doi: 10.1371/journal. pntd. 0000603

Amankwah – Ayeh, K. and Caputo, P. 2010. "Cities in Disaster Management – the Case of 2 West African Cities" Presentation to World Bank. http://siteresources. worldbank. org/INTURBANDEVELOPMENT/Resources/336387 – 1296405826983/KwabenaCaputo. pdf.

Andjelkovic, I. 2001. "Guidelines on Non – Structural Measures in Urban Flood Management." UNESCO, IHP – V | Technical Documents in Hydrology, No. 50, UNESCO, Paris.

Asian Cities Climate Change Resilience Network (ACCCRN). 2009. Responding to the Urban Climate Challenge. ed. ISET (Institute for Social and Environmental Transition). Boulder, CO: ISET.

Ayeva, K. 2011. "The case of the capital Lomé and peri – urban (adjoining) areas." Presentation at consultative workshop, Accra, Ghana (nd).

Bartlett, S. 2008 "Climate change and urban children: impacts and implications for adaptation in low and middle – income countries." Environment and Urbanization 20 (2): 501 – 19.

Bern, C., Sniezek, J., G. M. Mathbor, Siddiqi, M. S., Ronsmans, C., A. M. R. Chowdhury, A. E. Choudhury, K. Islam, Bennish, M., Noji, E., and Glass, R. I. 1993. "Risk factors for mortality in the Bangladesh cyclone of 1991." Bulletin of the World Health Organization, 71 (1): 73 – 7.

Bhat, G. K. 2011. "Coping to resilience – Indore and Surat, India." Presentation to 2nd World Congress on Cities and Adaptation to Climate Change, Bonn, June 3 – 5.

Bicknell J., Dodman D. and Satterthwaite D. 2009. Adapting Cities to Climate Change: Understanding and Addressing the Development Challenges. London and Sterling, VA: Earthscan.

Cohen, B. 2004, Urban Growth in Developing Countries: A Review of Current Trends and a Caution Regarding Existing Forecasts. Washington, DC: National Research Council.

Corfee – Morlot, J., Kamal – Chaoui, L., Donovan, M. G., Cochran, I., Robert, A. and Teasdale, P – J. 2009. "Cities, Climate Change and Multilevel Governance." OECD Environmental Working Papers N° 14, OECD.

CPNI (Centre for the Protection of National Infrastructure). 2010. "Glossary of terms." London: CPNI.

Dodman, D. 2009. "Blaming cities for climate change? An analysis of urban greenhouse gas emissions inventories." Environment and Urbanization 21 (1): 185 – 201.

Du, W., Fitzgerald, G., Clark, M. and Hou, X. 2010. Health impacts of floods. Prehospital and Disaster Medicine 25: 265 – 72.

EM – DAT (Emergency Events Database). n. d. http://www. emdat. be/search – details – disaster – list. Accessed August 16, 2011.

Few R, Ahern M, Matthies F and Kovats S 2004 "Floods, health and climatic change, a strategic review." Tyndall Centre for Climate Change Research Working Paper 63, Tyndall Centre for Climate Change, Norwich.

Fischer, S. 2005. "Gender Based Violence in Sri Lanka." http: //www. gdnonline. org. Accessed March 1, 2008.

GFDRR. 2010. "Pakistan 2010 PDNA estimated flood impacts at $ 10 Billion." PDNA at a glance. http: //www. gfdrr. org/gfdrr/node/325.

GOY (Government of Yemen) . 2009. "Damage, Losses and Need Assessment: October 2008 Tropical Storm and Floods, Hadramout and Al – Mahara, Republic of Yemen." GOY.

Gurenko, E. and Lester, R. 2004. "Rapid Onset Natural Disasters: The role of financing in effective risk management." World Bank Policy Research Working Paper 3278, World Bank, Washington, DC.

Hall, J. W. and Solomatine, D. 2008. "A framework for uncertainty analysis in flood risk management decisions." International Journal of River Basin Management 6 (2): 85 – 98.

Hallegatte, S., Henriet, F., Patwardhan, A., Narayanan, K., Ghosh, S., Karmakar, S., Patnaik, U., Abhayankar, A., Pohit, S., Corfee – Morlot, J., Herweijer, C., Ranger, N., Bhattacharya, S., Bachu, M., Priya, S., Dhore, K., Rafique, F., Mathur, P. and Navill, N. 2010. "Flood Risks, Climate Change Impacts and Adaptation Benefits in Mumbai: An Initial Assessment of Socio – Economic Consequences of Present and Climate Change Induced Flood Risks and of Possible Adaptation Options", OECD Environment Working Papers, No. 27, OECD. http: //www. oecd – ilibrary. org/environment/flood – risks – climate – change – impacts – and – adaptation – benefits – in – mumbai _ 5km4hv6wb434 – en.

Hollis, G. E. 1975. "The effect of urbanization on floods of different recurrence interval." Water Resour. Res. , 11: 431 – 5.

Ibarrarán, M. E. 2011. "Increased incidence of flash flooding in Mexico City." In Global Report on Human Settlements 2011 – Cities and Climate Change, United Nations Human Settlements Programme (UN – Habitat), ed. Naison D. Mutizwa – Mangiza; Ben C. Arimah; Inge Jensen; Edlam Abera Yemeru and Michael K. Kinyanjui, 68. http: //www. unhabitat. org/grhs/2011.

Ingirige, B. and Wedawatta, G. 2011. Impacts of flood hazards on small and medium sized companies. In Flood Hazards: Impacts and Responses for the Built Environment, ed Lamond, J., Booth, C., Hammond, F. and Proverbs, Florida: CRC Press.

IFRC (International Federation of Red Cross and Red Crescent Societies) . 2010 "World disasters report: focus on urban risk." IFRC.

IRIN. 2009. "Philippines: Flood victims grapple with Leptospirosis." UNOCHA news service: October 28, 2009. http: //www. irinnews. org/report. aspx? reportid=86779.

IUCN (International Union for Conservation of Nature) . 2011. "Floods in Brazil." http: //www. iucn. org/? uNewsID=6787.

Jha, A. K. 2010. Safer homes, stronger communities: A handbook for reconstructing after natural disasters. Washington, DC: World Bank, GFDRR. http: //www. housingreconstruction. org/files/saferHomesStrongerCommunities.

Jha, A. K. and Brecht, H. 2011. "Building Urban Resilience in East Asia. An Eye on East Asia and Pacific. East Asia and Pacific. Economic Management and Poverty Reduction. No 8." Washington, DC: World Bank.

Jonkman, S. N. and Kelman, I. 2005. "An Analysis of the Causes and Circumstances of Flood Disaster Deaths." Disasters 29 (1): 75 – 97.

Kamal – Chaoui L. and Robert A. ed. 2009. Competitive Cities and Climate Change. OECD Regional Development Working Papers No. 2, OECD publishing.

Kambandu – Nkhoma，M. n. d. "CDKN AlertNet. " http：//www. cdkn. org/.

Kim，C. – K. 2010. "The Effects of Natural Disasters on Long – Run Economic Growth. " The Michigan Journal Of Business 41：15 – 49.

Kreibich，H. ，Piroth，K. ，Seifert，I. ，Maiwald，H. ，Kunert，U. ，Schwarz，J. ，Merz，B. ，and Thieken，A. H. 2009. "Is flow velocity a significant parameter in flood damage modeling?" Nat. Hazards Earth Syst. Sci. ，9：1679 – 1692.

Kunii，O. ，S. Nakamura，R. Abdur and S. Wakai，2002. "The impact on health and risk factors of the diarrhoea epidemics in the 1998 Bangladesh floods. " Public Health 116：68 – 74.

Loayza，N. ，Olaberria，E. ，Rigolini，J. and Christensen，L. 2009. "Natural disasters and growth：going beyond the averages. " Policy Research Working Paper 4980，World Bank. Washington，DC.

Morales，L. 2011. "Colombia 's Flooded Economy. " Pulitzer Center on Crisis Reporting，May27，2011. http：//pulitzercenter. org/articles/colombia – bogota – rain – flood – wetlands – ecosystem? format＝print.

Mason V，Andrews H and Upton D. 2010 'The psychological impact of exposure to floods'，article in 'Psychology，Health & Medicine'，15：1，61 – 73.

Merz，B. ，Kreibich，H. ，Schwarze，R. and Thieken，A. 2010. "Assessment of economic Flood Damage" Nat. Hazards Earth Syst. Sci 10：1697 – 1724.

Miller，G. 2005. "The tsunami's psychological aftermath. " Science 309：1030.

Moore，K. M. ，Bertelsen，M. ，Cisse，S. and Kodio，A. 2005. "Conflict and agropastoral development. " In Conflict，social capital and managing natural resources：a West African case study，ed. Moore，K. M. ，1 – 23. Wallingford：CAB International.

Moreda，Y. 2007. "2D approach to urban flood modeling" EuroAquae，Floodsite GOCE – CT – 2004 – 505420. Grenoble：Sogreah Consultants.

Noji，E. K. 2005. "Indian Ocean tsunami. Public health issues in disasters. " Crit Care Med. 33 (1 Suppl)：S29 – 33.

Noy，I. 2009 . "The macroeconomic consequences of disasters. " Journal of development economics 88：221 – 31.

Ofwat (Water Services Regulation Authority for England and Wales) . 2009. Asset Resilience to Flood Hazards：Development of an Analytical Framework. Birmingham：Ofwat.

OECD (Organisation for Economic Cooperation and Development) . 2009. "Integrating Climate Change Adaptation into Development Co – operation：Policy Guidance. " OECD.

Onishi，N. 2011 "Seawalls Offered Little Protection Against Tsunami's Crushing Waves. " The New York Times，March 13. http：//www. nytimes. com/2011/03/14/world/asia/14seawalls. html? pagewanted＝all.

Otis，J. 2011. "After 11 Months Colombia Asks，Who'll Stop the Rain?" TIME Magazine，May 10. http：//www. time. com/time/world/article/0，8599，2069653，00. html.

Parnell S. ，Simon D. ，and Vogel C. 2007. "Global environmental change：conceptualizing the growing challenge for cities in poor countries. " Area 39 (3)：357 – 69.

Parry M. ，Arnell N. ，Berry P. ，Dodman D. ，Fankhauser S. ，Hope C. ，Kovats S. ，Nicholls R. ，Satterthwaite D. ，Tiffin R. ，Wheeler T. 2009. Assessing the costs of adaptation to climate change. A review of the UNFCCC and other recent estimates. London：IIED (International Institute for Environment and Development and Grantham Institute for Climate Change) .

Satterthwaite D. 2011. "How urban societies can adapt to resource shortage and climate change. " Phil Trans R Soc A 369：1762 – 83.

Satterthwaite, D. , Huq, S. , Pelling, M. , Reid, H. and Romero Lankao, P. 2007. "Adapting to Climate Change in Urban Areas. The possibilities and constraints in low – and middle – income nations. " IIED Human Settlements Discussion Paper Series, IIED (International Institute for Environment and Development), London.

Skidmore, M. , and Toya, H. 2002. " Do natural disasters promote long run growth. " Economic Enquiry 40 (4): 664 – 87.

SMC (Surat Municipal Corporation) . n. d. "Surat City Resilience Strategy – Draft document (under ACCCRN Phase II) . " SMC. http: //www. suratclimatechange. org/page/19/surat – city – resilience – strategy –%E%80 %93 – draft – document. html.

Smith, D. I. 1994. "Flood damage estimation – A review of urban stage damage curves and loss functions. " Water SA 20 (3): 231 – 8.

Straatsma, M. , Ettema, J. and Krol, B. 2010. "Flooding and Pakistan causes, impact and risk assessment. " ESA, ITC, University of Twente. http: //www. itc. nl/flooding – and – pakistan.

Swiss Re. 2011. "Flood risk in Brazil. " Swiss Re Ltd. http: //www. swissre. com/rethinking/natcat/ Flood _ risk _ on _ the _ rise _ in _ Brazil. html.

UNEP (United Nations Environment Programme) . 2011. "The Japan Earthquake and Tsunami Disaster—Update – 11 April 2011. " http: //www. unep. org/tsunami/. UN – HABITAT. 1996. An Urbanizing World: Global Report on Human Settlements 1996. Oxford: Oxford University Press.

—. 2008. State of the World's Cities 2008/2009: Harmonious Cities. London and Sterling, VA: Earthscan, UNDHA (United Nations Department of Humanitarian Affairs) . 1992. InternationallyAgreed Glossary of Basic Terms Related to Disaster Management. Geneva: UNDHA.

USACE (U. S. Army Corps of Engineers) . 1988. Tests of Materials and Systems for Flood Proofing Structures. Washington, DC: Army Corps of Engineers.

USACE NED manuals. n. d. http: //www. corpsnedmanuals. us/Toolkit/toolkit. asp.

Villagran de Leon, J. C. 2006. "Vulnerability: A conceptual and methodological review. " Studies of the University: Research Council, Education publication series no 4/2006, United Nations University (UNU _ EHS) .

WDR (World Development Report) . 2010. Development and Climate Change. Washington, DC: World Bank.

Weir, R. 2009. Mapping and Analysis of the Resilience of the Food Supply chain in Scotland. Glengarnock: AEA Technologies for the Scottish Government.

Wenk, D. 2004. "Is 'good enough' storage good enough for compliance?" Disaster Recovery Journal 17 (1): 1 – 3.

WGCCD (Working Group on Climate Change and Development) . 2009. "Other worlds are possible: Human progress in an age of climate change. The sixth report from the Working Group on Climate Change and Development. " NEF (New Economics Foundation) .

Wheatcr, H. and Evans, E. 2009. "Land use, water management and future flood risk. " Land Use Policy, 26: S251 – S264.

WHO (World Health Organization) . 2002. "Reducing Risks Promoting Healthy life" . World Health Report, WHO, Geneva.

World Bank and The United Nations. 2010. Natural Hazards, Unnatural Disasters: the economics of effective prevention. Washington, DC: World Bank.

World Bank. 2008. Climate Resilient Cities: 2008 Primer Reducing Vulnerabilities to Climate Change Impacts and Strengthening Disaster Risk Management in East Asian Cities. Washington, DC: World Bank,

FGDRR and UNISDR.

World Meteorological Organization（WMO）. 1999. Comprehensive Risk Assessment For Natural Hazards - WMO/TD no 955. Geneva：WMO.

第 3 章　洪水风险

综合管理：工程措施

澳大利亚维多利亚省的小镇——沃瑞克奈贝尔
（Warracknabiel），当地民众修建的6km
长的堤防的一部分。该堤防能够抵御200年一遇
的洪水（2011年）
来源：盖顿·蒙戴尔（Gideon Mendel）

3.1　引言

本章小结

本章介绍城市洪水风险综合管理的关键措施之一：调控城市地区洪涝灾害的工程措施，包括传统的工程措施，如排水河渠，和更加自然、可持续的补充或替代措施，如湿地和天然缓冲区。本章首先讨论洪水风险综合管理的理念，随后将重点转向工程措施。

本章回答的问题包括：

什么是综合管理？决策者应该如何选择减轻城市洪涝风险的工程措施？在什么情况下工程措施更有效？

本章传递的主要信息是：

- 综合性的管理策略通常是工程与非工程措施的合理组合。
- 工程措施种类繁多，从大型水工结构，诸如分洪道与水库，到湿地与绿色设施等较为自然的措施。这些措施涵盖了在流域范围及城市范围的水管理措施。
- 如果使用得当，大型工程措施效果显著，但其共同特点是：通常伴随着洪水风险转移，有时这种转移影响不大，可以接受，而有时则可能得不偿失。

人类利用洪水风险管理措施来防御洪水的历史可以追溯到远古时期。传统的防洪措施在成功限制洪水的同时并未能完全消除洪水，人类仍然不断遭受洪涝灾害的侵袭。在反复总结以往经验教训的基础上，人类逐步形成了洪水风险管理指导性的原则。现代洪水风险管理方法常被称为综合或全面管理。相对于历史时期，21 世纪的城市环境更加复杂庞大，治理行动的规模也大得多。以减少洪水风险为目的的灾害风险综合管理措施通常既包括工程措施，也包括非工程措施。

鉴于此，城市风险管理者应该将流域视为整体，因为降低风险最为有效的措施有可能在流域的上游或是河道湖泊之外。然而，由于将所有洪水拒之城外并不现实，一旦洪水进入到城市建筑环境时，洪水风险管理者将面临更多的、日趋复杂的问题。洪水与人口聚集的中心、建筑物及城市基础设施之间的相互作用是城市洪水的特征，也正是这样的特征使得城市洪水需要一套特定的解决方案。

本章将详细介绍调控洪水的工程措施。通过规划管理城市环境来保护人们免于洪水灾害的非工程措施将在第 4 章讨论。

3.2 节在定义城市洪水风险综合管理概念的同时，概述了洪水风险管理中的工程与非工程措施。

3.3 节讲述行洪道，其目的是提供通道，尽快将洪水排出风险区。

3.4 节讨论旨在减小洪峰流量的蓄滞洪措施。

3.5 节讨论城市排水系统。

3.6 节侧重于城市地区的地面渗透过滤。

3.7 主要讲述地下水管理，讨论防止地面沉降，以避免在低洼地区导致更为严重的洪水问题。

3.8 节概述通过增加湿地和环境缓冲区，减少雨水径流和流速的一系列措施。

3.9 节重点介绍可减少洪水影响的建筑设计，以减少洪水的残余风险，并在洪水风险区更好地与洪水共存。

3.10 节讨论了旨在减少洪水对于人类、开发区与自然环境影响的防洪措施。

最后，3.11 节着重于防御高潮、风暴潮及海啸洪水的措施。

3.2 洪水风险综合管理方法

洪水风险管理是长期的战略措施，既要满足当前需求，又要考虑未来的可持续发展。综合性洪水风险管理战略通常需要将工程与非工程措施相结合。如前两章所述，认识现有风险的程度和特征以及未来风险可能发生的变化十分重要。不同的减灾措施均可不同程度地减轻洪水。值得注意的是，采取减灾措施后，仍然会有残余风险。本章涉及的减灾措施，其目的是调控洪水，包括工程结构与环境管理措施，通常称为工程措施，或"硬措施"。第 4 章讨论的措施，其目的是通过城市环境的规划与管理，保障人在洪水发生时的安全，通常称为非工程措施，或"软措施"。这两种类型的措施相辅相成，组成洪水风险综合管理方案。

由于洪水风险不可能完全消除，洪水风险综合管理还包括通过加强公众和社区适应与应对洪水的能力，提高灾区的恢复力。图 3.1 展示了 4 种降低脆弱性并增强恢复力的措施。

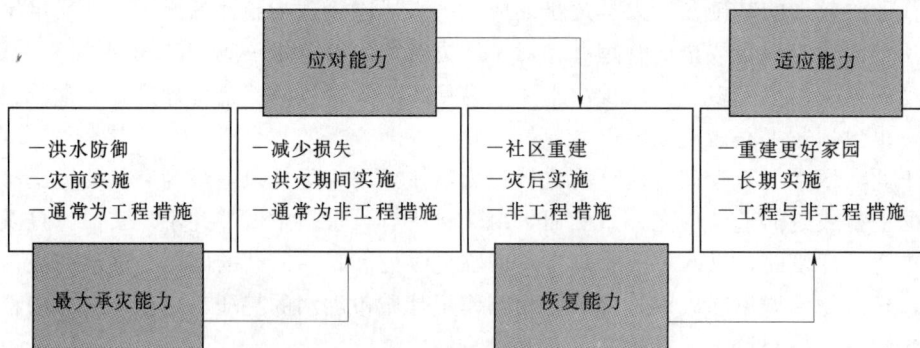

图 3.1 城市防洪减灾的 4 种能力

作为政治经济单元的城市地区，其洪水风险管理应从不同空间尺度，包括整个流域尺度着眼，而不是局限于城市本身，因为洪水的来源可能远离城市。将威胁城市的洪水问题消弭于城市之外，有可能是最佳选择。不同空间尺度的各类减轻洪水风险的措施如图 3.2 所示，将其通盘考虑则可形成综合的洪水风险解决方案。

可能方案的选择通常需要针对特定的洪水情景，在咨询专家意见的基础上，确定若干技术上可行的组合措施，并在利益相关者（包括位于风险区和受洪水直接影响的公众和有关机构）的充分参与下，综合权衡，形成最终方案。方案的具体规划方法将在第 6 章详述。

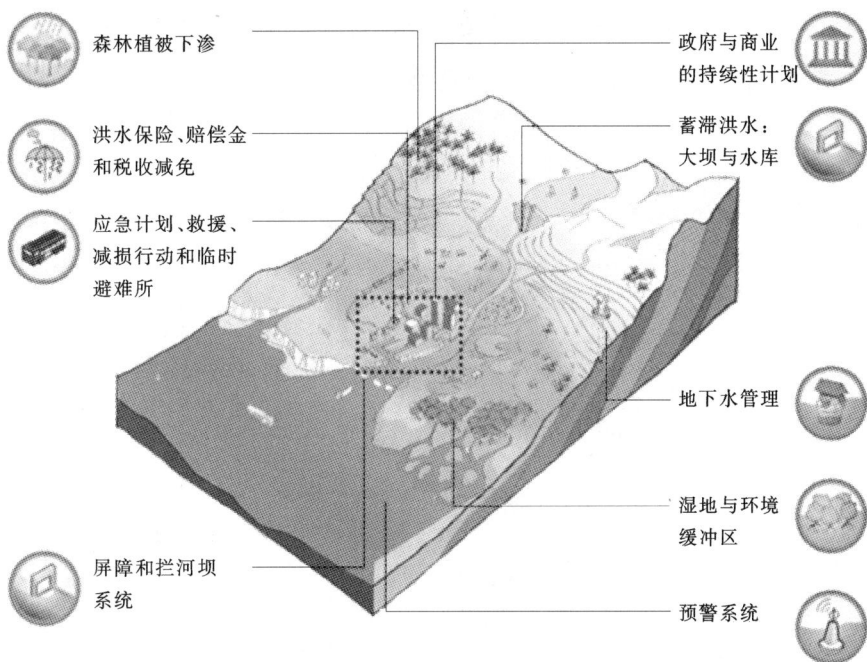

森林植被下渗

政府与商业
的持续性计划

洪水保险、赔偿金
和税收减免

蓄滞洪水：
大坝与水库

应急计划、救援、
减损行动和临时
避难所

地下水管理

湿地与环境
缓冲区

屏障和拦河坝
系统

预警系统

图 3.2　流域尺度的洪水风险管理措施概览

来源：Baca Architects

图 3.3 展示了在城镇、城市尺度上需要考虑的措施，侧重于城市防洪工程、土地利用规划以及其他规划层面的措施。

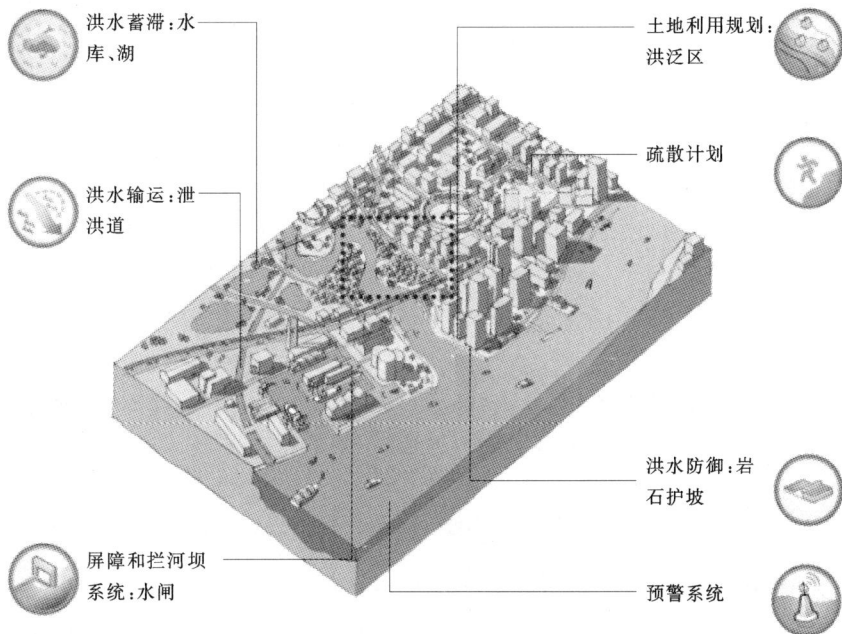

洪水蓄滞：水
库、湖

土地利用规划：
洪泛区

疏散计划

洪水输运：泄
洪道

洪水防御：岩
石护坡

屏障和拦河坝
系统：水闸

预警系统

图 3.3　城镇、城市尺度的洪水风险管理措施概览

来源：Baca Architects

图 3.4 描绘了在社区和街道尺度上需要考虑的防洪措施，包括工程及非工程措施。

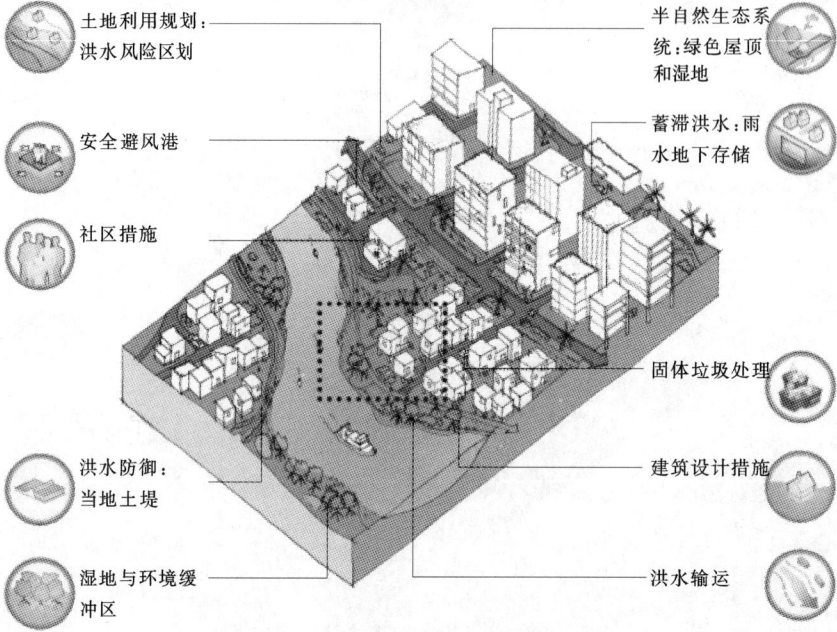

土地利用规划：洪水风险区划

安全避风港

社区措施

洪水防御：当地土堤

湿地与环境缓冲区

半自然生态系统：绿色屋顶和湿地

蓄滞洪水：雨水地下存储

固体垃圾处理

建筑设计措施

洪水输运

图 3.4　社区和街道尺度的洪水风险管理措施概览
来源：Baca Architects

图 3.5 给出了建筑物尺度上需要考虑的措施以及个体减少洪水风险的责任。

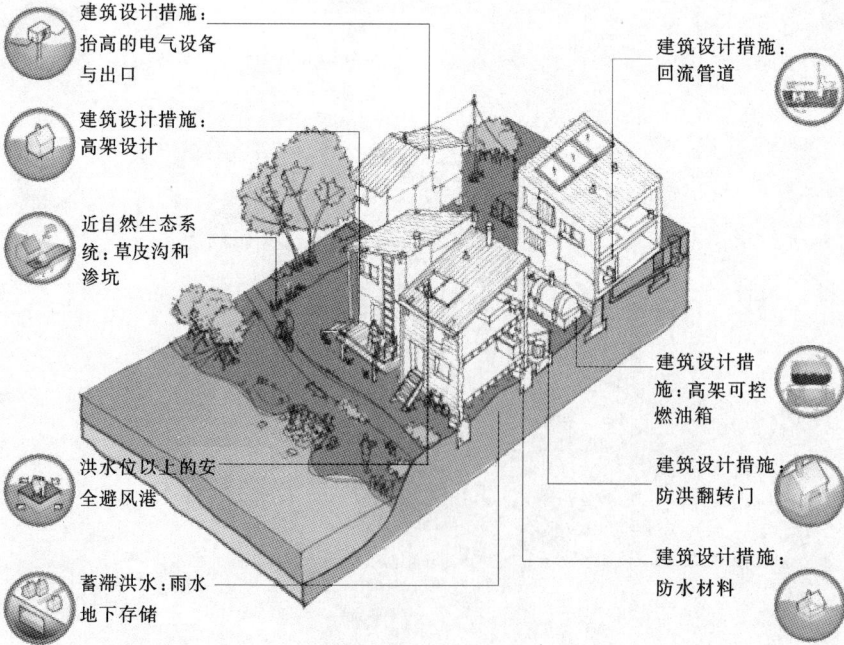

建筑设计措施：抬高的电气设备与出口

建筑设计措施：高架设计

近自然生态系统：草皮沟和渗坑

洪水位以上的安全避风港

蓄滞洪水：雨水地下存储

建筑设计措施：回流管道

建筑设计措施：高架可控燃油箱

建筑设计措施：防洪翻转门

建筑设计措施：防水材料

图 3.5　建筑物尺度的洪水风险管理措施概览
来源：Baca Architects

　　确定策略时应兼顾时间与空间。防洪、排（分）洪系统等工程的修建可形成长期减轻洪水风险的措施。这些措施对洪泛区提供一定程度的保护，使其具备生产和居住的条件。然而，由于耗资巨大，尤其对于资金短缺的发展中国家而言，修建这类工程通常只是作为一种远期目标，可望而不可及。对于面临洪水威胁的城镇人口，无论工程措施是否存在，诸如早期预警系统、疏散预案以及灾后恢复计划等非工程措施都是必要的。一些能够在短期内实施的措施（如现有基础设施的合理调度与妥善维护、城市绿化、改善排水设施、建筑设计和改装性的保护措施）也可以在减轻洪水风险的同时，适当开发利用洪水风险区。

　　与此同时，城市扩张与人口增长也加大了洪水风险，而减轻这种风险的最有效措施是：引导开发建设避开高洪水风险区。适当的城市土地利用规划在减轻洪水影响的同时，也减少了城市地区的暴雨径流量。在城市化进程中的发展中国家，把握机会，开展城市新区开发建设的合理规划，是减轻未来洪水影响的中心任务，刻不容缓。由于土地资源稀缺以及政治经济等因素，洪泛区的开发不可避免，然而，通过合理设计位于洪泛区新建住宅可有效地减小洪水影响，并节省将来改造的投资。

　　非工程措施，虽然适用于所有类型的城市，鉴于世界范围内不同城市面临的挑战、发展目标、资源条件各异，因此，采取的管理策略不可能完全一样。只有经过全面评估、成本效益分析以及与各利益相关者深入磋商，方可形成适合城市具体情况的最优解决方案。

3.3　排洪道

　　在洪水风险管理中，排洪道是将洪水输送出受洪水威胁地区的通道。排洪道是有效应对城市洪水问题的传统措施，为防洪工程体系的组成部分。

3.3.1　排洪道的形式

　　人工渠道与天然河道是常见的排洪道形式。在偏远地区，河道可能仍保持天然状态；而在大部分地区，河道都经过不同程度的整治；在一些特定情况下，洪水的输送则通过专门修建的人工渠道实现。

　　水在河渠中流动，必须具备克服与渠底和渠壁之间摩擦阻力的能量，这一能量通常是由河渠坡度所产生的。河渠的输水能力取决于河渠过水断面面积、底坡和摩擦阻力等因素。在断面面积沿程不变的顺直渠道中，当渠道底坡所提供的能量与克服摩擦阻力所需要的能量相等时，则形成水深沿程不变的均匀流。

　　河渠水流，无论是恒定流（不随时间变化）还是非恒定流（随时间变化）的物理特性，如流量、水深等都可以通过成熟的数值模型模拟。将该模型与提供洪水边界条件的降雨径流模拟相结合，则可用于洪水过程的实时预报。

3.3.2　排洪与蓄洪

　　排洪与蓄洪（将在 3.4 节讨论）的概念关联紧密。任何形式的蓄洪都具有削减洪峰流量的作用。事实上，对于没有支流汇入的河渠，当水深沿程增加时，河渠本身便具有蓄洪功能，所以下游的洪峰流量将会削减。当洪水漫入洪泛区时，部分洪水被蓄滞，洪峰也会削减。流域内蓄排过程削减洪峰流量的作用如图3.6所示。

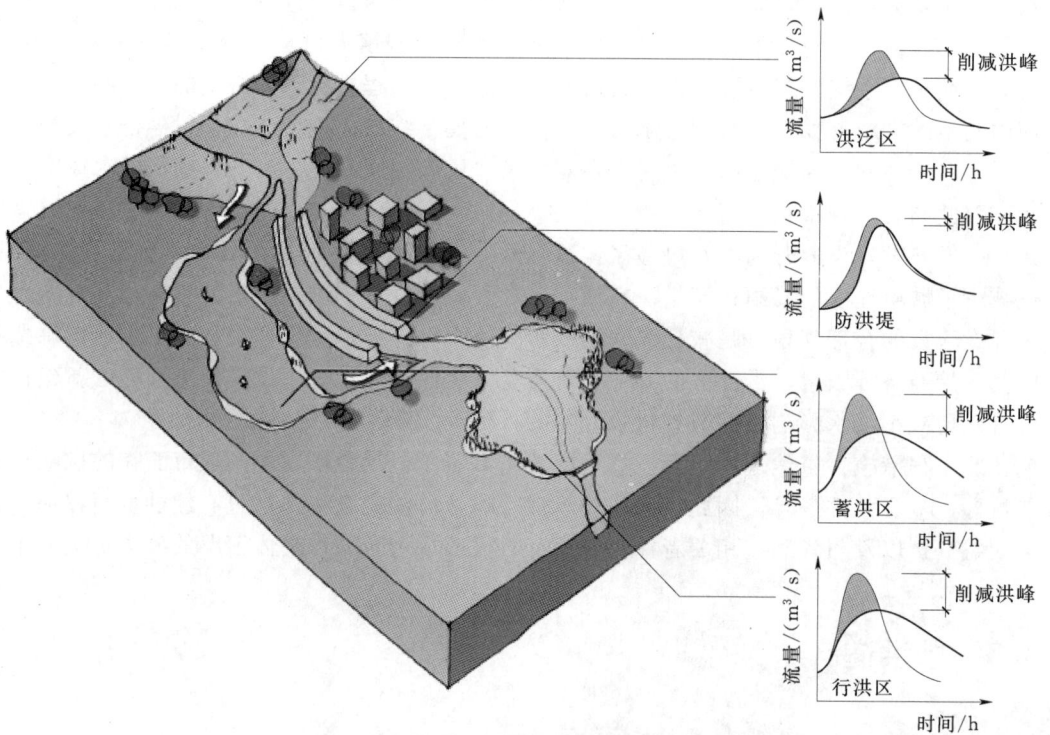

图3.6　流域尺度上蓄排过程的削峰机理
来源：Baca Architects

传统的河道治理方法，如整修边坡护岸、裁弯取直等，使河道糙率降低或水力坡度加大，将增加流速、提高河道的泄洪能力。然而，这些措施也削弱了河流的蓄滞能力，进而降低削峰功能。其结果很可能是：将上游的洪水风险转移并加大到下游地区。任何减轻某一区域洪水风险的方案，如果导致蓄洪能力降低最终均将加大下游的洪水风险。案例3.1所述的2011年密西西比河大洪水就是典型的实例。

案例3.1　2011年密西西比河大洪水

2011年，美国陆军工程师兵团（密西西比河流域洪水风险管理的联邦机构）为了降低下游洪水风险，自1973年来第一次启用了莫甘扎（Morganza）分洪道。高达17000m³/s的流量通过125个闸门进入分洪道中，减小了密西西比河中的洪峰流量，保住了巴吞鲁日市和新奥尔良市的堤防系统。为了控制洪峰流量，陆军工程师兵团还在上游一些地区破堤分洪，造成部分农田和小型居民地被淹没，从而保护了人口更稠密的地区（见照片3.1）。这些淹没的地区发挥了蓄洪削峰的作用。

历史上，密西西比河沿岸一直是洪水多发地区。早在1927年，就有过史上最大洪水

照片 3.1　2011 年 5 月 19 日，莫甘扎分洪道启用，分泄密西西比河主干流洪水
来源：FEMA，Daniel Llargues 摄影

的记录，此外，1937 年、1973 年、1993 年和 2008 年均发生过大洪水。2011 年春季，密西西比河的降雨量达到同时期平均降雨量的 4 倍，而上游地区过早回暖的气候还引发大范围融雪，最终导致河水水位上涨。除此之外，城市化发展将密西西比河沿岸一些农田变为城市，下垫面改变使得本应下渗的雨水快速汇流进入河道。南伊利诺伊大学从事洪水水文学研究的尼古拉斯·品特尔（Nicholas Pinter）教授称这种现象为"水力失忆"。这种"失忆"导致人们在曾经发生过洪水且一直存在洪水风险的区域开发建设。

　　莫甘扎分洪道是通过上游采取蓄排措施，消除或减轻下游人口密集区域的洪水风险的成功案例。这一案例还表明，即使在工程措施按计划运用时，仍可能在下游产生不期的结果。尤其是那些不常使用的系统，随着时间的推移，以往的受灾记忆逐渐淡忘，当地居民（在本案例中，指那些历史上曾因堤防溃决被淹，又在原地开发建设的农民和住户）对洪水风险的警惕性也随之磨灭。

　　来源：Lovett，2011；Wynne，2011

3.3.3　河流治理

　　河流治理包括下列工程方法：
　　(1) 增大河流横断面面积或改变流动路径。
　　(2) 保护河岸不被侵蚀。
　　(3) 抬升河岸高度。
　　尽管河流治理最初的目的是管理洪水风险，但同时也起到了维持通航能力、降低河岸侵蚀以及促进城市发展的作用。
　　河流治理还包括疏浚、除草、清理杂物或淤泥等日常维护手段。其目的是通过恢复河道原有断面面积、降低河道糙率等维持河道过流能力。

3.3.3.1 增大河道横断面面积或改变流动路径

传统意义上，河道治理的目的在于减轻某一区域的洪水风险。治理后河道的几何特性更加规则。但是，由于各种原因，治理后的河道通常并不具有可持续性。

现代河流工程的一个核心原则为：一般而言，河流具有趋向于恢复其自然的"原始"状态的特性，而主河道只能承泄特定流量，不可能增加。虽然大江大河，特别是发展中国家的大江大河，各具独有的特点，但目前通行观点是：河流的流量大致相当于年均洪水流量（Pepper 和 Rickard，2009），对于更大的流量，则有可能漫溢出主河道。人工挖深河道会增大河道过水断面面积，同时也可能会减缓坡度，导致流速降低，淤泥沉积，最终有可能回到原始的自然状态。人工拓宽河道可能会导致沿岸淤积，而逐步恢复到原有宽度。裁弯取直会使河道变短而增加河床的坡度，在提高过流能力的同时，增大流速，导致河岸与河床冲刷以及下游的泥沙沉积，而这些变化都在逆转初始的裁弯取直措施，使河道向蜿蜒化发展。

在某些情况下，降低糙率或裁弯取直可提高河道过流能力，缓解局部洪水问题，但是蓄洪削峰的作用也随之减弱。反之，河流生态修复包括恢复河道的自然状态，如恢复河道蜿蜒的形态，则可提高河道蓄滞洪水、削减洪峰的能力，从而降低下游的洪水风险。照片3.2及照片3.3说明了河道的两种相反的水流输送特性。

照片 3.2 为了控制洪水而高度渠道化的
美国迪尔伯恩（Dearbon）市的
红胭脂河（Red Rouge River）
来源：USACE

照片 3.3 爱荷华州西北部的
河流湿地
来源：Lynn Betts

3.3.3.2 护岸

多种河道护岸技术遍布世界各地。大多涉及当地的自然材料和传统技术。河岸保护是当地环境的组成部分，需综合考虑环境和结构因素，同时还应考虑水流本身的侵蚀力。利用天然材料保护河岸包括：种植植被，诸如草和灌木；在接近水面线的地方，可使用芦苇和一些由天然材料制作的护面；植被结合人工护面亦为常见的护岸方法。在种植植被时，有时预先铺上丝网或有孔土工织物，既可在植被长成之前保护岸坡，又有利于植被生长。人工护岸还包括使用石笼（利用网或柳条制作的篮状容器装满石块）、石块、混凝土块和钢板桩。总体而言，护坡是在河岸表面覆盖一层保护性结构，如散布的石块（称之为"堆石"）、石笼、混凝土板块，下设反滤层，以保护下层土壤避免冲蚀。另一种方法是使河岸变得更加平坦，以减缓流速，进而避免侵蚀（Pepper 和 Rickard，2009）。

3.3.3.3　加高河岸

本节主要讨论防洪墙与防洪堤防的物理特性。此类结构在河流治理以外的作用将在 3.10 节中介绍。

防洪墙由砖、石、混凝土或钢板桩等建造。防洪堤通常为土质材料，有时会设黏土心墙以减少渗流。堤防的设计应考虑防止冲刷侵蚀措施，其高度必须能够抵御设计洪水；结构在强度和稳定性上必须能够承受长时间的水压（如堤防漫顶的情况）。河水上涨时，两岸堤坝之间的距离对于河流的蓄洪削峰能力影响很大。

堤顶高程取决于设计洪水。而安全超高则是为应对洪峰的不确定性以及波浪作用而增加的额外高度。防洪墙可作为河岸的组成部分，临河而建；也可相对远离河岸，仅用做防洪结构。后者也可以融于城市景观中。

如上所述，与河岸相同，堤防也需要考虑冲刷、侵蚀的问题。最典型的堤型是平顶斜坡（坡度在 1∶2～1∶3 之间）的梯形堤防。堤防通常建于离主河道较远的位置，这样既可以减少冲刷侵蚀的风险还可以形成蓄洪空间。临时或可拆装的防洪结构将在 3.10 节讲述。孟加拉国耗工巨大的筑堤场面如照片 3.4 所示。

照片 3.4　孟加拉国耗工巨大的筑堤场面
来源：Alan Bird

3.3.4　溢洪道

溢洪道由分水建筑物（通常是一个侧堰）与泄水渠道组成。通常在河道水位过高时启用，可将部分洪峰流量分流至不会产生负面影响的地区。"干性溢洪道"的底部高程高于主河道，在非汛期，溢洪道中没有水，只在洪水期间启用。由于此类溢洪道启用机会较少，人们习惯于将这些渠道用于其他目的。在洪水突然来临时，启用溢洪道可能会产生安全问题（详见 3.5.2 小节）。"湿性溢洪道"平时有水。这两种溢洪道启用时都会对下游造成一定影响。

在城市环境中，分洪道起着溢洪道的作用，是大排水系统中的重要组成部分，案例3.2和3.5节中将对此进行详细讨论。

案例 3.2 弗罗茨瓦夫（Wroclaw）分洪系统的改建

波兰的弗罗茨瓦夫分洪系统是欧洲最大的防洪系统之一，一期工程于2011年启动。项目包括对于河渠和防洪工程的大规模改善，从而保护弗罗茨瓦夫市（波兰南部城市）免于奥得河（中欧）洪水的侵袭。该项目的目标是将城市的防洪标准提高至千年一遇。

该市现有分洪系统始建于1923年，其泄水能力为2400m³/s，对应的洪水重现期为200年一遇。1997年，弗罗茨瓦夫市发生了有记录以来的最大洪水，淹没该市35%的区域，沿奥得河沿岸的谷地区遭受了重大损失及严重破坏。据估计，这次洪水为200~1000年一遇。城市上游来流流量大约为3500m³/s，超过城市分洪系统承载能力的50%，导致多处堤防漫顶与溃决。此外，洪水还摧毁了一个向弗罗茨瓦夫河分洪的结构，使之无法正常分洪。

大灾之后，当地政府在奥得河沿岸展开了一系列调查。1999年，防洪责任制发生了较大变化，此后，大型且有经济实力的省份不再需要等待中央的指示。可行性研究的结果确定出以下一系列的互补且相互依存的项目，总投资超过4亿美元。

（1）2002年竣工的Bukow蓄洪围垸耗资5100万美元。

（2）在城市上游200km处将要修建的Raciborz蓄洪围垸，目前容积为1.85亿m³，待垸内砂石开挖完成后，其蓄水能力将达到3.2亿m³。

（3）向Widawa河分洪的建筑物与渠道的分洪能力将提高到300m³/s，结合奥德河堤防加固、河道清淤拓宽等措施，将大幅度提高河道泄洪能力。

（4）改进预报预警系统。

为了评估每项改进措施高度复杂的影响，以及各措施之间、各措施与防洪系统中其他部分之间的影响，建立了模拟整个分洪系统的水力学模型，该模型的功能为：
- 检测系统中各个组成部分的作用。
- 在必要时进一步修改完善整体设计。
- 理解关键设计参数的不确定性并可分析不确定性的影响程度。

模型计算结果显示：综合运用上述3项措施可保护罗茨瓦夫市城镇和乡村的2500万居民免于1000年一遇洪水的威胁。

Raciborz蓄洪围垸的修建可能会导致附近两个村庄的居民（240户）面临一定程度的洪水风险。根据波兰的法规，这种风险转移是不允许的。因此，国家需购买这些居民的土地，组织居民搬迁，移民安置计划推迟了蓄洪围垸的修建。

这一案例还表明了在新的综合防洪体系的建设过程中协商、沟通的复杂性。工程在流域尺度上设计，并涉及国际河流（奥得河），因此需要开展全方位分析评价，包括环境评价和安全评价，并提交相关报告。弗罗茨瓦夫市下游的一些结构物也需进行改造，以适应额外的流量，但下游地区也能从围垸蓄洪削峰中受益。

来源：IWPDC，2011；Halcrow，日期不详；Faganello 和 Attewill，2005

3.3.5　洪泛区的恢复

如第 2 章所述，洪泛区的开发是制约洪水风险管理的主要因素。在城市化进程中，城镇和城市扩展到洪泛区时，可能并未考虑这些地区的洪水风险。土地利用区划及其严格执行是一个关键的管理工具，可有效遏制侵占洪泛区的行为。而在土地资源奇缺的地区，则应制定与洪水风险相适应的建筑物设计标准，规范建设行为。同时，有必要制定全面的洪泛区管理计划，探索并推行恢复洪泛区调节洪峰功能的可行途径，包括河岸的重塑、河渠湖泊连通，以及将阻塞或填埋的河渠疏通等。

3.3.6　打开涵洞

涵洞通常修建于公路或铁路之下，用以连接天然河流或城市的排水渠道。在一些城市地区，为了获得城市发展空间而将天然河道暗涵化的做法曾被广泛应用。现在，人们普遍认识到，这种做法对于市容和生态多样化都有负面影响。

涵洞为城市的建筑物或结构带来便利的同时也带来洪水风险。尤其是当涵洞的直径过小或是被垃圾、碎屑堵塞时。与明渠相比，涵洞在维护上也受到限制。打开涵洞（有时候称为"采光"）是城市水道整合与提升的一部分，同时对于维护生物多样化、保护水质与环境、降低洪水风险都有意义。

20 世纪 70 年代早期，韩国首尔（Soul）在清溪河（Cheonggyecheon River）上建造了高速公路。当时，被看做是进步的象征。进入 2000 年，清溪河地区变成了首尔市最拥挤、嘈杂的区域。因此，针对这一区域开展了河流修复工程，拆除了公路，使河流重见天日。这项工程于 2005 年完工，并被认为是一个重大的成功。

3.4　蓄洪

如 3.3.2 小节所讲，蓄洪可以起到削减洪峰流量的作用，尤其是当蓄洪容积很大时，可有效控制流量。在天然水循环的各个环节都存在水的存储，而创造更多的机会强化这一过程可增加流域的蓄水能力。水的存储，最好是近自然存储，也是现在城市排水设计的关键环节（见 3.5 节）。对于减少洪水风险来说，蓄洪也是战略之一。

蓄水在流域内自然发生，例如，在洪泛区或者某些局部区域（如洼地）。人工建造的蓄水设施包括蓄洪水库、蓄水池和滞洪池。有控制地淹没部分农田，或者市区的运动场和停车场等，也可以起到蓄滞洪水的效果。3.4.2 小节和 3.5.2 小节中将对此开展更详细的讨论。案例 3.3 是日本滞洪区的例子。

一些河流系统上的大型水库在蓄洪的同时还兼有其他的功能，如供水和发电。以前水库的运行管理纯粹基于水库的基本功能从水力学的角度考虑，而根据现代水资源综合管理理念，则需推行有益于环境的水库管理模式。

另外一个需考虑的重要因素是泥沙流动，长期的大量泥沙淤积会导致水库丧失蓄水能力。

当流域内建有多个蓄洪水库时，则要考虑整体调度的效果：如果不同支流上的水库分别发挥各自削峰作用，但将削减的水量又在同一时刻注入主河道，原本的削峰效益就会失去。

3.4.1 河道内蓄洪与河道外蓄洪

河道内蓄洪是将洪水蓄于主河道上某一区间，并经此流出。河道内蓄洪措施通常位于河流的上游，包括挡水结构、出流控制结构以及在极端事件中用于排泄超额洪水的溢洪道或溢流结构。

与其相反，河道外蓄洪设施位于主河道之外，在洪水期间，将超额流量从主河道分入河道外蓄洪区，待洪峰过后，再将这部分水排回主河道。河道外蓄洪措施通常设在有广阔洪泛区的大江大河两岸，一般由进水建筑物（通常是溢流堰将水流从主河道中分出）、蓄洪区（通常设在自然低地或开挖的洼地，或由围堤封闭）、退水控制工程（一般由自由出流或排水泵来实现）和溢洪道或溢流结构组成。

以上两种蓄滞设施，洪水过后均需排空蓄洪区，以便为随后可能发生的洪水预留蓄滞空间。蓄滞洪区降低洪水风险的作用取决于进水和退水控制，以确保在极端事件中最有效地利用蓄滞空间，这有赖于高效及时的实时控制系统的建立。

案例 3.3　日本的多用途滞洪区

日本的鹤见川（Tsurumi River）流域从町田市一直延伸到东京湾（Tokyo Bay），沿岸地区洪水灾害频繁。20世纪80年代，日本实施了可防御150年一遇洪水的综合防洪规划，其中包括建设多用途蓄洪区，分蓄洪水并通过以可控的方式退水，如图3.7所示。区内建有一处国际体育场，平时，该滞洪区可用于休闲和运动，见图3.7中的航拍照片。

图 3.7　出流控制设施与鹤见川多用途滞洪区

来源：Ministry of Land, Infrastructure and Transportation, Japan；Tanaka, 2011

河流与滞洪区之间的堤防按溢流堤设计，洪水漫过堤顶进入滞洪区，减少下游的洪峰流量。体育馆建在较高的桩基上。在洪水期间，运动场地和主要的道路仍可以使用。该区域总蓄水量为 390 万 m³。洪水过后，蓄洪区的水经溢洪道排回鹤见川。

信息中心和蓄洪区的公告板构成信息公示机制，及时向当地公众发布早期预警信息。鹤见川还实施了其他一些措施，如疏浚河道、建设堤防和调节水库，以及水土保持工程等。

由此得出的最重要的结论为：在人口稠密的城市必须采取有效措施，利用有限的土地，并将其融入土地利用规划程序中。

来源：PWRI，2009；Tanaka，2011

3.4.2　城市地区的临时蓄洪措施

城市中可用于临时蓄滞洪水的场所很多。这些场所均以其他用途为主，如公园绿地、运动场、停车场。河渠洪水一般通过溢流堰分入这些场所。此外，当城市排水系统的负荷超过其能力时，多余的径流也可以引入这些场所临时蓄滞。

以下列举了如何辨识临时洪水蓄滞场所以及如何规划利用这些场所的方法，其中不涉及具体的细节设计。

1. 辨识适当的临时蓄洪场所

可作为城市临时蓄洪区域的典型特征列于表 3.1。应该注意：

(1) 这些区域应仅在极端洪水时启用。

(2) 这些区域的主要用途并非蓄滞洪水（如停车场、运动场等）。

(3) 这些区域在蓄滞洪水时不可再用于其主要用途。

表 3.1　城市中的临时蓄滞类型

存储类型	描　　　述	最　大　水　深
停车场	用来临时存储洪水；因对车辆、行人和相邻财产存在潜在危害，水深受到限制	0.2m
次要道路（支路）	车速每小时 30 英里[❶]以下的道路，水深受到设计施工的控制	0.1m
休闲区	硬质表面场所，通常进行篮球、5 人制足球、曲棍球、网球等运动	0.5m、1.0m（保证安全的前提下）
学校操场	学校操场可以提供较大的防洪空间，但应采取额外的措施以确保孩子的安全	0.3m
运动场	地面低于周边地区，面积可能较大，提供显著的防洪空间	0.5m、1.0m（保证安全的前提下）
停车场	设施使用较为广泛；通常包含水流通道。需要注意将洪水分流并在保证下游安全的基础上控制洪水的排放	0.5m、1.0m（保证安全的前提下）
工业区	存储空间较小；在相关地区应当注意不要引起地面水污染	0.5m

来源：改编自 Balmforth 等，2006

❶　1 英里≈1.6km。

2. 确定每一场所的最大淹没水深

推荐的最大淹没水深见表3.1。

3. 估计蓄水体积，需要时可建立水力学模型进行模拟

最大洪水深度和蓄滞区的地形数据可用于估算其储水容积。在利用水力学模型模拟洪水时，可通过模拟不同的洪水事件确定临时蓄洪的效益。

4. 设置出流设施

临时蓄洪区内的水最终将通过出流设施排入城市小排水系统、河道或泄洪渠道。必要时，也可以用水泵抽排。有时，也可任其自然蒸发和下渗，但这样会大大增加排空时间，延迟这些场所的主要功能恢复。

5. 考虑健康与安全问题

有关健康与安全的主要考虑包括：

（1）是否位于逃生路线与安全出口。

（2）水深（在表3.1中可见）。

（3）流速（对于需要在流水中行走的人是潜在的危险）。

（4）绊倒（特别是被淹没时）。

（5）场所蓄洪公示。

（6）维护并清理垃圾。

3.5　排水系统

城市排水系统应能同时处理污水及雨水，并最大限度地减少对人类生活及环境带来的不利影响，包括洪涝灾害。城市化明显加大了城市地区的径流量，例如，雨水落在不透水的人工地面并经由管道系统排出的汇流时间，与自然状况下相比，大大缩短，导致汇流加快，洪峰增大，从而增加了接受水体发生洪涝灾害和污染的风险。许多城市排水系统只是简单地将当地的洪涝问题转移到其他地方，还可能增大洪水风险。在许多发达国家，采用地下暗管的传统排水方式正在逐步转向更自然的排雨系统。对此，本节稍后将详细讨论。然而，在世界上很多地区，大排水系统尚未健全。

3.5.1　排水管渠设施

在城市排水系统管道化的过程中，出现了两种排水系统：雨污合流系统与雨污分流系统。

很多城市的老城区（以纽约为例）采用雨污合流系统，即污水与雨水混合排放。这类系统将混合水体输送至排放点，通常要经污水处理厂处理后，排放到自然水系中。在强降雨期间，该系统的排放能力受到考验，而在干燥天气，排水系统只有一小部分被利用。这类系统不可能设计得足够大，以排放极端天气造成的所有雨水。因此，系统中通常设置一些溢流设施，允许水流溢出管道，流入附近的天然水体。在降雨量较大时，很大一部分未

经处理的水会溢出系统，汇入天然水体。为保证溢出水流是经雨水稀释的污水，许多溢流设施在水力设计中增加了阻止大型固体垃圾被排放入河流的设施。尽管如此，雨污合流系统对城市水系造成污染是不可避免的事实（Butler 和 Davies，2011）。

在一些采用雨污合流排水系统的城市，极端天气造成的暴雨径流会远超出排水系统的能力。在此情况下，系统会发生溢流，从而引起城市洪涝，由于这些积水中还包含污水，有可能引发污染和健康问题。

雨污分流系统，顾名思义，是将污水和雨水分开排放的系统。两套管道通常并行修建。污水被排放至污水处理厂，雨水被直接排入附近的河道中。因此，避免了合流系统中污水溢流的问题。但是，这类系统仍然存在问题：排放的雨水是未处理的，同样可能导致污染；雨水可能错误地或未经许可地连接入污水管道；也可能在管道坏损处发生地下水渗透。在大暴雨中，雨水的比例通常较大，这些额外增加的雨水显著影响了污水管道的排污能力。图 3.8 展示了高度简化的、只有较少分支管道的合流与分流系统。

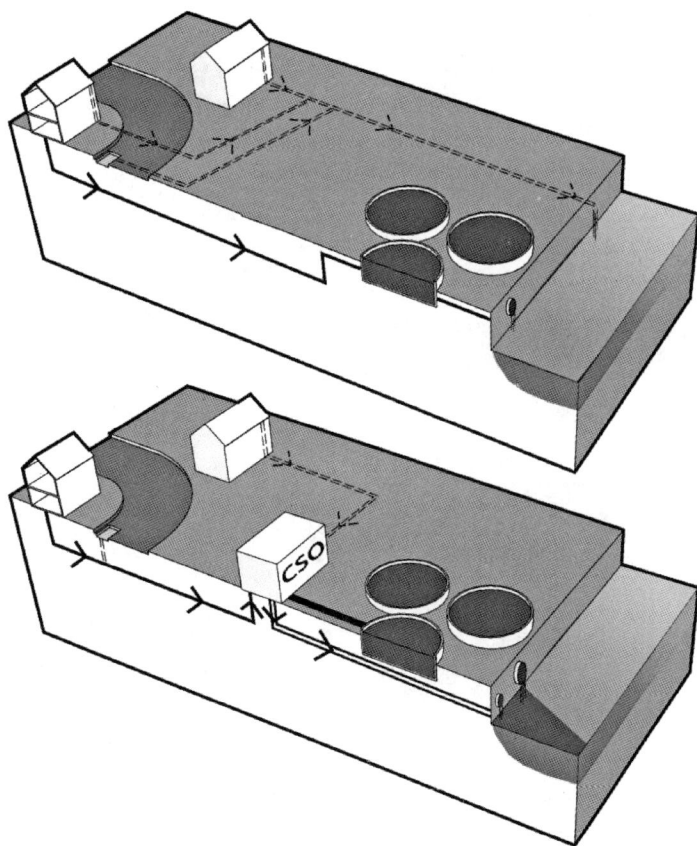

图 3.8　合流系统（上）和分流系统（下）
来源：BACA，改编自 Butler 和 Davies，2011

在没有传统排水管道系统的城市区域，排泄物和废水要在当地被消化，在一些情况下，会采用埋设较浅且直径较小的管道。有些地区的雨水通过露天无衬砌的沟渠排放。这些沟渠通常建设在道路两旁。较好的沟渠是石头或混凝土衬砌的（见照片 3.5），而且融于城市的整体布局中（见照片 3.6）。地表排水明渠的建设成本远远低于地下管道，尽管明渠更容易被碎片或地面垃圾堵塞，但较之于下水道也更容易监控及清理。

维护是很关键的环节，不仅要清除大的堆积物，还要清除渠底的沉积物，并恰当处置，使之不会再回到排水通道。大暴雨时，地表沟渠会很快充满；在规划良好的系统中，溢出部分应当进入到特定的"大系统"中（如 3.4.2 小节所描述），如可用做排水通道的道路。

没有充分考虑污水处理的排水系统，很可能发生污水污染河渠的情况。在没有排水系统或只有简陋下水道的地区，更容易发生污染。地表沟渠还可能被误用做固体生活垃圾的排放点，从而造成沟渠排水更加困难。在上述污染情况经常发生的地方，出于公共健康的考虑，采取存储和下渗的近自然城市排水系统并不适宜（在 3.4.4 小节有详述）。

照片 3.5　莫桑比克首都马普托的 Mafalala 社区新建的城市排水通道
来源：BBC News

照片 3.6　阿卡普尔科（墨西哥南部港市）重建的城市排水通道
来源：UN-HABITAT

3.5.2　小系统与大系统

如前所述，当排水系统的能力不足时，多余的水流会在城市地表漫溢，形成内涝。此时，排水系统可被分成两部分：小系统（包括排水管道和排水明渠）和大系统（地表）。大系统包括一些"默认"的行水通道和去处，如道路、小路或一些散布的低洼区域。此外，还有一些专为应对超标准暴雨洪水而设置的去处，包括分洪道、储水池、用于临时蓄洪的公共区域。在小尺度上，适当变更一些城市特征，如道路剖面以及路缘的高度等，均可增强城市承灾能力。

一些重要的城市基础设施均可作为临时蓄滞和疏导洪水的一部分，如利用道路行洪。案例 3.4 中讨论的吉隆坡隧道为这类例子之一。

另一个涉及基础设施的大型工程是雅加达泄洪道系统的升级改造及扩建工程，作为超级系统的研究案例，将在以后的章节讲述。

案例 3.4　马来西亚吉隆坡（Kuala Lumpur）SMART 隧道

马来西亚首都吉隆坡位于巴生河（Klang River）的中上游，巴生河全长约 120km，流域面积约 1288km^2。20 世纪 70 年代，该流域开始实施包括一系列工程措施的防洪减灾总体规划，包括上游储水、修建蓄洪区、设置排水泵站、提高巴生河及其主要支流行洪能力等。

照片 3.7　也门的道路兼行洪道

来源：Bill Lyons/World Bank

"雨水管理和道路隧道（SMART）工程"按照既能排水，又能疏导内城交通的思路设计。该工程包括一条直径近 12m、长约 9.7km 的隧道，隧道一直延伸至吉隆坡市中心的东部，是中心城区交通的主要通道。当中等强度的暴雨发生时，雨水蓄在隧道的底部，不会影响交通。一旦发生严重暴雨，事先中断隧道交通，随后防水门自动打开，成为行洪排水通道，此外隧道还有 300 万 m³ 的储水能力。

SMART 隧道的投资大约为 5.15 亿美金，在解决洪涝问题的同时，亦缓解了城市交通拥堵的难题，成本远低于单独建设两个应对不同问题的措施，该项目的创新在于，当没有洪水时，隧道减轻了城市交通的压力。雨洪减灾成本的一部分由道路收费所抵消。这个案例证明了灵活的、多用途的基础设施的潜力。照片 3.7 展示了也门的道路兼行洪道。

来源：Wilson，2005；Krause 等，日期不详

3.5.3　排水系统与河流水系的衔接

城市排水系统是排水行洪通道的一个子集。无论排水系统是如何设计的，最终还要将径流排入河流或者其他行洪通道。据报道，在 2007 年夏天英国发生的洪水中，超过 55000 处房屋被淹没。其中 2/3 是由于径流超过了排水系统的排水能力造成的。然而，不应孤立地考虑排水系统，实际上，当受纳水体的水位上升时，会导致排水系统的排水能力降低。城市排水系统的排水能力对于是否产生内涝起着决定性的作用，增加排水系统的排水能力可降低内涝风险，如增大管道与渠道的尺寸，但其发挥作用的前提是下游受纳水体有足够的行洪能力。

案例 3.5 列举了应对城市排水问题的实例，后面章节将要提到的莫桑比克的案例研究也是很好的一例。

案例 3.5　大突尼斯东部和北部的防洪系统

突尼斯约 2/3 的人口居住在城市地区，其中约 20% 生活在突尼斯大区。2003 年、2004 年、2006 年和 2007 年，突尼斯连续发生大洪水。在最近的 2006 年和 2007 年，洪水造成重大经济损失，道路交通一度中断，排水管道的堵塞持续多天。

在该国的经济和社会发展议题中，水管理位列前茅。为应对水问题，突尼斯正在实施一个防洪方案，并计划于 2014 年完工。该方案包括以下 3 部分内容：

- 远程保护：建设大型、小型水库以及众多池塘控制径流，以保护城市和农田，并保证灌溉和居民用水。
- 近程保护：治理城区以外的河渠，开挖贯穿市区的渠道，在城市上游修建蓄滞洪区。
- 城市排水：修建排水系统，建设初期和后期雨洪收集设施。

突尼斯大区的快速城镇化改变了城区的自然环境，使得地表径流增加，超过当地的排水能力，形成洪涝灾害。建设和改造排水系统可以成功减少洪涝灾害的风险和影响。

来源：AfDB，2009

3.5.4　近自然系统 (SUDS)

如前所述，与自然排水系统相比，许多人工排水系统的主要特征为：汇流加快，洪峰增大，从而增加了洪水风险。利用更为接近自然的排水方式，可使流域对洪水的反应回到较自然的状态。SUDS 具有下渗和蓄水的功能，如入渗沟、洼地和蓄水池，在增加下渗的同时，也延缓了汇流时间，降低了洪峰流量，进而减轻洪水风险。

近自然系统不仅可减轻洪水风险，还具有净化水质、改善城市自然环境和野生动物栖息地的功效。在美国和其他一些国家，作为低影响开发的 (LID) 一部分，该方式被称为"最佳管理实践"（BMPs）；在澳大利亚，此为"水敏感城市设计"的一部分；在英国，则更为贴切地称之为"可持续城市排水系统"（SUDS）（Woods‐Ballard 等，2007；Butler 和 Davies，2011）。

雨水应尽可能在小范围内，采用低成本、小规模的生态友好型措施进行管理，而不是将其输送到排水系统的末端集中处理。只有在就地不能消化的情况下，才可将雨水外排。

与其他排水系统一样，SUDS 也是针对特定频率的降雨进行设计的。如 3.5.2 小节所述，对于极端事件所产生的超额径流则应由主排水系统处理。

很多 SUDS 的措施都建立在地面下渗的基础上，因此，需高度重视地表水污染问题，特别是对于那些地表径流易污染同时地下水又用于饮用的区域，在透水铺面设计时应采取特别的处理（见 3.6.3 小节）。

SUDS 措施的主要类型如下：

（1）管道入口控制。

（2）下渗结构。

（3）地表绿化。

（4）透水铺面。

（5）过滤性排水。

（6）入渗洼地。

（7）滞洪池。

（8）蓄洪池。

（9）人工湿地。

管道入口控制设施在雨水收集点提供蓄渗。屋顶水池利用了房屋平顶蓄水的潜力，因其增加了屋顶的水荷载，屋顶防水性能需增强，出水口的控制设备也需妥善维护。绿色屋顶，亦称为屋顶花园，是将屋顶作为花草种植区，具有储水、加速蒸发、改善水质、改善城市景观、净化空气、减小热岛效应等功能。集水装置一般是在接近地面的地方设置水箱或水桶，收集存储屋顶排下的雨水，可用于灌溉园林绿地。该设施有时需安装出流控制设备，以为后续降雨预留存储空间。

屋顶雨水收集系统改变了将屋顶雨水直接排入排水管道的传统做法，将屋顶的雨水，或收集利用，或转引至附近的透水区下渗。而在硬化地面设置水池，则可在大暴雨时收集地面雨水，减少直接进入排管网的径流量，从而降低洪水风险。

滞洪区为利用适当地形设置的可控制出流的临时蓄水设施，在两次降雨之间呈无水状态。

蓄洪池为永久性储水设施，既蓄洪，又通过自然过程净化水体，且美化环境，提高环境舒适度。

水池存在滋生蚊虫的问题，长期露天的水体不适合城市环境。因此，滞洪区的设计应确保在蚊虫卵成熟之前（一周之内）完全排干（Reed，2004）。

SUDS 通常无需改动地下排水网，因此，对已建城区尤为适宜。然而，场地是否具备，以及如何与已有系统相适应也许是推行该系统时面临的主要挑战。鉴于此，根据具体情况应用入口控制也许是目前最可行的办法。

3.5.5 地表水管理规划

地表水管理规划的概念为：对当地地表洪水泛滥所引起的所有问题综合考虑，包含城市排水、地下水和地表径流。更宽泛地讲，是广义流域管理规划的一部分。该方式寻求能够在城市上游实施的，减少洪水风险的途径。正如案例 3.6 所述，地表水管理规划应在城市尺度上考虑，并纳入更广泛的城市规划之中。

案例 3.6　纽约绿色设施计划

作为纽约"绿色设施计划"的一部分，纽约市环保局启动了旨在通过蓄滞雨洪，减轻排水系统负荷，提高城市水道质量的绿色设施项目，具体措施包括：建设绿色屋顶、树池、街边洼地以及透水道路。如 3.5.4 小节所述，这些利用自然排水系统的下渗和存储特性的措施可有效减轻管道排水系统的溢流风险。采用绿色设施的私人业主、企业和社区组织均可申请项目资助，一些能够创造额外效益，如可减少建筑物能源消耗以及增强社区拥有权等的项目，可优先获得资助。

DEP 模型表明，绿色设施成本效益可行，与传统的排水设施相比，绿色设施能显著减少雨污溢流量且耗资较低。该计划的成功取决于开发和引进新的雨水处理方法以及当地社区与企业的大力支持。

来源：NYC Department of Environmental Protection（DEP）；NYC Green Infrastructare Plan（http：//www. nyc. gov/html/dep/pdf/green ＿ infrastructure/NYCGreenInfrastructurePlan ＿ ExecutiveSummary. pdf）

3.5.6 延伸阅读

Butler，D. and Davies，J. W. 2011. Urban Drainage，3rd edition. UK：Spon Press.

3.6　城市地表的入渗及渗透性

城市化影响了自然水循环。降雨时，一些雨水通过植物的蒸发蒸腾返回大气；一些通过地表下渗进入地下水；还有一些形成地表径流。由于城市化增加了地面不透水率，导致下渗减少，地表径流增加（见图 3.9）。如图 3.9 所示，与地下水相比，地表径流的汇流过程要快得多，因此，洪水风险增加。当地表径流通过排水管网输送时，这一效果更加明显。

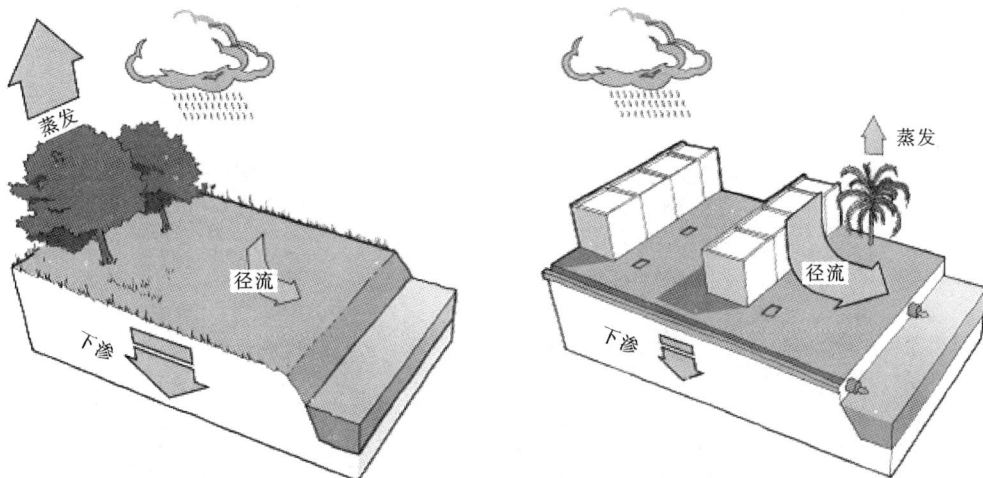

图 3.9　城市化对下渗和径流形成的影响
来源：BACA，改编自 Butler 和 Davies，2011

通过改善城市地表的渗透性增加雨水下渗，可降低城市洪水风险。然而，在很多城市情况却恰恰相反。城市建筑密度持续增加，每一处空间都被"见缝插针"地利用，导致硬化地面增加，而建筑物之间的开放空间的渗透性明显下降。例如，英国将建筑物前的花园铺装为停车场，目前，英国 68％ 的房前花园均改为硬化地面，而这一比例还在上升。用于休闲和娱乐的场所也趋于不透水化。为了削减维护绿色空间的成本，水泥化和减免绿化趋势日趋明显。

SUDS 的一个显著特征是增加渗透性与下渗率。在英国，SUDS 已被纳入建筑规范推广施行，其中规定"在有条件的地区，应将地表水排至渗井或其他渗透系统"。英国的规划指南，特别是与发展和洪水风险相关的指南，强力推荐在新开发区采用 SUDS。事实上，SUDS 是增加下渗、遏制城市化带来的洪水风险增加的有效手段。

3.6.1　入渗设施

入渗结构包括渗井与渗沟。渗井是一种地下结构，通常是圆形或方形，可将雨水渗入地下。渗沟是在地表开挖的明渠，通常堆满石头，其效果与渗井相同，只是暴露于地面的面积更大。这些下渗结构只有位于下渗特性适当且常年高于地下水位线的位置才能发挥作用。过滤管是埋设在渗沟内颗粒填充物之中的多孔管道，一般位于道路的边缘，收集道路表面的积水并将其排走。下渗区位于地表的开放洼地，可以收集并逐步吸收雨水。照片 3.8 展示了美国首都华盛顿特区某停车场的绿化入渗设施。

3.6.2 地表植被化

草皮沟是草皮护面的渠道具有下渗、储存和输送雨水的功能。小型水沟位于小区道路两侧，大型水沟沿主要公路边沿延伸。能够输送雨水的景观渠道也可以是水沟。过滤带是覆盖植被的，坡度很缓的地带。水沟及过滤带均具有延迟并削减洪峰的功能，且可以拦截污染物和淤泥，参见照片3.8。

照片3.8　华盛顿特区某停车场的绿化入渗带

来源：J Lamond

3.6.3 透水铺面

透水铺面，或因其多孔，或因铺块之间的空隙，而成为可下渗地面，在停车场应用较为普遍，也适用于车速不高的小区内行车道和交通流量低的道路。基层多为砂砾石（见图3.10），用以蓄水。地面积水通过透水铺面渗入地下，在地下水水源地保护区，则需将其底部和四周予以密封，内设出水管，与管道系统相比，这一过程的排水速度缓慢得多。

在城市区域，制约雨水下渗的首要因素是其可能污染地下水水资源。

"开发许可制度"是控制城市地表径流急剧增加，汇流时间显著缩短的有效方法。应颁布规范并在其中以实例说明如何通过城市规划采取最大化入渗技术和措施。只有那些采取有效下渗措施的开发建设，方可给予许可。在更广泛的层面上，城市管理机构应制定土地利用管理和分区规划，划定兼具休闲娱乐和临时蓄水下渗功能的场所。

一些农业行为也会降低下渗率，增加下游城市的洪水风险。保护耕作、免耕种植与避免裸土的做法能改进这种状况。保护并扩大流域上游现有的森林与湿地，可增加下渗和蒸散发，从而减少径流量。从减少径流的角度考虑，阔叶林比针叶林更为有效。

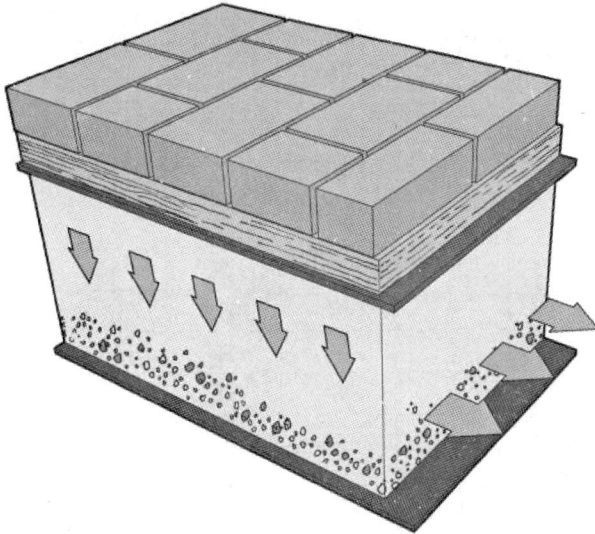

图 3.10　透水铺面——典型垂直剖面示意图。

来源：改编自 Butler 和 Davies，2011

3.6.4　延伸阅读

CIRIA. 2007. The SUDS manual. London，CIRIA.

3.6.5　SUDS 效果最大化

与传统的城市排水系统相比，可持续城市排水系统［或上文所称的"雨洪最佳管理实践（BMP）"和"城市水敏感设计"］已被公认为更有效的方式。该系统从源头控制开始，减少了城市雨洪及径流，从而减少了流入接纳水体的径流量和水污染。

仿照自然流域的水过程，将一系列 SUDS 措施渐次布设，形成环环相接的"管理链"，可最有效地发挥 SUDS 的作用。这种布局减缓了雨水在城市环境中行进速度，在其汇入河渠之前最大限度地增加入渗，控制污染。在管理链中，按照径流过程分为 4 个环节：入口控制、源头控制、场地控制和区域控制。每一阶段都有相应的 SUDS 措施（组件），如图 3.11 所示。其中入口控制与源头控制效益最为显著，若条件具备，应尽可能应用。

3.6.5.1　方法

1. 确定适宜的 SUDS 组合

首先应了解城区或拟开发区的相关特征，如土地利用、水文、地理、洪水风险特征及环境评价结论等。并进行当地的地表水管理、污染控制及下游接纳系统容量的需求分析。这通常需进行全面的调查研究。一旦需求明确，则可根据 3.4.4 小节和表 3.2 对有关措施特征的具体说明，选择适宜的、满足需求的措施。

135

表 3.2   SUDS 选 择 矩 阵

SUDS措施	技　　术	用地面积	费用	减少的径流量	100 年一遇流量的控制能力	维护	创造栖息地的潜力
蓄洪	蓄洪池	高	中	低	高	中	高
	地下蓄水池	低	中	低	高	低	低
湿地	多种	高	高	低	低	高	高
	透水碎石区	中	高	低	低	中	中
入渗	渗沟	中	低	高	低	低	低
	渗池	高	低	高	高	中	中
	渗井	低	中	高	低	低	低
过滤	表面砂过滤	低	高	低	低	中	中
	地下砂过滤	低	高	低	低	中	低
	周边砂过滤	低	中	低	低	中	低
	生物滞流/下渗带	高	中	低	低	高	高
	滤沟	低	低	低	低	中	低
滞洪	滞洪池	中	低	低	高	低	中
明渠	排水沟	高	低	中	高	低	中
	强化干沟	高	中	中	高	低	中
	强化湿沟	高	中	低	高	中	高
源头控制	绿色屋顶	低	低/高	高	低	中	高
	雨水收集	低	高	中	低	高	低
	透水路面	低	中	高	低	中	低

SUDS 措施的详细说明及其适用性，可参考 CIRIA（建筑工业研究与情报协会）的 SUDS 手册。

2. 连接各措施形成管理链

SUDS 管理链的各环节及相应的推荐措施如图 3.11 所示。

3. 确保规划可增加渗透性和优化下渗

增加城市地区的下渗率可通过土地利用规划及控制（见 3.5 节）和提高城市绿化率（见 3.6.1 小节）等措施实现。在不会造成污染的地区，可直接回补地下水，实现下渗效果最大化，尽可能减少径流（见 3.5 节）。相关的 SUDS 措施如下。

（1）专用于增加下渗的措施包括：渗井、渗沟和渗池。

（2）下渗为其功能之一的措施包括：水沟和过滤带。

（3）在特定范围增强下渗的措施为透水铺面。

4. 考虑 SUDS 的城市景观效果

考虑 SUDS 的城市景观效果可通过下列途径实现。

（1）保证池塘或其他 SUDS 措施的外观设计赏心悦目，能够美化市容，并与城市景

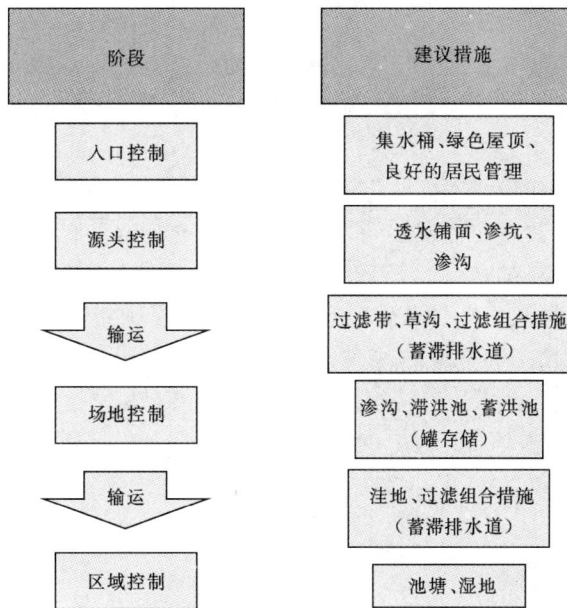

图 3.11　SUDS 管理链

来源：改编自 Butler 和 Davies，2011

观相融合。

（2）将具有排水或减轻洪水风险功能措施的设计与城市设计相结合。

（3）河流修复，将城市人工渠道修复至更加自然的原始状态。

（4）打开涵洞（"见光"）（见 3.2.5 小节）。

5. 具体设计工作

在选择适宜的 SUDS 措施并连接为管理链之后，即可进行每一措施的细节设计，包括连接各措施之间的入流及出流部分，据此判断整个系统是否达到控制径流和污染的需求。目前的标准排水软件模拟 SUDS 系统的效果不佳，尤其是那些对前期土壤湿度很敏感的下渗措施的模拟误差更大。

3.6.5.2　常见问题

与传统排水系统相比，SUDS 的维护同样，甚至更加重要。SUDS 的可持续性取决于每一措施的运行状况，所有措施的所有权和维护责任应当事先明确。SUDS 系统中常包括露天措施，因此，极易发生废弃物堵塞的情况，但是这些措施亦有其优势，即所有的问题更直观，解决问题也相对简单容易。

在城市化程度较高的地区，土地资源的稀缺使得 SUDS 系统的成本增加，甚至难以接受。在这种情况下，应优先考虑那些占地面积小的措施，如渗井，或多功能措施，如透水铺面、雨水收集装置、绿化屋顶和能够美化市容的措施。

3.6.5.3　资源与成本

SUDS 系统的成本与传统排水系统相当，当然也包括日常维护和运行费用。简单工程，如渗透池和水沟，可用当地劳动力和材料，因此，费用很低。另外一些工程则成本较高，如渗坑、下渗排水装置、绿化屋顶、透水铺面，这些工程需要专业技术人员及更高的建设费用。与效果相当的简单 SUDS 措施相比，这类 SUDS 措施的费用有时会高出 10 倍。然而，在决策过程中还应考虑运行维修费用与土地占用成本，有些简单的 SUDS 措施，如水沟和池塘，虽建设成本低，但土地需求量大，不一定可取。

以透水铺面为例，其费用变幅很大，如混凝土板与透水沥青的成本及施工费用相去甚远。总而言之，透水材料的成本均高于不透水材料，甚至能高出 50%（波士顿 MAPC，2011），而且维护成本也会更高。尽管如此，英国的一项研究表明，改造为透水铺面的效益较高（Gordon - Walker 和 Harle，2007），而新建透水铺面的效益则更高。

SUDS 系统仍属新兴技术。与传统的排水系统相比，其设计及安装的专业人员均较缺乏，相关的设计软件也较少，因此，设计、施工成本也较高。然而，SUDS 系统的净化环境、美化市容的双重效果使其更具竞争力。

3.7 地下水管理

在地下水非饱和区，雨水渗入地下直至地下水位，在此之下，孔道与空穴被水填满，水流横向缓慢流动，流速由地下水位梯度和土壤渗透系数决定。含水层可能是由松散物质，如砂和砾石，或非松散物质，如砂岩和石灰岩等组成。当两个不透水层之间的垂向空间被水填满时，该地下水层被称为是"封闭的"，亦称为承压含水层。

SUDS 系统的实施可补充地下水。在城市区域，供水或排水管道的渗漏也会补充地下水。

河流中常年不断的基流是由与地下水的交换形成的。当地下水位或含水层表面与地表相交叉时，地下水就会以泉水的形式释放出来。在洪水期间，地下水出流会发生迅速变化，特别是在承压含水层。

此外，地下水管理对防止地面沉降，特别是可能因地面沉降造成严重问题的低洼地区十分必要。

3.7.1 地下水泛滥

在低洼地区以及含水层出露的地区，会发生地下水泛滥。例如，阿根廷首都布宜诺斯艾利斯（Buenos Aires）市的地下水泛滥，导致地下室浸水、住宅潮湿、卫生系统破坏、下水道超负荷溢流以及城市基础设施破坏等问题（福斯特，2002）。由于地下水泛滥过程很复杂，而地下介质的物理特性往往属于高度非均质，地下水泛滥很难用数值模型模拟，因此，难以预测。地下水泛滥的另一个特点是其影响可能会持续很长时间，有可能长达几个星期或几个月，直至地下水水位降低到足以缓解问题为止。

由于一些降低洪水风险的措施是从增加下渗量着手，可能会引起地下水水位上升，在一些地区会产生正反两方面的影响。控制地下水泛滥的主要方法是持续抽水并把水排至不会直接回渗的区域，以降低局部地区的地下水水位。如果水的质量有保证，就可以经过一定的处理后，引到水源地。提取的水也可以用于低级的工业用途、冷却或者土地灌溉，当然要保证水质满足要求，并遵循联合国粮食和农业组织（WHO 和 FAO）的指南和标准。抽水、水处理以及输水成本也要加以考虑。

3.7.2　地面沉降

过度开采地下水，导致地下水水位下降，是地面沉降的主要原因之一。尤其在沿海城市，将会产生特殊问题。世界银行发表的沿海大城市报告中指出，由于土地压实及地下水开采，世界上大型三角洲以每年 6cm 的速度下沉，珠江三角洲和湄公河三角洲尤为严重（世界银行，2010）。

地下水开采控制是一个棘手的法律问题，涉及谁有权开采，如何限制开采以及相关的收费问题（IGES，2008）。地下水收费已有具体实践，譬如在雅加达、曼谷（见案例3.7）、万隆和天津。然而，这些措施的效果往往被低水价和农业用水的豁免权而削弱。

案例 3.7　曼谷地面沉降的防治

泰国首都曼谷，20 世纪 50 年代开始大规模地下水开采，导致明显的地面沉降，进而破坏城市基础设施，同时使得含水层遭到海水入侵。泰国政府引进了类似于禁止在重要地区钻井取水的规定，以及地下水开采许可与收费制度。然而真正实施这些措施需要很长时间。具体措施如下（费用以泰铢计）：

- 1969 年，地面沉降引起了政府重视。
- 1978 年，强迫实施地下水法，实施地下水开采许可。
- 1983 年，省级重要地区区划。
- 1984 年，地下水以每立方米 1 泰铢收费（6 省）。
- 1992 年，地下水法修订。
- 1994 年，地下水水费每立方米增至 3.5 泰铢。
- 1995 年，所有省份都开始地下水收费，7 省的重要地区范围扩大。
- 2000 年 3 月，在重要区域，每立方米地下水水费增至 8.25 泰铢。
- 2003 年，地下水法修订。
- 2004 年，在重要区域，每立方米地下水水费增至 8.5 泰铢，同时增收地下水保护税。

曼谷地下水收费机制是一个成功的例子。直至 2003 年，收费均缓慢增长。2004 年，又增加了地下水保护税。地下水比公共管道计划供水更昂贵。通过严格的定价制度和扩大公共供水措施双管齐下，地下水抽取从每天 2.7 万 m^3 减少到 2005 年的每天 1.5 万 m^3，地面沉降问题显著缓解。地下水保护税是一项创新举措，地下水法规定，该项税收用于地下水保护活动。

该案例证明了控制地下水过程中所遇到的困难，在收费与减少地下水的开采之中找到平衡点并非易事。然而曼谷市政府采取的措施取得一些积极成果。同时，此类措施亦可为其他方面带来好处。

来源：Babel，2008；World Bank，2010b；IGES，2008

任何控制地下水开采措施实施的基础是具有替代水源。此外，增加污水处理设施的能力、鼓励雨水收集、发展其他的地表水管理技术亦可缓解地面沉降，虽然有些措施会减少地下水的补充。另外，对水的需求明确定位也是一种对策。

3.7.3　雨洪利用

雨洪利用是储存雨水的再利用，包括水的净化，也是 3.5.4 小节中所述的 SUDS 排水系统的一部分。再利用的雨水一般用于对水质要求不高的用途，如灌溉、洗涤和冲厕所。通常，来自于屋顶的雨水可能被输送到大型地下水库；在某些区域，储存的水过滤或处理后可用于饮用。案例 3.8 展示了此类系统在韩国的成功运用。当水质要求高时，鉴于初期的雨水会被污染，应将其排到存储设备之外。雨洪利用设施收集的雨水亦可用于地下水补给。

雨洪利用兼具多重效益（UNEP/SEI，2009），主要包括：

（1）增加供给。

1）提高作物生产率、食物供给及收入。

2）增加牲畜和家禽用水及饲料。

3）增加降雨入渗，进而补充浅层地下水资源与河流基流。

4）再育景观，如增加生物量、粮食作物、饲料、纤维和人类使用的木材。

5）提高栖息地的生产力，并增加植物和动物群落的多样性。

（2）调节作用。

1）调节景观用水的时间分布。

2）降低水流流速，减少洪水发生频率。

3）减少水土流失。

4）弥补旱季供水不足。

（3）文化价值。

1）雨洪储存利用能提高社会文明和审美价值。

2）建立具有审美意义的绿洲或镶嵌式景观。

（4）支持功能。

1）提高景观的初级生产力。

2）支持景观内部的养分流动。

雨洪利用有 3 个方面的直接防洪效益：

（1）雨水利用能够减小径流峰值。规模较大时亦称雨洪利用，小规模的雨水利用，如果遍布整个社区，也能起到减轻洪水的作用。

（2）收集的雨水可以用于补充地下水，有助于防止地面沉降。很多案例报告称，雨水利用保护了地下水。在印度中央地下水委员会监督指导下，印度城乡已开展了地下水的人工回灌。例如，在古吉拉特邦的乡村进行的 Ghogha 项目，已在 82 个村子建立了 276 个回灌设施（Khurana 和 Seghal，2005）。

（3）在发生洪水时，常规供水可能中断或被污染，雨水收集反而更可靠和更适于饮用，在印度北部的比哈尔邦便可见到这种办法。若在紧急疏散安置点设置类似的雨水收集罐，则可缓解疏散人员的供水问题。

案例 3.8　首尔（Seoul）星城（Star City）的雨水利用

首尔的一项大型房地产开发项目——星城，附设了雨洪利用措施。星城是一个商场和住房项目，包括可居住 4000 人的 1310 套公寓。其基本设计意图为：建设可收集 100mm 降雨的设施，提供园艺、卫生用水及饮用水。

利用地下一层约 1500m² 的面积存储雨水，设 3 个水箱，蓄水总容积达 3000m³。其中，两个水箱用来收集屋顶和地面的雨水，该措施既降低了雨季该地区的洪水风险，还节约了水资源。第 3 个水箱用于存储饮用水，以便应对紧急情况。据估计，该系统每年大致节约 40000m³ 的水，约是星城年降雨量的 67%。

雨水就地收集、利用还可减少运输及水处理所需的能源，进而减少二氧化碳排放。该项目的巨大成功促使当地政府通过了一项在全市范围内施行的条例，以进一步推进新开发区的雨水收集工作。

来源：UNEP，2009

独立房屋的屋顶雨水收集系统技术最为简单。其复杂程度取决于投资水平。该系统主要是通过屋顶收集雨水，然后通过管道直接输送到地下水箱或蓄水池。用于屋顶雨水收集的主要材料是混凝土、瓷砖、玻璃纤维、石板、镀锌铁板和铝板。用于输送的管道主要是 PVC 管，这种管道最经济，但是对健康有负面影响。因此，建议定期清洗系统并对系统进行监控。有些系统还具有对收集的雨水进行过滤和消毒的功能。

类似的系统也可用于一些大单位，如学校、公司的建筑群等。有时将收集的雨水分别存储在不同的存储罐中，用做非饮用水，则更有效。若是针对暴雨或大雨，则利用水塘或水库蓄水也是经济可行的。但是，若要日后有效地利用，这些水库则需定期清洗与监控。

制作储罐的材料一般是混凝土、聚乙烯、钢材或玻璃纤维。如果储水罐不定期清理，可能会因垃圾碎片、灰尘、动物粪便、啮齿动物、昆虫及其他固体材料的浸入而受到污染，从而影响水质。天然水库集雨技术有助于恢复水的自然水文循环，因为其蓄水会一定程度渗漏进入地下水，弥补因城市化造成的雨水入渗减弱的问题。这种技术不仅有助于城市用水自给自足，在一定程度上还能缓解因排水系统能力不足而导致的雨水漫溢、积水内涝的问题。

在澳洲，也有雨水利用系统的成功案例。虽然在水源短缺的地方，商业化的雨水利用更具有优势，然而洪水多发区同样有发展商业雨水利用的潜力。

3.7.4　延伸阅读

LILLYCROP, W. J., PARSON, L. E., and IRISH, J. L. (1996). Development and Operation of the SHOALS Airborne Lidar Hydrographic Survey System. SPIE Selected Papers, Laser.

Remote Sensing of Natural Waters: From Theory to Practice, 2694, 26 - 37. UNEP/SEI (Stockholm Environment Institute). 2009. Rainwater Harvesting: a lifeline for human well - being. UNEP.

Wang，M.，Zhou，Y. and Nie，L. 2009. Storage Capacity Analysis of Rainwater Tanks For Urban Flood Mitigation. Paper presented at COST22，Paris，November 26 – 7，2009.

UN – HABITAT. n. d. Rainwater Harvesting and Utilization. Blue Drop Series Book 2：Benefi ciaries & Capacity Builders. UN – HABITAT.

3.7.5　优化雨洪利用系统的防洪作用

在干旱缺水地区，传统的供水方法往往不能满足当地的需求。雨水利用是一项绿色并可持续的增加水资源供应的措施。在这些地区，类似系统自古有之。然而，在许多地区，雨水利用重要性下降，部分原因是管道供水的发展导致其需求降低，还因为城市环境迅速扩张使得相应的信息与技术缺乏。

然而，人们现在已意识到雨水利用不仅可提供相对清洁和可靠的水源，而且是一项防洪减灾的重要技术。

对大面积、强降雨产生的极大水量，传统的"线性"处理方法是将其经由排水管道和河道组成的线性系统排出。而"全面管理"方法则强调流域面上的源头管理，尤其是在城市地区。雨洪利用是源头管理的有效措施之一。通过数量庞大的水箱和存储结构收集并存储雨水，可以减少地面径流，削减汇流峰值，降低洪水风险。存储的雨水还可直接用于非饮用的目的，且经过妥善的净化处理也可饮用，从而节约了水资源。雨水利用是预防城市洪涝的创新之举。

3.7.5.1　方法

1. 了解降雨模式及防洪目标

了解影响该地区降水规律的自然因素，如该地区入流和出流总量等，是构建有效的、可安全供水的雨水利用系统的前提。在城市，尤其是在添加了防洪减灾目标时，深入认识水的入出总循环十分重要，包括年降雨量（单位：mm）、降雨模式（亦称为雨型）、降雨总量、洪峰流量及时间、总径流量、汇流面积、储存容积、日均用水量、用水人口数量以及其他水源的供给费用。对于集雨水收集、水处理和供水于一体的整体系统，与传统管道系统设计相同，应经过严格的水力设计。

为达到防洪目的，设计上主要考虑的问题为：是否具备足以减少洪峰期间径流量的储存空间和如何防御洪水。这与仅用于供水的雨水利用系统互补，但也可能有冲突。在仅以供水为目的的雨水利用系统中，水质污染不可接受，而漫溢并不是问题。在理想的情况下，如果一个系统既有足够蓄水容积又可处理被污染的径流，则该系就同时兼顾了雨水利用和防洪两大目标。

然而，雨水利用系统优势之一在于其所采用的技术具有弹性，可不断改造、完善且建造、运行及维护费用低廉。此外，这类系统即使失效，也不会造成大的危害。例如，如果系统在源头分散存水，即便降雨导致溢流，较之无该系统时，也不会产生更多的负面影响。所以，此类系统，即使对其认识不全面，也能以较低的成本和较快的速度加以改进，而无后顾之忧。

2. 确定技术

雨水利用系统有不同的类型。具体技术的选择主要取决于当地集水区的规模和自然条件。而雨水利用系统中的雨水收集、输水和储存等部件的设计是保证控制洪水最佳效果的关键环节。因此，了解产流与当地存储能力之间的关系亦很重要。

（1）集水方式。屋顶系统是最常见的集水场所。无论对于单户的屋顶、大型商业建筑的屋顶群还是高层建筑，都可以建立屋顶集水系统。

适宜的材料包括：

1）镀锌瓦楞铁、塑料板或瓷砖。

2）由棕榈叶制作的茅草屋顶，泥质和其他茅草屋顶会污染雨水，并经常有老鼠经过，不宜用于集雨。

3）集雨表面最好未上色和无涂层，如果使用涂料，则必须是无毒的（无铅油漆）。

4）石棉水泥屋顶，没用任何证据和研究表明其有毒，因此，在其上集水无健康风险，但吸入空气中的石棉纤维（在加工和切割过程中产生的）则会造成严重的健康问题。

5）利用城市地表收集雨水也是可行的，尽管对防洪很重要，但并不常见，而且收集的水往往有较高的污染物含量。

（2）输水方式。水可以储存在收集点，如屋顶水箱，如果这些水箱位于安全地点，则具有很大的优势。通常，收集的雨水需通过管槽输送至安装在别处的储水设施，管槽系统各式各样，从简单的水槽到带有先进过滤设备的管槽系统。

木材或竹子也可用于制作水槽及排水管，但此类材料不易维护，需定期更换。为了防虫而喷洒杀虫剂的木竹管槽绝对不可接触饮用水。

（3）储水方式。储水方式应与水的再利用类型相适应，为了保障旱期供水还可以与主供水系统相连接。简单的、以家庭为基本单元的储水系统，可以是水罐或水桶。大型系统可采用屋顶水箱、表面水箱或地下水池的储水方式。

地表水箱的材料包括金属、木材、塑料、玻璃纤维、砖、联锁块、黏土或石材、水泥和混凝土。材料的选择取决于易得性和费用，如果位于屋顶，还需考虑重量问题。大多数国家常用的是塑料水箱。

对于地下水池，还需安装提水设备，如水泵。地下水池的边壁材料选取和设计应确保空池时可承受外部土壤和土壤水压力（在地下水水位较高的地区，水的扬压力可能造成水池上浮）。此外，树根和行车也可能造成水池损坏。地下水池通常为钢筋混凝土结构。也有用天然材料，如木材、竹子或藤条替代钢筋的情况，但并不普遍。照片 3.9 展示了日本东京国技馆相扑赛场的雨水利用系统。

设置大量的小水箱、小水池可以有效削减洪峰流量，减少排水系统的漫溢。与通过修建大型水库或改善排水设施提高城市防洪排水能力相比，益本比更高。然而，该方法需建立在公众觉悟和有效参与的基础上。

3. 落实职责

如前所述，雨洪利用系统的成功取决于系统的组织管理。落实责任是系统顺利运行的保障。职责需在个人和社区两个层面明确界定。不同利益群体的参与也必不可少。应针对新建建筑物，事先颁布根据其规模安排雨水利用量的法规，建筑物必须满足法规要求且得到许可后方可施工。

当地政府的职责不仅是制定激励措施和支持公众参与，还应对雨洪利用过程开展长期

照片 3.9　东京国技馆相扑赛场的雨水利用系统

来源：日本，Wikicommons

密切监督。应授权灾害管理部门专门负责监测储水系统的水位，以保证为应对极端降雨预留足够的容量，并在应急期间储水待用。安装基于人工测量或遥感监测的在线 GIS 平台，可提高该系统的管理水平。

此外，公众参与和不同部门的技术控制对系统的有效运行亦很必要。公众和当地政府对系统的监测和管理与现代技术相结合对于城市防洪减灾意义重大。在韩国首都首尔的中心城区，建立并运行的雨洪利用系统便是一个成功的案例，该系统显著缓解了因城市扩张导致降雨范围扩大所造成的城市洪涝问题。神户市（日本）和东京都墨田区的雨洪利用系统也是应对自然灾害的典型案例（环境署，2005）。

3.7.5.2　延伸阅读

UNEP（2005）Rainwater Harvesfing and Disaster Management（http：//www. unep. org/pdf/RWH/disaster _ management. pdf）

3.8　湿地与环境缓冲区

3.8.1　概述

在城市，还可通过扩大湿地，包括自然湿地与人工湿地面积，增加植被覆盖率减少降雨形成的径流量、降低径流流速。就洪水管理而言，湿地和环境缓冲区的作用与滞洪区相似，也可降低城市洪水的风险。

这些"绿化"措施的尺度可小可大。小者如沿街道的花园和草地，大者如一系列相互连通的人工湿地、自然湿地等。除了延缓汇流时间，减少降雨径流，减缓周边地区洪水之外，湿地及环境缓冲区系统还有其他诸多效益，如降低"城市热岛"效应，减少二氧化碳的水平，以及下渗补充地下水等。

创建绿色空间，如滨河走廊、公园及林荫街道均能有利于缓解气候变化的影响，进而间接减少城市洪涝。英国的公共卫生和自然学院还发现，较高比例的绿色空间和绿色基础设施有助于减少灾后心理压力，为灾民创造一个健康舒适的城市环境。

这项由英国公共卫生和自然学院发起的研究估计：130 万棵树每年能够涵养 70 亿 m³ 的雨水，因此，绿化可大大减少排水负担。一些传统的绿色基础设施和绿色空间包括屋顶绿化、社区林地、建筑物周围的美化、林荫街道、城市公园、花园。

就城市规划而言，可在政策上明确划分城市内外所需的自然及人工缓冲区，并对其相应的功能，包括洪水管理方面的功能进行定位。其他功能还包括：改善动植物栖息、促进水流中泥沙落淤以及通过湿地植物吸收硝酸盐等。案例 3.9 说明了缓冲区的这些功能，以及缓冲区设置与河流或水体之间距离的关系。在发展缓冲区时应采取跨学科的方法，并保证利益相关者，包括当地民众以及洪水管理、湿地和森林保护、水质管理等机构的全程参与。

案例 3.9　加纳流域管理中的缓冲区政策

加纳水资源委员会（WRC）于 2008 年制定了关于创建、保护和维护缓冲区的政策。值得强调的是，在新政策制定过程中，利益相关者广泛参与。政策采取分权的模式，让城市当局在水资源管理方面承担更多责任。

为适应经济增长，此前的城市发展模式是占用河岸缓冲带开发沿岸土地。经济利益驱动的结果致使沿岸缓冲带污染并退化。这种情况在流经高密度城市居住区的河道两岸表现得更为显著。针对上述弊端，当地社区建议制定有关缓冲区的法规。

多年来，虽然加纳的各部门和机构纷纷出台有关缓冲带宽度的政策、细则和条例。然而，在大多数情况下，都是在没有任何利益相关方参与的情况下制定的，因而仅仅是政府部门的一己之见。

加纳新政策中规定的缓冲带宽度从 10m 至 100m 不等，是维持河流生态系统和满足其中植物生长条件所需的最小宽度。该政策的主要目标是设置有关规则，在明确各种具体规定的同时，具有一定程度的弹性，以满足当地居民的实际和迫切需求。

来源：Water Resources Commission，2008

城市内和紧临城市上游的洪泛区可作为周期性湿地进行管理。允许其按自然状态行洪和淹没，以保留蓄洪功能，减小河流的洪峰流量。

城市上游湿地的合理管理可长期降低洪水风险，同时也可通过湿地的可持续管理使其满足人类及动植物的需要。菲律宾棉丹劳省阿古桑河是该方法的典型案例。武端市位于阿古桑河河口，面临河道与海洋洪水的双重风险。阿古桑河湿地位于武端市的上游，雨季和旱季水位差可高达 6m，对比效果如照片 3.10 和照片 3.11 所示。

照片 3.10、照片 3.11　干旱及洪水泛滥时的阿古桑河湿地
来源：Alan Bird

1999 年，该湿地纳入《国际湿地公约》。同时，该湿地也是菲律宾最重要的淡水水源地。湿地原住民已经适应了水旱交替变化下的生活方式，包括在浮屋居住及从事季节性捕鱼。针对这类区域应当制定管理计划，并建立保证计划实施的相关机制。典型的湿地管理计划模板见 SPCW（日期不详）网站。

3.8.2　关键部分及数据需求

湿地及环境缓冲区管理的关键部分为：

（1）位于市内或是城市上游的天然湿地可通过控制入流和出流进行管理。

（2）修建人工湿地的入流和出流控制设施。

（3）天然及人工湿地之间的连接可通过渠网系统实现。渠内可种植适宜的植物。

（4）对市区以及市区上游的湿地进行土地利用分区，以限制湿地及缓冲区内的开发以及人类活动。同时，建立有效的制度确保分区内相关规定的执行。

（5）以绿化面积最大化为目标，制定城市种植计划。

上述所有工作应在利益相关者的参与下完成。

开展上述工作所需的数据包括：精确的地形图，该图可与当地的卫星影像（如 Google Earth）叠加；降雨和河道流量的实测数据等，若能建立洪水的水动力学洪水模型，则更为理想。

3.8.3　运用与效益

城市上游天然湿地的开发以纳入流域整体管理中为最优选择。而人工湿地的选址则可通过分析水动力学模型的计算结果确定。当然，由于城市土地价值远高于城市上游湿地所在地区，在城市中建立人工湿地可能与其他土地利用目的存在冲突，而变得较为困难。

如上所述，如果湿地的设计管理得当，最直接的效果是减轻洪涝对城市的影响。而绿化的直接利益则是改善城市景观、提供休闲场所、美化市容。

湿地可促使水流中的泥沙落淤沉淀、减少氮含量以及提高地表水质量，但需通过妥善管理避免在温暖季节发生水华。此外，湿地还可以提供动植物的栖息地，并维持城市整体及周边地区的生物多样性。而植被的种植则有助于减少二氧化碳的水平。

如果对洪水情况缺乏充分的了解，创建和管理湿地的风险将会增加，最坏的情况是：如果湿地的蓄水能力不足，则有可能泛滥，导致其他发达地区淹没。土地问题也至关重要，当规划湿地区的土地为私人所有时，尤其如此。

3.8.4　需考虑的关键因素

在建立湿地系统及其连通渠道之前，必须了解现有洪水模式。跨机构规划要求明确各机构的职责。湿地选址时应当考虑土地的所有权和使用价值。

虽然以降低城市洪水风险为目的的湿地建设与管理可以作为独立的措施实施，然而，将其作为流域管理规划的一部分实施有可能增加其效益。同样，城市中的植物种植可以单独进行，但若将其作为城市总体管理（包含城市规划与分区）的一部分开展规划和实施，效果则会更好。

3.9　建筑物设计、适应性和防水性

当建筑物坐落在洪泛区时，尽管其结构具备一定程度的抗水能力，但仍存在残余洪水风险。如果在建筑物的设计上对此给予特殊考虑，则可提高抗灾能力、降低残余风险并使洪泛区的利用更加可行。这在居民不能搬迁，或是获得土地所节省的费用足以抵消建筑物高标准设计的建设成本而有余的情况下，尤其重要。

3.9.1　概述

有一些建筑物设计方法可减轻洪涝灾害的影响，对于新建和已建建筑物所采取的方法

照片 3.12　英国什鲁斯伯里市为规避洪水而抬高的建筑物

来源：J Lamond

有所不同。主要的减灾设计方法有 3 种：适应型，或湿性防护（允许建筑物进水）；防水型，或干性防护（不允许建筑物进水）；避洪型（采用桩柱或填土抬高建筑物高度，即垂向避洪）。一般来说，第 3 种方法只适用于新建建筑物，虽然现代施工技术有可能抬高已有建筑物的高程。照片 3.12 展示了英国什鲁斯伯里市的防洪建筑。

每种方法的适用性取决于洪水风险程度和环境条件（如气候、土壤条件、污染和地震活动）。然而，这些措施并不适用于居住在非正式住宅区的低收入群体，这些地区通常位于低洼地带，洪水频繁，且排水设施缺乏、无人维护。

3.9.2　目的

建筑物的防洪设计旨在减少洪水和泥石流对建筑物结构、设备及装置的损坏；削弱洪水造成的沉降、腐蚀、腐烂、掩埋、膨胀等的效应以及恢复建筑物的居住功能（通过清洁、卫生、维修和更换、电气或结构测试）。

洪水对建筑物的完整性及恢复影响显著，甚至可能导致建筑物倒塌，威胁生命财产安全。此外，建筑物本身也可能成为危险源，其被洪水剥离的碎片随波逐流，威胁其他建筑物及人员的安全。总之，如第 2 章所述，洪水对建筑物的损坏可能导致高昂的修复费用、对健康的长期威胁、灾民长时间流离失所和社会创伤。

减灾设计的 3 种方法：

（1）适应洪水（湿性防护）有助于减轻建筑物破坏，尤其是对于结构的破坏，该方法容许洪水进入建筑物。

（2）防水（干性防护）是通过阻止洪水进入建筑物，减轻洪水对建筑物、财产以及住户的损害。

（3）规避洪水旨在避免洪水威胁，可通过建筑物选址或将建筑物抬升至洪水位以上或使建筑物随水上涨而升等方法实现。

3.9.3　关键组成部分

建筑方式需与当地的气候、材料以及长期传统相适应。提出对于所有洪水风险区普遍适用的设计方法并不现实，但可对建筑物结构、房间和家具等部分采取针对性的防洪设计：

（1）基础部分（地基）和地下室建设。

（2）地上结构（建筑物框架或外表结构，包括墙壁、地板、屋顶、窗户和入户门）。

（3）物业（电气、水暖）。

（4）固定装置和设备（内部隔板、门窗、电器、地板覆盖）。

（5）家具（任何非固定物品，如椅子和桌子）。

（6）安全避难所（洪水位以上）。

（7）应急用品（急救包、手电筒、毛毯、洁净的水等）。

所有部件必须全面考虑。例如，利用挡水结构保护建筑物的设计需要考虑上层空间可以避难，否则会导致建筑物内人员无法安全撤离。

充分考虑洪水作用于建筑物的形式亦很重要，主要包括：

（1）静水作用（横向压力和毛细作用）。

（2）动水作用（速度、波浪、湍流）。

（3）侵蚀作用（对建筑物地基及建筑物框架的侵蚀）。

（4）浮力（建筑物承受的扬压力）。

（5）碎片撞击作用（水中碎片碰撞建筑物）。

（6）非物理作用（化学、核能、生物）。

（Kelman 和 Spence，2004）

对于高速洪水，这些作用，尤其是流体动压和碎片碰撞很可能使大部分建筑物遭受破坏。因此，设计时要始终考虑洪水可能的特性。案例 3.10 列举了防洪抗台风房屋的性能。

案例 3.10 越南的防洪抗台风住宅

在法国发展研讨会（DWF）、加拿大国际发展署（CIDA）和欧盟人道主义援助署（ECHO）的援助下，越南 Thua Thien Hué 省实施了减轻洪水和台风对房屋影响的计划。

项目于 2008 年完成，覆盖了该省大量家庭及社区。计划每年有超过 4000 个直接受益者，并通过宣传活动提高了 10 多万人的相关意识。该计划旨在通过综合应用抗风暴技术降低已建和未建建筑物的易损性。方案提出的具体设计原则为：

• 在结构上将具有高风险的屋顶阳台部分与主屋顶分离。

• 房屋各结构之间的连接部分，应具备抵御恶劣天气的性能。

• 门和窗应允许建筑物封闭。

• 屋顶和墙壁结构必须牢固连接。

• 顶板和瓷砖必须完全固定。

• 植树形成防护林。

2006 年抗 Xangsang 台风的实践证明，这种设计原则基本正确。虽然计划针对具体情况设计，但通过适当调整，也可在其他国家和其他情况下应用。特别需要强调的是，应确保将责任完全移交给当地社区，以保证实现项目的初衷。

来源：UNISDR，2007

防水与适应措施也包括加高门槛挡水、上移墙上电源插座等。防护结构可以是临时的（门窗挡板）或永久的（倒灌防止阀）。对于新建建筑物，以设计永久性措施为佳。

结构适应性设计的目的是防止洪水造成建筑物结构，包括地下和地上结构的破坏。不排除损失部分结构，诸如可拆装或可冲毁的墙板，以保证整体框架的安全。下部结构和上层结构的设计应保证排水通畅，使建筑物尽快恢复干燥。所有电源开关、插座、接头（包括电线内的）和配电板都应位于可能的洪水位以上。固定装置及设备的设计，应尽量保证其进水后仍然完好。家具在洪水中不应成为障碍物。安全避难所应当安置在洪水位以上，可设在 2 楼，但需设计连接到屋顶的通道，以便于意外情况时营救。

最后，适应性设计还应考虑洪水期间的必需品：数量依据洪水持续时间而定，至少包括保质期较长的食物、饮用水、光源、毯子和急救箱（内装常用药品）。

防水设计旨在阻止洪水进入建筑物。需考虑所有入口，包括门窗、地板缝隙、墙上裂缝或缺口、通风口、维修管道和水管（抽水马桶、下水管等），以及地板渗水（尤其是未设防水的土质或石料地板）等。防水设计必须解决所有这些问题。此外，建筑构件的质量亦很重要，任何一个环节失效都可能危及整个设计。

对位于洪泛区的建筑物，可将其抬高至洪水位以上，免除洪水威胁。这一方法的实例如照片3.13（住宅抬升）和照片3.14（1楼用做车库并设有上升疏散路线的英国某市政大楼）所示。

照片3.13　在孟加拉国，房子被抬高以应对洪水
来源：Alan Bird

照片3.14　英国的市政大楼将1楼作为地面车库
来源：JLamond

如果抬高建筑物地面高程，则需考虑地基的稳固，而抬高建筑物本身，则应保证承载建筑物桩柱的稳定性。在任一种情况下，洪水本身的作用及洪水裹挟的碎片都会影响到建筑物的基础。

3.9.4 因时因地制宜

建筑耐水设计最适用于无其他防洪措施时或洪水可能影响重要基础设施的功能时，如电站、通信中心、医院和应急设施等需在洪涝灾害期间正常运行，也适用于其他防洪措施能力不足的高风险区。

理想情况下，应当在建筑物选址时规避洪水风险。然而，由于大量建筑物已经建在了洪泛区，此时，建筑物耐水措施有助于降低洪水风险。

实证表明，防水设计仅在洪水持续时间不长，水深不超过 1m 的情况下使用，尽管有些指南将其限定在 0.6m。明智的做法是在确定措施之前对建筑物结构的完整性进行评估，因为洪水压力会导致墙壁和窗户崩塌，水流会冲刷建筑物基础，深水会携带树木和汽车等漂浮物撞击建筑物。在水更深、持续时间更长时，适应性措施依然可行，而且对于已建建筑物，适应性措施比防水措施更易行，但对住户而言更难接受。

已建成建筑物的防水措施适用范围，依洪水深度、流速和建筑物类型而定。详细数据列于表 3.3。

表 3.3　　　　　　　　　　　　　避洪防水措施表

耐水措施表			措施								
			填高基础	抬升墙	抬升柱	抬升桩	搬迁	防洪墙和堤防	围墙和围堤	干性防水措施	湿性适应措施
洪涝特征	水深	浅（<1m）	√	√	√	√	√	√	√	√	√
		中等（1~2m）	√	√	√	√	√	√	√	×	×
		深（>2m）	√	√	√	√	√	×	×	×	×
	流速	慢（<1m/s）	√	√	√	√	√	√	√	√	√
		中等（1~2m/s）	√	√	√	√	√	√	×	√	×
		快（>2m/s）	×	×	√	√	√	×	×	×	×
	暴洪	有	×	√	√	√	√	√	×	×	×
		没有	√	√	√	√	√	√	√	√	√
	冰/泥石流	有	×	√	√	√	√	√	×	×	×
		没有	√	√	√	√	√	√	√	√	√
地理特征	位置	沿海洪泛区	×	√	√	√	√	√	√	√	√
		沿河洪泛区	√	√	√	√	√	√	√	√	√
	土壤类型	可下渗	√	√	√	√	√	×	×	×	√
		不可下渗	√	√	√	√	√	√	√	√	√
建筑特征	地基	厚板	√	√	√	√	√	√	√	√	√
		底层地板无效	√	√	√	√	√	√	√	√	√
		地下室	√	×	×	×	×	√	√	×	×
	建造	混凝土/大理石	√	√	√	×	√	√	√	√	√
		木质/其他	√	√	√	√	√	√	√	×	×
	质量	很好至好	√	√	√	√	√	√	√	√	√
		一般至差	×	×	×	×	×	√	√	×	×

来源：改编自 USACE

个人或企业可以在没有政府帮助的情况下利用上述措施保护自己的财产。

3.9.5　效益与风险

适应洪水、防水和规避洪水的设计有助于减轻或避免建筑物破坏，减少生命财产损失。这些方法可以缩短灾后重建的时间，提供就地避洪场所，或在转移后有住所可返（减少了流离失所的人口）。

改进建筑设计还可降低次生灾害的风险，如火灾（特别电气系统进水引发的）、污染（泄漏到洪水中的燃料和其他物质）、健康问题（地表水污染）和霉菌的生长。

更好的建筑设计能够避免撤离及相应的开销。如果建筑物在洪水期间可正常使用，将减少对业务的干扰以及相关财务的损失。适宜的设计可使建筑物更安全，从而降低保险费，也使保险行业的风险得到控制，避免洪水保险赔偿超过其支付能力。保险可能是最后一道安全屏障，如果丧失，建筑物或住户则无法转移风险。然而，耐水措施也可能降低了住户的风险意识，造成"安全的错觉"问题。

居住者通常趋向于选择防水或规避洪水的建筑设计方案，因为这些可保护内部财产不受损失。如上所述，这仅在水深较浅且建筑物结构可有效抵抗静水压力时可行。在城市环境中，因洪水会携带更多的碎片或污染物，而使建筑物，特别是防水建筑物损坏的风险增加，但同样的原因也使得防水和规避洪水的措施更受欢迎。

建筑设计措施，特别是防水设计，需要一套保证其有效性的质量标准。

3.9.6　关键的考虑因素

全面深入地认识洪水灾害（如第1章所述）是选择最佳建筑设计措施的基础，其重要性不言而喻。同样重要的是了解建筑设计措施是否面临规划和建筑规范的约束（如对建筑物高度或材料的限制），或是否与其他建设规范，如地震带或飓风威胁区的建设规范，相冲突。

建设和施工复杂性决定了建筑设计措施的成本，虽然，额外的投资可能在一次洪水后就可收回。

作为洪水风险综合管理的一部分，建筑设计措施在一定程度上依赖于相关非工程措施的实施，如土地利用总体规划和洪水区划，防洪意识宣传，预报预警系统，疏散转移方案，应急预案和救生，损失规避行动，临时避险安置场所，企业和政府的连续性规划，洪水保险，灾害补偿和税收减免等。

3.9.7　其他信息来源与延伸阅读

Asian Disaster Preparedness Center (ADPC) . 2005. Handbook on Design and Construction of Housing for Flood – Prone Rural Areas of Bangladesh. Pathumthan，Thailand.

Bowker, P. , Escarameta, M. and Tagg, A. 2007. Improving the flood performance of new buildings. Flood resilient construction. Defra. UK.

CEPRI. n. d. Construction in flood – prone areas. Vulnerability of building structures. CEPRI

CEPRI. n. d. Construction in flood – prone areas. Diagnosing and Reducing the Impact of Flood Hazards. CEPRI

FEMA. 2009. Building Science for Disaster – Resilient Communities：Flood Hazard Publications FEMA 1 – 782. http：//www. fema. gov/library.

3.10　洪水的防御

自人类为生产、贸易和交通之便而选择在沿河或沿海定居之时起，洪水的威胁便一直存在。为保护居所和资产免于洪水侵袭，几个世纪以来，人类沿河沿海修建防洪设施。

防洪的目的在于降低人类、开发区域和自然环境的洪水风险。防洪建筑物可以抵御某一量级洪水事件，常用任意一年的概率表示。例如，某城市的防洪保护措施可以防御 100 年一遇的洪水。将洪水防御作为洪水综合管理的组成部分，并全面考虑其改变当地风险可能造成下游沿河地区的连锁反应是十分重要的。

3.10.1　内陆洪水的防御

关于"内陆"尚无明确的定义，顾名思义，内陆包括所有河流，但不包含海岸线及海上。洪水防御的目的在于降低洪水风险，保护生命财产安全并维持经济活动正常进行。防洪墙和堤防建设可防止河水浸入人类生产和居住的区域。修建土堤是将水流限制在河道内的古老而悠久的办法，在孟加拉国，已修建的土堤长度超过 5600km（Haider，日期不详）。

这类建筑物可抗御大部分洪水，但并非固若金汤。一旦失事，洪水往往会以更高的能量快速涌入人口资产密集的地区。防洪堤和防洪墙的结构已在 3.3.3 小节介绍。

洪水防御结构需定期维护，同时还需定期疏浚河道、清除杂草和控制河势等，以保证河道稳定畅通。

防洪建筑物的设计、修建和维护成本很高，因此，通常由政府投资建设。建设计划应由充分了解洪水风险的结构及水利工程师制定。通常情况下，还要进行全面的评估，以确保技术、经济和环境可行性。

工程措施需修建永久性建筑物，会占用本来就供不应求的土地。很多这类系统的建设费用高昂，虽然有些土工结构具有多种用途，并可能成为其他基础设施或商业或住宅发展的基础。例如，日本的超级堤防不仅防御洪水还促进了社区发展（APFM，2007）。

3.10.2　可拆装及临时防洪设施

在城市环境中，可利用的土地是有限的，而道路、基础设施和建筑物都是必不可少的。通常，人们更喜欢开放的、便于随时亲近的河流水域，而不是被堤防隔开的河道。因此，一些可拆装或临时防洪设施便应运而生。这类措施的优点在于：可以在洪水期间或洪水来临之前安装，洪水过后即可拆除，不会占用土地或影响亲近河流和城市景观。

可拆装的洪水防御结构由临时组件和永久组件两部分构成。其基础为永久性结构，设有接口、导槽等。当洪水来临时，将储备的临时挡水结构与基础部分相连接，即可形成临时防洪设施。在洪水退去后，可拆除临时部分并储备代用，如科隆（Cologne）的案例所述。

与永久性建筑物相比，临时洪水防御措施能在洪水期间安装，在洪水消失后拆除。沙袋是最常见的临时洪水防御措施，但需要时间装填并码放成子堤，因此，效率较低。此外，即使放置合理，水也有可能透过沙袋，因此其有效性低于其他临时挡水产品，如专为临时挡水设计的自立式挡板，如照片 3.15 所示。

照片 3.15　临时布设的自立式防洪设施

来源：J Lamond

3.10.3　保护财产的措施

如果建筑物，除入口之外，是防水的，且洪水水深不深，流速不大时，在建筑物入口

照片 3.16　自制门挡板

来源：J Lamond

处设障挡水是很有效的防洪措施。对于一般的城市洪水，这类装置能够保护建筑物免于水灾。自制的木板和沙袋（见照片 3.16）比较常见，与专门设计的产品相比，效果要差一些。目前有许多可移动产品，如防洪圈、止水垫、充气砖盖等可将洪水与建筑物之间的通道（如门窗、空心砖、下水道和排水管等）密封。在收到洪水警报后，应立即采取这类措施；而在洪水过后则应立即拆除。这类产品的防洪性能随价格不同而异。

可拆装式和临时洪水防御设施只能在可闭合的状况下应用，并且需要制定相应的安装操作规程。

3.10.4 重要基础设施

重要基础设施包括为国家、区域和城市正常运行提供最基本服务的设施、系统和网络。对这些基础设施来说，适应洪水和防水能力均十分重要（正如 3.9.1 小节所述）。

基础设施适应洪水的能力是指即使其受到洪水的直接影响仍能继续工作或可迅速恢复，而基础设施的防水能力是指其隔离洪水、维持正常运行的性能（McBain 等，2010年）。重要基础设施应当有与其重要性相应的防洪标准，保障其能抗御极端事件的袭击。

在英国，Pitt 通过对 2007 年洪水的分析评估，建议将重要基础设施的防洪标准设为200 年一遇，Balmforth 等建议对于特别重要的基础设施，规定 1000 年一遇的防洪标准。例如，英国约克郡能源经销有限公司对其所属配电站开展了评估，并锁定了位于洪泛区的关键站。对其中 24 个，通过修建防洪墙和在出入口安装防洪密封门进行保护（防洪协会，日期不详）。

此外，如第 1 章所述，对重要基础设施而言，还应考虑气候变化因素的影响。

3.10.5 选择适宜的洪水防御系统

选择适宜的洪水防御系统是洪水风险综合管理策略的重要部分。设计良好的洪水防御系统不仅可保护整个社区，还可为公共设施，如医院、学校等，以及私人财产提供特别防护。

设计和选择不适当的系统可能会造成更严重的损失，即众所周知的所谓"堤防效应"。洪水防御系统的存在，使人们产生安全的错觉，刺激了该区域的开发与发展进程。但是，如果该系统的设计不当，或对洪水深度估算不准确，则当堤防决口或是漫顶失事时，会造成更大的损失。因此，当设计堤防一类的防洪系统时，必须充分了解洪水以及洪水的残余风险。

防洪措施的种类繁多，在选择不同类型的防洪系统或解决方案时，应考虑被保护对象的具体情况和所处的特定环境。社区尺度的大型防洪系统在设计时应有专家参与，包括土木工程及水利专家。这类系统的成本中还应计入调度管理、仓储设施与维护等费用。

选择得当、设计合理的防洪系统，不仅可在洪水期间保护生命及财产安全，还因能在其标准内可靠运行，而给人以信心，支撑被保护区合理可持续发展。

洪水防御系统选择方法主要包括：风险评价、社区需求分析、系统的有效性和适宜性评估、成本和人力部署分析。

1. 风险评价

洪水防御系统选择的第一步是风险评价。与风险相关灾害特性包括：洪水类型、严重性、水深、持续时间和演进速度等，这些都会影响到保护措施的适用性。而风险评价则应包括详细的地形调查与测量、建筑物评估以及水文模拟等。

2. 社区需求分析

防洪措施的选择应得到被保护者认同和支持，因此，社区需求分析也是措施选择的重要环节，通常，许多类型的防洪方案得不到社区批准，或者在实施时遇到障碍的原因是当地居民不接受。例如，对于一个历史悠久城镇，要在镇中心河道两岸修建混凝土防洪墙很可能遭到居民的反对；而建设湿地蓄洪，可能会因其易成为疾病传播媒介，而不受当地民众欢迎。

3. 系统的有效性和适宜性评估

洪水防御系统的适用性如图 3.12 所示。

沿海风险	沿河风险	洪水风险
侵蚀控制,海水防御	上游储存,分洪渠道,渠道疏浚	改进排水系统,半自然生态系统,雨水收集

海平面以下	风暴潮	暴发缓慢	暴发迅速	暴发缓慢/可预测	暴发迅速/可预测
泵站,堤防,圩垸	风暴屏障,防洪墙	临时和半永久性的防洪屏障及财产保护措施	永久性的防洪屏障和财产保护措施	临时障碍,财产临时保护措施	永久性的抵抗措施

图 3.12　洪水防御系统的适用性

4. 成本和人力部署分析

各类系统的成本差异明显。在发达国家，土质堤坝的成本是混凝土和砖墙的一半，是临时及可拆装防护设施的 1/3。在发展中国家，因劳动力的成本远远低于发达国家，不同保护系统之间的成本差异则更为显著。采用常规技术的防洪措施，利用当地的劳力与资源可增加工程的可持续性，增强所有权感，并为当地居民提供就业机会。然而，其局限性（特别是在城市）也较为明显，包括加剧土地的稀缺程度（如土堤占地比混凝土墙多）、降低保护水平（如沙袋不及专门的出入口挡水产品）、降低耐久性（如土质结构的寿命短于混凝土结构）等。

3.11 河口与沿海地区的防洪屏障及堤防系统

保护河口及海岸免受由潮汐、风暴潮、海啸等造成的洪水侵袭是沿海区域管理的重要方面。

3.11.1 沿海地区洪水管理

相比于其他区域的洪水管理模式，沿海地区的保护更多在于认识而非干涉自然系统。防浪堤与防波丁坝属于"工程措施"，但其对海岸的保护是间接的。影响最易变的海岸区域，即所谓"软海岸"的因素包括海岸作用（如波浪、海潮等）和地质特性。在响应这些影响过程中，一些沿海地区达到了相对平衡的状态，而另一些地区则可能仍在发生着显著的变化。人工干预很可能会打破某处已有的平衡，而类似于海平面上升这样的因素则可能影响到所有的沿海地区。

"海岸带综合管理"是一个通用术语，指的是考虑海岸所有因素的综合影响，寻求海岸可持续保护和发展的方法。这一概念将沿海环境视为一个整体，包括沿海的土地、海滩和近岸海域。而"海岸线管理"是指考虑海洋洪水风险和海岸侵蚀等影响的海岸线管理的具体方法。

在技术上不可行或是成本过高时，对于沿海洪水（如由严重侵蚀造成的），工程技术人员也可能无计可施，只得采取渐次后撤的策略。在孟加拉国，由于河流与海岸的地形变化较快，上述情况比较普遍。这种在大自然面前退缩决定对人类而言十分艰难，当人类反复采用可能的工程手段抗御大自然的试图最终都以失败告终时，只好不再采取任何措施。

孟加拉国 1991 年飓风后的重建工作就面临着这样的问题。一些地方，形成了在后退一定距离之处修建多用途土堤的渐次后撤方式，土堤既用做交通道路，又作为后撤居民的搬迁安置场所。但面临的问题是，如何根据海岸侵蚀率确定所需的后撤距离，以保证在海岸侵蚀到土堤所在位置之前，有足够的时间积攒修建下一道渐次后撤土堤所需的财力。

3.11.2 沿海防洪工程

很多沿海防洪工程具有两重功效：防洪和抵御海岸线侵蚀。丁坝护岸通常采用木、石或砖石结构，垂直于海岸线建造，用以保护加固海岸，防止海岸侵蚀。防波堤既可与海岸相接，亦可与海岸分开，还可沿港口布置。此类结构通过其体积、重量与形状削弱海浪的影响，控制海岸侵蚀与淤积。海堤建于海滩之上，用以消散波浪能量，是最常用的传统海岸防御工程，由于其对自然过程的影响显著，目前多将其视做最后的手段。

在确需建海堤的地方，现代设计更注重避免波浪能量的直接作用，如设置倾斜面、弧形顶以及堤脚抛石。沿海地区的土堤无消能作用，仅用于防洪，如 3.3 节和 3.10 节所述。案例 3.11 给出了一个沿海防洪堤的例子。

照片 3.17 展示了无规划盲目发展所发生的情况。与之相比，若能以堤防效用最大化为目标，在当地居民参与下，合理规划当地发展，设计修建堤防，则可以达到更好的效果。

照片 3.17　被侵蚀的多用途海堤
来源：Alan Bird

以前，人类一直试图通过修建坚固的海堤防御海啸威胁，但在 2011 年 3 月的日本海啸之后，人们开始深刻反思和重新评估这一设计思路和方法。

案例 3.11　2003—2011 年菲律宾凯门内瓦市（Camanava）防洪项目

菲律宾的凯门内瓦市位于帕西格河（Pisig River）冲积平原以及马尼拉海湾填海形成的土地上，由 Caloocan、Malabon、Navotas 和 Valenzuela 等辖区组成。帕西格河横穿马尼拉市，沿河两岸有大片的农田。由于城市化和城市发展的需要，铲平了原本天然起伏的地形。

该地区的洪水风险很高而且仍在增加。初步估计，影响菲律宾的台风平均每年有 20 多个。此外，马尼拉湾周围的沿海平原地势低洼平坦，从海岸延伸至内陆 10～20km 地带的海拔都在 1m 左右。虽然天文高潮只有 1.25m，却能延伸至内陆很远的地方。

因此，即使很小的海平面上升也会造成大面积的内陆淹没。据统计，由于全球变暖而导致海平面上升速度每年可达 1～3mm。而由于过度抽取地下水，当地地面沉降率达到每年数厘米至 10cm。

2009 年太平洋台风季节，Camanava 市遭受了 Ketsana/Ondoy 台风的严重影响。1 周后，帕尔马台风又袭击了菲律宾北部，使得局势进一步恶化。两次灾害的死亡人数高达

1000 余人，经济损失高达 44 亿美元（占该国 GDP 的 2.7%）。

为防御洪水威胁，该市计划修建的防洪工程包括：

- 长 8.6km，高 2m 的土堤，用于保护低于海平面的 Malabon 和 Navotas 地区。
- 5 座泵站与辅助闸门。
- 6 个防洪闸门。
- 1 个通航门。
- 1 个矩形涵洞。
- 一些河道整治工程。

设计人员原计划在低潮时将围堤内的洪水用水泵排出。然而，在极端情况下，持续的南风可导致海平面接连几天明显升高，而使得整个结构处于失效状态。即使不考虑上述风浪的影响，台风产生的涌浪也将海水推至堤顶高度之上，造成漫溢。因此，只得修改原计划，原因归咎为近期恶劣的洪水，由于资金不足，加之移民安置设施建设滞后，工程被迫延期。

此例表明了一个事实，即使投入巨额资金（超过 1 亿美金），洪水风险也只能减少而不能完全消除。针对剩余风险仍需采取其他措施。

来源：Frialde，2010；Antonio，2011；Rodolfo 和 Siringan，2006；Antonio，2009；DPWH，2009；Echeminada，2010

3.11.3　挡潮闸

在内河入海口处修建挡潮闸可以在风暴潮及高潮时临时提供保护，而平时水流和船舶仍可自由通行。这种结构通常是人工或自然防洪体系的一部分。挡潮闸是大型的、同时往往也是新型的土木工程。著名的案例包括荷兰三角洲工程以及伦敦的泰晤士河工程（见照片 3.18）。

照片 3.18　泰晤士河挡潮闸
来源：Nick Dennison

每日的天文潮和以 28 天为周期的天文大潮不仅带来洪水威胁，还会在与内陆降雨遭遇时降低河道排洪能力。因此，挡潮闸设计需考虑上游洪水与高潮位的遭遇。沿海城市的蓄洪设施不仅要发挥削减洪峰的功能，同时还可能需要在考虑潮汐影响的基础上安排泄水计划。

挡潮闸另一个效益是其巨大的发电潜力。由于目前不可再生能源的成本持续上升，这种可持续的发电模式变得更加可行。

3.12　参考文献

Asian Disaster Preparedness Center (ADPC) . 2005. Handbook on Design and Construction of Housing for Flood - Prone Rural Areas of Bangladesh. Pathumthan, Thailand.

AfDB (African Development Bank) . 2009. "North and East Greater Tunis Flood Protection Study, Greater Tunis." AfDB.

Antonio, R. F. 2009. "Camanava anti - flood project a success." Manila Bulletin.

—. 2011. "Flood management master plan updated." Manila Bulletin.

APFM (Associated Programme on Flood Management) . 2007. The role of land use planning in flood management. A Tool for Integrated Flood Management. Geneva: WMO.

Babel, M. S. 2008. "Groundwater Management in Asian Coastal Cities: A proposal for climate change impact and adaptation study." Paper presented at the Asian Science and Technology Seminar, Bangkok, March 11.

Balmforth D, Digman C, Kellagher R and Butler D. 2006. Designing for exceedance in urban drainage - good practice, C635. London: CIRIA.

Barker, R. "Design Strategies - Flood Resilience." Baca Architects, RIBA Sustainability Hub, RIBA, London.

Barker, R. "Design Strategies - Flood Resistance." Baca Architects, RIBA Sustainability Hub, RIBA, London.

Boston Metropolitan Area Planning Council 2011 Low Impact Development Toolkit. Boston, Boston MAPC.

Bowker, P. , Escarameta, M. and Tagg, A. 2007. Improving the flood performance of new buildings. Flood resilient construction. London: Defra.

Butler D. and Davies J. W. 2011 Urban Drainage, 3rd edition. UK: Spon Press. CEPRI. n. d. "Construction in flood - prone areas - vulnerability of building structures." CEPRI.

CEPRI. n. d. "Construction in flood - prone areas - diagnosing and reducing the impact of flood hazards." CEPRI.

CIRIA. 2007. The SUDS manual. London: CIRIA.

Defra (Department for Environment, Food and Rural Affairs) . 2008. Improving Surface Water Drainage. Consultation to accompany proposals set out in the Government's Water Strategy. London: Defra.

DPWH. 2009. "CAMANAVA flood control project 88 percent complete." DPWH.

Echeminada, P. 2010. "DPWH to investigate unfinished Camanava flood control project." Philo Star.

Faculty of Public Health/Natural England. 2010. Great Outdoors: How Our Natural Health Service Uses Green Space To Improve Wellbeing, Briefing Statement. London: Faculty of Public Health/Natural

England.

FAGANELLO，E. & ATTEWILL，L. 2005 Flood Management Strategy for the Upper and Middle Odra River Basin：Feasibility Study of Raciborz Reservoir. Natural Hazards 36，273－295.

Federal Interagency Stream Restoration Working Group. 2001. "Stream Corridor Restoration，Principles，Processes and Practices." US Department of Agriculture，Natural Resources Conservation Service.

FEMA（Federal Emergency Management Agency）. 2009. "Building Science for Disaster－Resilient Communities：Flood Hazard Publications，FEMA L－782 / December 2009." Washington DC：FEMA.

FloodProtectionAssociation. n. d. http：//www. floodprotectionassoc. co. uk/cms/documents ＿ case/ Flood ＿ Control ＿－＿ YEDL ＿ Case ＿ Study. pdf.

Foster，S. and Garduño，H. 2002. Argentina：Mitigation of Groundwater Drainage Problems in the Buenos Aires Conurbation Technical & Institutional Way Forward. Washington DC：GW Mate/ World Bank.

Frialde，M. 2010. "MMDA installs CCTV camera to monitor flood pump stations." Philo Star.

Gordon－Walker，S. ，Harle，T. & I. ，N. 2007 Cost－benefit of SUDS retrofit in urban areas. Bristol，Environment Agency.

GoogleEarthn. d. http：//www. google. co. uk/intl/en ＿ uk/earth/index. html.

Haider，N. n. d. "Living with Disasters－disaster profiling of districts of Pakistan. National Disaster Management Authority（NDMA），Government of Pakistan. http：//www. ndma. gov. pk/.

Halcrow. n. d. "Wroclawfloodpreventionscheme." http：//www. halcrow. com/Our－projects/Project －details/Wroclaw－flood－prevention－scheme－Pol－and/.

HYDROPROJEKT（nd）Raciborz Dolny Reservoir（dry polder）on the Oder river. Warsaw. http：// www. hydroprojekt. com. pl/en，Flood－Protection－of－the－city－of－Wroclaw. html.

IGES（Institute for Global Environmental Strategies）. 2008. "Groundwater and Climate Change：No Longer the Hidden Resource － Second IGES White Paper." http：//www. iges. or. jp/en/pub/ whitepaper2. html.

IWPDC（International Water Power and Dam Construction）. 2010. "Modernization of the Wroclaw floodway system." Accessed 30 September 2011. http：//www. waterpowermagazine. com/story. asp? sc ＝2057879.

Kelman，I. and Spence，R. W. 2004. An overview of flood actions on buildings. " Engineering Geology 73：297－309.

Khurana，I. and Sehgal，M. 2005. "Drinking Water Source Sustainability and Groundwater Quality Improvement in Rural Gujarat." Paper presented at 12th International Rainwater Catchment Systems（IRC-SA），"Mainstreaming Rainwater Harvesting，" New Delhi，November 2005.

Krause，R. ，F. Bönsch,，W. E. and Waschkowski，K. n. d. "SMART－Project，Kuala Lumpur－Tunneling with Hydro－Shield－Analysis of the Logistics." Project，Wayss & Freytag AG. http：//www. smarttunnel. com. my/construction/images/news/special/SR03. pdf.

Lovett，R. A. 2011. "Why Mississippi floods were expected." Nature News May13. http：//www. nature. com/news/2011/110513/full/news. 2011. 289. html.

McBain，W. ，Wilkes D. and Retter，M. 2010. Flood resilience and resistance for critical infrastructure C688. London：CIRIA.

Pepper，A. T. and Rickard，C. E. 2009 Fluvial Design Guide. Bristol：Environment Agency. Chapter 8.

PWRI（Public Works Research Institute Japan）. 2009. "Water Related Risk Management course on disaster management policy programme." ICHARM publication no 9，PWRI，Japan.

Reed，B. 2004. Sustainable urban drainage in low－income communities－a scoping study. Loughborough：

WEDC. http：//www. dfid. gov. uk/r4d/PDF/Outputs/R81681. pdf.

Rodolfo，K. S. and Siringan，F. P. 2006. "Global sea – level rise is recognised，but flooding from anthropogenic land subsidence is ignored around northern Manila Bay，Philippines." Disasters 30（1）：118 – 39.

SPCW（Society For The Conservation Of Philippine Wetlands）. n. d. http：//www. psdn. org. ph/wetlands/national _ conference _ 2009/wetlands _ conference _ 11. htm.

Tanaka，T. 2011." The Project for Capacity Development of Jakarta Comprehensive Flood Management（JCFM）". Presentation by JICA at Workshop on Global flood risk management，25th 26th May 2011，Jakarta.

UNEP（United Nations Environment Programme）/SEI（Stockholm Environment Institute），2009. Rainwater Harvesting：a lifeline for human well – being. Geneva：UN.

UN – HABITAT. n. d. Rainwater Harvesting and Utilization. Blue Drop Series Book2：Beneficiaries & Capacity Builders. Geneva：UN.

UNISDR. 2007. Building disaster resilient communities：good practices and lessons learned. Geneva：UN.

USACE（U. S. Army Corps of Engineers）. 1988. Tests of Materials and Systems for Flood Proofing Structures. Washington，DC：Army Corps of Engineers，p. 89.

Wang，H. G.，Montoliu – Munoz，. M.，GeoVille，G. and Gueye，N. F. D. 2009. "Preparing to Manage Natural Hazards and Climate Change Risks in Dakar，Senegal：A Spatial and Institutional Approach." Washington，DC，USA. World Bank.

Water Resources Commission of Ghana. 2008. Final Draft Buffer Zone Policy for Managing River Basins in Ghana. August 2008. Water Resources Commission of Ghana.

International Water Association（IWA）Water Wiki. n. d. "A rainwater harvesting benchmark for Korea." （Created March 20，2011.）http：//iwawaterwiki. org/xwiki/bin/view/Articles/SeoulsStarCityArainwaterharvestingbenchmarkforKorea.

Wilson，R. 2005. "Design of the SMART Project，Kuala Lumpur，Malaysia – a unique holistic concept." Mott MacDonald.

Woods – Ballard B.，Kellagher R.，Martin P.，Jefferies C.，Bray R. and Shaffer P. 2007. The SUDS manual – C697. London：CIRIA.

World Bank 2008. "Project Information Document（PID）. Concept Stage." WB Report No.：AB4043. World Bank，Washington，DC.

—. 2007. "FloodManagementinJakarta：CausesandMitigation." WorldBank，Washington，DC.

—. 2010a. "ClimateRisksandAdaptationinAsianCoastalMegacities." World Bank，Washington，DC.

—. 2010b. "DeepWellsandPrudence：TowardsPragmaticActionforAddressing Groundwater Overexploitation in India." World Bank，Washington，DC.

Wynne，A. 2011. "Engineers fight Mississippi floods." New Civil Engineer，May19. http：//www. nature. com/news/2011/110513/full/news. 2011. 289. html.

BABEL，D. M. S.（2008）Groundwater Management in Asian Coastal Cities：A proposal for climate change impact and adaptation study. Bangkok，Water Engineering and Management，AIT.

IGES（2008）Groundwater and Climate Change：No Longer the Hidden Resource. IGES White Paper.

THE WORLD BANK（2010）Deep Wells and Prudence：Towards Pragmatic Action for Addressing Groundwater Overexploitation in India. Washington，The World Bank.

第4章 洪水风险

综合管理:非工程措施

2011年，在泰国曼谷的察图察科区（Chatuchak District），社区组织者
在洪水中设置沙袋及排水泵，用以保护目班克考（Moo Baan Kredkaew）
居民区免受水灾。
来源：盖顿·蒙戴尔（Gideon Mendel）

4.1　引言

本章小结

　　本章介绍了用于城市洪水风险管理的非工程措施。较之于工程措施，这类措施无需大量工程投资，而是建立在全面准确地认识洪水灾害以及完善的预报预警系统基础之上。非工程措施主要有以下 4 类：

- 备灾。
- 避洪。
- 应急预案与管理。
- 加速恢复并利用恢复之机增强适应能力。

　　许多措施，如早期预警系统，都是洪水风险管理体系的组成部分。在缺乏工程措施的情况下，这类措施可以看做是保护民众的第一步，即使有防洪工程体系，仍需采取这类措施减轻残余风险。

　　本章传递的主要信息有：

- 唤起民众共同抵御风险以及提高公众风险意识是非工程措施成功的关键。因此，与民众沟通至关重要。
- 合理制定土地利用及发展规划是降低未来洪水风险的主要措施，在快速城市化的经济区域尤为重要。
- 除在洪水风险管理中的作用外，许多非工程措施还兼具其他功效。

　　第 3 章主要介绍了城市洪水风险综合管理中的工程措施。然而，事实证明，工程措施不可能完全消除洪灾风险，而且不一定是降低风险的恰当措施。工程措施的主要问题包括：高额投资、洪水风险转移、可能造成安全错觉、若失事则造成的更大危害。

　　上述问题加之残余风险的存在，使得非工程措施得以形成并不断发展完善。非工程措施常被称为"软措施"，定义为：引导人们远离洪水和减轻洪水对风险区人口资产影响的措施。非工程措施一般很少需要建设实体设施，因此，投资远低于工程措施，且可更快捷地实施。在某些情况下，非工程措施是避免或者降低洪水风险最为有效的措施。

　　本章按照非工程措施的 4 个方面进行介绍，即备灾、避洪、制定应急管理预案和灾后重建。4.2 节介绍了如何通过媒体宣传加强民众的防洪意识，由于洪水对公众的身心健康有着特殊的负面影响，民众的参与对于城市防洪减灾至关重要；4.3 节讲述了健康意识宣传对提高备灾能力的重要作用；4.4 节主要讨论了土地利用与规划的一些原则，以及其对于避免和降低洪水灾害的重要性，重点探讨了在土地利用规划过程中如何进行洪水区划；4.5 节涵盖了洪水保险、风险融资、补偿及税收减免等降低洪水风险的保险和经济援助措施，这些措施也可以平衡洪水引发的经济风险；4.6 节阐述了城市垃圾处理的主要措施以及改进固体、液体垃圾回收对于减小洪水风险、降低次生灾害的显著作用。

　　本章的后半部分介绍了控制洪水损失以及减少灾后影响的一些措施。4.7 节详述了应急预案的编制与执行及临时避难等措施；4.8 节继续介绍了企业和政府的应对措施；4.9 节介绍了早期预警系统；4.10 节讨论了人员避难安排；4.11 节概述了洪涝灾后恢复和重建的方法与过程。

4.2　洪水风险意识普及

4.2.1　概述

洪水风险意识教育是非工程洪水风险管理的基石。所有旨在降低洪涝灾害影响措施的实施都有赖于利益相关者对这些措施的必要性与迫切性的深刻认识。对洪涝风险的认识不足，会导致河流周边洪泛区的无序开发，修建在这些地区的建筑物及其他设施也可能因洪水的侵袭而废弃。在洪水袭来时，缺乏风险意识还可能导致人们对避难预警的忽视，从而危及生命安全。许多研究均指出，居住在河流洪泛区及其他洪水高风险区的居民们并不具备应有的洪水风险意识（Waterstone，1978；Siegrist 和 Gutscher，2006；Ibrekk 等，2005；Burby，2001；Lave 和 Lave，1991）。在洪水频发的地区，公众的风险意识会高些，而在洪水发生频率低，但危害强度较高的地区，公众的洪水意识往往较为缺乏。

在理想情况下，提高公众的洪水风险意识可推动自发的减灾行动与更好的应急准备，

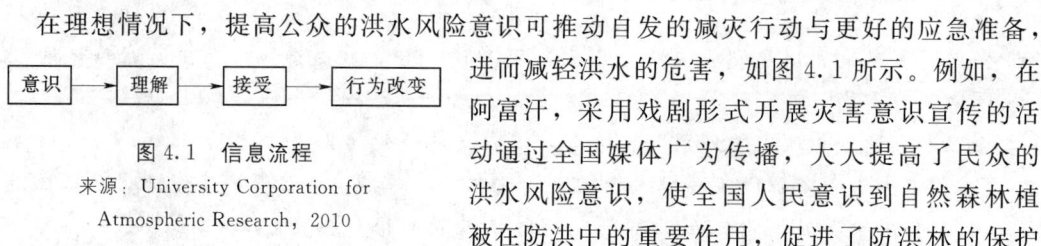

图 4.1　信息流程
来源：University Corporation for
Atmospheric Research，2010

进而减轻洪水的危害，如图 4.1 所示。例如，在阿富汗，采用戏剧形式开展灾害意识宣传的活动通过全国媒体广为传播，大大提高了民众的洪水风险意识，使全国人民意识到自然森林植被在防洪中的重要作用，促进了防洪林的保护（联合国，2007）。这些宣传活动的"成功秘诀"在于激起风险区的居民对当地的一些矛盾、问题展开充分讨论。

提高公众风险意识只是应对洪水风险综合策略的一部分，同时还应向民众提供防灾措施的详细信息以及减轻洪水风险的具体步骤。越南制定的宣传计划是一典型范例。该计划主要针对特定人群（包括建筑工人、教师及学生）。该举措在鼓励人们投资建造防洪及防台风建筑方面非常成功（联合国，2007）。然而，有些研究也表明，有些洪灾风险不可能通过人为的措施降低，提高人们的风险意识，反而会造成无助感，并可能导致恐慌或抵制情绪（Waterstone，1978）。

2001 年，阿尔及利亚发生了一场罕见的洪水，致 700 余人丧生。洪水过后，政府开展了避险宣传活动，目的在于防止这样的惨剧再次发生。由于全国有 1/3 的地区存在完全或部分的洪水风险，阿尔及利亚民事保护机构（DGPC）需要向公众传递基本的风险意识与避险知识。政府通过电视、广播、短信及车载喇叭等途径传播信息，并随后在学校、公共场所召开会议，将挽救生命损失的重要信息直接传达至广大群众（ICDO，2009）。

4.2.2　洪水宣传教育活动的设计

洪水宣传教育的目的在于，将面临的洪水风险以及避险减灾的一系列措施、方法传达给处于风险区的利益相关群体及个人，其中包括：各级政府、地方机构、企业及个人。许多人身处不止一个群体，针对每一个群体的信息要具有一致性，并且要针对该群体的知识需求。

基本指导性原则如下：

（1）实施时应该考虑当地文化、条件和观念。

（2）针对社会的阶层，既包括决策者，也包括公职人员与儿童。

（3）传达的信息要针对不同利益群体的适宜层次。

（4）宣传活动应可以长时间持续进行，并定期检查其效果。

例如，在 1998 年的严重洪水之后，环境署（负责英格兰和威尔士相关工作）首次发起了旨在提高公众意识的宣传活动。活动的主要目标包括：

（1）将洪水风险植入全国民众的意识中。

（2）确保人们了解洪水的影响。

（3）让每个身处危险的个人意识到洪水与其息息相关。

（4）消除盲目自信并鼓励采取行动。

（5）告知民众环境署会全力帮助那些身处危险的人们。

这些目标通过采用"从上至下"和"从下至上"兼施的方式实现：全国的宣传活动与各地的防洪展览以及其他行动相结合，将洪水风险信息以及避险行动知识传达到广大身处洪水危险中的民众。

相比而言，在柬埔寨进行的一项风险意识宣传活动从一开始就更加根植于公众。当地的居民因地制宜，通过舞台表演和民歌的形式来传播信息。从这个项目中可以学到的知识包括：

（1）防洪能力增强需依靠当地群众。

（2）采用已有社会文化活动会产生更好的效果。

（3）现有的资源只需要稍微改变即可以利用。

（4）创新性在传达信息过程中十分重要。

（5）利用当地的利益相关者来增强当地民众的防洪能力。

（6）关注最脆弱的地方，使其加入防洪行动中。

4.2.3　宣传渠道

不同沟通渠道的合理性依赖于接受群体的文化、习俗等因素。信息传递者应意识到，传达洪水风险的信息在今天"信息爆炸"的环境中具有挑战性，这意味着单一消息不太可能造成影响。针对受众的文化和语言水平进行宣传活动的设计也是达成宣传目标的关键因素。信息传递媒介的包括：

（1）邮寄。

（2）宣传册和传单。

（3）报纸和杂志的文章。

（4）登门造访。

（5）电视广播（包括喜剧情节）。

（6）艺术和摄影展览。

（7）学校举办艺术比赛和活动。

（8）用地标建筑物标示历史洪水高度。

（9）合理的建筑设计示范。

（10）洪水管理人员。

（11）游行。

（12）训练。

（13）洪灾演习日。

（14）广告。

（15）促销。

（16）参与制定洪水管理规划。

（17）演出歌曲和戏剧，包括在路边剧院。

（18）名人宣传。

（19）模拟练习及备灾活动。

（20）防洪"展览"（如可以由生产厂商展示房屋防洪性能测试）。

案例 4.1　在阿富汗通过广播戏剧的形式提高灾害意识

阿富汗是地震和干旱等灾害多发区，洪水也较为频繁。由于地处山区，这个国家聚集了世界上最偏僻的村落。考虑到近 80％的阿富汗人家中有无线广播设备，当地政府便将降低灾害风险的信息植入由 BBC 提供的教育广播节目"新家园，新生活"中。

该项目旨在提高当地民众的灾害风险意识，促使民众协同官方机构一起积极参与制定当地的灾害管理计划。为使该项目能被民众接受，当地政府首先对民众面临的问题进行了综合调研。

为了保证相关性和有效性，设计团队必须清楚理解各地方言、音调及人们的想法。关键信息的获取得到了慈善组织提尔资金（Tearfund）的外部机构的有力支持。

随后，这项活动又涉及许多细节性问题，包括发行卡通形式的季刊以重复相关信息，并由相关机构向当地民众发放。此外，BBC 世界服务基金会（World Service Trust）还发行了传递关键信息的儿童读物，可用做课堂和课余教材。

考虑对偏僻地区的群体进行直接宣传的难度，该项目不失为成本低且效益好的方法，能够向有收音机的很大一部分群体宣传。而背景调研则有助于准确了解民众的真实需求和相关信息选择。实施机构建议通过政府实现广播项目，该项目很容易重复，并纳入民众参与降低灾害风险计划的一部分。

来源：UNISDR，2007；Tearfund，日期不详

媒介选择尤为重要，不仅要考虑将信息传达到高风险地区的民众，更要兼顾居住在偏远地区、不易获取信息地区的民众。有时，信息的传递取决于民众的性质与居住的地区。例如，在柬埔寨发起的针对女性主导家庭的宣传活动（MRC 和 ADPC，2007）。

在塞内加尔，信息传播途径包括戏剧、展览、媒体广播、下午茶"聊天"、访谈、照片展览及露天会议（Diagne，2007；IFRC，2010）。

关于洪水风险意识宣传是否应当单独进行或是与灾害意识宣传同时进行尚存在争论。在沿海地区，洪水风险宣传还应当包括地震风险以及地震引起的海啸风险的宣传。在多重灾害风险或连锁风险下，一般意义的灾害宣传方法可能是恰当的。具体采取哪种方式，依宣传成本与宣传效果之间平衡而定。

4.2.4　将洪水宣传融于城市景观设计中

建筑物中包含的信息可以同时警示当地及流动人口。特别是在沿海度假区，大量游客可能涌入其不了解灾害风险情况的区域，如 2004 年 12 月印度洋海啸的情况。可视信息包括在建筑物、桥梁、电线杆上刻画洪水标志或凸显历史洪痕。可视的风险信息可以纳入宣传活动，但这些都需要以国家或国际统一的标记或符号表现，如图 4.2 所示。

图 4.2　开发区内直观的景观设计突显了洪水影响区域

来源：Baca Architects

4.2.5　监测公众风险意识

通常在一次洪水事件或洪水风险宣传活动之后公众的洪水风险意识会加强。然而，人们也会很快忘记洪水的发生及其危害。洪水风险意识的实际效益只能在洪水发生时体现，若此时才发现意识不足为时已晚。所以，在平时检查衡量提高公众洪水风险意识活动的效果是很重要的。定期追踪测评公众的洪水风险意识水平也很重要，据此可确定是否需要开展新形式的宣传或强化原有宣传。随着时间的流逝，一种宣传活动的影响会不可避免地降低，因此，需引入媒介、探索新的渠道。风险意识的调查不仅可以达成监测追踪的目的，还可进一步强化风险意识。有时，发布了洪水预警信息并实施了避洪转移行动，但实际洪水不如预测的严重，其结果可能会削弱人们对风险意识宣传的信赖。

宣传活动的成功与否在于：是否将信息传达到适当的受众，以及他们是否真正理解了信息。这可以用定性（民众是否完全了解了风险）或定量（民众是否采取了具体行动，如在预警服务部门注册、准备救急包等）方式表现。对于长期的宣传活动，有必要进行有关风险意识的纵向调查。例如，在英国，环境署会定期进行环境问题的常规调查，其中包括洪水风险认识水平问题，并检查人们在减轻洪水灾害方面的知识。训练和演习是另一种用来监测和维持社区洪水风险意识的方法。

4.2.6　洪水风险意识宣传活动之成功的关键

风险评价计划的成败取决于信息是否传达到处于风险中的每个人。风险意识宣传建立了向洪水风险区，特别是其中的偏远地区的人群传递信息的有效机制。这类活动有助于全社会建立风险意识并增强抗风险能力。

城市管理者有责任了解各类群体的需求，并使他们了解潜在的灾害及风险，这可以通过风险宣传活动达到。总之，这类活动应根据当地人的需求因地制宜，充分调动当地社区的力量和资源，以将宣传的效果最大化。表4.1列出了防灾意识宣传中的一些关键措施。

表 4.1　　　　　　　　　　　　防洪意识宣传活动

活动内容	考虑因素/运行要素	效　果
选择目标受众	公众、专业人士、不易涉及的群体	确定受众群体
开展受众评估	受众所需知识？ 受众依赖谁？ 是否存在交流困难，如语言、形式等？	结合公众既有的和需进一步提高的防洪意识、知识和信息
选择要传达的信息	一般的风险意识或是具体的行动知识？ 传达的信息取决于受众和宣传活动的目标	考虑社会、经济、政治、文化多方面因素的信息传达更为有效
设定可以检测的目标及具体指标	例如，具有风险意识人数增加； 注册接受警报的人数增加； 处在风险中的房主有应急方案； 企业组织避洪转移演练	为未来活动的执行设定具体的考核指标，考核结果作为开展未来活动的依据
决定信息沟通和传递渠道	采用多种渠道，例如，海报、宣传册和传单、报纸和杂志、家访、电视广播（包括喜剧情节）、艺术和摄影展览、学校举办艺术比赛活动、用地标建筑物标示历史洪水高度、耐水建筑设计示范、游行、培训、灾难纪念日活动、广告、促销、参与洪水管理规划的制定、演出歌曲和戏剧、名人宣传、模拟练习、准备活动和防洪"展览"	采用不同的沟通渠道可以涉及更多的民众并产生更好的总体效果
鼓励公众参与	当地社区和其他机构或者志愿组织参与； 得到当地广告商支持尤为重要	当地社区介入有助于当地群众的参与且可对他们的具体需求给予恰当的关注
传播	实施，或反复实施，或长期实施计划； 应当关注计划阶段目标的实现	妥善实施计划并持之以恒是成功之要诀
跟踪监测	对照目标开展检查	当地社区持续监测和上级机构随机监测可维持强化民众的风险意识

4.3　健康计划及健康意识宣传活动

4.3.1　概述

当城市发生洪水时，需要立即采取措施，以保证市民的饮水安全。这些措施包括粪便无害化处理、病媒控制以及垃圾处理。在洪水期间和之后向个体或组织宣传健康知识并不一定是最好的时机。这期间人们可能比较分散，难以获取必要的资源。健康宣传活动作为重要的"软干预"，同硬措施（如废水处理）一起，通过加强防范，保护公众的健康。健康意识和卫生教育活动不能独立于供水与卫生设施，反之亦然。洪水发生时往往很难保持尊严和适当的卫生条件，以下几种途径增加了疾病爆发的风险。

（1）由于排水系统与公共厕所的损毁以及后续的随地排便导致排泄物广泛污染。

（2）饮用水污染。

（3）淤泥、碎片等大量堆积。

（4）关键卫生用品的缺乏。

（5）污水及地面坑洼中的污染水。

（6）尸体的腐烂（人和动物）导致蚊蝇的大量滋生或其排泄物造成水源的污染。

（7）病媒的滋生。

（8）由于损失（人和经济）及绝望而产生的不良心理影响。

有效的健康宣传活动应侧重于安全教育，使公众在洪灾期间能够最好地保护个人以及公众的健康，并且能够促进双向对话，使政府了解公众在洪灾期间的真正需求，为决策提供信息。

洪水前的宣传活动对减轻风险和加强防范至关重要。洪水期间以及洪水过后的宣传活动则会强化公共健康意识，促使灾区民众自发采取保护公共健康的行动。

专栏 4.1　洪水期间公共卫生优先事项

- 提供饮用、做饭和清洗所需最基本的用水量。
- 提供安全处理排泄物的设施，并设置在儿童接触不到的地方。
- 确保人们了解与水和环境卫生有关的主要疾病信息：关注最具威胁的疾病，包括提供和使用口服补液疗法（ORT）。
- 保护供水系统不受污染。
- 公布详细的应急联系方式及获得咨询和信息的渠道。
- 提供足够的收集、储存水的容器。
- 保证洗手用的肥皂或同类清洁用品的供应。
- 保证公共场所（如市场）有足够的水以及卫生设施

4.3.2　健康知识宣传活动的关键环节

洪水之前，城市居民可能较少或从未接触到有关洪灾的卫生教育或健康意识培训，从而会准备不足。若再遇到组织不力的地方政府和自身准备不足的市政工作人员，洪水很可能就会造成基础公共服务（水、卫生设施以及固体垃圾处理）的整体崩溃，从而导致事故和疾病风险显著增加。在此情况下，即使一场较小的洪水也可能造成发病率和死亡率的剧增。

制定健康意识计划，需要了解洪水类型、洪水影响、可能持续时间以及可能受影响的人口。由于各城市之间的水平存在差异，计划还需考虑公众对健康问题理解和认识的现状，针对不同的情况和不同的对象，信息和交流的形式都需要做相应的调整。信息交流需要考虑不同群体的信仰，对健康、疾病和卫生的态度并顾及不同群体的优先顺序与自身利益。

健康意识教育应设计成所有利益相关者共同参与、协作的活动，以保证交流的有效性，宣传策略的透明性和一致性。健康意识教育不仅涉及相关的政府部门（如环境卫生、社会福利、健康、教育）和权威人士、学者、WASH（供水、卫生设施以及卫生教育的缩写）或卫生机构等，还需要社区各阶层，包括弱势群体（如低收入群体、女性、儿童、老年人以及残疾人）的参与。

以下 3 个不同群体需具备健康卫生意识：

（1）政府职员、志愿者和医务人员。

（2）普通公众，尤其是弱势群体。

（3）媒体工作者。

4.3.2.1　政府职员、志愿者和医务人员

受洪水威胁的城市，需对政府职员、志愿者及医护人员开展灾前教育，使其能够在洪水过后，公共卫生条件发生变化的情况下开展工作。政府职员和志愿者需要接受适当的培训，以掌握如何开展灾后初期快速评估（见专栏 4.2）、确定行动的优先次序、快速安装适当的卫生设备以容纳排泄物（特别是在人口密度高的地区，如灾民安置场所）以及在WASH 内部建立有效的协作关系等知识和技能。

专栏 4.2　供水初期快速评估的主要问题

• 城市中不同地区的供水水源以及哪些地区受洪水影响最严重？

• 是现代化的自来水管网还是其他供水系统（如家庭抽水井、露天水井等）？

• 城市中哪些区域受供水设施损坏影响最严重？

• 哪些公共或私人服务设施仍在运行或者可以快速恢复运行？

• 如何识别重要位置（如健康中心、避难场所）和其他需要提供瓶装水、供水箱和水处理装置的区域。

　　来源：改编自 Global WASH Cluster，2009a

培训还应包括洪灾后向公众和弱势群体传播准确的、需要优先了解的信息，以保障其健康与安全。灾前健康意识教育活动的重要任务之一是确定可提供帮助的伙伴——政府和

非政府组织、志愿者等。经过培训，这些协助伙伴可参与到灾后救援和宣传活动中，协助保障公共健康。

应该充分调动并培训医务人员对其设施（如卫生站和医院）进行洪水风险评估，以便采取措施降低这些设施在洪水中失效的风险。通过灾前健康宣传培训，医务人员将更好地掌握基本的医疗服务，并对洪水中新的健康需求做出有效的响应。他们应事先了解可能发生的情况并具有必要的知识、意识和能力，能够在洪水期间提供具体建议和采取行动保护公众健康。

4.3.2.2　公众

灾前的公共健康宣传活动至少需要达到一定水平，以减少洪水中的不确定性与风险。这类宣传应该特别关注弱势群体，如妇女，特别是提高贫穷社区中妇女的健康意识。通过校园内的活动教育学生也很重要。为了确保卫生宣传活动和其他必要救援活动的充足人力资源，应建立与相关部门的联系，并培训志愿者。

4.3.2.3　媒体

媒体（报纸、广播、电视以及互联网）是应对洪水事件的重要力量，事先与媒体合作，是准备宣传活动的有效途径。许多手段可用于灾后快速评估，制定信息交流应急预案中，其中包括：纸质材料制作指南、广播插播和其他干预措施（详细实例可参阅：UNICEF，2006；Global WASH Cluster，2009b，2009c，2009d；Oxfam，2001）。

4.3.2.4　灾后健康宣传活动

这类活动所需要的人力资源包括：供水、卫生设施、负责病媒控制的公共健康促进者、儿童健康促进者、取水点和公厕的服务人员。目前已有可供参考的专业职责和培训模块实例（Oxfam，2001），以及其他材料，如关于口服补液的教学材料、家庭卫生和清洁指导材料等（例子见 UNICEF，2006）。

当使用志愿者或者外来的服务人员开展卫生宣传活动时，不应给予额外的金钱激励。如果培训大量的志愿者，他们的工作负担则会减小，整个系统也更加具有可持续性。然而，某些激励（肥皂、口服补液、盐包）可以用来调动志愿者的积极性。当严重疾病突然爆发时，在有限的时间段内对抑制疾病的传播而付出的额外工作，应该予以经济补偿（Oxfam，2001）。

洪水期间应将主要精力放在重要事情上。在洪水发生初期开展快速评估有助于集中精力，解决迫切的问题。例如，在避难场所改进洗手设施、有效处理粪便很可能产生最大的效果。提高对 ORT 的认识也可有效地减轻腹泻病的爆发（Oxfam，2001）。

媒体在灾后可以发挥积极作用。经过仔细筛选、一致且有针对性的信息可通过媒体向公众广为宣传。信息量应该控制，有经验显示，信息量过大会弱化有用信息，使社区感到迷惑，进而降低信息发挥实际作用的可能性（Global WASH Cluster，2009a）。由于卫生习惯可能对健康产生很大影响，倡导用肥皂洗手应该作为优先选择。指导安全处理排泄物和使用清洁饮用水也同样必要。实际采用的信息则需要根据具体情况确定。

公众——男人、女人和儿童——亦可自发采取措施以降低健康风险，例如，使用终端净水机（POU）和有效的洗手方式。在使用供水和卫生服务设施时，所有受影响的群体均应遵守秩序，以保证设施的充分合理利用（IASC，2008）。需要向灾民分发适当的卫生用品，包括家庭型医疗箱和女性卫生用品。

4.3.3 因地适时开展健康宣传活动

任何受洪水威胁的城镇，无论将要面对的是哪一类洪水，都应投入精力开展卫生宣传活动，包括灾前与灾后宣传。一个地区在灾前所做的洪水对公共健康的风险评估（如对水处理设施的影响，或者可能的病媒等）将会指导其健康风险宣传活动并使之更加有效。

4.3.4 效益

有效的公共健康宣传活动可减少洪水所造成的死亡和疾病。具体地，灾前卫生宣传活动可以达到以下目的：

（1）提高政府工作人员和志愿者的认识，培养他们灾后的工作能力，从而保障公共健康，减少死亡率和发病率。

（2）为公共健康风险初期快速评估中的关键因素提供指导，培养开展准确、快速和协同的 WASH 响应的能力。

（3）保护公共医疗卫生服务能力免受洪水的影响。

（4）灾后活动可以通过向公众传达直接相关的知识和意识来辅助硬件救援，有助于保障个人和公众健康。

健康和卫生知识的普及，不仅在洪水期间，在平时也有助于提高公共整体健康水平。应对城市洪水的卫生宣传活动和其他更传统的健康活动，如妇幼保健、抗疟和抗击艾滋宣传活动具有互相支撑的作用。同一专业人员和志愿者可以并应该参与各类公共卫生和健康宣传活动。

4.3.5 风险及薄弱环节

在洪水多发的城市开展健康宣传活动几乎没有风险，然而如何有效地推行则面临着挑战。健康宣传活动需要在洪水发生前尽早与工程减灾措施和救助行动紧密结合进行。

城市可能会面对特别的挑战，例如，为低收入群众提供清洁卫生的排泄物处置方案，或在洪水期间维持垃圾处理设施的正常运行。鉴于许多受影响的市政当局和地方政府的财政可能相对拮据，在建设硬件设施更具政治优势时，获得提高公共健康意识的备灾投入可能会有困难。

4.3.6 重要与关键事项

为救济和恢复重建工作的开展，应告知受洪水影响民众的权益，尤其那些特殊群体的（如流离失所者，妇女、儿童和青少年，老年人，艾滋病人，残疾人，单亲家庭，少数民族和宗教少数派团体以及土著民族）权益。IASC（2008）详细讨论了这些问题。案例

4.2 说明了儿童如何参与其中。

公共健康宣传活动只能够提供意识层面的知识与理解，若离开了具体措施（"硬干预"），如提供清洁饮用水、消毒氯片或者安全卫生的垃圾处置场所，这类宣传能起到的实际效果很微弱。然而，正如本节所强调的，离开了这些灾前和灾后的"软干预"（特别是旨在宣传如何在洪水期间采取健康和卫生的行为），"硬干预"则不会有效运作，即使能运作，其作用也会被削弱。

灾后疫病的灾难性爆发是可以避免的：疫病并不伴随洪水同时发生。然而，预防疫病的关键在于：有备无患，教育与调动公务人员和民众采取适当的行动，满足基本的卫生要求。

案例 4.2 莫桑比克的洪水风险管理和儿童参与实例

儿童往往是受灾害影响人群中最脆弱的群体，同时，他们接受的信息往往也最少。

赞比西亚省是莫桑比克 10 个省中的第二人口大省。在赞比西亚省的莫隆巴拉（Morrumbala）县和莫佩亚（Mopeia）县，社区首领、教师和当地教育部门与政府灾害应急响应部门一起，在救助儿童会（Save The Children）、联合国儿童基金会（UNICEF）以及欧盟人道主义援助部门（ECHO）的支持下，开展了洪水多发区域儿童积极参与的降低灾害风险（DRR）项目。

项目旨在增加 12～18 岁儿童对于洪水的理解。大量的交流方式，包括称为"河流游戏"的教育游戏、宣传册、校园杂志、广播以及戏剧等均用来教育儿童了解有关灾害的知识。同时也鼓励儿童与他们的伙伴、父母以及其他社区成员交流他们对于灾害的关注和理解。

在 2008 年洪水中，赞比西河两岸的社区表现出了比以往更好的准备与响应，该项目功不可没。其中最明显的进步是：

• 当发出洪水警报后，所有家庭都转移到了高处。
• 在转移过程中，都带上了重要证件，如身份证、社保卡以及出生证明。
• 在安置场所，社区居民表现出了较好的健康及卫生习惯。
• 儿童在他们往返学校的途中有意识地避开危险路径。

项目带来了个人及社区层次上的行为改变，从而更有效地对洪水做出响应。儿童具备了参与社区的灾害准备及响应行动的能力。同时，地区级、省级及国家级的多方参与以及伙伴关系也促使将这一创举推广到了国内其他地区。

来源：Dale 等，2009

4.3.7 延伸阅读

CDC. 2008. Re - entering your flooded home (Emergency Preparedness & Response) http：// www. bt. cdc. gov/disasters/mold/reenter. asp.

ECHO. 2005. Model guidelines for mainstreaming water and sanitation in emergencies，protracted crises，linking relief，rehabilitation & development and disaster preparedness operations. European Commission.

Global WASH Cluster. 2009（e）. Hygiene Promotion in Emergencies，Lessons Learned from Koshi Flood Response. http：//www. un. org. np/reports/UNICEF/2009/2009 – 05 – 01 – Hygine – Promotion. pdf.

Godfrey，S. and Reed，B. 2011. Cleaning and disinfecting wells. WHO/WEDC Technical Notes on Drinking – Water，Sanitation and Hygiene in Emergencies.

Geneva：WHO/WEDC. http：//wedc. lboro. ac. uk/resources/who _ notes/WHO _ TN _ 01 _ Cleaning _ and _ disinfecting _ wells. pdf.

Oxfam. 2009. TBN 7 – UD Toilets and Composting Toilets in Emergency Settings http：//www. oxfam. org. uk/resources/learning/humanitarian/tbn _ drafts. html♯eco.

Rouse，J. R. 2005. Solid waste management in emergencies. WHO Technical Notes for Emergencies，N° 7. Prepared by WEDC. http：// www. who. int/water _ sanitation _ health/hygiene/emergencies/solidwaste. pdf.

WEDC. 2005. Essential hygiene messages in post – disaster emergencies，WHO Technical Note no. 10 http：//wedc. lboro. ac. uk/who _ Technical _ notes _ for _ emergencies/10％ 20％ 20Essential％ 20hygiene％20messages. pdf.

WHO Technical Notes for Emergencies，N° 6. Prepared by WEDC. http：//www. searo. who. int/LinkFiles/ List _ of _ Guidelines _ for _ Health _ Emergency _ Rehabilitating _ water _ treatment _ works. pdf.

WHO. 2006. Guidelines for drinking – water quality，third edition，incorporating fi rst and second addenda. http：//www. who. int/water _ sanitation _ health/dwq/wsh0207/en/.

4.3.8 如何开展健康宣传活动

为了确保民众及脆弱群体在洪水中的健康，有必要向他们提供清晰的自我保护以及公共健康的建议。洪水可能发生，或是洪水多发的城市区域，应事先采取宣传活动，使人们可以正确从容地应对可能发生的卫生条件的变化，从而保证洪水期间和灾后的正常生活。

健康宣传活动的关注点因地而异，因灾情而异，且必须满足人们的具体需求。健康宣传活动必须确保当地社区参与其中，从而使处于风险中的人们可以获得最大的利益。

1. 宣传活动设计

对于任何宣传活动，信息和交流方式的选择需要满足目标群体的具体需求。对于不同的群体（如健康专业人员、媒体专业人员、普通大众及难以触及的人群），需要传递的信息和交流的工具（如正式的培训课程、海报或宣传册、传单、报纸和杂志文章以及家庭访问）都会不同。宣传活动应在洪水之前进行（即灾前准备），有些信息需在灾害刚刚发生时交流（即应急意识），另一些信息是在灾害发生过程中传递（救灾、恢复和权益）。

公共健康宣传活动需要建立一个"核心团队"来指导，并保证各部门和各机构间的协调合作。这个"核心"应说服并会同市政主管官员和政府部门职员（如供水、卫生和健康等）以及相关志愿组织的领导（如红十字会或红新月会、社区居委会），制定一套连贯的、完整的，包含灾前、灾中和灾后的卫生宣传活动方案。在适当的条件下，媒体代表也应该参与其中（见下文）。

2. 市政职员、志愿者、媒体和健康专家的灾前准备

供水、卫生和公共健康等政府部门的官员应接受下列主题的培训：洪水发生的可能性，可能发生的洪水类型，洪水的预警和持续时间，可能造成的影响，可能需要避难的人口，洪水可能的死亡率、发病率等影响公共健康重要因素，"硬"件（应急供水、卫生用品分布等）和"软"件（社区动员、个人卫生意识及公共宣传等）的重要性以及必需的协作。在培训中学员需制定包括初步快速评估、立即实施的优先事项识别、灾中基本服务的提供、正常服务的恢复、监测和报告等内容的行动计划。选择以前的洪水组织学员开展参与式既可以发掘出有用的信息，也会鼓励学员主动学习的积极性。

具体的备灾培训应由各部门的技术人员实施，以保证制定出的行动计划切实可行，并能被相关的工作人员所理解。在可能的情况下，应与志愿者机构协作展开模拟演习，以强化备灾效果、检验协作情况，并促进机构之间的交流。

为了发挥卫生服务机构的作用，应组织并培训政府与私人机构的医护人员，使他们充分理解洪水可能带来的健康影响，并认识灾前准备工作的重要性。

定位各种媒体（如报纸、电视、广播和网络）的适用性并激发他们在洪水中各自发挥其提高公共健康意识的作用。还应培训媒体代表，使其了解自己在洪水中的作用，并做好准备。和他们共享可以利用的工具并鼓励他们预先准备消息、纸质材料和广播插播等。

3. 灾前基本的公共健康意识

与相关机构合作设计培训方案，确保公众在洪水中拥有基本的健康意识及个人健康知识。准备培训材料并在官方和志愿者机构中培训"卫生意识培训员"。宣传计划应利用一切机会推行，可以将其纳入任何宣传活动中（如抗疟或者抗艾滋病活动），利用已有的组织机构（如学校和邻里组织）。保证弱势群体，如老年人、残疾人和贫困社区的人们能够参与其中。

监测并检查灾前公共健康宣传活动。根据洪水的周期性，公共健康意识教育可能需要常态化并重复进行，不可能"一蹴而就"，应该持之以恒。

应通过倡议和培训鼓励相关的志愿者组织准备洪水风险管理计划，特别是针对最脆弱的社区。

4. 洪水暴发后立即开展公众动员以及信息发布

洪水发生之后应立即开展应急行动，并通过适当的媒介向公众、志愿者和公职人员发布信息。发布的信息应以保全生命、确保安全和促进公共健康为先。信息应包括：洪水的严重性、避洪转移安排、基础服务（包括水供应、应急救灾食物和非食物用品等的分布）状态等。公布应急电话联络号码并确保具备发布适当且急需最新信息（如人群避难、饮用水、药品援助等）的响应能力。监督检查整个过程并保证信息能够有效地传递到最脆弱的群体。

宣传活动应该在整个应急过程中持续进行。信息协调处理，及时将救灾现场的反馈信息传达给应急响应组织人员也非常重要。这需要一个双向沟通的方案。一旦得知紧急评估（水、卫生、健康服务等）和人群避难及救灾程序开始实施的信息，则需挖掘新信息并调整信息发布内容。

5. 洪水公共健康意识（灾害期间）

基于备灾和灾前政府、媒体及志愿者已有工作（参考第 1、第 2 两条），实施预先准备好的洪水健康宣传活动。优先发布饮用水处理、饮用水污染防止、有效的洗手方式等关键信息，发布协调救灾及重建计划（如清理废墟行动的健康和安全建议、重返受淹家园的安全注意事项等）信息。利用宣传活动促进公众与社区讨论沟通，以便做出关于建设和管理 WASH（供水、卫生设施以及卫生教育）设施的决定（参考 WASH Cluster，2008a）。

确保现场情况能够及时有效的反馈，以确认实际需求和优先次序（如疾病爆发、新的污染风险等）。应保证受影响人群能够了解他们在救灾和恢复活动中的权益。

6. 活动的监测、评价和改进

设计优良的健康宣传活动方案应明确定义预期的结果；应设置监测系统，以确保宣传活动的有效实施；应建立适当的评价程序，以评估影响并指导后续改进。

4.4 土地利用规划及洪水风险区划

在城市发展与扩张过程中，洪水风险的重要性，与其他土地管理问题相比，如提供商业或住宅用地，可能居于次要地位。不断发展和对洪泛区及其他洪水多发地区的侵占是世界范围内城市化过程的共同问题。将洪水风险管理整合到土地利用规划中，可减小对灾害的暴露性，进而控制洪灾的危害。

最有效的两个管控体系是土地利用规划和金融与保险机制，这将在 4.5 节讨论。两者都寻求对无序的洪泛区开发进行控制，前者通过土地利用规划及发展框架引导和控制发展，后者通过在金融和保险条款实施中引入最低设计标准控制建设。

在了解洪水风险和集水区自然过程的基础上，规划及决策者们可以针对河道和洪泛区制定出合理的土地利用框架，该框架通过维持自然的水流过程（如蓄水及允许洪水在洪泛区内流动）控制发展，减少社区对于洪水的暴露性，进而减轻洪水风险。而缺乏规划会导致不合理的开发，阻碍自然水流过程的进行，增加地表硬化，可能使社区处于风险之中，缺乏规划对于高风险社区影响尤为严重。

4.4.1 土地利用规划与洪水风险管理的内在联系

土地利用规划建立了管控机制，使得多样化的且常常相互冲突的事务能够整合于同一发展框架中——这个过程及其结果，常被称为"土地利用综合规划"。将洪水风险管理的原则纳入土地利用规划，是现代洪水风险管理的重要组成部分。土地利用规划的制定和实施可达到以下目的：

（1）为特定的土地用途确定适当的面积及位置。

（2）确定特定的土地用途所在位置的风险。

（3）辨识及确定敏感或重要的社会或环境特征。

（4）详细规定特定土地利用类型的最低要求。

　　（5）简言之，土地利用规划决定了城市发展的需求和方向。

　　对土地利用规划有多种理解。本书将土地利用规划和空间规划加以区分。虽然土地利用规划这个词表达了利用的意思，其通常指的是实际规划，是具体的建设和土地使用方式的规划，通常包含土地利用的管控。空间规划主要指一个整体的社会、经济和其他政策在地理空间上表达的一套更广泛的理念和实践。空间规划是一个战略高度的总体指导，涵盖了土地利用规划。

　　土地利用规划和洪水风险管理之间的相互作用是双向的。城市土地利用规划应该完美地融入洪水管理规划之中，该洪水管理规划可能包括流域管理规划、海岸管理规划和地表水管理规划，可能涉及不同政府部门和机构的职责，而这些专门的洪水管理工具则为城市土地利用规划提供信息。另外，土地利用规划则需将洪水风险与其他优先事项兼顾，确定可利用的土地和环境灾害等，而更广泛的空间利规划则可能需要在城市发展的需求与限制洪水风险的渴望之间进行平衡。

　　空间规划是从国家层面贯通到市级层面，而具体的土地利用则在社区甚至小区层面上执行。认识这些规划之间的关联与相互影响的结构称为规划的层次分析，体现了所谓综合规划的概念。空间规划为土地利用规划的制定提供条件，使之可以促进并指导一个时期的发展。通常国家层面上的战略性规划会制定一个较长的发展远景和目标，通常在 10～15 年；而市一级具体的、操作层面的规划则通常以 5 年为周期。这就是说，这些时间阶段具有很强的主观选择性，很大程度上受法律体系和政府结构影响。

　　重要的是，洪水风险管理需首先纳入城市或土地管理规划，以保证在规划制定过程中充分考虑了洪水管理的相关内容。在多机构之间、政策层面上制定特定的目标需要综合管控和运作框架到位。首先，需要形成政策立场或目标。就洪水风险管理而言，可能由水务或环境部门内的某一机构负责。这个机构或部门通常会负责制定一系列的规章（辅以空间地图）为其他政府机构或决策机构及社区提供指导。指导内容可能包括高风险区、风险随时间变化的期望值、新开发区底层高程的下限和环境管理原则等信息。对于土地利用规划，将政策层面确定的这些广泛的原则整合到规划进程中是非常必要的。

　　跨机构协作、一体化的规划过程通常难以实现。"圈地"式的工作方式通常意味着政府各部门之间的不协调：事实上，空间规划通常引发或凸显出这些挑战。

　　当代的规划实践往往需要考虑大量的且往往相互冲突的目标。它需要适应迅速增长的人口，并提供足够的基础设施、适当的经济和工业发展用地及开放空间用地、严格的环境保护，所有这一切都处于不断变化的状态中，从而构成了新的挑战。随着发展中国家城市化比率不断增加，以及考虑自然灾害和气候变化的呼声日益增高，规划的复杂程度也在不断增加。为应对这一情况，规划者和决策者开始将"风险"这一概念融入规划实践中并发展出一套基于洪水风险的土地利用规划方法。

　　基于洪水风险的土地利用规划是将确定降低风险的优先度与用传统土地规划工具相结合的空间风险管理方法。这种规划方法主要包含 3 个阶段：评估风险、管理风险和减少风险。

　　空间规划和土地利用规划包含许多因素和数据。完整的土地利用规划制定所涉及的概念和方法是层次化的。首先，需绘制基础底图，通常是地形和自然特征图。在有条件的地区，还包含地籍数据库。然后在其中逐层添加其他所需的空间特征信息，如基础设施、建筑物、露天场所、绿化带、海岸区域、自然保护区及水系、集水区等的位置。正是这个分层的方法使得决策者能够充分地规划社区的需求和愿望，同时也了解并应对潜在的危害和风险。

现代科技可有效辅助土地利用规划和管理。特别是地理信息系统（GIS）的使用为政府部门提供了组织相关城市数据并将其在空间上直观表现的能力。GIS 具有构建数据库的功能，其中可包含自然、资产信息以及一些自然特征的扩展信息，如水系及集水区等。同时，GIS 可以将这些信息空间化表现。例如，政府部门可以构建自然特征数据库，将洪泛区所有信息作为其中一部分纳入其中。然后，将这些数据转换为空间格式，其输出结果可与其他不同层次的数据叠加在一起，形成直观的图像。例如，可将洪泛区信息的空间图与某一区域的电子地图叠加在一起，得到该地区任何特定位置的相关信息。政府人员和社区都可从中获益——他们只需“点击”一下按钮便可立即获得简明直观的信息。显然，在城镇以一种高度不规范或半规范的土地开发方式快速发展的情况下，可用的数据是有限的，政府职员和部门的能力也受到限制。然而，GIS，作为决策者和社区的有效支持工具，其潜力是巨大的。下面的研究案例表现了 GIS 在 2010 年昆士兰州（Queensland）洪后恢复中发挥的功用。

案例 4.3　地理信息系统（GIS）在昆士兰州洪水的应用

在 2010—2011 年洪水后，负责灾后重建的昆士兰州重建管理局（Queensland Reconstruction Authority）与环境资源管理部门（DERM）合作，利用 GIS 和卫星影像技术，编制了相关地图产品，供决策者和社区使用。

在众多的地图产品中包括根据实际洪水航空影像、卫星影像和实测洪水数据提取制作的洪水淹没线。公众可以在重建局的网站上查看这些淹没信息，当局鼓励公众反馈信息，以校正这一洪水淹没线。

除了采集实际洪水资料，当局还开展了一系列工作，以确保更好地了解昆士兰州的洪泛区，并将洪泛区管理与土地利用之间建立起了更紧密的关联。据此，制定了名为《兴建健康耐损的洪泛区规划指南》（以下简称《规划指南》），《规划指南》包含两大部分，用以指导规划者和决策者如何在进行土地利用规划时考虑到潜在的洪水危险。

通过分层—集合的方法，重建局和环境资源管理部门开发了在地理空间上识别昆士兰州洪泛区的综合方法。这一方法对于那些尚未开展洪水研究的地区非常有价值，这些地区在进行土地利用规划时，可以此作为洪水风险管理的依据。期间，该机构还在全州范围收集了大量的数据，包括土壤数据、河流分级、植被、等高线、水文站实数据，以及 2010—2012 年实际洪水数据等，为进一步理解境内所用河流的洪水影响提供了可靠依据。CIS 地图示例如图 4.3 所示。

运用这项技术和相关数据，昆士兰州开发制作了全州范围内 116 个流域的“临时洪泛区范围图”，包括了全州所有相关的区域。《规划指南》的第一部分——“在现有规划方案下支持洪泛区管理的暂行方法”，包括电子和纸质地图产品、指导手册和开发规范，旨在

图 4.3　GIS 地图示例

来源：Queensland Reconstruction Authority 和 Department of Environment and Resource Management

为市政机构，特别是议会，提供将地图和开发规范融入现有的规划方案中的临时工具，支持规划者及决策者在准备、评估发展对策时将潜在的洪水危险纳入考虑之中。

《规划指南》的第二部分——"在未来规划中加强洪泛区管理的方法"。第二部分着重于为议会在制定新规划时提供洪水管理指导，特别是如何在规划中纳入土地区划的方法，继而辅助决策者基于发展评估作出科学的决策。第二部分还针对地方需要和优先的事项，提出了因地制宜地开展洪水调查和研究的方法。

昆士兰州吸取 2010—2011 年洪水中的教训，制定了更强、更有弹性的洪泛区规划。

来源：Queensland Reconstruction Agency

提炼上述原则和方法，参照所述案例 4.3，则可针对具体区域形成一概念规划。概念规划可将某一区域开发的愿景以图形的方式展现。它不是具体的规划，不能将开发方式落实到具体细节，但它可以提供关于所期望的发展模式与主要的环境及基础设施特征之间关系。并不是在任何条件下都能形成概念规划。它是一个将期望的发展类型与其地理位置相关联的实用且有效的工具。同时它还能集成到 GIS 中，便于决策者或政府公务人员选择具体地点（如一个洪泛区或流域区域），考虑期望的发展所在地的环境问题。

概念规划需要突出主要基础设施（现有的和将来的）、运输通道、环境特征（如河流水系）以及适用于特定土地利用（如住宅、商业、露天场所、社区及教育）的区域。

4.4.2　将土地利用规划与洪水风险管理融合

4.4.2.1　嵌入式政策：跨机构工作

洪水风险管理需在政策层面嵌入。这需要相关的和负责的机构或部门制定政策指导其他政府部门及社区的行动。与土地利用规划和分层规划的概念一样，政策也应采取相似的原则。在战略层面，政策所阐明的是一个宽泛的理念，并为某一特定问题提供远景或战略方向。就洪水风险管理而言，可能包括长期的洪泛区管理政策并实现合理的洪水风险管理。随着政策文件从战略层面转移到操作层面，有关信息进一步详细具体，有可能包含以实现环境管理，建立适当的建筑标准以改善社区适应洪水风险能力等为目标的具体政策。

政策的跨部门整合需要建立鼓励合作和沟通的管理框架。如前所述，这通常是比较困难的，往往难以实现。为了实现协同和政策整合，通常需要制定相关法规。

此外，要实现这一层面的整合，往往需要立法改革。然而，即使存在适当的立法和政策框架，城市规划往往会将各种各样的相互竞争目标之间的固有冲突凸显出来。洪水风险管理尤其会彰显相关冲突：许多具有很高居住及商业发展价值的地区恰恰也是洪水高风险区，寻求纠正/管理这些土地利用的任何措施都将与开发行为产生矛盾和冲突。除了这些挑战，嵌入策略和跨机构工作对有效的空间和土地利用规划的施行也非常必要。如果缺少这样的政策和机制安排，"圈地"式工作模式将持续，而城市规划的相关性将减弱。

4.4.2.2　认识洪水风险和划分洪水区

认识一个区域的洪水影响可辅助决策者制定合理的发展框架，并采取有效应对潜在洪水影响的发展模式。了解洪水事件通常是指认识洪水风险或特定类型的洪水发生的概率。洪水事件的风险可通过预期的洪水淹没范围图直观地表现。关于洪水风险图和洪水风险的详细讨论见本书的第 1 章和第 2 章。

洪水区划是划分洪水概率以及洪水事件空间范围阈值最常用的方法。例如，常用的暴雨概率阈值是：

（1）小于 0.1％（低概率洪水）。某区域每年发生洪水的可能性小于 0.1％。

（2）0.1％～1％（中概率洪水）。某区域每年发生洪水的可能性大于 0.1％但小于 1％。

（3）1％～5％（高洪水频率）。某区域每年发生洪水的可能性大于 1％但小于 5％。

（4）大于 5％（AEP）（功能性洪泛区或泄洪道）。某区域每年发生洪水的可能性大于 5％。

这些阈值为规划和决策者采用基于风险的规划方法确定适当的发展策略提供了一个框架。理解这些阈值及其与地理区域之间的关系即为风险的"评估"。需要注意的是，众多自然和人为因素都会影响这些阈值。受洪水发生概率较高的区域，如前所述，通常位于自然流域且临近河道。人为因素可能包括发展水平、影响径流的地表硬化比例、区域应对特定洪水事件的能力等。土地利用规划者需要理解，所有的区域最终都会落在某个或某几个区划带中，各区划带之间也存在一定的关系。这些关系会随自然过程的发展以及人类发展程度的变化而不断改变。

洪水风险区划为洪泛区的开发提供了一个空间框架，土地开发利用也可以基于洪水风险图与洪水风险而定。洪水风险区划通过限制高风险区域内高脆弱性的土地利用（如住宅）；允许低风险区域内低脆弱性的土地利用，使规划更为可行。

4.4.2.3　确定适当的土地利用方式

降低脆弱人群和财产的暴露性可减轻洪水风险。所谓"适宜"决定于不同土地利用方式对于洪水的脆弱性。任何给定利用方式的适宜性判定都基于其建筑类型或用途对于洪水的脆弱性。例如，通常认为医院属高脆弱性用途，因此，将医院建在低洪水发生概率的区域更为适宜。

虽然，脆弱性判断往往着眼于人和经济角度，但在确定适宜的土地利用方式时，还需要考虑潜在的环境影响。例如，下述英国的案例（表4.2），有害垃圾处理设施具有高度的脆弱性，无论在何种土地利用方式下，都应采取措施加以重点防护。

土地利用表应分门别类地列出现有的和计划的所有土地利用方式。

表 4.2　　　　　　　　　　　　　　　　洪水风险脆弱性分类

重要基础设施	经过风险区域的重要交通基础设施（包括大通量的转移道路），战略基础设施（包括发电站、电网及主变电站）
高度脆弱	警察局、急救站、消防站和指挥中心以及需在洪水期间保持运行的通信设施；紧急避难场所；地下室； 被当做永久性住宅使用的篷车、移动房屋及拖车住房等； 有危险品备案的设施
较脆弱	医院；寄宿机构，如敬老院、儿童福利院、社会福利院、监狱和汽车旅馆； 以下用途的建筑：居住房屋、学生宿舍、酒吧、夜店及宾馆； 非住宅用途的卫生服务站、托儿所及教育机构； 有害垃圾处理设施和填埋场； 需采取特别的警告和转移计划的节日、露营或野营场所
较不脆弱	以下用途的建筑：商店，金融、专业和其他服务站，餐馆和咖啡店，外卖店，办公室，常规工厂，集散中心，不属于"较脆弱"级别的非住宅建筑物，集会和休闲场所； 用于农、林业的土地和建筑； 垃圾处理（除填埋场和有害垃圾处理设施）； 采矿业（除采砂、采石）； 水处理厂； 污水处理厂（如有足够的控制污染措施）
可与洪水共存的开发	防洪基础设施； 输水设施和泵站； 污水输送设施和泵站； 采砂、采石场； 码头及游艇码头； 航运设施； 船舶建造、修理和拆解，码头周边的鱼加工和冷藏，以及其他需要在水边进行的工作； 水上娱乐设施（不包括住宿）； 救生站和海岸警卫队站； 景观绿地，自然保护区，户外运动、娱乐及附属设施，如更衣室

来源：CLG，2006

4.4.2.4　立法及执法程序

土地利用规划通过洪水区划将洪水风险管理融入其中，并根据洪水脆弱性特征，建立了土地利用适宜性框架，从而可为个人、机构和企业提供在何地以何方式发展的指导。然而，如果缺少相应的法规制约，土地利用规划的作用是极为有限的。这些法规需要与现有的土地利用控制、规划和建筑控制立法相结合，并将受制于当前的土地利用规划进程。例如，德国的洪水立法（案例4.4）是建立在一个已有的、严格的且被良好遵守的规划控制系统之上，因此，将会对洪水风险产生深远的影响。

典型的法规包括：

(1) 建立特定区域新开发许可制度。

(2) 要求对新开发区域及其下游开展洪水影响评价。

(3) 设置特定区域开发的最低设计标准（如材料、出入口、最低底板高程）。

(4) 强制性的排水和地表水管理规划。

(5) 设置特定区域水损住宅的重建标准。

(6) 强制性的防洪设施加固规定。

案例4.4　德国2005年《洪水法》

国家政策有助于洪水管理，立法是其重要组成部分。德国2005年《洪水法》的洪水控制部分是一范例，且与其他的水法及防洪法规有着许多共同特征。该法有3个核心原则，严格设定了政府和个人的防洪义务，以及洪水区划管理和预警发布方式：

• 地表水应尽可能按照蓄滞洪水、约束径流和防止洪水损失的方式控制。应阻止对洪水可能淹没区域和可滞洪减灾区域的侵占。

• 在可行和合理的范围内，任何可能受洪水影响的人都有义务采取适当的措施减轻洪水风险、减少洪水损失，特别是应根据洪水风险，调整土地利用类型。

• 土地法应规定如何向受影响区域的政府和公众通告洪水风险、适当的预防措施、应采取的行动，以及如何及时预报即将到来的洪水。

具体做法包括：

• 根据该法律及欧共体水指令，洪水区划和制图将得到显著改进。重要的是对公众参与做出了明确规定。

• 洪泛区内原则上不允许新的建设。确需建设的，将对建筑物设计进行严格控制（如燃油加热装置以及计算机控制中心的位置）。

• 必须制定100年一遇洪水防御计划，且需与上下游所有利益相关者协商。

• 洪水区划图应整合到所有空间地图和规划中（如土地利用规划和发展规划）。

评论家指出，对于德国洪水风险管理来说，该法规意味从"防护"向"适应性风险管理"转变。然而，这一转变在实践中成功与否，还有待继续观察。

来源：德国政府，2005；Garrelts和Lange，2011

在没有严格遵循土地利用规划法规的城镇，尤其是在新兴的、非正式的居民点，法规的施行可能需要通过社区介入、政策激励以及强有力的执法体制来实现。有时可能需要采取强制拆除高风险住宅，移民搬迁等方式。通常的指导和咨询过程应正常进行，拆迁项目应该寻求达成多项目标。下述成都案例说明了这项工作是如何在中国实现的。

案例 4.5　成都的城市振兴

作为 1997 年成都市政府发起的非正式居民点振兴计划的一部分，经过 5 年的努力，大约 3 万个家庭从河岸搬到了新的安置点，为河岸绿色缓冲带让出了空间。

该计划有几个最佳实践特征，包括明确的减轻洪水风险的目的。过去，非正式居民点的房屋散布在河滩上，雨季时经常被洪水冲走，需要时刻保持警惕以保证及时转移。降雨停止后，河滩地通常一片狼藉，洪水不断给当地居民造成各种困难、痛苦和严重经济损失。

该项目包括治理府河和南河，将其防洪标准提高到 200 年一遇。项目最成功之处是当地社区民众的广泛参与，使搬迁安置工作得以顺利完成，其中没有产生任何诉讼。搬迁后，人均居住面积增长了 1.4 倍。而且，30%～35% 原来没有房屋产权的居民也从中获益，得到了产权。项目创建了绿色地带，改善了环境，同时创造性地修建了一个具有水质生态净化功能的环境优美的自然公园，并成为国家旅游局注册景区。

成都的案例表明，洪水风险管理与土地利用规划的结合可以减轻洪水风险，改善非正式居民区人们的生活条件。而安置政策中采用的公众参与方法是成功的关键。

来源：联合国，2001；UN‑HABITAT，2002

进入 21 世纪以来，将洪水风险管理与开发新兴城市相结合的创新形式层出不穷，其宗旨在于：不论城市大小，在满足洪水管理目标的同时最大化土地的效用及景观价值。案例 4.6 介绍了英国在这方面工作的范例。

案例 4.6　洪水风险环境的长期措施：LifE 项目——为水创造空间

在设计和建设新城市时，将"给水以空间"的理念与可持续设计相结合，将洪水风险管理措施与发展城市居民和社区休闲场所相结合，将土地开发与创建水、能源和娱乐等功能融为一体，是应对城市化快速发展和气候变化挑战的基础性措施。LifE 项目经费来自于英国的 Defra 创新基金，是为水创造空间项目的一部分，旨在探求洪水风险区开发的最佳方法，以减少整体洪水风险并建设零碳排放社区。LifE 项目采取了非工程的洪水风险管理的方法，标志着从传统控制洪水思维向为水创造空间理念的转变。

可持续和气候变化是英国 21 世纪发展方式转变的主要驱动因素。零碳发展、保护水资源、减少不可持续交通工具的使用、减少过度加热和控制洪水风险等都是这种转变的体现。

这些应对措施均有效益，但是，对于好的规划而言，确定问题优先顺序是其基础。在所有问题中，洪水是危及生命的主要风险，因此，应优先考虑。然而，同时评估其他需求更有助于综合方案的制定。

LifE 方法基于综合设计和规划方法，其要点为：
• 建筑物及其用途要依据洪水风险而定

- 允许洪水淹没的土地应有多种功能，这些功能应该对洪水不敏感，如娱乐、公园和可再生资源发电。
- 居民点应围绕公共交通基础设施分布，且距这些设施的步行距离短。

3 条基本原则：

- 与水共存。可适应因气候变化导致的洪水频率和危害程度的增加。
- 给水以空间。在可能的情况下，结合自然过程，为河水与海水让出空间，给洪水以出路，弱化对防洪工程的依赖。
- 零碳排放。使用可再生能源，如风能、潮汐能和太阳能等，满足能源需求。

在英国，有 3 个面临不同种类洪水风险的地区考虑使用 LifE 方法。每个地区分别位于流域的不同部分：

- 荷克布莱格位于万戴尔河的流域上游。
- 彼得保罗位于奈恩河的流域中游。
- 莱特汉顿位于艾润河的流域下游。

在荷克布莱格（地区 1）（图 4.4），将开发区中心的土地设计为多种用途。"村庄/蓝绿"是一片灵活的、非正式娱乐区域，当洪水发生时，该区域将用做蓄洪区，并且为地热泵站的一排钻孔提供空间。这片区域为周边带来了巨大的发展潜力，增加了房地产价值，同时也为周边社区能亲近河流提供了条件。

在彼得保罗（地区 2）（图 4.5），"雨水及溪流廊道"被引入建筑物之间，形成雨水消化区并为住房提供排水通道。廊道在建筑物之间增加的宽度保证了建筑物采光，并使建筑物与中心地带的小风涡相分离。利用条状景观带将总体规划进行软分区以管理洪水风险，可以提高环境质量、降低建筑物及其周围的温度、缓解城市热岛效应。

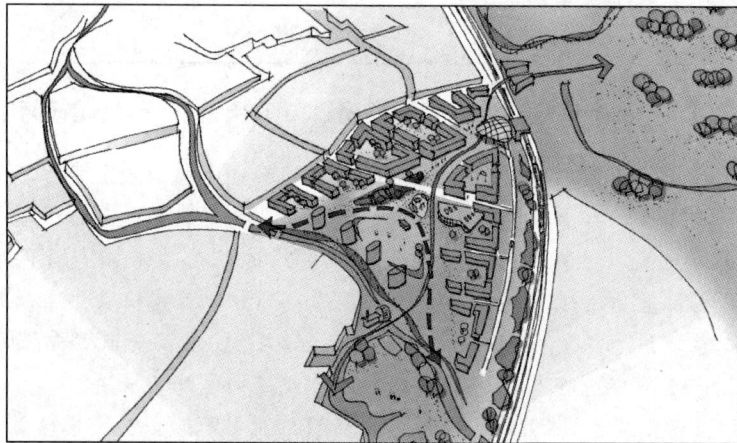

图 4.4　荷克布莱格（地区 1）
来源：BACA Architects

在莱特汉顿（地区 3）（图 4.6），开发区后面的一大片土地被用来控制洪水、降低河流水位、减轻现有防洪设施的压力。这个内陆泻湖为周围的开发区提供了水上娱乐设施，并为野生动物提供栖息地。12 台潮汐发电机在每次退潮时能发 5 个小时的电。该泻湖成

图 4.5　彼得保罗（地区 2）
来源：BACA Architects

为开发区的一道独特的风景线。

在政策方面，这个项目有以下经验教训。

1. 洪水风险管理

使用模型数据可以绘制出在极端洪水事件时（100 年一遇或 200 年一遇）河流两岸的淹没区域以及气候变化可能造成的淹没范围。将这个图层覆盖到地形图上可以评估不同洪水事件的水深、流速和危险性。

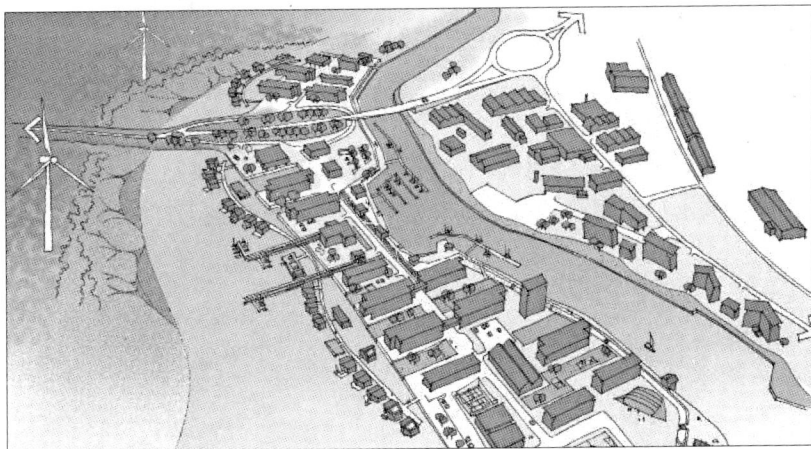

图 4.6　莱特汉顿（地区 3）
来源：BACA Architects

对洪水多发区或最容易受洪水影响而改变的区域进行风险评估之后，即可因地制宜采取不同的减灾措施，如避免在洪泛区开发建设，圈出维持未来用做洪泛区的土地，识别并保留那些可用于降低未来洪水风险的区域。最重要的基础设施（医院、应急服务、能源）应远离洪水威胁而对洪水危害最不敏感的设施则可建于洪水高风险区内。园林景观等对洪水影响最不敏感，其次是小路和次要道路，再其次是停车场，随后是低脆弱性建筑物，接着是主要道路，然后是高脆弱性建筑，而紧急避难道路和可能受影响的人则是最脆弱的。按此等级设计的非工程洪水风险管理措施所需的基建费用大约在总开发成本的1%~9%之间。

2. 可再生能源

上述3个开发区都采用了适合各自条件的可再生能源方案，尤其是生物能热电厂（CHP）和太阳能光伏电板（PVs）。

3. 发展和市容美化

将生活质量与洪水管理综合考虑可以使城市开发可持续、更加成功与繁荣，并且可以提高居民的健康水平。户外活动空间的最低标准约为36m²/人。高密度的开发区应保证50%的开放空间。而在土地价值高的区域，这个要求往往不能达到。

在上述3个开发区，利用洪泛区是满足开放空间标准的唯一可行方案。考虑到水、能源及户外娱乐对空间的需求，上述开发区在最初的设计和布局中充分考虑这些因素，从而设计出更具有吸引力、更成功的开发规划。更加有效的规划也有助于降低成本。

来源：Baca Architects with BRE and consultants

4.4.3 如何将洪水风险管理融入城市发展规划中

土地利用综合规划是一个不断完善的过程，需要定期地评估和更新。融入洪水风险管理的土地利用规划要求规划者和决策者从微观和宏观尺度，开展短期、中期和长期规划。人类活动和城市的复杂性及多变性意味着，如果没有定期的评价和调整，土地利用规划会失去其可靠性及有效性。因此，保证土地利用规划与人类活动和城市的动态变化相适应，并成为区域发展的有机组成部分至关重要。

下述方法有助于规划者将洪水风险管理融入土地利用规划中。

一般而言，编制土地利用规划分为8个阶段。其中，有些阶段可以结合或同时进行。这些阶段包括：

（1）确定研究区域。

（2）场地分析。

（3）洪水灾害图。

（4）土地利用约束规划。

（5）发展框架。

（6）发展参数。

（7）咨询。

（8）法规/贯彻/执行。

1. 确定研究区域

土地利用规划具有各种尺度，包括从国家战略层面的规划到某一开发小区的详细规划。这一方法虽可用于各个层面或尺度的规划，但是主要适用于城镇尺度的规划。

确定研究区域是土地利用规划的第一步。空间范围决定了规划后续步骤的框架及目标。需要注意的是，虽然划定了规划的空间范围，但并不限制在更大尺度上，如规划区与整个流域、河道、周边行政或政治边界的相互关系的考虑。

空间范围通常根据行政边界确定。由于土地利用规划经常超越这些行政边界，因此，有必要理解某一城市区域与其他土地利用、自然特征以及行政/管理框架的交互。可能还需制定一个更大范围的空间规划以明确研究区域与行政区边界的联系。

确定研究区域，首先需要确定与其相关的行政边界。这些边界可以是国家、都市/区域、城市或地方等级别，土地利用综合规划涉及每一级别。

本步骤的产出是绘出研究区域的外边界。

图 4.7（略）是研究区域的一个例子。图中展示的信息包括相关的行政边界和区域的地形特征。图中还显示了参考网格，便于准确、快速判断研究区域与其他区域的空间关联。

2. 场地分析

研究区域确定后，需对其进行战略评估/分析。其目的是采集和评估开发区域内的信息（以及与周边地区的关系）。据此可了解土地利用类型，识别自然特征，识别主要基础设施，获得可能的地形数据，识别合法与非法建筑的占地面积及位置。后者尤为重要，因为除了合法的发展，还需要考虑非法开发对洪水的影响，以及洪水对非法开发造成的影响。

各个尺度的规划所采集信息的详细程度有所不同。例如，对于市级规划，在采集自然特征地理位置的同时还需要识别主要基础设施，如道路和供水设施。然而，这一尺度的规划尚达不到社区尺度的规划可显示建筑物轮廓的程度，只是落实了筑物所处的区域，也有可能划定了地籍边界。

3. 洪水灾害图

规划者和政策制定者可从洪水灾害图中了解洪水风险并做出明智的决策。如前所述，洪水风险指根据历史数据以及通过数值模拟得到的某一洪水事件发生的可能性及其后果。

在土地利用规划中，必须评价确定规划所选取的洪水概率。这一评价可能随着区域当前或预期的土地利用类型而变化。"风险"评价应依据以人为本的原则，致力于保护居民免受灾害侵扰。这个概念被嵌入基于风险的规划中，因此，初始的风险评估会对后续的规划进程起到指导作用。评价确定了可接受的风险水平，进而决定了规划政策、标准及发展重点。

为了便于决策者开展评价和决策，有必要获得最新的洪水数据。第1章概述了制作洪水灾害图的过程。若要做好土地利用规划，必须充分了解数据，因为将洪水风险管理原则纳入土地利用规划，很大程度上依赖于这些数据。洪水灾害区划是洪水事件发生可能性的划分。分类如下：

（1）小于 0.1%（低洪水可能性）。

（2）在 0.1%～1% 之间（中等洪水可能性）。

（3）在 1%～5% 之间（高洪水可能性）。

（4）大于5%（功能性洪泛区或行洪河道）。

分析上述各类洪水的影响，是规划者/决策者的规划决策工具箱中的关键工具。可使规划者/决策者识别并了解灾害的严重程度、空间分布以及发生频率。了解洪水风险，即"风险评价"是土地利用规划及洪水风险管理的第一指导原则。

在实践中如何应用这一步骤，将在后面几节详细介绍。然而，重要的是要了解，这一评价对后续规划过程的重要性，以及如何将风险评估纳入规划中。这一阶段的评价将确定设计洪水，即哪个量级的洪水可以被接受；同时还要确定需保护的、采取适应性策略的或限制开发的区域。

4. 土地利用约束规划

约束规划是土地利用规划过程的一个重要环节。它详细描述了自然和人为的约束因素对开发的影响。约束规划图根据前面步骤中获得的信息绘制出空间图像，以显示每个单元地块的约束及影响，例如，受洪水威胁的洪泛区，还可以包括其他自然特征，如陡峭地形、悬崖、海岸区域以及自然保护区。约束规划图还应包括其他环境资源或人类发展所造成的约束，如危险产业、被污染的土地等。

约束规划为适当的规划政策或土地利用方针奠定了基础，并为将土地利用规划与洪水风险管理相结合的"管理风险"环节提供信息。

图4.8（略）是将洪泛区淹没范围的数据叠加到地籍数据上的基础地图案例。该案例来自于澳大利亚当地政府的开发计划。该图清楚地展示了洪水风险管理与土地利用规划政策的结合。

5. 发展框架

发展框架运用上述步骤中得到的数据，着手识别适宜于特定土地利用类型的区域。经过识别的区域可以称为分区。分区不一定只包含一种土地利用类型，也可以包括一系列利用类型。出于土地综合利用规划的目的，这个步骤对于识别多用途或多功能的区域尤为重要，例如，有些区域的环境特性具有提供洪水风险管理及开放空间，或娱乐区域的多重功能。如LifE项目中所展示的那样。

发展框架亦包含在初始洪水风险评估的基础上进行的洪水风险区划。区划是洪水风险的空间表达方式。洪水风险区划应清晰、准确、易于理解。通常的洪水风险区划是以数字等级表达，如1～3洪水风险。数字可进一步以不同颜色代表。洪水风险图可能分为3个风险区，区划1表示最低风险；区划3表示最高风险。风险等级在视觉上通过颜色的分级表达。

发展框架或政策框架是按照土地利用规划和管理原则将前面各个步骤所形成的信息综合在一起。发展框架需要在战略层面或政策层面概括出区域的发展目标或前景，即具体表明一个区域在特定时间段内的期望目标。例如，被确定用做未来人口增长居住区开发用地的某个区域。此外，还需说明控制发展或城市环境管理机制的总体原则。土地综合利用规划应在一个区域/社区的发展和环境的长期可持续性之间取得平衡。

发展框架需要定期评价、更新。而有些土地利用规划往往是静态的、缺乏应变机制的。为了解决这一问题，现代土地利用规划通常综合考虑基础设施规划、风险规划和公众参与等因素。

土地利用规划的筹备和管理滞后通常有多种原因。然而，土地利用规划的筹备为决策者提供了解一系列问题的重要机制，这些问题包括洪水风险以及如何制定适宜的策略推动土地利用规划和城市发展。制定、推行和执行这些计划的能力对于土地利用规划的全面成功至关重要，因此，开展土地利用规划的前期工作，尤其是在涉及洪水时，深入认识洪水风险特征，可为土地利用规划提供基础支撑。

6. 发展参数

发展参数为可能的发展提供了更详细的框架，也为区域发展提供了整体的目标。例如，混合用途区域的目标可能是提供住宅、社区服务和一些零售设施。这个目标进而受发展控制原则或最低要求的约束。就洪水风险管理而言，这些约束包括设定最低楼层高度、与洪水风险相适应的发展形势以及在某些情况下规定建筑材料的选择。

发展参数还应与自然和环境特性相关，其目的是保护和管理这些特性，并由适宜的发展控制原则支撑。以确定洪泛区为实例，参数的目标应包括允许天然河流和洪泛区发挥自然功能，设置发展控制指标，以避免在行洪通道兴建永久性建筑及从事其他增加洪水风险的开发行动。应明确适宜于这些区域的土地利用类型，如露天休闲场所或低环境冲击型农业。

在确定发展参数时，应考虑到土地利用随时间的变化。有些地区可能对特定类型的开发（如住宅）有吸引力，但可能由于洪水风险而不适宜作为住宅区。土地利用规划应该对此有所强调。土地利用规划通过制定合理的政策以及设定发展规则，可使土地利用朝着更合理、更适宜的方向发展。

发展参数还应包括开发小区管理技术，并应考虑与发展区外围的内在关系。即应考虑本小区开发对周围地区的影响以及管理影响的措施。例如，小区雨水径流应导向何处？是直接排入城市管网系统，还是采用可持续城市排水系统（SUDS）、洼地、绿化以及水循环技术将径流就地消化？

通过考虑一系列问题，有助于发展参数的构建。这些问题涉及数据、约束、风险图应用以及发展框架等方面。这个思维过程催生了与发展区域相适应的政策要求，通常称为"发展控制原则"。

有助于完成土地利用规划制定的第 5 步和第 6 步的问题包括：

（1）发展目标是什么？

（2）有哪些环境资产？

（3）有哪些发展约束？

（4）有哪些主要基础设施？在什么位置？

（5）这个地区适合什么样的开发？

（6）是否存在多功能或混合用途的土地？

（7）随时间变化，可能发生什么样的变化？例如，城市土地需求压力、非正式开发区域以及气候变化等的影响？

（8）需采取哪些类型的管理控制？

当完成上述问题分析的整个过程后，即可制定出适宜的政策或发展参数。发展参数无需太复杂。虽然发展参数通常视做约束发展的工具，但在管理洪水风险时，将发展参数与健康的发展框架相结合，可以作为一个促进发展的工具。作为为发展进程提供确定性和合法性的机制之一，土地利用规划应综合考虑城市化和人口的增长、基础设施规划、风险管理（包括洪水风险）等所有对城市区域产生影响的因素。如果缺乏发展框架和土地利用规划，当局和公众则难以有效地参与到规划过程或发展领域中。参与不仅限于开发者，社区成员也需了解有哪些因素会影响或塑造他们的环境，并有机会参与规划过程，并共同完成规划。

7. 咨询

制定社区认同的土地利用规划，需要决策者通过公众参与了解社区的观点，并识别需要应对的挑战。

咨询阶段应明确勾绘出规划制定的技术路线，罗列已考虑的或正在考虑的相关方案。咨询阶段提出的方案不是一成不变的，需要在咨询过程中沟通交流，并向参与者表明他们的观点可在土地利用规划进程体现。土地利用规划本质上是一个反复完善的过程，公众参与是实现这一过程的有效方法。

公众参与咨询还提供了一种机制，可使自然资产和环境特性及其与城市居民点的关系得以凸显和阐释。土地利用规划考虑了很多发展情景和压力，从而为认识洪水风险以及如何在土地利用规划进程中考虑其影响提供了机会。虽然住房压力和商业发展可能是社区的首要考虑因素，但针对高风险区的发展，则有必要建立沟通交流的平台，从而为制定既满足社区社会经济发展需求又充分体现灾害管理的土地利用规划提供基础。

8. 法规/贯彻/执行

土地利用规划和政策以及空间规划如果不能有效执行或者规划系统不能成为管理城市发展问题的有效机制，将沦为一纸空文。

在执行土地利用规划时，需为未来的开发设置相应的批准或许可制度。获得许可的过程应包括：提出申请，即提出拟开发的类型；初步评估，根据相关的土地利用规划及政策框架对申请方案开展评价，以确定开发类型及开发地点是否符合相关政策规定。如果符合，则进入详细审查环节；详细审查，确认是否符合最低设计标准，如选址、底板高度以及建筑材料等。若满足上述所有条件和要求，即可授予许可。

一旦获得了规划许可，则进入实际建设阶段。应根据土地利用规划，对建设过程实行严格监理，确保开发按照审查过的设计方案进行，如在正确的位置按照规定的标准建造。施工和竣工验收是土地利用规划过程的最后环节。开发应与原许可一致，才可以颁发"合格证书"。这一环节对于规范开发过程、确保遵循相关标准和规定都十分重要，同时为土地合法开发提供了保护。对开发标准的遵守和执行体现了"管理风险"，即基于风险的规划理念。

以上概述了一种有效的土地利用综合规划系统。然而，在很多情况下，这一规划系统的作用以及政府有效发挥其职责的能力都面临严重挑战，在发展中国家的城市尤其如此。因此，需认识到能力制约，并设计相应的弥补机制。保证土地利用规划有效性的核心在于其法律法规基础，及其严格的执行。然而，如果法律框架已经过时，且不能反映当前情况或需求以及公众的意愿，则难以保障土地利用规划的有效执行。

在发展中国家，政府部门间协调合作缺乏、预算有限、办公设备和资源过时、数据不足、法律冲突（特别是与土地所有制和土地所有权相关时）、决策过程复杂且冗长是许多规划体系面临的现实情况。这些因素与快速的城市化速率以及城市中心不断增长的人口压力共同构建了一个承受着巨大压力的系统，这一系统通常具有杂乱无章、缺乏协调的特征。

本书为制定融入洪水风险管理的综合土地利用规划提供了基础，概括了筹备土地利用规划时所需的步骤、所需的数据以及必要的考虑因素。其前提是假定规划系统可有效地运作，虽然这一假定并不总是正确的。然而，不应该因为有各种不利因素的存在而不推动土地利用规划的筹备和制定。相反，应根据当地的情况进行适当的调整和修正，并坚信随着时间的推移，情况将不断好转。为指导这一进程，特将土地利用综合规划和洪水风险管理的要点总结如下：

（1）有必要对各级规划进行基于风险的评估。

（2）土地利用综合规划是一个反复完善的过程。

（3）发展框架和发展参数无需太复杂。

（4）贯彻执行土地利用规划至关重要。

4.5　洪水保险、风险融资、补偿和税收减免

4.5.1　概述

在洪水风险管理中，保险、风险融资、补偿以及减税有两个主要目的。首要的、也是最明显的是，这些金融机制可以化解洪水给处于风险的人们带来的金融风险。显然，这些金融工具不能阻止洪水发生，但能使受洪水影响的人们在恢复生产生活时免去不必要的金融负担。洪水保险的好处很明显：可以加速恢复，而且资金不会被挪用于其他方面，如用于新的开发。对于发生频率很低、影响很大的事件，洪水保险尤其可以分担平摊经济损失的风险并集中救灾储备，而成为灾后恢复筹资的有效手段。因此，越来越多的政府机构选择洪水保险作为风险管理的措施。例如，慕尼黑保险（MunichRe）等保险机构分析确认，向发展中国家提供保险是 21 世纪的重要发展机遇（Spranger，2008）。

灾害保险、补偿和减税等措施的第二个主要功能是通过风险评估以及鼓励采取应对措施减少风险和损失（Cummins 和 Mahul，2009；Kunreuther，2002）。如果风险可以准确测定（在精算意义上），那么保费便可成为降低风险的动力，很多保险合同隐性地要求投保人采取合理的降低风险行动，这些要求也可以明确规定，使其更具有强制性。与此相似的，补偿可以加速恢复重建，而税收政策则可能影响到重建的多个方面，包括易淹土地的利用或空置。

随着救灾资金日渐紧缺并有向其他重要开发项目转移资金的趋势，保险逐渐成为分担风险的主要手段。

4.5.2　世界各国洪水保险现状

一般来说，各国的自然灾害（尤其是洪水）保险覆盖率差距很大。以建筑物为例，据估计高收入国家的建筑物保险覆盖率约占损失的40％，在中等收入国家则降为10％，而在低收入国家仅为5％。英国是保险覆盖率最高的国家之一，占95％；而在中国台湾省，则低于1％。据此，有观点认为，在发达国家洪水保险覆盖率普遍较高，而在发展中国家则相反，事实并非如此。据瑞士保险（SwissRe）估计，荷兰的洪水保险覆盖率非常低，然而在印度尼西亚却高达20％（Gachen等，1998）。

购买保险高度依赖于保险的可用性和成本、救灾水平、公众的风险意识以及多种和单一风险投保性等因素（Lamond和Proverbs，2009）。

在英国，有一种私营性保险，可以减轻个人的洪水风险。洪水保险被"打捆"纳入标准保单中（而不是作为一种单独保单，如在美国应用的方法），目前具有普适性。该保险形式源于保险公司和英国政府（以及威尔士、苏格兰和北爱尔兰自治政府）之间"原则声明"的"君子协定"。当前的协议有效期至2013年6月，协议明确了双方责任——政府主要负责防御洪水，而保险公司负责承担残余风险，并为洪水风险中的大部分资产提供保险服务。

最终，为财产投了火灾及盗窃险的民众中的绝大多数也购买了洪水保险，投保的房屋估计达95％。这个体系的好处在于，洪水风险被转移到了私人市场。在英国，工商业洪水风险将来也可投保，且当地政府和基础设施公司可以为公共基础设施投保或半投保。

洪水保险的普及使得中央政府能够出资支持地方政府开展应急管理，而这些资金只是过去用于洪水救援总经费的一小部分。然而，有评论人士指出，这可能使居民过于自信而导致对洪水风险的准备不足，且使政府缺乏在洪水防御上充分投入的动力（Lamond等，2009）。

4.5.3　基于市场化的可保性要求

开展保险的前提是风险具有可保性。从保险公司的视角，可保性是指：

（1）风险是可以量化的。

（2）风险是随机分布的。

（3）有足够数量的保单以分散风险。

（4）有足够高的保费收入以满足预期的索赔及运行费用，同时投保人可以承受。

对于市场化的保险，还应有一定的利润。

对于洪水风险，尤其是在发展中国家，可保性的量化困难重重。相对于其他自然灾害，洪水的发生和结果更难预料；发展中国家历史数据的可用性和可靠性都很低。在低收入国家，保险的费用也十分敏感。很多家庭已经处于经济生活水平线以下，没有额外的钱购买洪水保险。随机性和可投保人的数量是相关的。对于具有充足信息和准确风险估价的成熟市场，其风险的平摊自然会是合理的。即使是发达国家，在成熟市场的发展过程中也可能遇到保险公司可接受的风险模式单一，然而却收取让人望而却步的保费的情况。

4.5.4　逆向选择及道德风险

对洪水保险而言，因存在信息不对称的问题（如对于所面对的风险，投保人了解的比保险公司要多），而出现逆向选择和道德风险两种行为，可能破坏保险市场有效运行。逆向选择是指具有高风险的民众更倾向于投保，这表明了风险没有正确定价。

洪水风险通常基于区域进行评估，如某邮政编码区域内每处房产的平均损失。但是在特定的编码区域内，有些房产位于高地上，而其他房产却没有。如果保险不是强制性的，那么购买保险的一定是那些住在低处的居民，而且他们的平均索赔额一定比区域平均值要高。这就造成了风险定价过低，从而有可能导致预留的保费不能满足索赔要求。在保险覆盖率高或者强制保险的地区，逆向选择问题会减少。

如果保险产品中对减轻风险的行为没有回报，则存在道德风险。投保人就会依赖于保险来化解他们的风险而不采取自我保护措施。这正是在英国观察到的情况，其国内市场没有调整保费的有效机制，这一问题源于自我保护，部分源于竞争，同时也源于交易成本。道德风险给所有人带来更大的损失以及更高的保费。通过采取超额收费、法规以及保单排除条款可以鼓励自我保护行为（Kunreuther，2002），但这在市场体系中可能难以强制执行。另外，提高认识以及关于洪水的某些无形的和间接影响可以避免的教育也能起到一定的作用。

为了避免逆向选择及道德风险，保险公司可以采用严格的和准确的风险定价并将所有减灾措施纳入考虑。在发展中国家，如果处于保险市场发展的初级阶段，很难准确地做到这一点。对于基于个人市场的保险公司来说，不太可能以在成本效益可行的前提下建立风险定价所需的信息库。这常使洪水风险被认为是不可保的。政府、资助者以及国际金融机构可能必须扮演信息生产人的角色。同样明显的是，综合风险的定价更加容易，因为所需要的信息详细程度降低了。对个人或者群体（甚至国家层面的）强制保险的政策也会使保险公司更容易定价，因此，这对他们也更有吸引力。这种做法又使国家或社区感到压力，促使他们采取减灾行动以降低整体保险费用。

4.5.5　小额保险

保险市场化的另一个极端是解决城市贫困居民问题的小额保险的增加。瑞士保险公司（Swiss Re）认为，商业小额保险是生活在国际贫困线以上和每日生活费在 4 美元以下群体的有效工具。对于贫困线以下的人们，小额保险方案可能需要政府或捐赠者的介入。当前小额保险中大约半数是由商业提供的，其中拉丁美洲的市场最为强劲。然而这些方案的非人寿险成分与人寿险相比是很低的。

应对自然灾害造成财产损失的小额保险方案案例包括印度的阿法铽维摩（Afat Vimo）或古吉拉特邦（Gujarat）的强制性群体房屋保险方案（Swiss Re，2010）。符合伊斯兰教法的小额保险在拥有大量人口的伊斯兰国家也在使用，在那里被称为 Microtakaful。Rheinhard（日期不详）定义了小额保险方案的要素如下：

（1）产品应容易被理解。

（2）保费应较低。

（3）应可以采用分期付款方案。

（4）应将被保险人口聚合。

（5）分销渠道应具有成本可行性。

分销渠道是设计创新性小额保险解决方案的最重要方面之一：它们包括零售店、政府部门、能源供应商、已有的小额信贷机构以及非政府组织。另一个挑战是如何建立保险的心态，分摊风险要求投保社区高比例的买入以及一些社会团结因素。

4.5.6 风险融资机制

当基于市场经济的保险不存在时，巨灾债券和巨灾基金可作为替代的风险融资机制。例如，法国和西班牙的保险系统就是基于巨灾基金：当国家级灾害发生时，私人保险公司提供的保险项目由国家担保，以防止保险公司破产。美国洪水保险同样也有国家的支撑。在 2005 年卡特里娜飓风之后，美国财政部不得不拿出 180 亿美元来填补所带来的损失。可以自筹资金抵御洪水风险的国家可能会发现，洪水保险是一个高效的方法。但是通常，保险的范围是受限制的，且往往不包括如替代住宅等对象。如案例 4.7 所述，在 2010 年昆士兰州洪水之后，澳大利亚正考虑转变方式。

案例 4.7 澳大利亚审视其灾害保险并考虑国家灾害基金

如前所述，自 2009 年以来，连续 3 年严重的洪水和飓风影响了澳大利亚东北部昆士兰州的大部分区域。据估计，这 3 年的洪水和飓风灾害造成的总损失为 104.6 亿美元。在 2011 年严重洪水之后的 1 个月，总价值 21 亿美元的索赔仅仅有 10% 得到了赔付。巨额的保险索赔以及需要保险人和再保险人赔付的巨额费用还给人们带来了保险费率要上涨的担忧。

2011 年 1 月澳大利亚政府对灾害保险进行了反思，并对国家灾害基金的需求展开了评估。报告旨在对 2010 年和 2011 年洪水的各种反应及后果评价。对于保险部分，评估报告包含以下方面的内容：

- 私人保险公司在尽洪水和其他自然灾害理赔义务时的表现。
- 国家政府任何介入灾害保险的行为可能带来的影响，如为高风险、高保费区域内的个人和小企业补贴保险费用。
- 对国家灾害基金的需求。

昆士兰州洪水委员会于 2011 年 9 月和 10 月举行了第二轮听证会，在会上听取了关于保险事务的问题，包括关于洪水防范建议的最终报告将在 2012 年初发布。

来源：Queensland Floods Commission of Inquiry，2011；Taylor R，2011

那些难以为可能最大洪水损失担保的国家应通过全国范围内的巨灾分摊或者通过巨灾债券将风险延伸至市场。下述墨西哥的案例（案例 4.8）说明了如何实现这一方法，以及如何使用这种形式支持减灾行动及灾后恢复。然而，这是一种昂贵的融资机制。

其他潜在的方法包括多国联合开展巨灾分摊，这样可以平摊风险并且降低可能最大损失（PML）所占国内生产总值（GDP）的比率。必须注意的是，风险必须是互补的，这样多国联合的可能最大损失才不会成为每个国家可能最大损失之和。因而有必要对风险的来源和相互作用有一个透彻的理解。

案例 4.8　墨西哥巨灾债券

墨西哥政府针对所有自然巨灾采取了一个创新性的应对方法，该方法是与世界银行共同创造的，即投资者的资金可在某一认可的洪水事件时使用。墨西哥巨灾债券开始于 2006 年的地震债券，接着是 2009 年的一笔 2900 万美元的，覆盖范围更广的地震和飓风风险债券。高盛集团（Goldman Sachs Group）和瑞士保险公司（Swiss Re）管理债券的发行。这笔投资有一定的期限，到期后会付还给投资者；除非在到期之前地震或飓风的发生触发了资金向墨西哥政府的转移。世界银行执行的称为 MultiCat 的项目，削减了债券发行的成本并允许各国锁定资金以满足应急救灾需要。这些债券于 2012 年到期。

这些债券被用于保障墨西哥"FONDEN"和"FOPREDEN"两个计划的资金储备，这两个计划分别涵盖了所有自然灾害的巨灾平摊计划及防灾计划。图 4.9 展示了灾害时间过程。

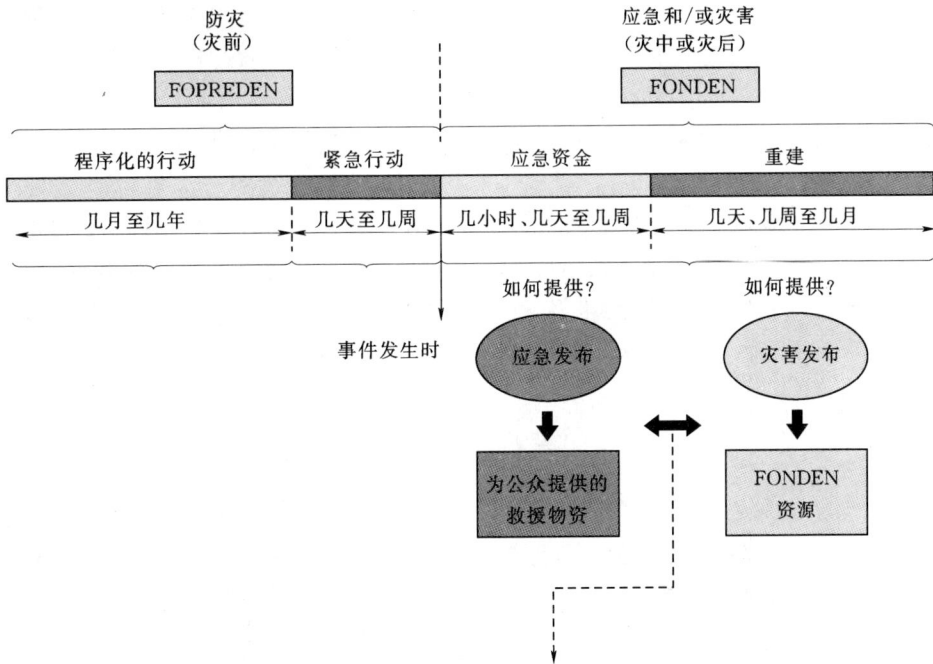

图 4.9　灾害时间过程

来源：改编自 SEGOB，2009

FOPREDEN 资助的防灾措施包括：

- 有关识别和评估危险性、脆弱性及风险的行动。
- 有关降低风险以及减轻自然灾害损失的行动。
- 有关加强公众防御能力和自我保护能力的行动。

保险公司往往会发行巨灾债券以降低自身相对于巨灾损失的暴露性，当投资者在发现其他固定收入债券市场的低收益后可能更愿意接受这种高风险高回报的债券。然而，目前这是一个小市场，因为这需要满足风险评估信息完备以及发行债券政府有信誉两个前提。世界银行的参与有助于削减债券发行成本并使债券在发展中国家更容易售卖。

这个案例表明了一种可能的风险传递机制，即为保障防灾和灾害管理预留基金。债券机制具有两个优点：①可以在巨灾基金攒足可应对可能最大损失的资金前施行；②允许人们从巨灾基金中拿出一部分以满足较小事件的需求——既可提供风险防范又不需担心更大的灾害发生时资源不足。

来源：Swiss Re，2010a；SEGOB，2009

4.5.7 补偿及税收减免方案

补偿和减税方案的主要作用是鼓励个人的自我保护行为。例如，补偿方案可能通过以市场价格收购人们的财产激励其搬离洪泛区或其他洪水影响区域，而不造成搬迁者的任何经济损失。法国的"重大自然风险防御基金"（又名"巴尔尼埃基"）即以这种形式存在，基金的资金来自于强制性灾害保险的保费。该基金被用于强制性购买（"征用"）财产，当为避免对人类生命产生重大威胁而有采取这种措施的必要时，通过补偿财产所有人全部的价值完成"征用"。

在极少数情况下，巴尔尼埃基金也可以用于激励重新置业或收购财产（而非强制性）交易。

这些机制也可以用于缓解被淹家庭的经济压力。虽然没有官方基金为家庭提供资金援助，但在 2007 年英国的严重洪水过后，很多居民获得了当地税务部门的减税。在美国，居住在指定洪泛区之外且没有洪水保险的居民可以根据灾害的财产损失申请税费减免。另外一个例子来自于巴西，如专栏 4.3 所述。

专　栏　4.3

"在伊斯特拉（Estrela），制定城市总体规划的同时还开展了城市研究，均在市政法规中得以体现。法规实施后，风险区域得以保留，并通过税费激励使剩余的人口逐步搬到安全地区，税费激励是用市中心的建设许可交换洪水风险区域的土地。洪水损失和受影响人口自1979 年以来逐年降低。"

来源：Tucci 2004

减免购买减灾产品（如入口挡水板、下水道密封圈等）的税费也被提倡作为一种鼓励自我保护的、不影响成本的激励方法。

4.5.8 有效洪水保险的关键支撑因素

有效的洪水保险制度可以为灾后快速恢复和稳定提供必要的金融资源。保险可以作为个人和集体应对剩余风险、高危害低频率事件以及与国家 GDP 高度相关事件的策略的一部分。有效的保险制度也可以促进防灾减灾。洪水保险决策过程见表 4.3。

表 4.3	洪水保险决策过程表
风险辨识	确定风险区域； 确定处于风险中的资产； 确定可负责灾后恢复的个人、公司和公共资产及基础设施所有者
量化风险	期望损失评估是洪水风险管理的部分内容。由于保险条款和排除性条款，保险风险与经济损失可有所不同
风险的空间分布	若风险种类多，则更具可保性，而风险集中于某一个区域，则难以保险。保险公司需要这些信息来定价
探求团结的水平	这可能有法律、宪法、监管或文化方面的因素
选择适当的合并类型	风险可以合并以降低交易成本、增加购买力、交叉补贴保费或分散风险。 考虑多元化的选择如国际合并或与其他风险相结合
确定/支持主保险公司	主保险公司可以是私有保险公司、国家机构或公私合营的保险公司； 市场化的保险可能需要通过初始的激励发展市场
确定/支持高益本比的分销渠道	使用现有营销渠道是通常的策略，但在保险普及率低的地区，需采取其他的更具创造性的策略。可能需要干预以支持新渠道的建立
探索风险的再保险以及证券化	国家支持的保险计划可能需要再保险或财政支持； 国家可能通过临时使用未来税收资金或依靠市场分摊风险
风险宣传	通过宣传鼓励参加保险。降低风险应作为洪水风险管理议程的一部分
保险收益宣传	通过宣传增加保险持有数量，确保持续的可保性

4.6　固体及液体垃圾的管理

4.6.1　概述

不当的垃圾收集和处理常会加重洪水影响。因以下原因，洪水环境下的垃圾管理显得尤为重要：

（1）管理不当的垃圾会进入河流和下水道，阻碍行洪和排水。有时垃圾被填埋在低洼区域，削弱了这些区域的临时蓄洪能力，有可能造成或加剧洪水。

（2）洪水过后会带来大量垃圾。

（3）外来的救援机构也会使当地垃圾的数量增多。

（4）现有设备和垃圾管理工作可为灾后应急措施奠定基础。

（5）将垃圾处理纳入洪水风险管理计划，可为改进垃圾管理提供机遇。

在发展中国家，城市和乡镇的垃圾收集是当地的难题，并有以下不良影响：

（1）危害排水系统，且常常堵塞下水道造成污水漫溢。

（2）是疾病源（如为苍蝇提供产卵的场所以及为老鼠提供食物，这些都是疾病的传播媒介）。

（3）是感染源，特别是医疗垃圾和废水。

（4）是有毒化学物品源，主要是来自于废弃的药品以及商业和工业垃圾。

（5）污染地表水和地下水，可能被直接用于生产和生活。

（6）污染地表水，并通过水生动植物和鱼类的生物累积进入人类食物链。

就城市而言，垃圾造成的主要问题是堵塞排水系统和填埋临时蓄滞洪洼地。未妥善收集的固体垃圾可能阻塞排水河渠和管网，造成洪水泛滥并导致水源性疾病的传播。此为1994年印度苏拉特严重洪水灾害的原因，因排水堵塞造成的洪水泛滥，导致瘟疫类疾病爆发，约有1000人受到感染，56人死亡（UN-HABITAT，2010）。

本节介绍固体及液体垃圾处理在减轻洪水风险方面的作用。杂物淤积（洪水产生的大量固体杂物）的影响和处理在4.11节中讨论。

4.6.2 固体垃圾

固体垃圾可以按其来源大致分为：

（1）城市垃圾和生活垃圾，可能是城市地区数量最大的垃圾。其中包括家庭丢弃的一般垃圾，如食品（肉类和蔬菜）、纸张、塑料、清扫的碎屑以及毁坏的物品。乌干达坎帕拉和其他东非城市每年发生的洪水归因于，至少部分归因于塑料袋（在乌干达被称为"buveera"）阻塞下水管道和排水沟。

（2）商业垃圾，源于商业活动，如办公室、商店、小型制造企业，也包括与商业有关的所有废弃物。

（3）工业垃圾。由工业产生的垃圾，根据工业类型可能包括固体、液体、污泥、惰性材料、活性材料（非惰性、可与其他物质或水发生反应）以及有毒有害垃圾。

（4）临床垃圾。大部分城市都会有手术室和诊所，在较大的城镇还有专科医院。这类地方产生家庭垃圾、商业垃圾、药品垃圾以及有机垃圾（如人体器官和组织）。也可能是当地停尸间的所在地。有些临床垃圾具有高度感染性。

（5）动物粪便。

（6）另外，还有清扫街道产生的泥土以及建筑材料等。

在不同的国家和城市，垃圾的种类和数量差别很大。较之于发展中国家，工业化国家的城市和农村地区会产生更多的垃圾。

垃圾的组成还会随着季节变化，例如，当某些作物成熟时；或某些宗教节日时，有些节日时会屠宰大量的牲畜。

还可能有明显的地理差异，不仅与城市人口数量相关，而且与在城市区域内的位置相关。垃圾组成的差异与收入差距相关。不难想象，低收入国家的人均垃圾生产量要远远低于高收入国家。在亚洲，尼泊尔的垃圾产量是每人每天0.5kg，然而在中国香港地区则上升到了每人每天5kg（World Bank，1999）。

由于高速的城市化扩张以及无计划的城市发展，固体垃圾的总量与日俱增，而处理能力却在下降，使得能享受到垃圾收集服务的人减少。例如，在玻利维亚的拉巴斯和巴西的巴西利亚，固体垃圾的总收集量达到了90%，然而，在智利的圣地亚哥，总收集量却少于57%（USAID，2006）。有些国家的情况更糟，大部分情况下是没有处理场，或者由于缺乏维护而没有运行，形同虚设。从而导致大量的垃圾倾倒在填埋场、水体和河道中。与城市规模相关的垃圾组成见表 4.4。

表 4.4　　　　　　　　　　　　　与城市规模相关的垃圾组成

垃圾来源	小型城镇	中型城镇	大型城镇	非正式定居点
家庭垃圾	主要是食品加工和尘土	更多的垃圾种类、更大的数量	更多的垃圾种类、更大的数量	主要是厨余垃圾和尘土
商业垃圾	有限种类的垃圾以及家庭垃圾	更多种类的垃圾可能被分开收集于商业区房屋	更多种类的垃圾更加可能被分开收集于商业区房屋	非常有限种类的垃圾，可能仅来自于周边的商店
工业垃圾	有限种类	通常与农业相关的有限种类的垃圾，如作物加工和设备制造产生的垃圾	区域内集群的更专业的制造业	因为非正式定居点是通勤区域，可能只有有限的工业
临床垃圾	由于只有很少的诊所，所以十分有限。如经济条件允许，更严重的情况就送到当地市镇就诊	由于只有很少的诊所，所以十分有限。如经济条件允许，更严重的情况就送到当地市镇就诊	一系列的手术室、当地诊所和据人口数量而定的大量的专科医院	不太可能有诊所，因为居民的经济条件有限
动物粪便	仅来于家养动物	家养动物以及周边地区的牛群，因为运送距离较近所以并没有带来优势	在较贫困的区域可能有大量的牛群	不太可能有动物，因为居民经济条件有限
路上的尘土	大部分是土路	大部分是土路，有一些是铺过的道路	主要道路、市中心的道路以及富人区的道路是硬地	总是土路
下水道和排水沟的液体垃圾	开放的排水渠道	开放的排水渠道	开放的排水渠道以及闭合的排水渠道	开放的排水渠道

4.6.3　固体垃圾的管理

发展中国家固体垃圾的处理通常是相关市政部门的责任，但由于以下原因可能没能引起足够的重视：

（1）缺少公共教育，以致大多数公民对影响健康的有害垃圾处理缺乏常识。

（2）缺少来自于民间团体的促进垃圾处理工作的压力。

（3）市政当局缺少垃圾处理的专业知识，垃圾处理行业被认为是卑微的低地位工作。

（4）缺少训练垃圾处理人员的设施。

（5）缺少购买厂房和设备的资金。

（6）低工资导致了旷工时有发生。

（7）非垃圾处理活动占用了资源。

（8）人口增长造成垃圾增长速度超过了经济增长速度，以致没有足够的经济资源处理垃圾。

这些因素往往会导致垃圾不能充分地收集和处理，同时出现垃圾处理设施集中在高端区域（如城市中心区），而非正式居住区毫无设施的情况。

垃圾处理包括一系列步骤：从家庭汇集到某个收集点（初级收集），然后汇集到更大的收集点（次级收集），最终汇集到最终的处理点。

垃圾管理层次架构可以将灾前和灾后的垃圾最小化（详见图4.10）。

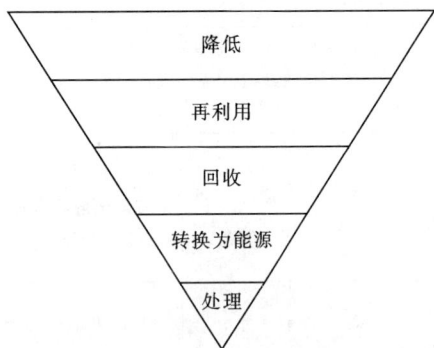

图 4.10　灾前和灾后都可用的
垃圾管理层次架构

减少垃圾通常依赖于人们的固体垃圾管理和资源保护的意识。塑料袋及塑料产品，如饮料瓶等是堵塞下水道的罪魁祸首。然而，在减少垃圾的努力中，处理这类塑料制品是相对简单的目标。可以使用简单的替代品，如可用重复使用的袋子及容器代替。孟买在经历了频繁的洪水后，印度的马哈拉施特拉邦于2005年禁止了塑料袋的生产、销售和使用；不幸的是，由于缺乏强制性的措施，该计划没有取得预期的效果（UN - HABITAT，2010）。

垃圾的再利用可减少垃圾，同时还可通过回收利用增加收入，创造就业机会。再利用政策包括：将不需要的物品捐赠给慈善机构，在家庭内再利用以及修理损坏物品再利用而非遗弃。市政府可以通过制定政策鼓励收集和分发不需要的家具、衣服和其他可用日用品，或者通过税费激励再利用行为。即使垃圾已经进入了废物流，仍可通过下述垃圾分类措施重新利用。

回收指将可用物品从废弃流中选出再利用。市政府可制定分类政策，促进垃圾分类，或采用收集后再分类的措施。

家庭可以使用垃圾能源，通过将垃圾中的纸张、木材和其他易燃品挑选出来用于家庭供暖。对于城市，通过收集、焚烧垃圾或者收集填埋场的可燃气体产生能源。

最终处理的应是不需要的和无用的物品，即使如此，还是会给市政当局的管理带来巨大的挑战。

通过市场化行为也可改善市政垃圾服务，如专栏4.4所述（Cointreau，2003）。

专栏 4.4　改善市政垃圾服务

- 通过税费优惠和税费减免、房产税津贴、海关关税或者销售税吸引改善垃圾管理的投资。
- 根据垃圾回收或再利用证明，减收垃圾处理费。
- 对降低污染和提高能源效率的企业退税。
- 成立环境改善基金以支持降低污染、保护资源以及提高能源效率。
- 资助科研，激励相关科技进步。
- 补偿社区，激励允许将垃圾运输和处理设施建造在本区域内的社区。
- 开发权，给予建造垃圾处理和填埋设施，或整治再利用旧处理场地的私人企业长期土地租赁权和开发权。

- 根据垃圾排量的多少收费或奖励。
- 贸易协会鼓励工业企业联合提供常规投入开展垃圾管理。
- 开展产品生命周期评估，预测产品的总环境影响，可用于产品认证程序。
- 押金退还，支付押金并根据物品回收情况退还押金，如饮料瓶。
- 回收系统，即制造商回收使用过的产品或包装。
- 交易许可，允许污染者之间交易排放权。
- 禁止生产会造成垃圾处理困难的产品，如汞电池。
- 采购偏好，根据评价标准为含有回收成分的或降低资源消耗的商品加分。
- 生态标签，标注产品的可回收成分或者是否可回收。
- 可回收成分要求，法规和采购规格要求注明产品的可回收成分。
- 产品管理，鼓励降低污染的产品设计，包括降低固体垃圾回收以及处理的总成本，减少垃圾量和回收量。
- 信息公开的要求，要求垃圾制造者公示污染情况。
- 清单系统，对有害物品建立清单，从生产到最终报废实施全程精确定位监控。
- 行业环境评级，公布行业环境评级名单，让消费者选择是否购买污染企业的产品，如印度尼西亚的 PROPER 项目。
- 责任保险，承包商和私人运营商以保险的方式承诺其责任。
- 重新修改保险条款，增加污染保险计划。
- 责任立法，在法律上定义环境修复职责。
- 重构保险范围，覆盖被保险人的污染风险。
- 对于需要政府进行清污的土地行使土地扣押权。
- 招投标制度透明化，鼓励公平竞争。
- 基于业绩的管理合同，监控承包商使其提高整体服务水平。
- 清洁城市竞赛，奖励清洁程度得到改善的社区和城市。

4.6.3.1 收集

垃圾收集是垃圾综合处理系统的第一步。市政当局一般很少有（甚至没有）能力收集所有的城市垃圾。有时虽然制定了目标也发布了声明，但最多只有 80% 的垃圾被收集（世界银行，1999），这一数字通常是基于不恰当的或缺乏根据的假定，而 50% 或许是一个更准确的估计。随着人口膨胀以及向城市迁移，未被收集的垃圾量将与日俱增。

在非洲、拉丁美洲以及加勒比地区的很多地方，绝大多数的人不进行常规的垃圾收集。然而，亚洲的一些地区则很注重垃圾的收集，当地政府会组织日常的收集工作。目前，有关工作也已经在拉丁美洲（USAID，2006）和非洲（UN - HABITAT，2008）展开了。

在进行垃圾收集规划时，应考虑到城市、气候和当地文化。例如，在印度德里，城市希望与一个私人公司签订垃圾收集合同，但是却遭到了很多现有小型收集企业的反对。整合非正规收集企业也可以起到很大作用（UN - Habitat，2010）。下述马里首都巴马科的研究案例说明了基于社区的高效收集系统在降低山洪影响中发挥的作用。

有时在小的社区，初级和次级收集可以结合。随着日益增多的城市人口，居住地离处理点的距离逐渐加大，次级收集变得十分必要，甚至可能还需要三级系统。

案例4.9　马里首都巴马科（Bamako）的固体垃圾处理

巴马科位于尼罗河和曼丁哥高原之间的冲积平原，总人口大约200万人。约有45%的人口居住在半城市化地带的非正式、未规划的居住地。巴马科所面临的主要环境问题包括：没有足够的或者根本没有废水收集处理设施、固体垃圾处理不足、不卫生的个人行为以及落后的城市管理。

20世纪90年代，由于基于社区的积极行动和垃圾回收营利机构——GIEs（Groupement d'Intérêt Economique）的建立，使得该地区垃圾收集工作取得了巨大成功，垃圾的初级收集覆盖率大大提高。GIEs从摸清各个社区的情况入手，明确了他们的具体工作和对社区家庭的适当收费标准。由于巴马科市政部门负责市内的垃圾收集工作，GIEs若要在市内特定收集区域内开展工作，必须获得巴马科市政府的许可。此外，GIEs还需与收集区范围内的所有家庭签订合约，并履行收集和转移垃圾的职责。还有一些其他非正式的协议类型。大部分垃圾转交给农民，用于农业（高达60%是雨季收集的）。

巴马科市负责垃圾的最终处理，即将垃圾从中转站运输到填埋场，并负责填埋场的管理。目前，巴马科并没有正式的填埋场，只是在城市中有一些倾倒垃圾的场地，且没有按计划运行。因此，导致非法的倾倒场所和成堆的垃圾遍布城市。21世纪初，世界银行曾支持巴马科市制定固体垃圾处理策略。这个策略虽然被批准，但尚未带来实实在在的成果，其原因为：巴马科市未能投入适当的人员及足够的经费来支持这项工作的开展。

1999年，巴马科市遭到山洪袭击，造成人员死亡和城市的损毁。灾后研究表明，落后的垃圾处理方式极大地加重了恶劣天气事件的影响。为改变现状，巴马科市在受洪水影响最为严重的区域之一开展了改进暴雨洪水管理以及固体垃圾处理的工作。

在环境管理方面，巴马科市与民间团体建立了伙伴关系。一个名为ALPHALOG的非政府组织出面协助建立政府管理机构和非政府组织、社区组织以及非正式部门组织之间的伙伴关系，并共同开展了一项研究，以确定该地区一直缺乏卫生设施的主要原因。之后，又联合发起一项环境规划管理（EPM）项目。该项目具有以下5个主要目的：

- 流域管理，包括滞洪措施（如挖蓄水沟和分洪）以及河岸修复。
- 垃圾清除、收集和处理，包括清除阻塞河道的垃圾、建立垃圾收集系统、管理运行垃圾填埋场等。
- 开发因改进排蓄、垃圾收集、处理以及再利用措施所带来的新兴产业及就业机会。
- 通过加强水资源管理、培训以及提高意识等措施，改进公共健康和卫生状况。
- 分权，推动当地政府机构和民众的参与，确定其需求及优先等级，并以此推动民主治理。

该市首次采用了利益相关者积极参与综合规划的方法，有力地促进了政府及各界相关组织、人士的共识。参与到过程中的非政府组织、社区组织以及非正式团体的能力也被强化。这个组织现在能够准备参考文件并开展研究工作，通过参与过程也开发了他们开展公共信息宣传的能力。

除了推进分权之外，项目的其他成果包括：

- 清除了关键河段堆积的几百吨垃圾和碎屑，恢复河道的过流能力并降低洪水风险。
- 在关键区域内选择合适地点修建沟渠（又名渗井）提高滞渗水能力，从而降低径流量以及洪水易损性。
- 建立垃圾收集和处理服务：设置了8条收集路线，每条路线由一个小组用牵引挂车负责收集垃圾，并在附近的一个由ACF创建的倾倒场地进行处理。

巴马科自1999年以后再没有经历类似的洪水，这些措施起到了部分作用。目前，巴马科在垃圾处理上面临的主要挑战是：缺乏指定的垃圾最终处理的填埋场地，仅在城外30km的Noumoubougou有一个指定用于填埋的场地。不久前启动了垃圾填埋场的建设，但尚未完成。仍需解决的两个重要问题是：填埋场的运行和维护费用从何而来，垃圾的运输费用由谁负担。随着未来新的分权实体的形成——城区将和巴马科的6个社区以及巴马科卫星城内的若干当地政府部门重组，局势将变得更加复杂。

来源：UN - HABITAT，日期不详；UN - HABITAT，2010；AfDB，2002；Jha，2010；Setchell，2008

4.6.3.2　处理

目前，大部分发展中国家的垃圾处理手段仍有待改进。仅有10%的已收集垃圾在官方填埋场地处理，此前，为省事有些垃圾经常在途中被处理掉。表4.5列举了几种典型的处理手段。

表 4.5	处　理　手　段
家　庭	**政　府　机　构**
被拾垃圾者拿走； 倾倒在空地上； 倾倒在河道和河谷中	倾倒在河流里； 倾倒在进行施工前期处理的土地上； 填埋路上的坑洞； 作为土壤改良剂散播在农田上； 土地填筑； 填埋在河谷周边； 没有法律许可的非官方倾倒； 官方倾倒； 正常运营的填埋场（极少）

许多发展中国家的临床垃圾和小型企业产生的有害垃圾很少被单独收集，而是经常与城市垃圾混在一起。大型企业往往位于城区的外面，可能会有专门的垃圾处理手段，并通常有资源回收的环节。

不当的垃圾处理方式可能对地表水及地下水造成物理、化学或生物污染（通常发生在污染源下游地区），也是洪水的一个重要诱因（阻碍天然及人工排水河渠）。如果将垃圾堆放在洪水多发区，则可能造成水源污染并传播疾病（Diagne，2007）。

4.6.3.3　垃圾处理

高科技的处理手段（如焚烧和合成）需要资金的支持，这往往超出了市政部门的经济实力和运营能力。工业过程通常更有效，且包含了对垃圾能源的回收。

不同种类垃圾的处理方法也不同，因此，需要一个综合的程序，以便在垃圾收集完成后对其进行适当处理。如果没有使用分类垃圾箱收集，则需对垃圾进行分类。有时，合成处理可能不是处理混合型垃圾的最好选择。与此类似，有害垃圾需挑拣出来并尽快妥善处理，以减免对周围区域卫生的影响。为此，需开展宣传教育和适当的培训。

4.6.3.4　垃圾回收再利用

对某些材料的回收可以减少垃圾量，并可提供新的就业机会和收入，从而抵消回收成本。在很多发展中国家，已形成了有效的、结构化的垃圾分拣和回收系统，为少数民众和外来民工提供了就业机会。任何正式的回收方案，特别是从高收入家庭和医院获得高价值的垃圾，都需要认真考虑对已有拾荒者可能造成的经济影响。

4.6.4　减轻洪水对垃圾收集影响的措施

洪水可迅速使垃圾收集系统失效。例如，毁坏交通工具、中断交通、打乱已有的工作程序、因顾及其他事务而造成人手不足。洪水过后，建立有效的垃圾管理对灾后恢复至关重要。也可以通过下列方式，对已有的、运行良好的垃圾收集、处理系统进行改进，以适合灾后恢复：

（1）将堆放场、车库和设备设在不受洪水影响的高地，保证洪水时正常使用。

（2）储备燃料，以备燃料供应中断时使用。

（3）在城市的不同区域设立多处垃圾处理站，保证部分站点不受洪水影响，正常运行。

（4）采用可在紧急情况下运行的垃圾回收及有害垃圾收集系统。

（5）避免在易受洪水侵袭的区域处理非惰性污染物。

（6）避免将可临时蓄洪的低洼地用做垃圾填埋场。

（7）定期清理、疏浚排水管网及河渠。

例如，孟加拉国的达卡（Dhaka）市的主要的垃圾填埋场之一迈图尔（Matuail），曾经是遇洪水就需关闭的开放式垃圾倾倒场。该市用了两年时间，将其改造成可控的正式填埋场，填埋场设有排水管道、道路、防渗处理、沼气排放、场地控制室以及电子台秤等设施，显著减轻了洪水影响（UN-HABITAT，2010）。

4.6.5　液体垃圾及其排放的管理

4.6.5.1　液体垃圾的来源

在大多数发展中国家，液体垃圾主要来自：

（1）径流，尤其是强降雨（如雨季）期间。

（2）人类排放。

（3）工业，如纺织业和制革厂排放。

污水也是主要的液体垃圾来源，通常是河流或排水沟基流的重要组成部分。

大多数排水系统是雨污合流系统，既接纳污水也承接雨水。废水在排入（未被处理）

河道前，往往先流排入路边的明渠，然后进入封闭的下水道中。在很多国家，明渠中的水被用于浇灌农作物，即使在城市地区也是如此。

有许多因素可能导致排水河渠阻塞：

（1）径流中的泥沙淤积。

（2）植物侵占河道。

（3）生活垃圾倾倒。

（4）非法建筑物侵占河道或者不当的工程设计。

（5）家庭和道路清扫垃圾倾倒。

（6）市政垃圾倾倒。

（7）工业和商业垃圾倾倒。

（8）因为新开发（如新建道路）而填埋或缩窄河渠。

较大城市的高收入区和中央商业区可能已有较为完善的封闭式排水系统。然而，流经远郊和非正式定居点的管渠通常是不封闭的，且多直接排入附近的河道。在发展中国家，废水处理通常很少见且低效。高收入区和商业区域的封闭系统因阻塞后不易被发现且难以清除，而易受洪水影响。贫困地区由于缺乏良好的垃圾收集服务以及排水系统清理维护，有时也由于狭窄的街道限制了维护，使得其排水系统最容易被堵塞。

4.6.5.2　处理和处置

发展中国家的污水通常未经处理直接排放到附近的河道中，这些水可能随后被下游地区用于灌溉或家庭使用，进而对这些地区造成负面影响。

4.6.5.3　排水管渠清污

排水管道以及城市的其他水道的清淤工作通常由负责街道清扫的部门承担。由于资源匮乏，这两项服务通常仅限于商业区，其他不很重要的区域则需要自行承担。由于只能使用手工工具，使得清淤工作劳动强度很大。然而，河道的堵塞往往正是由于负责清淤部门不适当的清扫和垃圾处理行为造成的。

尼加拉瓜共和国首都马拉瓜（Managua）给出了一个创新型案例。这座城市位于陡峭崎岖的山区，由分散的城市中心组成，各中心之间的区域人口较少。近年来的城市快速发展导致基础设施和服务不足。尤为严重的是，因城市管理的匮乏使得垃圾回收服务十分缺乏。20 世纪 80 年代以来，该市修建了 16 座小型水坝，用于防洪和截留垃圾。研究表明，这些水坝从河流中截留了超过 $500m^3$ 的沉积物（Tucci，2007）。然而，由于存在水坝维护不善，没有适当的土地利用规划条例规范新的城市开发，缺乏城市排水总体计划等问题，洪水依然每年发生。

以下马尼拉（Manila）大都会通过清理河道垃圾降低洪水风险的应用实例。

案例 4.10　拯救马里基纳河（Marikina River）项目（马里基纳市，菲律宾）

马里基纳河是帕西格河的支流之一。为马尼拉市最重要的自然河流，也是马里基纳市的主要水道。几十年来，河道不断被无序地建设侵占，更有甚者，被用做生活垃圾和工业垃圾的倾倒场所，既导致环境严重恶化，又增加了洪水风险。

1993 年，"拯救马里基纳河"项目启动，旨在修复河道并开发城市最大的休闲区。该项目包括以下组成部分：

（1）拆迁河道两岸的非正式居住房、商业建筑和厂房。

（2）为 10500 户家庭提供 $109km^2$ 的土地及抵押贷款。

（3）引入严格的垃圾收集政策，禁止在非收集日的非收集时间将垃圾放在房外，对于违反者予以惩罚。

（4）河道定期疏浚。

项目减轻了洪水风险，加速了洪水消退。在 1992 年项目实施之前，易被洪水淹没的土地大约为 $6.36km^2$，到 2004 年，减少到 $4.4km^2$。除此之外，之前易受洪水侵害区域的房产价值上升了约 10 倍，为当地政府带来了间接的利益，即增加了房产税收。虽然这个项目成功地将非正式居民点的居民安置到了具有更好基本服务和基础设施的区域，但是水质和上游地区倾倒垃圾问题仍有待解决。

马里基纳案例表明了城市治理在洪水风险管理方面的效果。在城市整治的同时可完成城市洪水风险管理计划的部分工作，从而支撑城市适应长期变化，矫正以往的错误并提高防洪能力。

来源：世界银行，2005；ADPC，2008

4.6.6 预防洪水对污水排放系统影响的措施

下水管道和排水管渠可能以下列方式加剧洪水：
（1）排水能力设计不足。
（2）阻塞。
（3）造成水污染。

预防措施包括以下几个方面：
（1）适当设计排水能力，尤其是主排水管道的排水能力。
（2）避免由于污水和工业废水排放造成现有系统超载。
（3）定期清淤并加强岸坡维护。
（4）在适宜的地区采用明渠排水，以便于发现并清理阻塞和淤积。
（5）将水井口的高度抬升至洪水位以上。
（6）将坑式厕所的位置提高到预期洪水位以上，或加装衬砌或混凝土环防止秽物进入地下水。
（7）修建水处理厂围堤并加装排污管阀门，防止洪水进入排污管道造成倒灌。

4.6.7 洪水垃圾

洪水沉积垃圾管理的主要目的如下：
（1）修建或恢复通往淹没区道路。
（2）加速重建。

（3）保持通往洪水应急关键场所（如医院和学校）的道路畅通。

（4）避免由于处理不善妨碍后续发展。

（5）提供重建材料。

为了防止洪水产生的垃圾占用垃圾填埋空间，分拣工作十分迫切。梯级垃圾处理系统（图 4.10）提供了一个可用于洪水垃圾处理的实用框架，前提是在清理点完成分拣工作，否则会造成资源浪费并增加需要处理的垃圾量。

4.6.8　非正式居民点的固体垃圾管理

非正式居民点通常缺少社区和当地政府提供的固体垃圾处理服务。在实施垃圾管理规划时，这些地区往往被忽视，因为市政机构不认为这是他们的职责，或不在他们的辖区之内。这种情况由于非正式居民点的发展而进一步恶化，例如，缺少垃圾箱；垃圾箱不能定期清理，致使垃圾溢出；长期、大量地向附近水体和河渠中倾倒生活垃圾；低洼的地势、狭窄的道路不利于健康生活。许多实例表明，由于雨水和污水漫溢以及垃圾随地堆放，导致病媒滋生，危及健康，使非正式定居点变得不适宜居住。这一问题需要长期解决方案。而最重要的是应了解当地社区和市政机构能为改善这种状况提供哪些支持和帮助。

如上所述，市区的固体垃圾管理包括规划、施工、组织、管理以及与垃圾的产生、收集、增长、储存、加工和处理有关的财政和法律活动，这通常限于中高收入区域。然而，非正式定居点往往没有相应的过程。虽然政府已经认识到非正式定居点固体垃圾管理的重要性，并为他们提供垃圾桶，但是数量往往十分有限，10～25 户家庭只能共享一个垃圾桶（Chowdhury，2007），有时垃圾桶还会被偷走。

以下是一些行之有效的非正式条件下的固体垃圾管理方法。

1. 非正式定居点固体垃圾收集的低成本方法

很多日常垃圾处理系统都很昂贵并需定期向服务商付费。受运行成本高和低收入水平的制约，非正式居民点的居民对付费的垃圾处理系统并不认可。在很多非正式定居点，低成本的方法被证明是有效的：

（1）利用手推车、驴车以及三轮车挨家挨户收集。

（2）挪走狭窄小巷中的垃圾箱，社区共同使用的生物垃圾箱等。

（3）在定居点入口用卡车收集。

（4）在商店和超市外设立收集中心。

对于马路足够宽的区域，挨家挨户收集较为容易。在其他区域，社区收集点更有效。这样的系统在印度的孟买和加尔各答以及孟加拉国的首都达卡很普遍。这种方式成功的关键在于保障收集的时间、间隔固定。

2. 非正式定居点居民的参与

研究表明，大部分非正式定居点的居民对垃圾管理有所认识并愿意为更清洁、更健康的环境付费。随着收集方式变得更加灵活、低廉，社区成员付款的意愿也相应提高。这些特征在非正式区域尤为明显。让非正式定居点居民参与到自己的垃圾管理中，既可激励其主动性，也有助于设计适合当地条件的方案。例如，垃圾收集者的时间往往与居民的作息时间不相符，因此，有必要设定最佳收集时间并允许当地居民在其最方便时扔垃圾。这一解决方案要求有足够的垃圾箱，并经常清理，且在垃圾箱丢失或毁坏时及时恢复。让当地居民负责垃圾箱的安保工作也可能是不错的选择。设置大型的垃圾箱也可以防止盗窃并鼓励社区的主人翁意识。

可对负责任的垃圾处理或回收行为予以一定的激励，如在巴西的库里，将垃圾送往处理站可以换得新鲜的蔬菜。这是一种双赢的做法，因为非正式居民点的住户因此可获得更多的营养摄入。

组织非正式的拾荒者，付费鼓励其收集运送垃圾，是提高垃圾收集效率的另一种方式。垃圾管理系统的可持续性取决于当局的维护办法。

3. 垃圾的回收再利用以及创造收入

应将任何来源的垃圾转化为可用品：这一原则对非正式定居点和其他区域同样适用。收集的垃圾应按照其价值进行分类和回收。分类与收集不应在同一地点，以避免造成脏乱和污染（Jha，2011）。对回收品和可重复使用品以分别收集和处理为好。可降解和不可降解的垃圾应进行分拣，并鼓励合成。可通过签订支付协议，吸引非正式定居点的居民接受训练并参与到上述行动中。

垃圾收集人员的社会地位通常较低。为了提升他们的社会地位并唤起公民对垃圾收集重要性的认识，需要地方政府部门以及非政府组织之间的协作。当地政府应重点考虑对垃圾收集以及有组织的倾倒明码标价。对非正式居民点也应公布明确的信息，以保证当地居民充分了解相关规定。

4. 加强公共私人伙伴关系，发展固体垃圾服务

虽然认识到了问题所在，但在很多情况下，受资金、人力以及管理机构的组织能力等主要因素的制约，解决问题依然任重道远。培养非正式居民点的居民，使他们有能力运用自身的资源和人力，利用当地政府机构和非政府组织现有的制度框架，也是缓解问题的途径之一。

与当地政府合作强化社区服务可持续改善固体垃圾管理，而非正式居民点的高人口密度有助于降低服务费。

社会团体和小企业可以利用适宜的交通工具，在偏远地区低成本地收集垃圾（US-AID，2006）。玻利维亚、哥伦比亚、哥斯达黎加、危地马拉和秘鲁等国家的小城市均有类似的成功案例。这些城市通过非正式的协议、合同以及许可，鼓励小企业和社会团体进行垃圾的收集和回收利用，他们可将垃圾送到集中堆放点以便私人的或市政的卡车拉走。虽然当地有众多的小企业或团体，但与市政部门的协议行为还处于初级阶段。有一些市政部门已经开始推行，一些仍在考虑。

4.6.9　延伸阅读

Ali，M.，Cotton，A.，and Westlake，K. 1999. Down to earth: solid waste disposal for low – income countries. WEDEC. http: //www. wedc – knowledge. org/wedcopac/opacreq. dll/fullnf? Search _ link = AAAA：M：589158920300.

Medecins San Frontieres. 2005. Health care waste management in low income countries.

Oxfam. 2008. Technical guidance on how to handle and store hazardous waste（hospital，industrial，chemical，asbestos，batteries，gas，etc）. http：//postconfl ict. unep. ch/humanitarianaction/documents/02 _ 03 - 04 _ 01 - 04. pdf.

Rushbrook，P. and Pugh，M. 1999. Solid waste landfill in middle and lower income countries. World Bank Technical Paper 426. World Bank.

World Bank. 1999. Solid Waste Management in Asia. World Bank.

4.7 应急预案、救援、避险以及临时安置场所

应认识到，即使采取了防洪工程与非工程措施相结合的策略，仍会有残余风险。为应对洪灾及灾后影响，制定应急预案至关重要。本节概述了应急预案的核心元素。应对洪水及其后果的其他非工程措施将在后面的 4.8 节、4.9 节、4.10 节和 4.11 节中具体讨论。

4.7.1 应急预案

1.4 节所述的洪水灾害图确定了洪水淹没区域，据此可制定合理且具可操作性的应急计划：

（1）辅助应急响应。

（2）降低洪水影响。

（3）有效配置资源。

（4）减轻混乱。

（5）促进灾害恢复。

4.7.1.1 确认现有内部组织机构

所有的国家都有一些组织机构，如果能够协调一致，可动员起来应对紧急事件。应急预案的目的是在紧急事件之前确认这些机构，以便：

（1）明确职责。

（2）明确指挥结构。

（3）促进跨部门协作。

应考虑的组织见表 4.6。

表 4.6   紧急事件中涉及的组织机构

	警察	维持秩序
政府机构	军队	保证安全； 通过陆路、水路及空中转移群众； 动用重型机械清理堆积物
	其他救援组织，如消防、专业搜救队等（如有）	营救； 通过陆路、水路及空中转移群众
	医疗机构	提供医疗服务
	中央或当地政府	管理指挥应急救援工作
	市政府	提供当地情况； 垃圾处理

私人部门	铁路公司（如有）	运送人员和物资进入和撤离灾区
	运输公司	运送人员和物资进入和撤离灾区
	公交公司	运送人员和物资进入和撤离灾区
	建筑公司	动用重型机械清理堆积物
	采矿企业（如有）	动用重型机械清理堆积物； 使用专业技术清除堆积物，如爆破
民间组织	非政府机构（如部落，如有）	满足特殊需求； 维护社区稳定； 动员社区居民自救或救灾； 提供通信手段
	民间组织	满足特殊需求； 动员社区居民自救或救灾
	宗教团体	满足特殊需求（虽然他们可能更关心灾难的神学意义而非帮助受害者）

制定应急计划有助于识别影响部门之间的障碍，包括权限和经济上的障碍，并在灾前给予解决。

4.7.1.2　确认适当的国外机构

有些洪水事件可用本国资源应对，但是很多国家没有足够的物质和人力资源处置地区和国家的紧急事件，则需寻求外部援助。

有很多国际机构可在洪水事件的应急阶段提供援助（表 4.7）。

表 4.7　　　　　　　　　　　　　　可以为应急事件提供帮助的国际机构

联合国（协调）	联合国难民署（针对越境难民）、人道主义事务办公室、联合国有关机构的紧急救援合作〔针对境内难民（IDPs）〕
联合国（专业机构）	世界粮食计划署（WFP）、联合国儿童基金会（UNICEF）、联合国开发计划署（UNDP）、联合国人权高级专员办公室
国际组织	国际红十字会与红新月会国际联合会（IFRC）
国际慈善机构	不胜枚举，但很多可能有国内办事处

然而，国际机构的介入可能会越俎代庖，导致当事国政府面临丧失救灾行动控制权，而被边缘化的风险，进而可能会降低当地居民的技能，使他们盲从于国外机构。还需认识到，国外机构和国内机构的目标可能也有冲突。例如，在应急救援中不顾当事国政府的感受以引人注目的应急方式"秀"他们的慈善。管理这些机构可能既费时又费力，并且需要大量的外交程序。

因此，应急计划需包含详尽的政策，明确职责，并对国外机构有所限制。

4.7.2　避免损失

在洪水到来之前充分准备可显著减少生命和财产的损失。因此，预警和避难计划也应作为应急计划的一部分。如 4.9 节所述，预警系统是避免伤亡和损失的关键措施。预警系统用途广泛，人员、牲畜、动物（动物园）和资产转移，第 3 章中所描述的某些建筑的防洪功能的启用，调动抢险队伍和机械设备临时筑子堤和安装可拆卸挡板加高堤防或保护基础设施，调度移动式排水泵等应急行动的采取，都需基于及时可靠的预警信息（WMO，2011）。

4.7.3　洪水应急准备

为了协调应急活动，需要设立一个洪水管理机构（FMU），其中应包括当地社区代表。FWU 负责制定企业与政府衔接计划（BGCP）并负责协调应急过程。FMU 也可以作为当地代表或社区伙伴，共同开展流域级规划。政府衔接计划要求社区全程参与计划制定过程，针对紧急情况的参与式规划有助于建立利益相关者之间的信任和信心，强化合作，促进信息共享并鼓励随时沟通（WMO，2011）。各级洪水应急准备活动见表 4.8。

表 4.8　　　　　　　　　　　各级洪水应急准备活动

个 人 和 家 庭 级
树立风险意识：溺水、水源性疾病、触电、有毒动物； 在房屋周围安装防护栏，防止儿童落入水中，并为老年人提供辅助； 确定可能的安全区域以及到达路线； 了解警报来临时应做什么； 知道紧急情况下应与谁联系； 存放救生衣、救生圈或轮胎； 存放急救用品； 在安全地点储备清洁水和食物； 关注每日洪水预报； 将贵重物品移至高处； 做好转移准备； 保护家畜和其他重要资产

社 区 级
确定和维护安全港、安全区以及临时避难所； 在避难转移路线沿程设置标识； 公布避难计划、安置点位置和避难转移路线； 建立重要联系，如城区或省级或国家应急热线的通讯录，并设定社区或村庄的应急中心场所； 成立若干管理小组，分别负责健康事务、损失和需求评估等； 成立社区志愿者团队，负责 24h 监测洪水； 改进或保持通信渠道畅通以发布警告； 向全社区发布消息

城市、城区、省或区域以及国家级
确定响应、救灾和恢复机构的职责； 准备地图（洪水风险图、淹没图、脆弱性图以及资源图），获得反映现状的信息和数据，并据此提供有关援助； 确保关键道路的高度，保证救灾所需关键运输的畅通； 设定安全区并维护已有避难场所，确保卫生设施以及其他必需品； 积极开展提高公共意识的行动； 教育公众应做和不应做的事情，防止在洪水威胁区进行有害的活动； 储备资源，确定当地可用的和需外界支援的资源； 制定资源调动规划； 组建应急小组（如健康、搜索和救援小组）； 组织搜救演习（演练）； 确保社区通信渠道畅通； 检查防洪基础设施（如围堤、堤防、防洪墙等）及其他关键基础设施（如道路、大坝等）； 建立预警系统保证向公众传递可靠信息； 明确在收到警报后如何锁定洪水来源和需采取的相应行动

来源：改编自 WMO，2011

在家庭级，可采取许多措施减轻洪水损失，包括：

（1）识别家庭逃生路线。

（2）安装临时防洪设施。

（3）识别可用于避难的高大建筑（或大树）。

（4）将财产移至高处。

（5）储备能源。

（6）使用不受洪水影响的通信方式，如电台、移动电话，甚至预设的信号，确保信息沟通。

（7）将交通工具转移出灾区。

4.7.4 转移和救援

在事件前和应急的第一阶段，援救工作将依靠当地资源。应急计划应识别并明确相关资源，包括交通运输、燃料供应、不受洪水影响的高地（安置获救人员和设备给养）等，同时还需确定如何确保人员、设备安全。避难转移计划将在 4.10 节讨论。

4.7.4.1 应急避难场所

洪水可能淹没大量房屋。因此，需要估计避难人口所需的避难场所，在估算时应考虑洪水的类型，淹没范围，淹没区内房屋的抗灾性能以及可能幸存人口的比率，并在洪水灾害过后，更新估计方法。需要注意根据预警提前量和现有的资源，淹没区的家庭会选择投亲靠友，因此，避难所的容量可能要会多于需援助的人口数量。在中短期内，有的家庭可能会返回保护其财产，但因当时的情况并不适合回家，滞留在避难所的人数将会增加。

如 4.10 节所述，难民可能还需要替代住所。

4.7.4.2 应急食物供应

洪水可能导致食物供应中断并破坏农业生产。部分地区的食物价格可能会上涨，遇到极端洪水事件时，物价上涨还可能蔓延全国。

应急食物供应计划应确定：

（1）最适宜的食物类型（考虑到当地的口味、文化以及可用的炊具和燃料）。

（2）可能需要的食品量（基于避难人数估计）。

（3）食物供应方和所需的费用。

食物分配应力求达到 SPHERE 标准（The Sphere Project，2011）。

4.7.4.3 应急水源和卫生设施

洪水可能中断现有水源，破坏卫生基础设施，污水漫溢也会污染水源。应急计划应确定替代水源，水源应避免抽取，以自流水源为佳。罐车运水应用做极短时期的权宜之计，因为车辆和燃料可在其他方面发挥更大的效益。

同样，卫生设施应设在避难所附近的非饱和渗透层之上，以保证充分的排水，且应避开水源。在避难所和其他居住区域设计时需考虑这些因素。

4.7.4.4　社会混乱

在严重洪水事件中，很多家庭和社区将会离散，使社会凝聚力下降，可能导致社会混乱。应急计划应确定能够使家庭和社区成员互相了解位置和相互交流的组织和方法，灾后应利用所有可能的媒介，如公告栏、移动电话、固定电话、小报和电台等传递信息，保持人际间交流。

4.7.4.5　应急通道

洪水发生后，由于滑坡泥石流、淤泥、洪水淹没或被冲毁等原因，通往淹没区以及淹没区内的道路可能中断或受影响。

因此，应急计划应确认：

（1）可通往淹没区或淹没区内可通行的道路，应排除通过低矮桥梁、低洼地区、易受滑坡影响的道路（以防淹没）并重点确定那些无不安全因素的道路。

（2）在主要通道上设计并安置永久性指示标志。符号的使用应避免由于语言和文字造成的识别困难。

（3）道路、铁路和机场的适用性，以便于长距离运输供应物品。

（4）主要航道附近码头的适用性，对国际船舶而言，应有足够的深度和相应的装卸设施。

4.7.4.6　清理

洪水将造成大量的碎屑堆积和淤泥淤积。应急计划应明确这些碎屑和淤泥如何清理，由谁清理以及放于何处。具体内容详见 4.12 节。

4.7.4.7　应急医疗设施

洪水可能造成各种创伤。应急计划应确认：

（1）适宜于作为初步医疗中心的公共建筑物（如学校、政府办公室或类似单位）。

（2）淹没区之外，可进一步配备专业服务和设备的现有医疗机构。

照片 4.1　作为临时救助中心的学校（海地，2004）

来源：Peter Lingwood

(3) 重伤员的转移运送方法。

(4) 适用于作为移动诊所、临时帐篷和集散中心的公共场所（如公园和学校）。

(5) 医用电力供应（在常规电力供应中断时）。

照片 4.1 展示了作为临时救助中心的学校。

4.7.4.8 能源

洪水可能造成能源中断，可能是电力，在欠发达地区可能是木材或者动物粪便等燃料能源。

应急能源计划应确定：

(1) 当地的燃料资源及其在洪水期间和洪水过后的可持续性。

(2) 替代能源（如发电机）以及燃料。

(3) 可能由替代能源维持的关键机构，如医院，以及如何保障其平时的储备。

4.7.4.9 安全

在灾害紧急情况下，正常的社会准则和执法体系可能被动摇，从而为盗窃以及腐败创造机会。

因此，应急安全计划应确定：

(1) 洪水期间和平时，应急所需设施的安全保障。

(2) 在洪水发生后立即部署可靠的安全部队，以防止趁火打劫。

(3) 对政府行政效率和廉洁的外部审计。

4.7.4.10 预演和维护

平时需对应急预案进行年度评价，并开展洪水应急预案的实施演练。这有助于确定一年来的情况变化，支持有关机构的备灾工作，一旦发现问题应及时纠正。应急计划每 5 年至少应进行一次全面修订。

相关系统的维护在第 6 章讨论。

4.7.4.11 延伸阅读

Corsellis，T. and Vitale，A. 2005. Transitional settlement：displaced populations. Oxford：Oxfam Publications.

The Sphere Project. 2011. Sphere，humanitarian charter and minimum standards in disaster response.

4.8 企业和政府部门的延续性规划（BGCP）

洪水过后，一些组织、机构和部门或许还能继续提供最重要的服务。其他部门，在洪水严重后果的影响下，则很难有效运作。评估个人、政府及非政府组织、机构和部门在不同洪水情况下继续执行其职责的能力非常重要。根据评估结果，应优先对在紧急情况下更易面临运行问题的公共基础设施予以修缮或维护。

例如，2011 年美国密西西比河洪水期间，下游的货运码头由于高水位而被迫停止运行，造成供应链问题。2011 年澳大利亚布里斯班的洪水使成千上万的家庭失去电力供应。电力供应商不得不在一些洪水影响区域部署备用发电机，以应对停电。商业延续性的重要性不仅体现在直接服务于公众需求的行业，同时体现在维持灾区的经济持续繁荣。如果灾区的工商业因洪水而丧失能力，灾区的经济将受到长期影响。

在灾情严重时，BGCP 能够确保必要的服务以及重要基础设施的持续运行。在规划过程中，各级组织、机构或部门应该建立应对洪水的机制，提高抗灾性能，使其在洪水干扰中能够继续运行或在短时的停滞后快速恢复运行。洪水可能影响组织或部门运作的完整性，因此，最好在洪水之前做好规划而不是当洪水发生时才匆忙应对。

BGCP 的目标是降低组织或部门的脆弱性，从而减轻不利事件（如洪水）的影响。最重要的是，该计划最大可能地确保了重要业务的延续性，从而：

（1）提供公共安全。

（2）减轻对重要政府职能的干扰。

（3）减轻公共和私人基础设施，包括私人财产的损失。

企业和政府应变计划制定过程如图 4.11 所示。

4.8.1　与企业或公共部门关系

合理的应急行动计划可以减少各级机构对洪水的暴露性，提高其灾害期间和灾后抗灾能力，因此，对公共和私人部门都很重要。

政府和商业的延续性计划需要与灾害管理机构以及地方、地区、州和国家级的机构充分

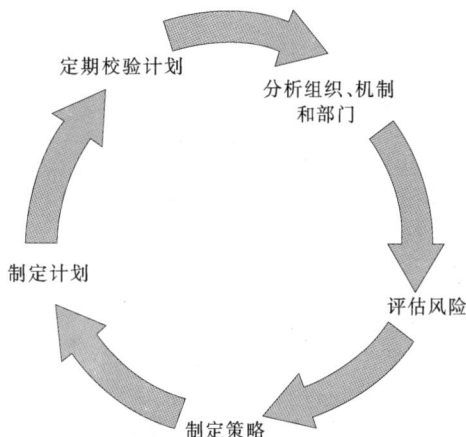

图 4.11　企业和政府部门延续性计划过程

联系。在制定、实施应急行动计划时，应广泛吸收当地社区民众的参与，并将当地已有的应急措施纳入这类计划中，以反映当地的状况、实际需求以及应对优先顺序。

从个人到国家级的洪水应急准备活动各不相同。除了政府部门以外，私营企业、非政府组织，以及其他援助组织，都应该制定各自的延续性计划。

对于企业和政府而言，降低洪水风险所需的初期投资昂贵且无利可图。这笔投资可能需要削减、紧缩其他日常活动的资金。因此，往往会降低企业（尤其是小型企业）以及政府的积极性，从而阻碍计划的制定。为此，在制定 BGCPs 时，利益相关者之间的协调（包括公共和私人企业之间）非常重要。好的 BGCPs 可以有效减轻各个机构受洪水的影响和损失，并降低应急计划的成本。

此外，制定延续性计划不应视做只有企业和政府才需采取的行动。个人和家庭也应制定各自的计划，最为重要的是，应积极参与到他人的行动计划制定过程中。同时必须牢记，不同的计划制定者有不同的脆弱性，因此，行动计划必须以一种适当且有效的方式合理综合个人需求及优先等级。

图 4.12 中的因素可用于指导行动计划的制定，从而降低对洪水的脆弱性，维持重要

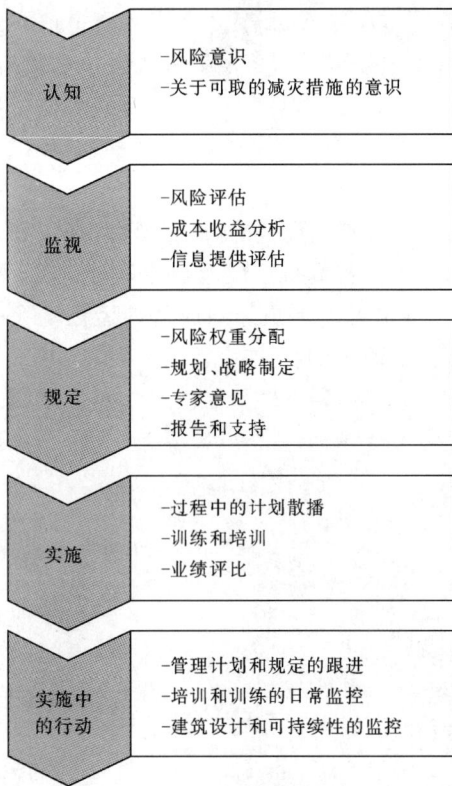

认知	-风险意识 -关于可取的减灾措施的意识
监视	-风险评估 -成本收益分析 -信息提供评估
规定	-风险权重分配 -规划、战略制定 -专家意见 -报告和支持
实施	-过程中的计划散播 -训练和培训 -业绩评比
实施中的行动	-管理计划和规定的跟进 -培训和训练的日常监控 -建筑设计和可持续性的监控

图 4.12　企业和政府制定延续性
行动计划的要素

来源：改编自 Bhattacharya 等，2011

业务的延续性。

4.8.2　洪水风险最小化

如 3.9 节所述，公共和私人基础设施应采用适当的建筑设计，最小化洪水风险。此外，还应考虑是否可将洪水风险区内的基础设施和资产迁移至安全区。然而，决策者和技术人员需要适当的工具，辅助其考虑这类措施的成本及效益，这方面的内容将在第 5 章讨论。

重要基础设施的保护可能是企业和政府部门需考虑的首要问题。暴露于洪水危险中的重要服务供应商，无论是国营或是私营企业，都应采取一系列措施（包括工程与非工程措施）管理风险。英国（CLG，2006）采用下列洪水风险管理措施：

（1）评估。

（2）规避。

（3）替代。

（4）控制。

（5）减轻。

开发新的基础设施时，规避是关键的减灾非工程措施，应作为前面讨论的土地利用规划过程的重要部分。作为基础设施管理者，可采用的其他非工程措施包括备灾、洪水预报预警、灾害管理以及应急演习等。

设计抗灾性能高，在洪水中不会增加风险的基础设施，也是一种降低损失的可行方法。如果成本合理，则可有效地降低未来风险。提高抗灾性能的设计包括抬高地基、安装小型发电机、使用耐水材料等。

还可通过工程措施，如防洪墙、堤防等保护基础设施（如第 3 章所述）。防洪设施的设计、施工是专业领域的工作，需要水文学家以及岩土、土木、结构工程师的参与。临时及可装卸的防洪设施是另一种形式的工程措施，也可用于保护基础设施，但是，如何将其成功部署还有很多需考虑的问题，包括这类措施运行和维护的成本——其使用寿命期的总成本可能高于固定结构。

商业的中断不仅源于洪水的直接冲击，还受到一些间接影响。例如，基础设施、库存、车辆、仪器以及文档损毁，电力、燃气、电信和交通中断。较小的，经济承受能力较弱的企业承受着更大的风险。这些企业获取收益的市场较小，且缺乏资源和知识，没有足够的经济实力建设防洪设施。某些行业的一些企业可以让员工在其他没受灾的地区继续工作，因此，具有一定的优势，但这并不适用于大多数企业。

与同行小企业相比，有着较大市场和较强经济实力的企业具有更高的灾后恢复能力。

这类企业可以利用其较大的市场能力，采用多地点生产的方式分散风险。而且，这类企业还有足够的经济实力修建防洪设施，提高防护水平；有更强的实力购买灾害保险、独立应变基金以及其他保险。这些都是企业延续性计划中应对企业停顿并尽可能快速恢复到灾前状态的前提。事实上，延续性还与行业相关，不同行业对洪水有着不同的暴露性和脆弱性等级，互相之间差别很大。

促使保额不足或没有投保的财产加入适当的保险有助于加速灾后恢复。处于高风险区的团体及个人在投保时可能会遇到高额费率的困境，有时甚至被排除在可保范围之外，这一情况在发展中国家尤为明显。而洪水预警降低了灾后恢复对保险公司的依赖。通过采取措施降低对洪水的脆弱性，加之有关组织和政府的灾后援助，可使受影响企业尽快恢复运行。

4.8.3　延伸阅读

WMO. 2011. Flood emergency planning：A tool for integrated flood management. Associated Program on Flood Management.

4.9　早期预警系统

早期预警系统（EWS）目的明确单纯：通告即将来临的洪水，以便应急预案的实行。正确应用 EWS，可以减少生命财产损失并减轻其他不利影响。表 4.9 中总结了洪水预警后可采取的措施及其效果。

表 4.9　　　　　　　　　　预警后可采取的措施及其效果

措　施	描　述
将财产转移出淹没区	居住在淹没区的居民可以转移部分财产，如电视机、立体音响、计算机、重要文件及其他有价值的物品等
转移财产至淹没区内高处	在多层建筑中的居民和企业有机会把可移动的财产从低层搬至高层
临时防洪	预警赢得足够的时间，允许财产所有者采取临时防洪措施防护财产，如暂时密封门窗，防止财产淹没从而减少洪水损失
及时维护	预警系统可以给受灾地区的官员及个人提供更多时间采取及时的维护措施，如关闭输气管道，停止向污水管道系统排放有害物质以及保护供水和污水处理厂正常工作
提前通知应急措施	预警增加的时间可使灾区民众联系灾区以外的亲友，以便在洪水来临之前安全转移，从而减少政府应急避难和急救护理的费用。如果避难的民众在撤离之前有时间保护或转移其财产，政府灾后及长期援助的成本将大大减少。对于救灾人员及物资缺乏的社区，提前预警有助于完成灾前准备工作
网络系统的有序中断	预警及应急响应系统使其他网络系统（电话系统、公共设施、管线、有线电视服务、运输方式和交通流量以及当地的区域网络）采取有序且有效的方式陆续中断。企业可以利用足够的预警时间实施网络替代方案
敏感工作的暂停	对需要漫长生产过程的物品而言，足够的预警时间可以使暂停生产过程对产品造成的破坏最小化，并最小化有害物质进入洪水的可能性。同样的，足够的预警时间可使工作团队合理安排工作顺序，从而使公共设施的破坏最小化
对急救费用、清洁费用和成本的相关影响	预警系统可以使紧急救援人员和居民及时采取预防措施，从而减少急救费用和清洁费用。同样的，预警系统可以增加快速恢复的机会，从而减少失业和收入损失，减少销售和税收的损失。预警使居民和企业需要的保险金额减少，可能减少洪水保险的成本
交通控制	先进的洪水预警可以为政府部门提供机会，在洪水发生前决定道路的关闭和维持。车辆能以更有效的方式改道，也可以及时部署人员阻止车辆进入具有潜在危险的区域，并将车辆引导至安全绕行路线

来源：改编自 USACE，1994

菲律宾毕纳罕河（Binahaan River）流域洪水预警系统的应用是 EWS 拯救生命和减少洪水影响的范例（Neussner 等，2008）。据毕纳罕河地区洪水预警系统运行中心（2009）报告称，在 2008 年，该预警系统共启用 5 次，其中 3 次发生了洪水。由于提前预警以及及时部署转移用船只，洪水中无一人丧生。

Gautam 和 Khanal（2009）在其研究中引述的另外一个实例，是一位教师的叙述："谨慎启用 EWS 并有效应用我们通过各种培训宣传所获得的知识和技能，我们社区没有人员伤亡。而临近社区没有应用 EWS，导致 24 人丧生。这表明，如社区提前做好充足准备，则能显著减少洪水的影响。"

为预报季节性洪水，2008 年多哥（Togo）建立了早期预警通信系统，虽然该预警系统中没有包括气象预报，但在洛美以北 Atiégou Zogbédji 的小社区得到了成功应用。当河水位达到危险高度时，社区负责人拿着扩音器，将洪水即将来临的消息告知当地居民，并要求人们撤离。提前一个半小时的通知，使 2000 人撤离至安全场所，洪水只造成物质损失，没有造成伤亡。

前几章讨论的洪水预报及风险评估技术的发展，为开发及时、准确的早期预警系统奠定了基础。预警系统可向有关当局报警，或向公众报警，或两者兼报。在流域或区域的基础上，预警系统的尺度可以是全国的，由志愿者来运行。大部分预警系统由各国独立运行，有些预警系统则覆盖了许多国际河流，像欧洲的莱茵河、多瑙河、易北河、摩泽尔河、亚洲的湄公河、印度河、恒河—布拉马普特拉河—梅格纳河流域和非洲南部的赞比西河（联合国，2006）。然而，预警系统发挥作用的关键取决于预报系统、应急预案的质量以及社区应对风险的准备程度。预报的质量还取决于灾害的类型。洪水预警系统比飓风预警系统有更长预见期，而地震引发的海啸预警时间很短。山洪等突发性洪水预报尚存在许多问题，这对此类洪水多发的发展中国家造成严重影响。虽然预警系统应用效果得到普遍认同，但确保其有效运行则需结合当地实际情况。

4.9.1　有效的早期预警系统的要素

洪水预警系统的 4 大要素是：

（1）监测可能引发洪水的条件，如强降雨、长时间降雨、暴风雨或者融雪。

（2）应用模型系统，通过情景分析或历史洪水复演模拟上述条件如何形成洪水。

（3）将预警信息正确传达给相关的地区和接收者。

（4）基于专业指导或应急预案对收到预警实施相应行动。

照片 4.2 展示了萨摩亚和印度的监测设备。

预警系统 4 个要素中任意一个出现问题将导致系统失效。太多不正确的预报会使人们对预警失去信心而对预警充耳不闻。

预警信息或指令不清晰亦会带来负面影响。例如，1970 年美国汤姆森大峡谷的洪水，因缺乏清晰的指令，许多人尝试开车逃出峡谷而不是选择弃车爬到高处，造成大量人员死亡。

最后，因为避难计划不够完善，在卡特里娜（Katrina）飓风到来时，即使提前有清晰的预警，仍造成了很多人员伤亡。

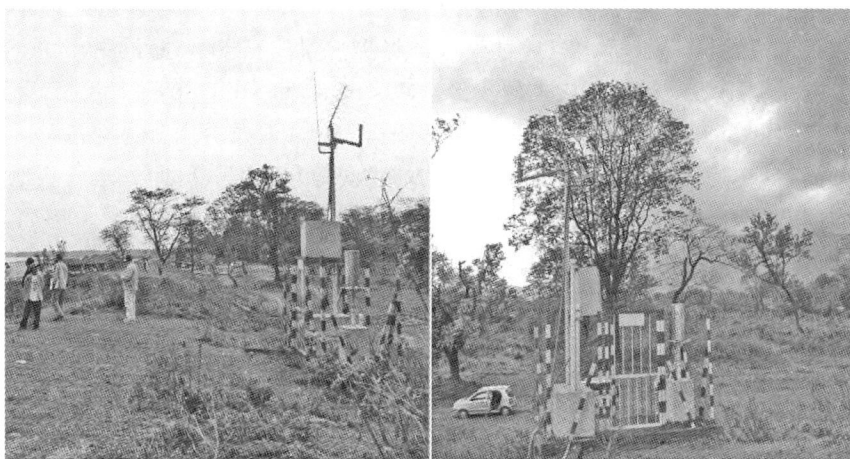

照片 4.2 萨摩亚和印度的监测设备
来源：Alan Bird

许多利益相关者可对洪水应对方式和洪水后果产生影响，利益相关者通常包括：

（1）政府部门（地方、区域、中央政府或多国政府，取决于洪水事件以及流域的尺度）。政府通常最先收到预警，并实施其精心准备的程序。通常这些程序包括对即将到来的紧急事件进行分类并批准筹办应急物资。例如，地方政府需决定辖区是否启动转移等。

（2）应急服务和响应机构。启动应急服务，动员人员迁移。

（3）受影响的公众。当公众已有准备，如制定了临时保护措施或转移方案，则需根据预警采取行动。

（4）当地企业。企业接到预警后可启动企业持续运转计划应对可能的洪水，并提醒员工注意防范。

（5）志愿者组织。这类组织对应急服务具有十分重要的作用。他们需根据预警采用最合理有效的方式安排救灾人员和资源。

（6）水行政主管部门和排水机构。水行政主管部门利用充足的预警信息，开展工程调度，减缓洪水流速、淹没范围和淹没时间。同时需采取措施保护设备或将其重新部署，以确保连续供应清洁的水资源。

（7）公共事业部门。公共事业部门需根据预警信息启动预案保护公用设施，调整服务方式。

上述响应者和其他潜在响应者对预警信息有不同的要求，应将这些要求整合到预警系统的设计中。应明确最基本和最理想状态的需求。检测和预报系统应提供充足的满足各类需求的信息。

4.9.2 响应者的需求

每次预警的信息各不相同，不可千篇一律。启用哪一级应急行动方案应依据具体灾情而定，预警信息则应该针对灾情和响应者的需求发布。一些典型案例给出了必要的预警提前量和必需的信息。

斐济（Fiji）的地方洪水预警系统正在更新中。Navua 地区的预警系统建于 2007 年，起初山洪预报的提前量最多 3h，拟通过改进，将提前量增至 6h。据预测，Navua 预警系统产生的效益是系统建设和运行成本的 4 倍（Woodruff 和 Holland，2008）。

避难转移时间需根据避难人口数量和转移距离而定。避难时间分为准备时间（包括将物品转移到高处或对其防护、安顿家人和宠物的时间等）和实施时间（从危险地点转移到安全区的时间）。安全区可能是当地避难所，也可能是远距离的避难中心。例如，1999 年当弗洛伊德（Floyd）飓风袭击美国时，公众所需的避难时间并不相同，一些人在收到官方通知前就已撤离，而有人直到最后一刻才离开。转移途中平均用时间为 9h。

安装防护设施的过程可能不足半小时，有些用时会长一些。根据菲律宾的相关手册（Neussner，2009），转移不同物品估计用时详见表 4.10。

表 4.10 转移不同物品估计用时

0.5h	<2h	<4h	>4h
电视	卡拉 OK	大家电如冰箱	大型烤箱、冰柜
音响设备	微波炉、烤面包机	书柜、餐桌	厨具
小家电	橱柜里的物品	地毯	床
随身物品	昂贵的衣服	其他衣服和随身物品	
	自行车	鸡、猪	

来源：Neussner，2009

4.9.3 洪水预警发布的组织

洪水预警信息经常有很多来源（ADPC，2006），这种情况可能会造成混淆或误导公众。例如，天气预报和洪水警报如果分开发布可能会造成混淆。最理想的情况是所有的官方预警都由同一信息源发布，以保证预警的前后一致性。若要所有预警信息出自同一信息源，则需要一个官方的信息整理过程，将必要的信息按照适当的空间尺度进行整理，同时需要明确的决策过程，以批准向预期的响应者发布预警信息。

发布洪水预警信息可能有多种渠道，渠道的选择需视预警接收者的情况而定。需要选择耐水性好的传播媒介。选择媒介时有些正式使用规范，如通过专用安全服务器或紧急事件无线频率，使预警信息可以在专业响应者之间传递。

对于大众，有很多种类的预警信息传播方式可供选择。例如：

（1）电话、短信、传真、寻呼机、电子邮件预警服务。

（2）国家和地方电视、报纸和广播。

（3）警笛。

（4）锣鼓。

（5）信号旗。

（6）洪水监测服务站。

（7）网络。

（8）语音电话服务。

（9）道路信号。

（10）海报。

（11）口头传述。

最成功的预警服务应综合使用各种媒介，并保证信息在整个时段的一致性，以及要求受信者反馈。例如，其家园即将被洪水淹没的人，可能会对电话、传真或他人转述等针对个人的传播方式做出最好的反应；准备避难转移的人可能更需要通过网络或淹没区地图了解灾区的情况。

4.9.4　恰当的预警内容

预警信息的内容应与接收者的语境和理解能力相适应。一般情况下，公众理解洪水预警信息比较困难，这对于他们而言过于专业。

对于大众而言，预警信息的关键内容应包括：

（1）明确的开篇说明。

（2）根据当地具体环境明确说明可能发生洪水的地点。

（3）洪水影响的严重程度。

（4）人们应采取的行动。

（5）洪水可能到来的时间，人们采取行动的时间。

（6）可以适当表现紧迫性的语言。

（7）民众能够得到更多信息的方法。

（8）反复强调重点（如果以口述形式传达）。

明确的开篇说明十分必要，它可以吸引大众的注意力，提醒受众即将传达信息的重要性。重复说明总能有效地使大众的理解程度最大化。针对受影响的人群，一定要理解当地的环境和背景。英国最新的研究显示，专业团队所使用的有关流域的术语，当地群众则不知所云（Pitt，2008）。

洪水影响的严重程度应与已知或经历过的洪水相比，或用水深、流速特征说明。此外，系统的代码要适合。例如，在孟加拉湾的标准化气旋预警系统中，应用的代码是数字和旗子。

预警最重要的是：应详细说明应采取的具体行动，有时也许是触发某一行动的条件。例如，明确给出采取某一避险行动的具体时间，如果这一时间和行动适合大多数人；或者将当地负责发布应急指令的机构通知公众。应急指令要清晰明确，不得自相矛盾。例如，在"注意收听广播、上网获得更多信息"的指令中，加上"关闭电源"的指令，容易造成混淆。

时间对预警信息至关重要。预警信息应根据洪水发展的不同状态而变更。例如，在洪水到来之前发出的信息，随着洪水的到来，应适当调整或完全废弃。

灾情的紧迫性应通过适当的语言来精确传达，以便使民众清楚地理解。例如，在初期还不确定的洪水预警中应使用"可能要发生洪水"和"你应该留意接下来的情况"等语言。之后有必要发布更加确定的危险洪水预警信息时，可使用"洪水即将到来"或"你必须准备避难"等语言。其他不同预警等级的信息示例详见图 4.13（Neussner，2009）。

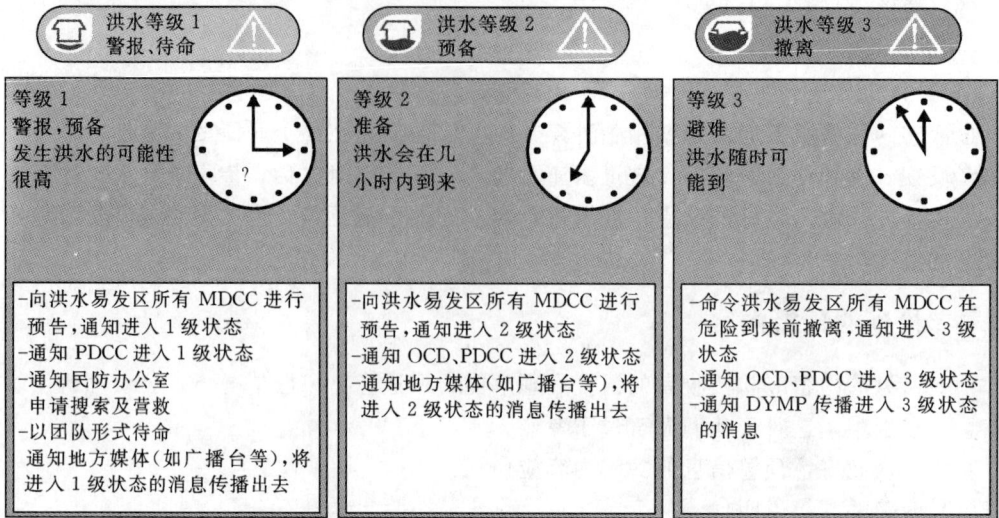

图 4.13　洪水预警等级

来源：改编自 Neussner，2009

4.9.5　早期预警系统开发

早期预警系统设计过程中应该征求响应者和预报员的意见，以便了解响应者对预警信息的要求，以及预测、预报模型的功能可否满足这些要求。当预警系统不足以提供所需的预报时（如对某些突发洪水），有必要重新考虑是否有其他更有效的措施。

4.9.5.1　方法

1. 需求分析和可行性分析

决定需求的因素很多，包括洪水的发生频率、严重程度，受灾人群的脆弱性，现行的或传统的应对方法的充分性。可行性则取决于洪水类型，特别是洪水的可预见性和开始时间，不同的情况下预警也不同。它们可有效地整合于新的系统中吗？随着时间推移持续提供预警的能力以及回应预警的能力都是需考虑的因素。

2. 定义利益相关者群体

利益相关群体可能包括政府、预报者、响应者、社区团体、居民和企业。这些群体的代表需要从一开始就加入到系统开发过程中，以保证他们所有的观点、需求和能力得到充分考虑。

3. 确定响应者的需求

不同响应者的需求与他们从开始行动到完成避难转移所需的时间有关，如果预警来得太晚而没有时间行动，则预警是无用的。部分响应者可能会容忍一些错误警报。确定响应者的需求可采取一对一的询问方式，或是咨询参与应急预案编制的人。据此可在主要投资之前确定系统的目标和绩效指标，以及开发该系统的可行性。

4. 定义预警等级

预先定义预警的等级可以增加信息传播的清晰度。清晰的信息可使响应者准确判断形势，采取必要的行动。定义预警等级可在确定预警需求阶段的咨询和规划过程中完成。理想状况下，应由单一的系统传达可能性、严重性和紧急性等信息。定义时需考虑的问题包括：适当的语言，是否每个人都能理解信息的含义，图形信息和颜色标志的使用，某些措施是强制的还是自愿的，是否存在其他预警系统提供相同的预警等级？这样是否会出现信息混淆。

5. 建立预警中心

预警中心的规模和范围可以是国家级，也可以是地方级的。具体建立哪一级别的预警中心应由下列因素决定：可靠的资金支持，预报能力，风险的分散，脆弱性以及文化、历史因素。预警中心应该是权威信息的来源，因此，需要设在已有部委机构或其他指挥机构中。预警中心所在的地理位置很重要，应位于洪水淹没区之外，同时可方便地获得应急物资。

6. 选定传播信息媒介

确定负责机构的职责可以使预警信息以一种更有组织的方式进行传播。预警信息对所有团体都应该具有一致性，对不同的团体应选择不同传播信息的媒介。传播信息可以通过口述或视觉方法，如不同颜色的信号旗、警笛声、媒介传播等。通过协商优先向有危险的团体传播信息，至关重要的是使难以接近的及弱势群体的代表收到信息。手机可能成为一个越来越重要的介质选择，它们在许多偏远地区应用十分普遍。至关重要的一点是：至少有一种传播途径能抵御大洪水对设备的影响，如对配电设施和电缆的破坏。

7. 购买及分配设备

使用最好的设备接收和处理预警信息对于预警的响应效益巨大。有时需投资采购新设备。设计系统时应使用成本较低且便于采买的设备，应尽可能在设备成本和系统有效性之间取得平衡。在选择设备时还应考虑：运营商的资质，本地可利用资源和当地知识，响应者提供资源的能力。

8. 建立预警服务

建立服务包括将所有预报、预警说明的信息联系起来，以提供技术服务。与此同时，应该建立宣传体系，将预警系统现状、目标和预警演练活动向预警响应群体广泛宣传。预警能否成功的关键在于：使预警信息的含义家喻户晓，并使民众积极响应该系统发出的信息。

9. 训练预警工作人员

预警工作需要大量训练有素的人员，需对接受培训的人员定期检查，了解并强化其业务能力。工作人员需要全天候在岗，密切关注可能的异常现象。如果当地的志愿者经过良好的培训，也可加入工作人员之列。其他后勤工作人员可根据洪水预警活动的需要调整。

10. 注册预警服务用户

系统的响应者和用户需要注册，他们的沟通偏好也需记录在案。注册可是自愿的，也可是强制性的。系统可能需适当征收商业用户的费用，但是对本国公民和弱势群体应免除使用费用。一个可选择退出的系统有助于最大化参与，但在加入人数不足时难以保证行动效果。

11. 开展演习

为了检测系统，包括提前量、传播设备等在内的所有要素是否适宜，需开展演习或虚拟演练。演习过多，容易造成"狼来了"的效果，使民众不再注重预警信息；演习不足，会导致准备不足，不能很好地应对实际洪水，在二者之间找到平衡很重要。培训和演习可使系统做好应对现实洪水的准备，因此，定期组织并监督演习意义重大。

4.9.5.2 成本和资源

建立预警系统可能是个低成本高效益的选择，因此，预警系统被许多国家作为应对洪水的第一道防线。如果国内已有较为完善的预报和监测服务，预警中心的建设成本会很低，而且能够在协商和确认利益相关者后很快建立起来。

建立充分的预报和监测服务，需要投入大量的专家以及用于模拟和监测的软硬件。增加预报提前量是建立可靠和及时预报的主要难题。

系统一旦建立则需持续的人力、数据和其他资源投入，以保证系统有效运转。汇集并保留人才，资金的持续投入，监测设备运行和维护，模型改进和发布设备高效运作是保证系统长时间可持续发挥作用的关键挑战，对于低频事件这些挑战更为严峻。

4.9.6 延伸阅读

Phaiju, A., Bej, D., Pokharel, S. & Dons, U. 2010. Establishing community based early warning systems: practitioner's handbook. Lalitpur, Napal, Mercy Corps and Practical Action.

MRC & ADPC. 2009. Case study 2 - improved dissemination of flood forecasts through community - based early warning systems. Building the local capacity in flood - vulnerable communities in Cambodia. MRC/ADPC.

Neussner, O. 2009. Local flood early warning systems - Experiences from the Philippines (Manual). Tacloban, Phillipines, Technische Zusammenarbeit (GTZ) GmbH.

United Nations. 2006. Global survey of early warning systems. UN.

Jacks, E., Davidson, J. and Wai, H. G. 2010. Guidelines on early warning systems and application of nowcasting and warning operations. Geneva, WMO.

4.10 避难转移预案

为了减少人员伤亡及洪水的其他影响，应在洪水即将上涨或已经上涨时，组织洪水可能淹没区域的人员避难转移。

4.10.1 避难转移计划的组织

应组建跨学科的避难转移计划组织，其中应包括与灾害相关的主要负责机构，尤其是洪水管理机构。社区防洪管理委员会（CFMC）即是这样的组织。除组建 CFMC 外，还应在适当的地点设置避难中心。

　　CFMC 的成员应该掌握避难转移、救生和急救，包括医疗处理（如果不能达到专业程度，至少应对他们进行基本的培训）知识。避难转移计划应在与社区相关团体讨论后制定。居民参与计划的制定，将提升他们应对和处理洪水风险的意识和能力。避难转移计划应涵盖社区所有成员，包括弱势群体。

　　负责应急避险的机构应定期召开社区会议，宣传洪水风险、防洪准备和避险知识，会议时间可选在雨季或季风到来前。定期举办避险演习可检验避险计划的有效性。

　　避险计划应确定转移路线及确保沿线安全需采取的具体措施，这一工作除与社区合作开展外，还可争取外部援助。避难计划还应决定避难运输模式和通行路线、救生方式和援助方案。此外，避难计划应确定用做避难中心的空地和建筑物。根据 Arnold、Chen、Deichmann 等的著述（2006），避难中心的功能主要包括：

　　（1）作为临时居所和避难所。

　　（2）作为医院，可通过在原建筑物中储备物资和安装基本医疗设备建立临时医院。

　　（3）作为信息中心，保持与中央通信系统的联系。

　　（4）作为物资分发站，供应基本生活用品，如水、食物和毛毯等。

　　（5）作为卫生服务处，设置卫生间、沐浴间和垃圾处理设备。

　　为制定避难计划并执行上述任务，应制作展示洪水可能淹没区的范围和位置，如第 1 章和第 2 章所述。EWS 还应提前对即将到来的洪水进行预报，以便实施避险计划（如 4.9 节所讨论的）。即使洪水不如预测的严重，这些准备有助于检验避险计划的有效性，使社区民众了解洪水风险的性质。

4.10.2　提供临时避难场所

　　联合国开发计划署（2009）指出："住房可能是生活条件中最重要的决定性因素，往往也是最大的非经常性支出之一。"

　　收容所和避难所，至少应做到以下几点：

　　（1）提供一定防护以应对天气变化。

　　（2）提供居住和储存私人物品的空间。

　　（3）确保居住者的自尊心、隐私和安全感。

　　在大多数的紧急事件中，均需要收容所和避难所临时安置灾民。然而，避难所的类型、所需物品、可能持续时间等，在不同的情况下有很大的区别。针对避难所的设置，脆弱性分析可以确定灾民的最基本需求及其优先等级。位于安全区可用做洪水避难所的场所可能包括：

　　（1）学校。

　　（2）宗教聚会场所（如寺庙、教堂、清真寺等）。

　　（3）社区中心。

　　（4）高地（如屋顶、较高的楼层、堤顶等）。

　　（5）军事设施。

　　（6）兵营。

4.10.3　收容所与避难所的位置及规模

收容所与避难所的位置及规模应与社区商讨之后决定。在做决定时，应将难民的社会活动和工作地点与收容所或避难所之间的交通状况考虑在内。在临时避难场所设计及分配内部空间时，还应考虑当地社会实际情况及共享资源（如水、卫生设施、厨具等）的供应和维护。避难中心的空间布局必须能保护各个住户的隐私及自尊心。

建造临时避难场所时，应该选用当地最常见的建筑设计样式以及最常用的建筑材料。临时避难场所的设计必须遵循简约原则，使结构尽量简单化。坚固结实的屋顶是对临时避难场所最基本的要求，即使不能建造完整的避难所，也应优先建造符合要求的屋顶。

在屋顶上铺设防水油布很常见。帐篷作为一种临时居所类型，不能提供较为舒适的居住环境，并且在极端天气条件下不能提供充分的保障，因此，不是最佳的选择。然而，在特定情况下，帐篷可以用来储存设备，或设立临时医院、学校及其他机构。避难中心的成功很大程度上依靠这些设备的使用。

根据"基于人道主义及最低标准的灾害响应"（The Sphere Project，2004），表4.11中列出了洪水收容所及避难所建造应满足的具体要求。

表 4.11　　　　　　　　　　　　**对洪水收容所及避难所的特殊要求**

表面积	在临时避难中心，每个人占有 $45m^2$ 的面积较为合适。这个面积包括了居住面积和用于道路、人行道、教育设施、医疗、防火道、管理、水的存储、发放、交易等必要的占用面积，加上个人住户有限的厨房面积
地形和地面条件	除采取较为完善的排水及控制侵蚀的措施的情况外，临时居所及避难所所在地点的坡度应不超过 6%。合理的排水应在坡度小于 1% 的地方进行。排水管道要尽量避免被洪水淹没及出现积水问题。该地区的最低点至少应高于雨季平均水位 3m
通向临时居所的线路	现存的或新建的线路应该避免接触任何危害。如果可能，这样的线路也应避免出现被隔离或屏蔽的区域，这可能会对使用者的个人安全造成威胁。长时间的使用会使道路受到侵蚀，应通过一些可行的规划来最小化侵蚀的影响
紧急逃生线路	整座临时住所出口旁应避免设置台阶或其他路面障碍妨碍行走。在可能的条件下，应安排有行走障碍或无人协助下不能行走的居住者住在出口附近或逃生出口旁没有路面障碍的地方。每个居住者合理的逃生距离内至少要有两个通道，可以在火灾发生时提供选择逃生方向的机会，同时这些出口应明显可见

来源：The Sphere Project，2004

4.10.4　临时避难场所的供水及卫生设施

提供供水和卫生设施是备灾及救灾过程中两个最重要的部分。这对于防止疾病传播、创建安全的生活环境以及提供最低限度的个人卫生条件十分必要。保持健康向来都是重点关注的问题。当灾难发生时，营造健康的生活环境变得至关重要。

必须妥善处理粪便及其他垃圾。同时，采取常规手段灭虫。需要注意的是，所有卫生措施的采取都应与负责供水和提供卫生服务的部门密切协调。

确定水源是供水系统建设中最重要的任务。天然的水源可以从地下水、雨水或地表水获得。在大部分地区，地下水是最安全的，其次是雨水和地表水。然而在印度（India）和孟加拉（Bangladesh）等地区，这种排序并不适用，这些地方的地下水有可能被一种有毒元素砷污染。

在建造卫生设施（包括卫生间、淋浴设备和垃圾处理装置）时，应考虑这些设施对附近其他居民的不利影响。避险计划应反映性别差异、受灾人员所在地的社会情况，特别是脆弱群体的需求（The Sphere Project，2004）。

4.10.5　材料储备

避难计划应明确避难所需的材料、设备和工具。CFMC 应在与社区居民协商的基础上，评估材料需求。此外，家庭应保管部分材料、设备或工具，而其余部分由 CFMC 保管，并存放在容易获取的地方。

需求量较大的材料包括：

(1) 绳子、安全带。

(2) 梯子。

(3) 漂浮救生装备。

(4) 救生衣。

(5) 充气橡皮艇。

(6) 火把。

(7) 扬声器。

(8) 毛毯。

(9) 帐篷。

(10) 食物和清洁的饮用水。

(11) 干粮。

(12) 工具（如斧子、金属切割机、撬棍、救援刀具等）。

(13) 无线电或其他可靠的通信设备。

4.10.6　临时避难场所之间的通信

避难计划的成功高度依赖于通信系统的畅通。通信系统应确保将洪水情况及时通知相关政府部门，如通过无线电或电话等方式。由于在紧急情况下，公共电信基础设施可能已经损坏或无法工作，通信系统的设备必须保证可独立运行，这需要准备备用电源。

信息共享对较好地理解问题至关重要。有必要在所有参与避难行动的组织之间展开信息共享，以此确保避难计划的顺利实施。建立沟通机制也十分必要，以便灾民能够在避难过程中发表观点。可以通过公众会议或社区组织进行沟通。对那些受限制的人，如残疾人，应考虑提供特殊通信服务。对任何通信系统而言，最重要的是获取足够可靠的信息。如洪水的特点和规模，当地政府和相关部门以及其他救援组织采取的紧急处理措施等信息应共享，如实公布诸如此类的信息可缓解当地居民的焦虑和痛苦。共享的信息应简单，并饱含对灾区人民的感情。

最后，各国政府应为救灾专设特定的无线电频率（用于国内和国际通信），以便于救援通信。这些频率应能被救援组织有效利用，并在灾害来临之前公示当地社区。

案例 4.11 详细说明了巴基斯坦某地的避难计划。

案例 4.11　巴基斯坦莱纽雷（Lai Nullah）的避难计划

为了减轻洪水造成的损失，特别是生命损失，由日本国际协作机构（JICA）和拉瓦尔品第（Rawalpindi）市中心政府（CDGR）合作制定了一份避难计划。在该计划实施的同时，建立了预报和预警系统。

莱纽雷流域面积较大，涉及伊斯兰堡（Islamabad）和拉瓦尔品第两个城市。在季风季节，该区域会因强降雨引发洪水。2001 年，洪水造成 74 人死亡，上千座房屋损坏或彻底损毁。

该项目的主要目的是建立适当的避难系统，从而：

- 有效地应用洪水早期预警系统。
- 改进当地政府部门应对洪水的能力，提高当地民众的风险和备灾意识。
- 强化其他相关组织应对洪水的能力，减轻洪水造成的损失。

在避难计划实施前，对目标区域进行了实地调查，了解当地的社会和文化背景，以便将避难计划更好地通知居民。尤其是，调查旨在研究当地社区及居民应对洪水的方法以及他们的行为可能对洪水风险产生的积极或消极的影响。

在项目实施过程中，组织当地居民进行了避难演习，进一步评估完善了洪水灾害地图。该案例说明：包含洪水预报和预警系统的避难计划应该成为应急预案的一部分。避难计划的推行减轻了洪水对城镇人口的威胁和影响。

来源：JICA，2007

4.10.7　延伸阅读

ADPC. 2005. Primer for disaster risk management in Asia. Asian Disaster Preparedness Center and United Nations Development Program.

The Sphere Project. 2004. Humanitarian charter and minimum standards in disaster response. Geneva：The Sphere Project.

UNDP. 2009. Emergency Relief Items，Compendium of Generic Specifi cations. UNDP.

UNHCR. 1999. Handbook for emergencies. 2nd Edition. Geneva：UNHCR.

UN. 2004. Guidelines for Reducing Flood Losses. UN Department of Economic and Social Affairs (DESA)，UN Inter – Agency Secretariat of the International Strategy for Disaster Reduction (UN ISDR)，and National Oceanic and Atmosphere Administration (USA NOAA) . Geneva：United Nations.

WMO. 2011. Flood Emergency Planning：A tool for Integrated Flood Management. Associated Program on Flood Management.

FEMA. n. d. Evacuation plans. http：//www. fema. gov/plan/prepare/evacuation. shtm.

4.11   灾后恢复与重建

并非所有洪水都能控制：良好的灾后恢复重建计划是洪水风险管理的重要内容，也是灾后恢复的组成部分。如前所述，应急预警、避难转移以及具有良好抗灾性能的基础设施和建筑物，可以最小化恢复重建的工作量。然而，洪水造成一定程度的损坏在所难免，恢复重建工作必不可少。

因为完全恢复可能需要很多年，在此过程中有两点最为重要：第一，在重建同时保证受灾群众恢复正常的生活；第二，尽可能缩短重建时间。首先需修复通往灾区的通道，下文将详细讨论。随之，需快速评估灾区基础设施损失的程度和范围，制定基础设施重建方案，迅速恢复基础设施的功能。各部门的协调配合是确保恢复重建工作顺利高效进行的根本保障。

4.11.1   固体垃圾清理

灾后恢复机构、人员和灾民需要进出灾区。洪水退去后，因为道路或其他运输通道的破坏，出入灾区依然困难。此外，洪水沉积的大量碎屑以及当地倒塌的房屋往往形成路障。因此，这些垃圾需在灾后重建之前清理完毕，以保证重建工作的开展。

4.11.1.1   洪水产生的垃圾类型

洪水可能产生的固体垃圾包括：
（1）被侵蚀的土壤和岩石（决定于当地地形）。
（2）被毁坏建筑物的材料，如混凝土、砖瓦、木材等。
（3）植物、树木、杂草等。
（4）人类和动物的尸体。
（5）毁坏的车辆，遇海啸时，还包括被毁船只。

沉积物的类型通常与下列因素有关：
（1）洪水的破坏力。
（2）洪水来源，是内陆洪水，还是海啸或风暴潮。
（3）受灾城镇以及周边区域的地形，包括灾区位于平原还是山区，城镇受灾面积等。

4.11.1.2   与洪水相关的垃圾类型

（1）岩石和泥沙：上游的土地受到冲刷，将产生大量的泥沙和碎石。当洪水流经城镇时，流速显著减慢，将这些垃圾堆积在城镇地区。
（2）家居用品碎屑：大多数家居用品会残留在幸存的建筑物内，但一些财产及家具可能会被高速水流卷起并冲走。车辆很容易被冲走。在较大的城市地区，车辆会成为堆积物的重要组成部分。
（3）建筑材料：高能量洪水产生的堆积物反映了该地区所用的主要建筑材料类型，例如，在较为富余的地区有混凝土和石块，地震多发区木材含量较高，低收入地区会有砖瓦（包括波纹铁皮）等。

（4）人类和动物的尸体：尸体的分解会对健康构成极大威胁，特别是在炎热的天气条件下，生物降解及崩解速度会加快。在可能的情况下，遇难人员遗骸应经鉴别后记录在册，并在公共场合公布以便家属确认身份。没有条件保存遗骸的地区，可以根据文化及宗教传统将遗体掩埋在有标记的集体坟墓中。动物的尸体应分开掩埋。如果现有墓地不足，应根据土地所有权以及地下水埋深选择新的墓地。

4.11.1.3　洪水垃圾清理

洪水垃圾清理的优先次序如下：

（1）清理阻碍重要交通干线的垃圾，恢复灾区重点场所的交通。

（2）清理堵塞排水设施的垃圾，尽快排空积水。

（3）清理生活垃圾。

（4）清理医疗垃圾。

（5）清理尸体。

（6）重建城市垃圾收集系统。

如果原垃圾管理系统功能丧失或被水毁，则需重建系统，系统最好由临时的独立机构负责，以最大限度地发挥稀缺设备和人力的作用。即使原垃圾管理系统仍能运行，也会面临设备不能满足要求，管理人员不能适应灾后系统运行需求显著变化等问题。

垃圾清理设备包括：

（1）挖掘机，最好是轮式挖掘机，因其比履带式挖掘机更容易通行。

（2）重型装卸卡车。

（3）拖拉机挂车也可用于运输当地常规垃圾。

垃圾清理人员可从当地流离失所者（IDPs）中招聘。虽然垃圾收集并不是最有吸引力的选择，但它提供了就业机会，同时使参与者产生为家园重建作贡献的荣誉感，提高其在社区中的地位。

表 4.12 中列举了可分拣的材料类型、用途及处理过程。

表 4.12　　　　　　　　　　可 分 拣 的 材 料 类 型

材料	潜在利用价值	需要的处理过程
土壤 （污染的）	回填被冲刷侵蚀的区域； 修筑防洪工程； 草坪园林土壤； 露天公共景观填筑； 回补被侵蚀冲刷的农田	分离，与未受污染的有机材料混合
树木	加工成建筑材料； 用做燃料； 运往外地制作建筑板材	分离，切割和砍削
木材（建筑用材）	搭建临时避难所或用做燃料	分离，切割和砍削
瓦（金属材质）	搭建临时避难所； 运往外地循环利用	分离，分类

续表

材料	潜在利用价值	需要的处理过程
砖、混凝土、石块和沙	筛选大小后破碎用于基础设施建设（如道路、码头、铁路路基和防洪设施的骨料）	分离，分类，破碎
钢材	运往外地循环利用	分离，储存供未来使用
家居用品	视情况修理或再利用	分离
工业设备	视情况修理或再利用	分离
船舶和车辆	维修再用，回收有用的材料，拆解木材或钢材	分离，拆卸

4.11.1.4　流离失所者（IDP）的生活垃圾管理

类似于其他紧急事件，洪水会导致大量灾民转移至安全地带，住进闲置的建筑物、避难所内，或宿营在帐篷中，有些流离失所的人会投亲靠友，这都会使当地产生更多的生活垃圾，增加现有垃圾管理设施的负担。有些灾民为了留在他们的财产或是社区附近，会不拘条件，占据任何可用的场地，包括建筑物和空地，而这些地方充其量只配备了简陋的垃圾管理设施。

- 那些别无选择的人通常会被安排在临时避难所中。避难所的设计应包括垃圾收集设施和卫生设施，并能够将收集的垃圾送往处理厂。
- 洪水应急阶段过后，撤销应急避难所和应急设施将产生大量的、各种各样的垃圾，如多余的家居用品（毛毯、烹饪材料）、避难所材料（如帐篷和塑料布）、设备（围栏、照明灯和临时厕所）。以上垃圾中很多都不能再利用，因此，需收集处理。不能依赖撤离救援机构清理、运送和处理这些垃圾。

4.11.1.5　管理非洪水产生的垃圾

洪水过后，留在当地居民会继续产生垃圾，因收集处理系统能力不足，有些垃圾会被随地倾倒，包括那些清理过的地方。垃圾的类型和数量可能在以下方面发生显著变化：

- 市政和生活垃圾。由于人口减少，日常垃圾数量也会有所减少。然而，减少的部分会被避难所以及急救设施所产生的垃圾取代。
- 工商企业垃圾。占据工商企业建筑物的灾民陆续离开后，建筑物所有者和经营者将疏通进出建筑物的道路，清理建筑物内的垃圾（包括淤泥、建筑物碎片、损坏的货物和设备）以及难民遗留的家居物品和污水。

4.11.2　减少损失

洪水发生后，政府和个人都可以采取相应的措施减轻损害的程度。如第 2 章所述，淹没时间延长会加剧洪水灾害：水源性疾病发病率增加，材料强度降低，冲刷、侵蚀和破坏的可能性加大。因此，排水是灾区恢复的首要环节，排水通畅可以加快恢复的进程。防洪工程的缺点之一是：一旦漫顶，会阻碍淹没区的积水退回河道，从而导致淹没时间延长。此时，可能需破开防洪工程一部分，促进自然排水。

水可能在建筑物内部、封闭区域、地下空间等处积滞，需要较长时间排干。在某些情况下，会导致结构破坏或增加破坏的可能性。因此，在外围水退后，应使用水泵抽排积水。

浸湿的和损坏的室内物品或不适当建筑物和室内物品干燥方法均可能造成二次损失。应尽快移除潮湿和损坏的室内物品，以加速干燥，减少损失。有条件时，向建筑物和室内物品送风，可加速干燥并加快恢复。

4.11.2.1 确定重建的重点与优先次序

修复公共基础设施，特别是道路、铁路和堤防是灾后重建的首要任务。优先次序的确定应考虑区域、城市和社区提供服务的能力，应以维持城市最基本的功能为原则。例如，如果食品、能源、通信或运输服务的供应商没有制定在洪水背景下如何维持相应服务的计划，洪水对经济、社会、人道和城市管理的影响将显著增加。

关键基础设施可以定义为维持国家运作所必需的设施、系统、枢纽及网络。通常情况下，关键的基础设施可能包括：

(1) 道路，含桥梁和隧道。

(2) 铁路。

(3) 运河和河流。

(4) 机场。

(5) 港口。

(6) 电力生产和供应。

(7) 水处理和供水。

(8) 排水和污水处理。

(9) 生活、工业及运输网络所需的能源供应。

(10) 通信。

(11) 计算机网络。

(12) 医院及卫生设施。

(13) 政府办公楼。

(14) 粮食分配网络。

设施重建的优先顺序在一定程度上与国情和灾民安置规模有关，也取决于洪水影响的范围和严重性。良好的关键基础设施快速恢复计划会使整个重建过程变得更为简单明确，例如，合理的基础设施选址将使其损失减少。因其他系统高度依赖于能源，这也意味着，恢复能源供给，或提供应急能源，可能成为最重要、最紧迫的需求。此外，提供干净的饮用水，无论是通过紧急配送或是快速恢复清洁水供给设施，都是大灾难中需优先完成的工作，这也可以显著减少水源性疾病，如霍乱等的发生。

4.11.2.2 规划冗余

洪水不可避免地会造成某些基础设施的损坏，受追求效率的驱使，许多基础设施往往紧凑串联，一个元素破坏，很可能形成多米诺效应，引发进一步的后果。例如，电力系统破坏可能导致排水泵站停机，进而导致淹没水深居高不下、淹没时间延长、洪水影响加剧。与此类似，道路毁坏可能使紧急救援人员无法迅速到达受灾现场，而延误救灾工作。规划冗余的概念旨在增加系统的容量，即使基础设施的相当大部分受到影响，仍留有满足额外的需求的容量。在电网中，规划冗余可以通过系统中的储备容量实现（除运行容量超过必需容量以满足额外需求）。

4.11.3　需求的评估和优先排序

灾后需进行的各类评估，见表 4.13。这些评估有不同的目标，其准确性因目标的不同而异。灾后恢复初期需进行快速评估，以确定受灾程度和优先恢复地区的任务。如果灾前有脆弱性和风险评估的基础，灾后评估可迅速完成，且具有较高的精度和效率。理想的情况是在灾前建立脆弱资产及可能受损等级的数据库，以备大洪水发生时所需。

表 4.13　评　估　类　型

类　型	定　义
损坏评估	评估全部或部分实物财产破坏情况，包括被破坏的实物价格和替换成本
损失评估	研究洪水发生后，随着时间推移经济流量的变化，在目前的价格基础上进行评估
需求评估	评估实灾区恢复、重建及风险管理所需的资金、技术和人力资源。通常需将可用于应对灾害的资源进行"拉网式"清理
基本权利评估	依据联合国人权宣言，评估人民的基本权利是否得到满足
快速评估	通常在洪水发生后两周内进行。评估由多部门或专门部门进行，此前通常还会进行初评估。该评估将得出关于需求、可能的干预类型以及资源需求等的信息
详细评估	大致在洪水发生后一个月进行，旨在为重建规划收集更可靠的资料。评估通常由专门部门进行，时间约持续一个月
房屋水毁评估	评价洪水对住宅区、生活小区及住宅用地等方面的影响
住房部门评估	对住房政策、灾后住房援助方针以及住房部门落实政策的能力做出评估
基于社区评估（CBA）	分析社会背景对重建的影响，分析支持重建工作的社区沟通方式。评估内容包括政府和政治风险分析，利益相关者分析，媒体传播环境和当地能力分析，以及社会参与沟通交流分析

来源：Jha，2010

快速评估可根据遥感设备、卫星及航测以及目击者和紧急救援人员的报告进行。事先制定统筹利用这些数据源的计划则效果更佳。

任何评估和优先排序，都需重点考虑弱势群体的需求。良好的工作方式包括吸收弱势群体代表参与评估，收集、了解、分析他们的需求。弱势群体可根据性别、年龄、健康情况、经济收入、种族、宗教信仰和婚姻状况进行分类。事先了解弱势群体的需求、类型和详细联络方式，可大大减轻灾后繁重的咨询工作。

4.11.4　灾后重建与安置

4.11.4.1　安置需求评估

在洪水泛滥、损坏广泛波及的情况下，除了转移受灾群众，别无选择。灾民可暂时转移安置在避难场所，然而，应急状态一旦告一段落，则需为流离失所者安排住房、重建家园，在条件许可时尽快撤销临时避难所，这与所有人的利益攸关。应尽快清理临时避难设施（多为公共建筑，如学校等）需要尽快完成，使其回归常态。撤销紧急避难所，不仅有助于社区复兴，使其集中精力重建家园，也有助于紧急援助机构尽快结束工作，尤其是在世界其他地方也发生灾难，需及时投入救援时。

4.11.4.2 重新安置计划

大灾之后的当务之急是授权合适的机构，调动资源重新安置灾民。该机构需做出重大而影响深远的决定：是将流离失所者原地安置，还是另选住址，移民建镇。决策时应考虑以下要素：

（1）灾区再次遭受洪水淹没的可能性及降低洪水风险所需的工程成本。

（2）新住址的洪水风险及降低洪水风险所需的工程成本。

（3）流离失所者重返故居的意愿，新住址所在地原住民接受新来者的意愿，也许不会与新来者公开敌对，但有可能排挤歧视他们。

（4）灾区服务设施恢复程度，特别是在供水、污水收集及处理、地表排水、电力及其他能源供应方面的恢复程度，应在成本和技术难度上将这些需求与在新址提供类似服务进行对比。

（5）在新址可为流离失所者提供相应设施，维持其生活适宜性与灾前相当（如渔民需居住在沿海地区，原住址可能常受海啸和飓风的侵袭）。

（6）对于那些无法在新址找到工作，或是要养活一个大家庭的灾民，需考虑具备前往原工作地的交通设施。

（7）获得新址的土地所有权，无论是公共或私有土地，都需向土地所有者收购和提供补偿。

（8）灾区原有土地所有权的处置，即使在没有土地证件或证件毁于洪水的情况下。

（9）城市废弃区域的发展规划，既需保证安全又不妨碍进一步的发展。可将从废墟清理出的淤泥用于覆盖及封闭废弃区域，随后用做耕地或建造纪念公园。

（10）实施安置计划的资金及行政资源。

重新安置计划的制定和实施，需所有受影响者的高度参与，包括因洪水流离失所者，也包括新安置地区的人民。为了加速实施进程，重新安置计划应在抗洪救灾的紧急阶段即开始启动。早做决策可使安置工作和清除垃圾同时进行，以提高效率。

案例 4.12 给出了一个范例。

案例 4.12　索马里溪埃番（Xaafuun）地区海啸灾害实例

利用灾害的契机有可能使受灾地区的情况显著改善。溪埃番是位于索马里东北海岸的偏远村庄，2004 年 12 月印度洋海啸，提供了通过灾后重建解决索马里海岸地区诸多问题的契机。

由于缺乏正式的制度安排，且规划和协调的专业知识不足，许多组织的初期干预仍集中在这个古老村庄附近既敏感又不稳定的沙丘生态系统内。尤其不妥的是，房屋建在海岸与海平面相同的高度上，破坏了该地区原本十分脆弱的生态系统。

鉴于此，联合国儿童基金会（UNICEF）和联合国人居署（UN - HABITAT）共同研究制定了该村庄迁移至更合理位置的方案。由城市规划者、当地经济发展专家和环境专家组建的多学科工作组，被责成研究确定安全且利于环境可持续发展的搬迁地址。

　　新村庄的选址方案最终得到了当地政府、村里的老人及妇女代表的一致认可。在和当地所有居民一起讨论绘制完成蓝图后，一个新的、更适合居住的房屋布局方案得以通过。村庄规划（图4.14）基于以下原则进行：

- 紧凑的移民安置可缓解强风对生活空间及居住单元的影响，也可以保证基本服务设施的运转，并具有成本可行性。
- 公共区域由公共场所以及面向大海的公共建筑物组成，成为住宅与沙丘之间的缓冲区。
- 交通主干道将主要的公共设施、乡村道路以及原有建筑物连成一体。
- 紧邻正规市场，创建了小型渔业企业和广场，开辟了自发经济活动和社交聚会场所。
- 该计划还考虑了随时间推移，村庄扩张的需求。

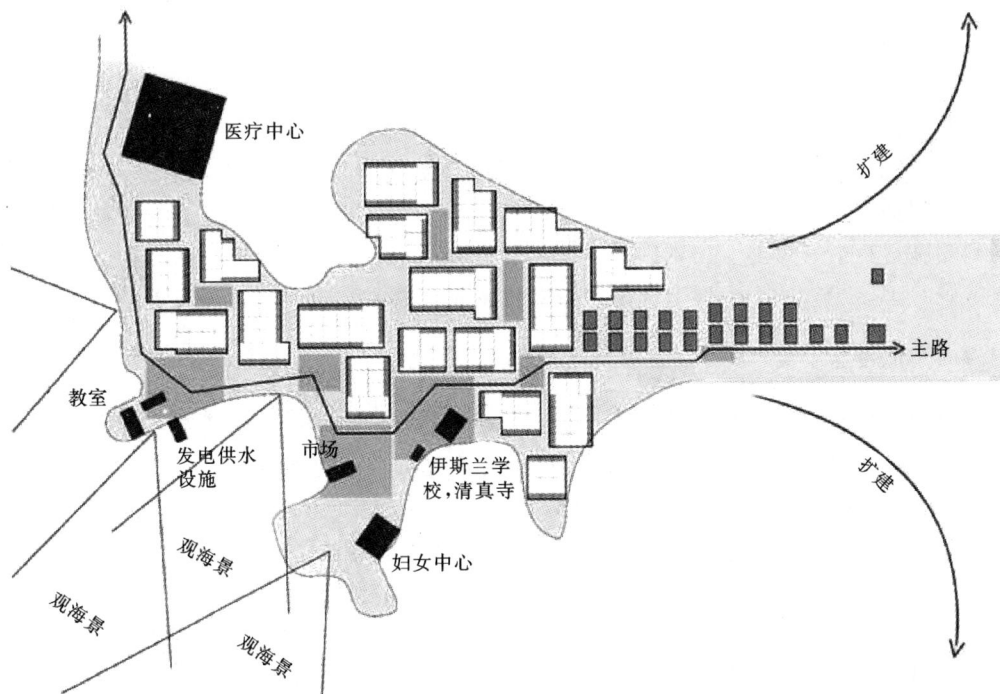

图 4.14　村庄规划
来源：UN - HABITAT, 2006

　　移民的重新安置使原村庄得以拆除，沙丘环境也得以修复。地方政府表现出明确的环保意识，例如，政府声明禁止砍伐现有的树木，并将原村庄的建筑材料重复利用。青年和妇女团体自愿参与到沙丘绿化行动中，促进被扰乱的生态系统的自然修复。项目建成以来，溪埃番吸引了大量投资，促进了长期经济发展。该案例，从长期发展的角度介绍了灾后的一些良好的做法。

　　来源：UN - HABITAT, 2006

许多居民，尤其是那些外地有亲朋好友的家庭，可能不愿重返被洪水淹没的家园，自行决定迁往他地，卡特里娜飓风后，这也是很多人不愿重返新奥尔良（New Orleans）的重要原因。大量的灾民自愿迁移出受灾地区，将减少需要正式安置的灾民数量。然而，那些缺乏能力的灾民（通常是穷人、老人或经济困难的人）往往别无选择，只能继续留在原地。这些灾民可能会自发聚集在某些特定区域（如新奥尔良市区内的特定区域），这将在土地利用和提供服务方面给已经很脆弱的城市增添额外的负担。如何建立拥有足够资源和可靠技术的政府机构，并委以相应的责权，指导、监督和协调重建方案的实施是目前面临的重大挑战。

4.11.4.3　安置和重建项目的实施

安置方案通常是在应急阶段结束后实施。可能影响其有效实施的主要因素包括：

（1）土地的可获取性。

（2）本地居民的敌对情绪。

（3）政治干预。

（4）贪污腐败。

洪水灾民和接受灾民的本地社区应参与到项目实施的每个阶段中，但不可否认的是，前者可能因遭受重创，生活受到洪水严重的影响而不能做出长远的决定。如果接受社区不参与到实施过程中，可能会出现因土地纠纷引发的暴力行为，因流离失所者得到优惠待遇引发嫉妒心理，严重的个人腐败问题以及对方案不了解和影响方案进展等问题。

4.11.4.4　淹没区安置

城市的垃圾、积水一旦清理排干，便可开始返迁，许多受损的建筑物可能修复到满足居住的条件，有时会以比洪水前更高的标准进行修复。在任何修复重建工作开始前，保证室内物品和建筑物材料有足够的干燥度十分重要。未能充分干燥的建筑物可能留下隐患，导致霉菌滋生，需要进一步补救。Lakin 和 Proverbs（2011）编制了有效干燥水淹住宅的指南，将在此后"如何修复水损建筑物"部分详细介绍。干燥水损资产是一个复杂的过程，最好由专家或训练有素的技术人员（如合格的损害管理技术员）进行。以下为要点指南：

（1）阻断外来水。如果仍在有水的环境中，干燥过程无法成功进行。

（2）评估和解决健康及安全问题。

（3）调查整栋建筑物内部及外部，对已有损坏拍照。读取湿度计读数并记录在干燥方案内。检查室外相对湿度和温度，以便对建筑物进行冲洗。

（4）排干建筑物内的积水。

（5）安装适宜的干燥设备，形成平衡可控的干燥系统。

（6）应用目标干燥法有效地达到干燥目的。

（7）定时查看资产湿度，记录并调整方案直至完全干燥。

干燥过程中的每个环节都需仔细并全神贯注，因此，需要由知识全面并能解决技术问题的专业人员完成。

出于种种原因，在某些情况下，灾民的安置工作可能很难完成，主要原因包括：灾后尚存的建筑物可能已被占据，难以证明其所有权；不当的清理程序阻碍返迁等。城市规划和基础设施的改善也可能由于同样的原因而难以实现。灾民对后续的洪水风险所产生的恐惧也会导致安置困难，这是可以理解的。

4.11.4.5　新的发展

新居住区设计需考虑以下主要因素：

（1）发展格局和人口密度。

（2）典型家庭正常使用的设施（如住房间数）。一个行之有效的策略是设计基本住宅的核心部分，其他部分可由住户自行完善以满足各自的需求。

（3）材料的可用性和适用性（如在地震多发区使用的木材）。

（4）在重建工作中能够找到足够的熟练的技术工人。

俗话说，凡事都有改善的余地。正如灾后重建中常用的一句口号："建得更好"。若要达到此目标，应考虑以下几个方面：

（1）减少人口密度。

（2）拓宽道路，以便更多现代化的车辆通行。

（3）改善供水、污水处理和雨水排放系统。在雨污合流的地区应慎重考虑雨污分流，并建造排水明渠以减少洪水阻塞的危险。

（4）改善地基处理以提升建筑物的稳定性，特别是在地震多发地区。

（5）拓宽电网的分布。

（6）设置社区垃圾处置点，妥善处理垃圾。

4.11.5　修复水损建筑物

被洪水淹没的建筑物，即使结构仍保持稳定，也需要在重新使用前进行清理、干燥及修复。加快修复过程能够减少住房压力，并可尽快恢复商业交易及提供公共服务。修复过程包括很多阶段，具体如下所述。

1. 评估损坏情况

如第 2 章所述，可根据不同的目的对损坏情况和损失进行评估。在此进行损坏评估的目的是确定损坏等级、修复所需的费用、是否存在影响建筑物修复后的整体性，或者导致修复过程不可行或存在修理危险的结构或健康、安全问题。在进入任何建筑物进行详细评估之前，首先要确认建筑物的安全性。如果存在疑虑则应寻求专家的帮助。

在评估过程中，特别是水深或（和）流速可能造成结构损坏时，应有结构工程师参与。在近期一些影响范围较大的洪水事件中，采用了"建设会诊"的方法，即由专业技术人员开展初期快速评估，以确定哪些建筑物需要更深入的专家评估。在任何修复工作开始前，投保的房地产可能需要保险公司指定的机构对建筑物进行正式评估（在此阶段可对修复成本进行全面估计）。

在损坏评估阶段，应将古建筑和历史建筑物单独考虑。这类建筑需要特殊的保护，并应依据相关保护条例的要求进行处理。理想的评估报告应该包括所有建筑物组件受损情况及受损组件清单。有关洪水的特征，包括其深度、流速和污染等数据，也是非常有用的。

2. 清除积水

在保证安全的前提下，可以将积存的、无法自排的水抽出以利于干燥。抽水可以使用水泵、舀水工具或吸水材料等。抽水应在洪水退去后进行，抽排地下室积水要等到地下水降下后进行。淹水后为避免产生结构应力，最好采用分段抽水，以保证整个内部空间的平衡。地下室的抽水深度应限制在每天不超过 1m，并将发电机放在密闭的空间以外（Ciria，2005）。真空泵可以安装在各种运输装置上，包括固定垫座和轮式设备上，将地板表面的水抽出。淤泥应在未干之前清除。对适当的建筑类型和饰面，可结合使用铲子、刷子以及高压水冲洗等方法。所有的孔、洞都应打开以便于干燥和清理。淤泥的处理必须依照垃圾管理条例进行，特别要注意有害物质的处置。

3. 决定适宜的处理方法

干燥和修复方法选择通常要考虑多种因素，例如，建筑类型，对进一步损坏的承受能力，可用资源以及建筑物占用情况（Soetanto 和 Proverbs，2004）。最终的决定通常建立在评估的基础上，包括对整座建筑物的评估，对淹没风险的评价以及财产所有者的意见等。调查必须涵盖建筑物的各个方面，包括受影响及未受影响部分，因为水汽可以透过材料聚集，在密闭空间内蒸发，最终导致未直接接触积水的部分也受到损坏。如果有的区域被忽视，可能会使干燥过程不完整，导致材料腐朽、霉菌滋生以及建筑材料降解等，还会引发长期的健康问题。

在该阶段，可以利用现场收集的信息，以建筑物正常的平衡状态为基准建立干燥标准。受影响部分的湿度标准由两方面决定：一是现行准则，另一是针对特定材料的干燥标准与未受水浸地方的湿度读数进行平衡。尝试利用理论标准对建筑物进行干燥，而不考虑建筑物之前常态和环境因素，会导致无法达到设定标准。

建筑物自然风干需要几个月的时间（Ciria，2005），快速风干意味着要选择一些辅助风干的方法。经验表明，在理想状态下，采用传统的技术进行干燥需要耗时 3 周。理想的状态要同时满足合适的环境温度、低湿度和充分的空气流通 3 个条件。因此，即使是在高温但湿度很高或空气不流通的情况下也会延迟干燥的进度。如果不能保证足够的通风，内部湿度会很快饱和并引发进一步的损坏。

简单的辅助干燥方法包括使用风扇和开窗通风保持空气流通，也可以使用"快速干燥"的方法同时进行几座建筑物的干燥工作。"快速干燥"方法亦存在一些问题，如可能引起室内物品的破坏，不适用于古建筑或热敏型建筑及建筑组件的干燥。

建筑组件可在原地干燥，也可移出干燥，或者直接拆除并替换。不能干燥的材料的拆除，应在干燥过程之前进行。然而，是用新的材料取代被浸湿的组件，还是消耗一定时间和较高的费用对原组件进行干燥，仍是一个存有争议的领域。拆除被浸湿的材料有助于对建筑物结构的干燥。干燥和修复规划中应明确需拆除和需干燥的组件。

干燥方式的成本应与所需的干燥速度和其他因素均衡考虑，还应比较干燥过程与清除和替代建筑物材料所需的人力物力（Tagg 等，2009）。有时建筑物的安全问题重于干燥问题。在这种情况下，除湿器可以在密闭条件下使用。尽管干燥和修复的成本很高，建筑物的历史特性仍需要特别保护。干燥方法应随干燥过程的不同阶段而改变（Soeranto 和

Proverbs，2004）。

4. 干燥阶段

排干积水并清除潮湿材料后，就可以安装设备对建筑物及相关部件进行干燥。干燥主要是水汽从潮湿的材料表面进入湿度低于材料本身的空气中的蒸发过程。相对湿度的差异决定了蒸发的速度。在干燥过程中，检查结构材料以确保不会滋生霉菌至关重要。有 3 种基本方法比较有效。

（1）风扇辅助自然通风是干燥方法中最慢的，受环境条件的影响也最大。一个理想的初级方法为：自然通风与蒸发相结合，将湿润的空气从建筑物内"冲刮"出去。只需将鼓风机之类的空气流动装置摆放在适当位置，将湿空气排出，并将室外干燥的空气引入取而代之即可。在气候条件允许的情况下，尽早开始干燥过程以便干燥有效进行，对建筑结构再好不过。在 20℃的室温条件下，外部引入空气的湿度应比内部空气湿度低 5%～10%是最理想的干燥状态。

（2）对流干燥同时采用加热和通风的方法。这种方法包括高温"快速加热"和传统的风扇加热器等，同时也包含了现场加热系统的使用及开窗通风。在采用高热通风方法或空调系统时，一定要谨慎仔细。利用热空气干燥系统对历史建筑物进行快速干燥，可能会对建筑物内重要组件造成无法弥补的损坏。在这个过程中，使用温湿图、温度计及湿度计会明显有助于干燥进行并有效地实施干燥计划以备未来参考。专家的帮助也是十分可取的。

（3）使用除湿器干燥。除湿器主要有两种类型，分别使用制冷剂和干燥剂两种化学试剂。制冷除湿器的最佳运行条件为 15～28℃及相对湿度为 60%～98%的环境，这样可以使空气冷却，通过冷凝作用提出水分。干燥除湿器使用化学试剂（干燥剂）直接从空气中提取水分，运行条件更为宽松。干燥除湿器也可用于将干燥空气注入密闭空间内。因其原理是创造一个非自然的干燥环境，除湿器应在密闭环境中使用。干燥的速度很大程度上取决于设备的性能及需干燥的空间规模。

选择干燥器或除湿器的最佳数量并确保所有干燥设备正常运转是十分重要的。除湿器的干燥能力为：某一给定温度下，24h 内能吸取的水分数量。为了计算所需的除湿器数量，首先应确定在干燥设备有效运行的前提下每小时需替换的空气数量。

监控干燥过程以确保有效控制干燥进程也极为重要。最初的调查报告表明了建筑物淹没状态以及完成干燥时应达到的湿度等级。在干燥过程中，定期的监测将提供干燥状态数据，以便于相应地调整干燥区域和设备的摆放。

5. 修复阶段

干燥目标达到后，则可开始建筑物修复。干燥目标应考虑在修复过程中的进一步干燥，如重新粉刷墙面时，可以承受较高的湿度。修复过程包括进一步去除一些没有完全干燥或在干燥过程中损坏的部件。修复过程应该遵循现行建筑规范，同时遵守健康和安全标准。推荐的修复过程可参考 Proverbs 和 Soetanto（2004）。

在资金允许的情况下，修复应以最小化建筑物洪水损坏风险为目标，宜将水敏材料替换为耐水材料（Proverbs 和 Soetanto，2004）。耐水材料的特点包括：

（1）低透水性。

（2）高完整性。

（3）易于清理。

（4）不易污染。

（5）可快速干燥。

有关特殊建筑元素的扩展指南可以参见 Soetanto 等的著作（2008）。研究表明，在修复过程中加入上述提高建筑物防洪标准的措施，其成本远低于淹没后的未采取相应措施的修复费用（Joseph 等，2011）。

4.11.6　延伸阅读

Butcher，D. 1971. An operational manual for resettlement. Rome：FAO.

CARE International，ProAct，emergency shelter cluster. 2009. Postdisaster debris guidance. http：//postconflict. unep. ch/humanitarianaction/documents/02 _ 05 - 04 _ 01 - 03. pdf.

CIRIA 2005 - Standards for the repair of buildings following fl ooding，CIRIA，London.

Cernea，M. M. 1988. Involuntary resettlement in development projects. World Bank Technical Paper No. 80，Washington，DC.

Colson，E. 1971. The social consequences of resettlement. Manchester：Manchester University Press.

Environmental Protection Agency. 2008. Planning for natural disaster debris. http：//www. epa. gov/osw/conserve/rrr/imr/cdm/pubs/pndd. pdf.

FEMA（Federal Emergency Management Agency）. 2007. Debris management guide，public assistance，FEMA - 325. http：//www. fema. gov/government/grant/pa/demagde. shtm.

Jha，A. K. 2010. Safer homes，stronger communities：A handbook for reconstructing after natural disasters. Washington，DC：World Bank，GFDRR. http：//www. housingreconstruction. org/fi les/saferHomesStrongerCommunities.

Oxfam. n. d. Guidelines for solid waste management in emergencies. Oxfam technical manual. http：//www. oxfam. org. uk/resources/... /TBN15 _ domestic _ refugee _ waste. pdf.

Proverbs，D. & Soetanto，R. 2004 Flood damaged property：A guide to repair. Blackwell Publishing Ltd，ISBN 1 - 4051 - 1616 - 1.

USEPA. 2008. Planning for Natural Disaster Debris EPA530 - K - 08 - 001，Office of Solid Waste and Emergency Response & Office of Solid Waste. http：//www. epa. gov/osw/conserve/rrr/imr/cdm/pubs/pndd. pdf.

4.12　参考文献

Abarquez，I. and Murshed，Z. 2004. Community - based disaster risk management：Field Practitioners' Handbook ADPC.

AFRICAN DEVELOPMENT BANK（2002）Study on solid waste management options for Africa. Abidjan，ADB.

ADPC（2005）Primer for disaster risk management in Asia. Asian Disaster Preparedness Center and United Nations Development Program.

ADPC（Asian Disaster Preparedness Center）. 2006. Integrated flood risk management in Asia.

ADPC (Asian Disaster Prevention Center). 2008. Flood disaster mitigation and river rehabilitation by Marikina City, Philippines. Safer Cities 22: Case studies on mitigating disasters in Asia and the Pacifi c.

Alam, K. 2008. Flood disasters: Learning from previous relief and recovery operations. ALNAP Lessons Paper. ALNAP/Provention Consortium.

Ali, M., Cotton, A., and Westlake, K. 1999. Down to earth: solid waste disposal for low – income countries. WEDEC. http: //www. wedc – knowledge. org/wedcopac/opacreq. dll/fullnf? Search _ link = AAAA: M: 589158920300.

Arnold, M., Chen, R. S., Deichmann, U., Dilley, M., Lerner – Lam, A. L., Pullen, R. E. and Trohanis, Z. ed. 2006. Natural Disaster Hotspot Case Studies. Washington, DC: World Bank Hazard Management Unit.

Bhatt, M. and Aysan, Y. 2008. "Evaluation of the DIPECHO Action Plans in South Asia." AL-NAP, European Commission Humanitarian Office. http: //www. alnap. org/pool/fi les/erd – 3671 – full. pdf.

Bhattacharya, N., Lamond, J., Proverbs, D. 2011. "Flood vulnerability and hazard adjustment for UK commercial sector." Paper presented at "International Conference on Disaster Resilience," Sri Lanka.

Binahaan River Local Flood Early Warning System Operation Centre. 2009. Binahaan River Local Flood Early Warning System. Annual Report 2007 – 2008. BRLFEW System Operation Centre.

Burby, R. J. 2001. "Flood insurance and fl oodplain management: The US experience Global Environmental Change Part B." Environmental Hazards 3: 111 – 22.

Butcher, D. 1971. An operational manual for resettlement. Rome: FAO.

CARE International, ProAct, emergency shelter cluster. 2009. Postdisaster debris guidance. http: //postconflict. unep. ch/humanitarianaction/documents/02 _ 05 – 04 _ 01 – 03. pdf.

CDC. 2008. Re – entering your flooded home (Emergency Preparedness & Response). http: //www. bt. cdc. gov/disasters/mold/reenter. asp.

Cernea, M. M. 1988. Involuntary resettlement in development projects, World Bank Technical Paper No 80. Washington, DC: World Bank.

Chowdhury, M. H. I. (2007) Solid waste service delivery fort informal settlement areas through strengthening partnership between local government and NGO's, PhD thesis, University of Technology, Berlin.

CLG (Department of Communities and Local Government). 2006. Planning Policy Statement 25: Development and fl ood risk – Practice Guide. London: CLG.

Cointreau, S. 2003 Economic Instruments for Solid Waste Management. Washington: IADB/World Bank.

Colson, E. 1971. The social consequences of resettlement. Manchester: Manchester University Press.

Corsellis, T. and Vitale, A. 2005. Transitional settlement: displaced populations. Oxford: Oxfam Publications.

Creighton, J. 2004. The public participation handbook: making better decisions through citizen involvement. San Francisco: Wiley.

Cummins, J. D. & Mahul, O. 2009. Catastrophe Risk Financing in Developing Countries. Washington, DC: World Bank.

Dale N., Nyirongo J., Anderson C., Baker L., Dilloway S., Faleiro F., van den Ende P., Bercilla J., and Beesley J. 2009. Local voices, Global choices: For successful disaster risk reduction. Christian Aid, Oxfam, Practical Action, Save the Children and Tearfund.

Darling, E., Skillen, L. and Wu, M. 2006. "Just Compensation Valuation Schemes After A Flood Disaster in France, California, and Louisiana." Paper presented at seminar "Disasters and the Law," Boalt School of Law, UC Berkeley, April 28. http: //www. law. berkeley. edu/library/disasters/Darling _ Skillen _ Wu. pdf.

Diagne, K. 2007. "Governance and natural disasters: addressing fl ooding in Saint Louis, Senegal." Environment and Urbanization 19: 552 – 62.

Delica – Willison, Z. n. d. "Community – based Disaster Risk Management – Gaining Ground in Hazard – Prone Communities in Asia." Special unit for south – south cooperation. UNDP.

ECHO. 2005. Model guidelines for mainstreaming water and sanitation in emergencies, protracted crises, linking relief, rehabilitation & development and disaster preparedness operations. European Commission.

Emergency Management Australia. 2000. The Good Practice Guide. Commonwealth of Australia.

Environmental Protection Agency. 2008. Planning for natural disaster debris. http: //www. epa. gov/osw/conserve/rrr/imr/cdm/pubs/pndd. pdf.

FEMA (Federal Emergency Management Agency). 2007. Debris management guide, public assistance, FEMA – 325. http: //www. fema. gov/government/grant/pa/demagde. shtm.

—. n. d. Evacuation plans. http: //www. fema. gov/plan/prepare/evacuation. shtm.

Garrelts, H. and Lange, H. 2011. "Path Dependencies and Path Change in Complex Fields of Action: Climate Adaptation Policies in Germany in the Realm of Flood Risk Management." AMBIO 40: 200 – 9.

Gaschen, S., Hausmann, P., Menzinger, I. & Schaad, W. 1998. Floods – an insurable risk? A market survey. Zurich: Swiss Re.

Gautam, D. R. and Khanal, S. 2009. Community Based Disaster Reduction – Contribution to Hyogo Framework of Action Kailali Disaster Risk Reduction Initiatives Case Study. Lalitpur: Mercy Corps Nepal. http: //ndrcnepal. tripod. com/nepal _ disaster _ risk _ case _ study. pdf.

Global WASH Cluster. 2009 (a). "Technical briefi ng for emergency response: Water Supply in Urban Flood Settings." http: //www. humanitarianreform. org/humanitarianreform/Portals/1/cluster % 20approach%20page/clusters%20pages/WASH/Urban _ Floods _ Water _ Supply _ Briefi ng. pdf.

Global WASH Cluster. 2009 (b) "Technical Briefi ng for emergency response: Hygiene Promotion in Flood Settings." http: //www. humanitarianre form. org/humanitarianreform/Portals/1/cluster% 20approach%20page/clusters%20pages/WASH/Hygiene _ Promotion. pdf.

Global WASH Cluster. 2009 (c). "Technical briefi ng for emergency response: Sanitation in urban flood settings." http: //www. humanitarianreform. org/humanitarianreform/Portals/1/cluster% 20approach%20page/clusters%20pages/WASH/Urban _ Floods _ Sanitation _ Briefi ng. pdf.

Global WASH Cluster. 2009 (d.) "WASH Visual Aids Library (French, Spanish or English)." http: //ceecis. org/washtraining/index. html.

Global WASH Cluster. 2009 (e). "Hygiene Promotion in Emergencies, Lessons Learned from Koshi Flood Response." http: //www. un. org. np/reports/UNICEF/2009/2009 – 05 – 01 – Hygine – Promotion. pdf.

Godfrey, S. and Reed, B. 2011. Cleaning and disinfecting wells. WHO/WEDC Technical Notes on Drinking – Water, Sanitation and Hygiene in Emergencies. Geneva: WHO/WEDC. http: //wedc. lboro. ac. uk/resources/who _ notes/WHO _ TN _ 01 _ Cleaning _ and _ disinfecting _ wells. pdf.

Government of Germany. 2005. Act to Improve Preventive Flood Control of 3 May 2005. Federal Law Gazette I of 9 May 2005, 1224. http: //www. bmu. de/english/water _ management/downloads/

doc/35456. php.

Ibrekk, A. S. , Krasovskaia, I. , Gottschalk, L. &. Berg, H. 2005. "Perception and communication of fl ood risk - preliminary results from the FLOWS project. " Paper presented at "International conference on innovation advances and implementation of fl ood forecasting technology," Tromsø: Norway. (no date).

IASC. 2008. Human rights and Natural Disasters, Operational Guidelines and Field Manual on Human Rights Protection in Situations of Natural Disaster. http: // www. reliefweb. int/rw/lib. nsf/ db900sid/KHII - 7EE9KM/ $ file/brookings _ HR _ mar08. pdf? openelement.

ICDO (International Civil Defence Organisation). 2009. International Civil Defence Journal Vol. XIX N° 2 ISSN: 1022 - 3908, Pg. 27.

IFRC (International Federation Of Red Cross And Red Crescent Societies). 2007. World Disaster Report: Focus on Discrimination. IFRC. http: //www. ifrc. org/Global/Publications/disasters/WDR/ WDR2007 - English. pdf.

—. 2010. World disasters report: focus on urban risk. IFRC.

ISDR. 2004. "Reducing Disaster Risk: A challenge for development, ISDR informs: Latin America and Caribbean, Issue 9 web publication. " http: //www. eird. org/eng/revista/No9 _ 2004/art12. htm.

—. 2008. "Indigenous knowledge for disaster risk reduction: good practices and lessons learned from experiences in the Asia - Pacifi c region," UNISDR, Bangkok.

Jabeen, H, Johnson, C. , and Allen, A. 2010. "Built - in resilience: learning from grassroots coping strategies to climate variability. " Environment and Urbanization 22 (2): 415 - 432.

Jha, A. K. 2010. Safer Homes, Stronger Communities A Handbook for Reconstructing after Natural Disasters. Washington, DC: World Bank, GFDRR. http: //www. housingreconstruction. org/fi les/saferHomesStrongerCommunities.

Jha, A. K. , Singh, S. K. , Singh, G. P. , Gupta, P. K. 2011. Sustainable municipal solid waste management in low income group of cities: a review, Tropical Ecology 52 (1): 123 - 131.

JICA Pakistan Offi ce. n. d. The Project for the Improvement of the Flood Forecasting and Warning System for Lai Nullah Basin. Under Japan's Grant Aid Program.

Joseph, R. , Lamond, J. , Proverbs, D. 2011. An analysis of the costs of resilient reinstatement of fl ood affected properties: a case study of the 2009 fl ood event in Cockermouth. Structural Survey 29: 279 - 293.

Kunreuther, H. 2002. "The role of insurance in managing extreme events: implications for terrorism coverage. " Risk Analysis 22 (3): 427 - 37.

Lakin, B. and Proverbs, D. G. 2011. "A practical guide to drying a water - damaged dwelling. " In Flood Hazards: Impacts and Responses for the Built Environment, ed. Lamond, J. , Booth, C. , Hammond, F. and Proverbs, D. G. Florida: CRC Press.

Lamond, J. &. Proverbs, D. 2009. "Resilience to fl ooding: learning the lessons from an international comparison of the barriers to implementation. " Urban Design and Planning 162: 63 - 70.

Lamond, J. , Proverbs, D. &. Hammond, F. 2009. "Accessibility of fl ood risk insurance in the UK - confusion, competition and complacency. " Journal of Risk Research 12: 825 - 40.

Lave, T. R. &. Lave, L. B. 1991. "Public Perception of the Risks of Floods: Implications for Communication. " Risk Analysis 11: 255 - 67.

Madamombe, E. K. 2004. Zimbabwe: Flood management practices - selected fl ood prone areas zambezi basin. The associated program on fl ood management: Integrated fl ood management case study. WMO/GWP.

Medecins San Frontieres. 2005. "Health care waste management in low income countries."

MoGA 2002. Ministry of General Administration, Govt of Nepal MRC & ADPC 2007. Case Study 3 - Reaching out to the Public. Raising Community Awareness to Flood Risk Reduction in Cambodia. MRC/ADPC.

Neussner, O. 2009. Local Flood Early Warning Systems - Experiences from the Philippines (Manual). Tacloban, Phillipines: Technische Zusammenarbeit (GTZ) GmbH.

Neussner, O., Molen, A. & Fischer, T. 2008. "Using Geoinformation Technology for the Establishment of a Local Flood Early Warning System." Paper presented at Second International Conference of Geoinformation Technology for Natural Disaster Management and Rehablitation. Bangkok, Thailand (no date).

O'Donnell, I and Smart, K. 2009. Responding to urban disasters: Learning from previous relief and recovery operations. ALNAP lessons. Provention Consortium. http: //www. alnap. org/pool/fi les/al-nap - provention - lessons - urban. pdf.

Offi ce of Climate Change. 2010. Increasing Queensland's resilience to inland flooding in a changing climate. Queensland: Dept. of Environment and Resource Management, Local Govt. Association.

Oxfam. n. d. "Guidelines for solid waste management in emergencies. Oxfam technical manual." Available from http: //www oxfam. org. uk/resources/... /TBN15 _ domestic _ refugee _ waste. pdf.

—. 2001. "Guidelines for public health promotion in emergencies." Oxford: Oxfam. http: // www. oxfam. org. uk/resources/downloads/emerg _ manuals/public _ health. pdf.

—. 2008. Technical guidance on how to handle and store hazardous waste (hospital, industrial, chemical, asbestos, batteries, gas, etc). http: //postconfl ict. unep. ch/humanitarianaction/documents/02 _ 03 - 04 _ 01 - 04. pdf.

—. 2009. TBN 7 - UD Toilets and Composting Toilets in Emergency Settings. http: //www. ox-fam. org. uk/resources/learning/humanitarian/tbn _ drafts. htmlJHJeco.

—. 2011. "Six months into the fl oods, Resetting Pakistan's priorities through reconstruction." 144 Oxfam Briefi ng Paper, January 2011, Oxfam, Oxford. http: //www. scribd. com/doc/52830168/Six - Months - Into - the - Floods - Resetting - Pakistans - priorities - through - reconstruction.

Phaiju, A., Bej, D., Pokharel, S. & Dons, U. 2010. Establishing Community Based Early Warning System Practitioner's Handbook. Lalitpur, Napal: Mercy Corps and Practical Action.

Pitt, M. 2008. The Pitt Review: Learning lessons from the 2007 fl oods. London: Cabinet Offi ce.

Prasad, K. 2005. Manual on community approach to fl ood management in India, Associated Program on Flood Management. WMO/GWP.

Proverbs, D. & Soetanto, R. 2004 Flood damaged property: A guide to repair. Blackwell Publishing Ltd, ISBN 1 - 4051 - 1616 - 1.

Queensland Floods Commission of Inquiry. 2011. Homepage. http: //www. floodcommission. qld. gov. au/home.

Rheinhard, D. n. d. Invest to prevent disaster: A Re - Insurer's Foundation Perspective on Microfi nance. Munich: Munich Re.

Rouse, J. R. 2005. "Solid waste management in emergencies. WHO Technical Notes for Emergencies, N° 7." Prepared by WEDC. http: // www. who. int/water _ sanitation _ health/hygiene/emergencies/solidwaste. pdf.

Rushbrook, P. and Pugh, M. 1999. Solid waste landfi ll in middle and lower income countries World Bank Technical Paper 426. Washington, DC: World Bank.

SEGOB (Secretaria de Gobernacion). 2009. "Mexican experience in the creation and implementation of fi nancial instruments to prevent and attend natural disasters." http：//siteresources. worldbank. org/ INTLACREGTOPURBDEV/Resources/presentFONDEN - FOPREWB140611. pptx. (Slides 2 - 5).

Setchell, C. A. , 2008. Multi - sector disaster risk reduction as a sustainable development template, the Bamako flood hazard mitigation project. Monday Developments, Interaction.

Shaw, R. and Okazaki, K. ed. 2003. Sustainability in grass roots initiatives: Focus on community based disaster management. Hyogo, UNCRD. http：//www. hyogo. uncrd. or. jp/publication/pdf/ GrassRoots. pdf.

Siegrist, M. & Gutscher, H. 2006. "Flooding risks: a comparion of lay people's and expert's assessments in Switzerland." Risk Analysis 26: 972 - 9.

Spranger, M. 2008. Natural Catastrophe Risk Insurance Mechanisms for Asia and the Pacifi c. Special Nature Of Disaster Risk In Megacities. Tokyo, Japan.

Swiss Re. 2010 (a). The essential guide to reinsurance. Geneva, Swiss Re.

Swiss Re. 2010 (b). Microinsurance - risk protection for 4 billion people. Sigma 6. Zurich: Swiss Re.

Taylor, R. 2011. "Australia reviews disaster insurance, considers fund." Reuters Canberra, March 4 (Thu Mar 3, 2011 9: 29pm EST). http：//www. reuters. com/article/2011/03/04/australia - insurance - idUSL3E7E401C20110304? feedType＝RSS& feedName＝everything& virtualBrandChannel＝11563.

Tearfund. n. d. "Disaster Risk Reduction - Raising Awareness of Risk Through Radio in Afghanistan: A Case Study." http：//tilz. tearfund. org/webdocs/Tilz/Topics/DRR/Raising％20Awareness％ 20of％20Risk％20Through％20Radio％20 in％20Afghanistan. pdf.

The Sphere Project. 2004. Humanitarian charter and minimum standards in disaster response. Geneva: The Sphere Project. http：//www. sphereproject. org/ content/view/27/84.

The Sphere Project. 2011. Sphere, humanitarian charter and minimum standards in disaster response.

Tucci, C. E. M. 2004. Brazil: Flood management in Curitiba metropolitan area. The associated program on fl ood management: Integrated fl ood management case study. WMO/GWP. http：//www. apfm. info/pdf/case _ studies/cs _ brazil. pdf.

Twigg, J. 2007. "Characteristics of a disaster - resilient community, a guidance note." DFID Disaster Risk Reduction Interagency Coordination Group, DFID, London. http：//www. benfi eldhrc. org/ disaster _ studies/projects/communitydrrindicators/community _ drr _ indicators _ index. htm.

UNDP (United Nations Development Program). 2009. Emergency Relief Items, Compendium of Generic Specifi cations. Geneva: UNDP.

UNEP. 2008. Disaster waste management mechanism: practical guide for construction and demolition wastes in Indonesia. UNEP

UN - HABITAT. 2002. Understanding Informal settlements: Case Studies for the Global Report 2003. Produced by the Development Planning Unit (DPU), University College London (UCL).

UN - HABITAT. 2006. Paving the way for sustainable development in a post disaster situation. The case of the tsunami - damaged village of Xaafuun. North Eastern Somalia. UN - HABITAT. http：// www. unhabitat. org/pmss/getElectronicVersion. asp? nr＝2295& alt＝1.

UN - HABITAT. 2008. UN - HABITAT and the Kenya Informal settlement upgrading programme Report. UN - HABITAT KENSUP team, Nairobi.

—. n. d. "Bamako - Using Partnerships to Support Environmental Management." http：//ww2. unhabitat. org/programs/uef/cities/summary/bamako. htm.

UN - HABITAT (2010) Solid Waste Management in the Worlds Cities. London/Washington, United Nations Human Settlements Programme/Earthscan.

UNHCR. 1999. Handbook for emergencies. 2nd Edition. Geneva：UNHCR.

UNICEF. 2006. "Behaviour change communication in emergencies. A toolkit." UNICEF，Regional Offi ce for South Asia. http：//www. unicef. org/ceecis/BCC _ full _ pdf. pdf.

UNISDR. 2007. Building disaster resilient communities：good practices and lessons learned.

United Nations. 2001. Report of the Executive Director of the United Nations Centre for Human Settlements on the review and appraisal of progress made in the implementation of the Habitat Agenda. UN General Assembly 25th Special Session.

—. 2004. Guidelines for Reducing Flood Losses. UN Department of Economic and Social Affairs (DESA)，UN Inter-Agency Secretariat of the International Strategy for Disaster Reduction (UN ISDR)，and National Oceanic and Atmosphere Administration (USA NOAA). Geneva：United Nations.

—. 2006. Global Survey of Early Warning Systems. UN.

—. 2007. Building Disaster Resilient Communities-Good Practices and Lessons Learned. Geneva："Global Network of NGOs" for Disaster Risk Reduction UN/ISDR.

—. 2009. Disaster Risk Reduction in Nepal Flagship Programmes. UN：Kathmandu.

USACE (US Army Corps of Engineers). 1994. Framework for estimating national economic development benefi ts and other benefi cial effects of flood warning and preparedness systems. Institute for Water Resources，Alexandria，VA.

USAID. 2006. Environmental Issues and Best practices for solid waste management，Environmental Guideline for USAID Latin American and Carribean Bureau.

USEPA. 2008. Planning for Natural Disaster Debris EPA530-K-08-001，Offi ce of Solid Waste and Emergency Response & Offi ce of Solid Waste. ，http：//www. epa. gov/osw/conserve/rrr/imr/cdm/pubs/pndd. pdf.

Waterstone，M. 1978. Hazard mitigation behaviour of urban fl ood plain residents. Working Papers. Boulder Colorado：Institute of Behavioral Sciences.

WFP (World Food Program). 2002. "Urban Food Insecurity：Strategies for WFP-Assistance to Urban Areas." http：//www. wfp. org/policies/introduction/policy.

WHO. 2006. "Guidelines for drinking-water quality，third edition，incorporating fi rst and second addenda." http：//www. who. int/water _ sanitation _ health/dwq/wsh0207/en/.

—. n. d. "Technical Notes for Emergencies，N° 6." Prepared by WEDC. http：//www. searo. who. int/LinkFiles/ List _ of _ Guidelines _ for _ Health _ Emergency _ Rehabilitating _ water _ treatment _ works. pdf.

WHO/WEDC. n. d. "WHO Technical Notes On Drinking-Water，Sanitation And Hygiene In Emergencies：Technical Note no. 10." http：//wedc. lboro. ac. uk/resources/who _ notes/WHO _ TN _ 10 _ Hygiene _ promotion _ in _ emergencies. pdf.

WMO. 2011. Flood Emergency Planning：A tool for Integrated Flood Management. Associated Program on Flood Management.

Woodruff，A. & Holland，P. 2008. "Economic Tools for Flood Risk Reduction：Bridging the Gap between Science and Policy in Pacifi c Island Countries." Paper presented at 2nd Australasian Natural Hazards Management Conference Wellington，New Zealand.

World Bank. 1999. What a Waste：Solid Waste Management in Asia. Washington，DC：World Bank.

—. 2005. Natural Disaster Risk Management in the Philippines：Enhancing Poverty Alleviation Through Disaster Reduction. The World Bank East Asia and Pacific Region and National Disaster Coordinating Council Republic of the Philippines.

第5章 洪水风险管理

方案评估：决策者的工具

洪水过后，用排水泵逐渐排干路上的
积水[约克郡（Yorkshire），英国，2007年]。
来源：盖顿·蒙戴尔（Gideon Mendel）

5.1　引言

本章小结

　　本章概述了洪水风险管理常用的方法与工具，及其用途、效果和局限性。这些方法可为决策者提供相关信息，向利益相关者展示决策的影响，使决策制定过程更加透明，更具有说服力。

　　本章传达的主要信息包括：

- 虽然防洪措施的利弊可以单纯从经济角度判断，但是城市管理者、规划者与洪水风险管理专家必须考虑更广泛的问题，如人的脆弱性、措施的影响、社会公平、环境、生物多样性、资金、社会资源以及从第三方获得融资的能力和潜力等。
- 洪水风险管理的决策过程是复杂的，需要技术专家和非专业人士的广泛参与。决策工具可以预测决策结果，展示风险，并在利益相关者之间建立联系，是决策过程中必不可少的手段。

　　洪水可能对城市造成灾难性、毁灭性的影响。因此，洪水风险管理在政府、社区及个人层面均很重要。本书的第2章、第3章介绍了常用的城市洪水风险管理措施和方法。这些方法已经成功地减免了洪水的影响，在发达国家，效果尤其明显。但随着城市化的进程以及观察和预测到的环境变化，应对未来的洪水可能需要采用更广泛的洪水风险管理方案，使洪水不致造成更大破坏。然而，尽管存在各种风险，若要对每个城市、每个居民点均提供最高标准的防洪保护是不现实的。因此，政府在做洪水风险管理决策时，需要平衡各地区对稀缺资源的竞争和需求以及其他土地利用与经济发展优先权等问题。

　　决策者和技术人员需要了解可能的洪水管理方法。目前，有很多方法和工具可以协助决策。本章将探讨几种重要的方法，介绍其在洪水风险管理方面的用途、效果及局限性。

　　本章5.2节着重介绍了应用成本效益分析（CBA）方法进行经济成本和效益评估。然而，城市管理者、规划者及洪水风险管理专家必须拓宽视野、全面考虑问题——其中有些问题不能量化。多标准分析（MCA）方法可以解决此类问题。

　　5.3节介绍了决定可接受洪水风险等级的方法以及在综合考虑政策、公平、社会问题及不确定因素的前提下，选择适宜的措施。

　　5.4节讨论了多种技术和支持系统。这些方法可用于可视化、评估和传递洪水风险及其引发的后果。

5.2　成本效益评估

　　只有对洪水风险进行全面评估，才能做出更明智的决策并选择更有效的措施来减轻洪水风险。前几章关于减轻洪水风险对策的介绍全面讨论了减少暴露性（淹没的可能性）和减轻洪水影响（如财产损失）的各种措施。

选择最适宜的解决方案（或一系列解决方案的组合）通常需基于对方案的效果、成本与效益的综合分析。本节将讨论成本和效益评估方法。

在概念上，采取措施减少洪水风险的投资可以用一个术语概括："买低风险"。如图5.1 所示，每采取一种措施都将对投资产生累计影响，使洪水的剩余风险进一步降低。

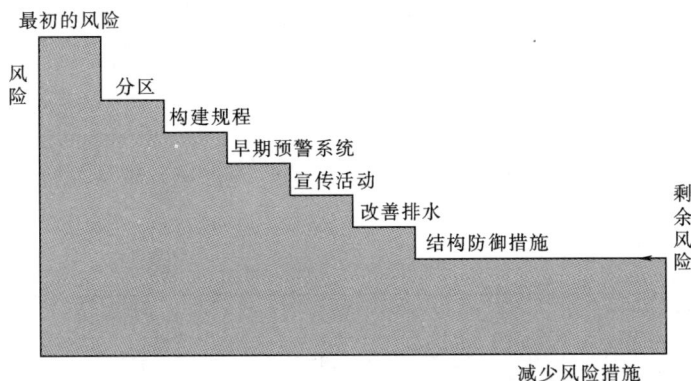

图 5.1　买低风险

来源：改编自 Manous，2011

然而，还须认识到：剩余风险不可能减少为零，减少风险措施的投资可能会超出其产生的效益，有时不能得到所需资金的支持。对每一项措施或一系列综合措施进行成本效益评估可作为更广泛战略的一部分，这一战略将确定未来投资目标，以便优先投资成本效益最优的措施。

5.2.1　成本效益分析

成本效益分析（CBA）是洪水风险管理措施的行业标准分析工具。CBA 的目的在于评估项目寿命期（包括开发、建设及维护的全过程）所有投资的货币值以及洪水风险管理措施产生的所有效益的货币值，从而判断效益是否大于成本。这是决策者在决定一个项目是否值得实施时最常采用的评估方法，如果值得，应在何时开始。尽管这种方法存在公认的缺陷，但仍是辅助决策的强大工具。案例 5.1 列举了如何应用 CBA 辅助决策的制定。

案例 5.1　韦西加诺（Vaisigano）流域萨摩亚（Samoa）市的成本效益分析

2008 年，太平洋群岛应用地理科学委员会（SOPAC）提出了一系列应用于韦西加诺流域下游萨摩亚市的工程及非工程措施，并将 CBA 用于决策过程。

提出的措施包括：修建防洪墙、分洪道，洪水预报，开发控制和抬高建筑物高程等。对其可能避免的损失（获得效益）与成本（包括非市场成本）进行了比较。采用的数据包括公共记录及对企业和住户的调查。将历史洪水淹没图与水深—损失曲线结合，并咨询了有关建设成本的专家意见。然而，非货币形式及间接的效益没有被充分考虑。在评估过程中，假定工程措施的使用寿命为 50 年，非工程措施为 30 年。

结果表明，最经济可行的方案是抬高建筑物高程，其益本比（BCR）在 2～44 之间，洪水预报的 BCR 也大于 1，而工程措施并非经济可行。即使间接效益被更好地量化，这个结论也基本不会改变。

根据分析结果，建议采取的措施为投资洪水预报系统、绘制洪水风险图和进行洪水风险区划、实施住房补偿或退税等激励政策引导建造防水型住宅。从该案例中获得的关键经验是，成本效益分析可用以对工程和非工程措施排序。即使不能完全量化所有的效益，方案之间的明显区别也足以辅助正确地抉择。

来源：UNISDR，2009

英国国际发展部（DFID）将应用 CBA 决定对建筑物进行防洪改造的简单例子归纳于表 5.1。

表 5.1 建筑物防洪改造

潜 在 效 益	效益量化方法
避免建筑物损坏	建筑物损失值
避免室内物品损坏	对比建筑物改造与否的物品损失值
避免伤病	医疗费用； 误工工资损失值
避免经济活动减少（商业建筑物）	收益损失值，如估算流失的客户
避免清理	估算用于清理的劳动力及材料成本
避免应急服务成本	必须提供的设备和人力成本； 具体应急活动成本（人力、能源、材料）

来源：改编自 DFID，2005

若要列出城市洪水风险管理中所有的效益与成本，包括直接与间接的效益，将会是很长的一列。成本往往容易识别评价——包括考虑整个项目寿命期的维护及改造、升级的成本。根据不同的项目，成本可能包括以下部分：

（1）风险及可能措施的评价费。

（2）设计费。

（3）实施和资本费用。

（4）大规模土地利用变化导致的移民安置费用。

（5）维护费用，包括建立维护系统、制定维护章程等。

（6）辅助设施的成本，例如，预警系统发挥作用所需的气象预报系统，干流大型闸坝建设使支流被迫采取相应的措施等。

（7）项目周边地区的修复费用。

（8）交通及贸易中断的成本。

（9）设备更换或升级的成本。

（10）大规模河道整治或蓄洪项目造成的生态损失。

不同类型的措施产生的效益可能会同样广泛持久，特别是那些旨在融入城市规划管理的非工程措施及绿色措施。减少洪水风险的措施可能会产生很多方面的效益，而不仅仅是减少损失。例如，建造防洪墙可保护土地，以利于城市开发或建设基础设施，如高速公路等。这类措施也可以增加安全性、降低保险费、降低建筑规范要求并刺激投资。分洪道可以用于休闲、商业和环境改善，从而促进商业和旅游业的发展，亦可以提供休闲场所，提高生活质量，减少城市热岛效应，允许临近地区更高密度的发展。以下为可能产生的效益：

（1）减少生命损失。

（2）减少实物损失。

（3）减少因业务中断产生的商业损失。

（4）减少应急管理费用，如避难转移及清理垃圾所需费用。

（5）为所保护地区增加未来发展可能性，吸引投资。

（6）减少健康问题，如医疗费用和误工时间。

（7）提高生活质量，减少压力。

（8）维护生物多样性、保护生态系统及减少二氧化碳。

（9）缓解城市热岛效应从而降低能源消耗。

（10）增加娱乐设施、旅游产出。

（11）增加水力发电量。

（12）提升公众的技术能力和教育水平。

以上清单并未囊括所有的成本及效益。确定与每个项目相关的各种成本和效益也是评估过程的重要环节。对效益的衡量通常不如对成本衡量那样准确，原因有两个：一是需度量未来的期望损失，由于洪水预测具有随机性，因此，期望损失将会偏离实际损失；二是由于城市环境和管理实践的相互作用导致后果难以预料，致使更广泛的效益无法具体化。例如，对新的受保护区域而言，由于经济不景气，未完成相关基础设施建设，或其周边地区突然加快发展步伐，都可能使该区域的商业发展潜力不能变为现实。洪水风险管理措施的使用年限较长，期间许多假设条件可能发生改变。并且每一场洪水中，措施所产生的直接与间接效益的比重亦不相同。有迹象表明，洪水规模越大，破坏性越强，造成的间接损失的比例也会越高。其他影响因素还包括发展程度及投保程度（Mechler，2005）。因此，一些措施（特别是某些类型的效益）的总效益很难量化。如果期望效益分布广泛、难以量化或具有不确定性，则需通过敏感性分析决定在何种情况下改变决策。

CBA 的尺度也很关键。在国家经济的尺度上，从长远来看，自然灾害往往会刺激经济的发展，而在地方，严重自然灾害会在短期内对经济发展造成重创，因此，防灾措施在国家层面的回报较之地方要小一些。由此可见，成本效益评估必须同时与空间尺度和时间相关联，评估的范围与目的也必须明确界定。由城市财政资助的项目和活动，如清理水篦子等，应为当地创造效益。大流域的蓄洪和泄洪计划则应有助于整个流域的经济发展。虽然在更广泛经济领域产生的效益无疑更难量化，但却因此会使不同项目的评估结果出现显著差别。照片 5.1 展示了荷兰分洪道及新建的堤坝与公众休闲娱乐相结合。

为了充分发挥 CBA 的潜在作用，需以货币形式表现成本及效益。一些分析机制还将环境及社会价值转换为经济价值，探索将其融入传统 CBA 的途径。概言之，可采用以下

照片 5.1　分洪道及新建的堤坝与公众休闲娱乐相结合（荷兰）

来源：Baca Architects

两种方式表现。

（1）价值。如基于相关成本评估经济价值（如房价或旅行费用）。

（2）价格/成本。如评估替代成本（如替代失去的环境所需成本，或其他替代方案的成本）。

如图 5.2 所示，这两种方法都基于公众的"使用价值"与"非使用价值"。判断环境对人类的使用价值有时是很难的。尽管如此，诸如吸引游人参观、作为珍稀物种的栖息地、具有史学重要性、如果消失了公众会不满、可能在未来产生效益（如未被发现的药用植物）等，都体现了环境的价值。

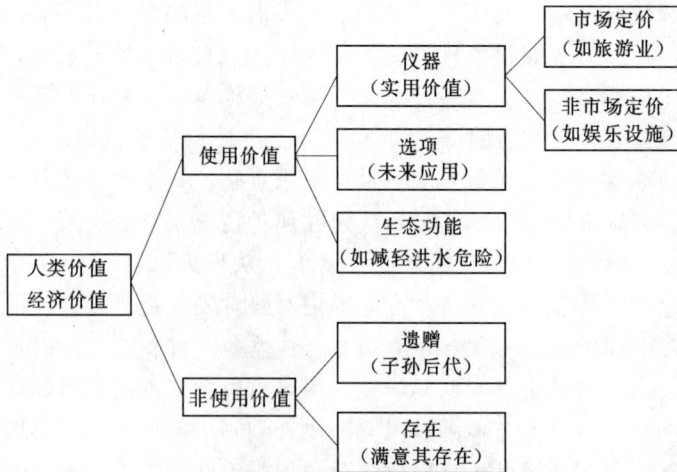

图 5.2　环境价值

来源：改编自 Lamond 和 Bateman，2012

这些方法侧重于环境对人类的使用价值。而对非使用价值则需根据其对生态系统中其他组成部分或生物的价值，并以此维持生态系统健康的效果加以判断。

值得一提的是，关于环境对人类价值的认识还在不断完善。例如，人类对湿地减少风暴的威力与改善水质的机理的认识不断深入。随着时间的推移，对环境效益的分析将会越来越透彻，非使用价值则会随之减少。

目前，气候变化预测的不确定性也开始对评估方法产生影响。为了做出健全的决策，有必要探究各种结果及方案，以使"价值评估"方法（基于理论）的准确性高于"价格评估"方法（基于对过去价值或成本的理解）。

量化评估可采用其他方法，有时会应用互补的方法，例如，多标准分析（MCA）法，对不同方案进行评比、排序。

5.2.1.1　评价技术

CBA 常用于检验洪水风险管理具体措施的经济可行性，下列 CBA 评价技术是等效的：

（1）净现值（NPV）法。

（2）效益成本比（BCR）法。

（3）内部收益率（IRR）法，有效的投资效率。

该分析方法假定，洪水风险管理方案已经确定，CBA 的目的是评估方案是否可行及最佳实施时间。上述 3 项评价技术简要介绍如下。

净现值（NPV）指项目寿命期内各年现金（效益）净流量之和与总成本（含维护管理投资）的现值之间的差额。如果 NPV 为正，说明项目是可行的。NPV 常用于大型防洪工程方案的评价，这类方案通常在产生效益前投入大部分成本。在多种方案中进行选择时，通常会选择 NPV 最大的方案。

效益成本比（BCR）以另一种方法表示折现后的现金流。相比于计算成本和效益之间的差值，BCR 计算的是折现后效益与成本之比。BCR 值为 1 时相当于 NPV 值为零（盈亏平衡点）。一些政府和机构设置最小 BCR 值，用以评判项目是否可获得投资。

内部收益率（IRR）法用于确定项目最大的折现率/利率（即 NPV 为零），也可视为项目的投资收益率。如果内部收益率超过政府资本回报率，项目则可行。由于确定最大的投资回报率很复杂，IRR 法并不是方案比较的最好方法。

CBA 可用于评价洪水风险管理措施是否经济可行，或哪一种洪水风险管理方案具有最大的经济效益。CBA 也可以排除一些选项。CBA 是最有效的与"不采取任何措施"或"没有洪水风险管理方案"的方案相比的方法。对英国泰晤士河河口 TE2100 项目的 5 种初步方案的研究见表 5.2，第一种就是"不采取任何措施"的方案。

表 5.2　　　　　　　　　　　　　TE2100 项目研究的各种策略

方案 P1	不干预，"置之不理"
方案 P2	减少现有洪水风险管理行动（接受随时间增加的洪水风险）
方案 P3	继续推行现行洪水风险管理模式（接受在现在基础上洪水风险随时间增加）
方案 P4	采取进一步行动使未来洪水风险保持在现有水平（应对由城市发展、土地利用变化及气候变化引发的可能洪水风险增加的态势）
方案 P5	采取进一步行动以降低洪水风险（当前风险，当前和未来风险或未来风险）

对"不采取任何措施"方案的评估，可确定在不实施任何洪水风险管理方案的情况下洪水造成的负面影响。结合评价环境及社会效益的 MCA 或其他分析工具，CBA 为应采取哪一种洪水风险管理方案及其实施时间提供了清晰的指导。并进一步为有关机构推动规划、融资及实施提供了保证。

5.2.1.2　分配的影响及公平性

传统意义上 CBA 具有局限性，即它并不考虑成本及效益分配的影响。例如，它既没有考虑谁为风险管理措施付费，也没有考虑谁从中受益。此外，CBA 的基础是经济成本及效益，在使用这种方法时会人为地倾向富者（发达地区）。因为富人的资产更多，为他们提供的防洪保护也最多。结果较之贫者，富者的防灾能力会强很多，从而导致富者愈富、贫者愈贫的结果。同样，在条件价值研究中，平均而言，富者愿意为减少风险的措施付更多的钱，因为他们有钱可付。有些方法在评价生命价值时，也将高收入者排在低收入或无业者之前。

CBA 存在严重的公平性问题：在发展中国家人均经济水平较低，这往往意味着，较之于发达国家的人民，所有措施对他们会产生较少的经济效益。除非成本低到与发展中国家经济水平相称，否则几乎没有哪项措施具有合理的成本效益基础，最终导致那里的人民无法受到良好的保护。因此，在当地可用资源及劳动力的基础上控制成本是重要的。同时还应根据发展目标考虑具有竞争力的而非经济收益率高的项目。在个别国家，往往是并不富裕的人民努力争取资金来保护自己及其资产。那些不常从事经济活动的人民（如妇女及儿童等）通常是最脆弱的，她们的需求可能得不到满足，权利也可能被剥夺。决策者应该意识到这些局限并设法克服，如根据脆弱性进行加权和将成本效益与收入相关联的方法。

CBA 中也存在成本及效益密度的问题，分散的资产往往效益成本比较低，城市与农村的贫困人口的资产价值低，且分布稀疏，如果严格按照 CBA 方法，这些资产很少能满足减少风险措施投入的标准。如第 3 章所述，2011 年 5 月发生在密西西比河流域的洪水，曾人为地将洪水分入人口较少的农村地区以保护人口高度密集的城市。从经济角度衡量，这种做法可能是合理的，虽然这是规划确定的措施，但仍被视做是不公平的。

资金的来源也存在分配问题。通常情况下，解决方案的费用来自于纳税人额外的税赋，这将引起再分配的问题，居住在没有洪水风险地区的人可能认为这种做法并不公平。这类问题，经确认后，可以采用一些方法调整，但常常被忽略或没有认真考虑。

5.2.1.3　敏感性分析

在 CBA 运用过程中，需要做很多假设，如贴现率、项目期望成本或未来发生洪水的概率。这些假设可能是粗略的估计，具有不确定性，或会受到某些政治因素的影响。敏感性分析旨在检测 CBA 对这些假设的变化或不确切性或项目超支时的稳定性。以秘鲁的一个项目为例，在假设条件变化后（如没考虑生命损失），内部收益率由 12％增长到 30％，内部收益率超过了在所有假设条件下要求的阈值（ISDR，2009）。另一个例子是也门（Yemen）塔伊兹（Taiz）的一个世界银行洪水控制项目，其敏感性分析表明，评价结果对建设成本增加及损失减少最为敏感（世界银行，2001）。

5.2.2　成本效益及社会环境问题的多标准分析（MCA）

MCA 是一种在项目评估中加入了非正式的社会及环境问题的补充分析方法。MCA 用于平衡多个利益相关者的需求，使对成本及效益的考虑不仅限于经济（市场）价值。如在案例 5.2 中，还将生物多样性、幸福感及社区精神考虑在内。MCA 提供了一个反映这些项目功能重要性的框架，同时，促使决策者考虑这些可能被忽略的问题。

案例 5.2　尼泊尔（Nepal）以社区为基础的减少洪水风险的成本效益分析

2007—2009 年间，尼泊尔美慈组织（Mercy Corps）和尼泊尔红十字会在尼泊尔西部的凯拉利（Kalali）地区实施了一项减少洪水风险的项目，以缓解该地区洪水的负面影响。在尼泊尔，洪水及其他与天气相关的灾害是导致贫穷的主要因素，气候变化可能会进一步增加贫穷的程度。

凯拉利减轻灾害风险项目（KDRRI）在 6 个社区实施。其目的在于通过实施减轻灾害风险的措施，增强社区的快速恢复能力。项目实施过程中与社区、当地政府及其他关键参与者合作，融入了能力建设及培训、早期预警系统、小规模防护、教育、促进协调等措施。在第二阶段，该项目将扩展到另外其他 10 个社区。

项目采用社会科学研究方法（如结构化的调研、实地考察及访谈等）收集数据，并用计算机数学模型对进行数据分析，以评估项目的成本效益。

计算得到的该项目益本比为 3.49，即每花费 1 美元，就会产生 3.49 美元的经济效益。这些效益代表避免的经济损失或免于进行其他必需的人道主义救援。然而，这个益本比并不包含项目的定性效益。定性分析表明，KDRRI 项目具有显著的经济、社会及环境效益，但这些效益很难被量化。这些效益与增强的社会凝聚力、宣传普及、增强民众的防灾能力、挽救的生命及对资金的间接影响相关。如果将定性效益包含在内，最终的益本比值会显著增大。该案例说明，事实上，以社区为基础的措施对减轻洪水风险非常有效且容易获得高回报。

来源：White 和 Rorick，2010

MCA 旨在建立所有利益相关者的共同目标，这个目标可能受到洪水风险及相关的减轻洪水风险措施的影响。通过与利益相关者沟通讨论，可以就各因素的权重达成一致。表 5.3 显示了应用 MCA 对用于评估苏格兰洪水预警系统的 6 种效益赋予权重方法。

表 5.3　　　　　　　　　　　SNIFFER UKCC10B 的 MCA 权重

效益类别	权重	效益类别	权重
降低死亡及重伤的风险	30%	减少商业、农业损失	15%
减少社会影响	20%	改善防洪措施	15%
减少住宅资产损失	15%	减少基础设施损坏	5%

来源：Halcrow，2009

表 5.3 中权重值被用于流域内不同地区应对潜在洪水事件的效益评估，如图 5.3 所示。

收益						
回报期/年			☐ 10	☐ 50	☑ 200	平均
	分类	权重(0~100)	得分(0~100)			
1	减少生命危险/减少重大伤亡	30	15	100	100	
2	减少社会影响	20	90	100	100	
3	减少居民财产损失	15	40	100	100	
4	减少商业、农业损失	15	24	48	57	
5	提升洪水防御运行系统	15	19	8	0	
6	减少基础设施应用中断	5	8	100	100	
总计		100	35	78	79	18

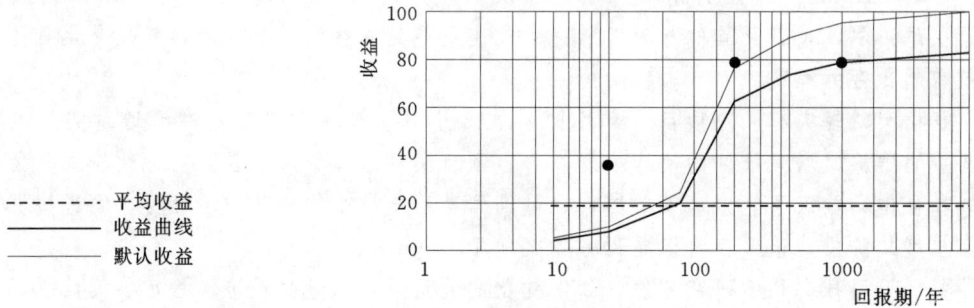

图 5.3　概率为 0.05 的洪水事件效益曲线
来源：改编自 Halcrow，2009

MCA 中采用的权重由利益相关者协商确定。这意味着权重是主观的，可能建立在信息不完备的基础上，受人为因素影响。不同项目的权重可能有很大差别，在不同的地方，也会因政治、社会因素而变化。对于特定的项目应从所有利益相关者中选取代表，向他们详细介绍提案的目的和细节，通过与关键团体的协商，利益相关者可以达成一致，得到具体的权重。

MCA 需要多方参与，权重的研究和结果取决于对各方面判断的兼收并蓄，全过程的透明度和公众参与至关重要。公众参与还需要就难以把握的问题进行较好的沟通，并辅之以对研究进程进行清晰的解释和说明。

5.2.3　运行维护成本

在评估项目成本时，需考虑的重要因素之一是运行及维护成本（O&M）。如果风险管理方案，尤其是含有工程措施的方案，缺乏维护，工程在需要发挥作用的时候则有可能失效，其风险可能比防洪工程不存在时更大，因为防洪工程的存在不仅使居民产生被保护的感觉，也降低了对避难转移计划及其他措施的需求。

CBA 及 MCA 可以很容易地将这些成本考虑在内，但方案使用期的运行维护成本受多种因素影响，估算比较困难。如通胀率、收入增加或劳动力短缺等均可能造成影响。

较之于初始成本，运行维护成本通常会被低估。即使运行维护费用已经确定，明确谁付费及经费来源仍十分重要。是提前支付还是预留？是由政府还是私营企业，如保险公司支付？

工程竣工后，有很多原因会使运行维护难以持续，如果这种风险不可控，则应选用非工程措施。

5.3　确定适度的防洪标准（ALARP）

如前所述，CBA，必要时辅之以 MCA，是进行防御洪水方案排序的有效工具。然而，这类分析的局限性在于只能对可能的方案进行排序，并不能决定是否采取措施。

政府的资源有限，往往因为缺乏足够的资金或优先考虑其他方案而放弃效益较优方案，这种情况在发达国家的确存在。例如，在英国，许多项目超过了成本效益的阈值但很快就得到了投资。在发展中国家，由于资源更为有限，或者依靠国际投资者以满足自己发展目标，这类情况也时有发生。

如上所述，经济分析通常与公平和分配效应相左，并需要在环境和社会影响的量化间进行权衡。对于洪水风险分析而言，量化人的生命价值可能成为关键的决定性因素。经济模型无法考虑这种看似简单的概念，因为其中融入了复杂的感情因素，很难进行价值评断。减轻洪水风险的方案通常会对一些利益相关者有利，而对另一些不利。公平和公正的决策很难做出。决策制定过程中的另一个问题是，气候变化可能造成未来洪水预测的巨大不确定性。

在实践中，发展中国家的政府主要负责决定用于洪水风险管理的支出，而不会明确用于普及教育的支出，他们不愿单独做这部分工作。实际上，在一些国家，自然灾害的应对与连任竞选活动的相关性很明显，政府十分重视民众的意见，以及来自国际团体的意见（或压力）（世界银行和联合国，2010）。有证据显示，相对于人为灾害，选民及赞助商更愿意承受自然灾害风险，也更倾向于将资金用于救济而非预防。这可能是愤世嫉俗的利己主义，某种程度的道德风险的结果，或是对政府控制自然的能力缺乏信心的表现。

如果越来越多的个人和国家依赖保险或风险投资市场资助重建，那么风险公司及借贷人的需求在确定适度的防洪标准时变得越发重要。在英国，保险公司与政府间建立了非正式的"君子协定"，规定不为可能遭受洪水概率大于 1.3%（或 75 年一遇）的地区或居民提供任何保险，除非有正在实行的计划可在 5 年内将洪水风险减小到阈值以下（虽然对保险公司而言，向某些高于该风险阈值地区的居民提供保险仍有利可图）。

5.3.1　定义"防护目标"

防护目标值可能是个引人注目的概念，但极少有国家设定保护其人口目标级别。荷兰是个特例：防洪工程按防御万年一遇洪水设计，并结合气候变化预测，对该标准进行复核。在工程措施逐步被土地利用规划、早期预警及避难转移等非工程措施取代的地区，很难定义防护目标。保护不再是消除洪水灾害的承诺，而是更为公认的目标：最小化预期损失。

5.3.1.1　低至合理可行标准的原则

在决定可接受风险等级时，可采用"低至合理可行"的原则。通过这种方法，可接受的风险可以表达为一个三层系统，定义如下：

（1）上层为不可接受的风险区间。

（2）下层为广泛可接受的风险区间。

（3）中层为风险无法再减，或益本比趋近于 1 的可容忍区间。

图 5.4 为可接受风险等级三层系统示意图。

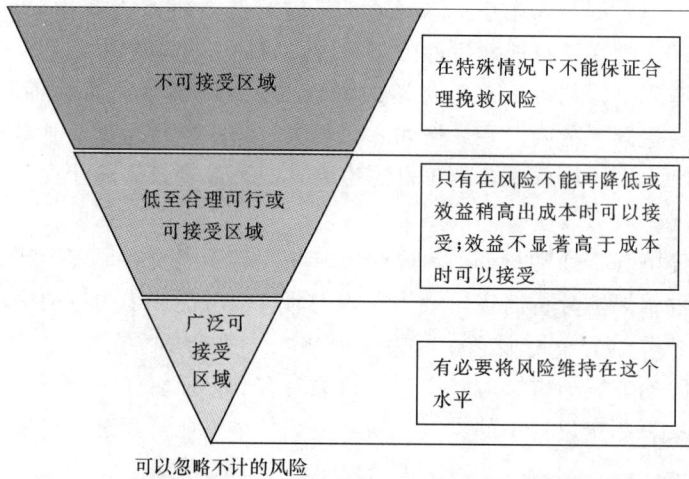

图 5.4　可接受风险等级及 ALARP 原则
来源：改编自 FLOODsite "风险术语"

该概念框架很实用，可在不确定的条件下，设置一些固定的决策点。然而，在社会风险领域定义分层可能会存在困难，利益相关者之间的共识不易达到。

应对风险的态度和风险承受水平可以通过揭示和反映偏好的方法衡量，并据此度量公众为减少风险进行支付的意愿。在洪水风险管理的背景下，反映偏好的方法，由于受参与者的影响，有可能低估对风险的容忍程度；而揭示偏好，可能由于惰性、低收入或缺乏其他选择等原因，无法检测对风险的规避。

5.3.1.2　机会成本

政府还必须考虑洪水风险管理支出的"机会成本"。"机会成本"指不做其他事而用于防洪措施的成本。如将防洪资金用于防御其他灾害或用于教育、医疗卫生等行业，可能会产生更大效益。理论上，政府可对资金的所有用途开展评估，并按效益排序确定投资方向，那么，政府将不会对类似于防洪的基础设施配置资金，实际上，没有政府会将所有需要资金的项目进行评估排序，然后决定投资方向。然而，在决策过程中，机会成本是有用的概念，如将其与平均 CBA 率进行比较，以了解政府各部门间的项目情况。

5.3.1.3　生命的价值

估计人的生命价值虽然可能很难接受，但在进行基于成本效益的洪水风险管理决策中时常使用。该值对于避难转移计划的效益研究尤为重要，这也许不能减轻损失，但的确能够拯救生命。该方法通常称之为统计生命价值法（VSL）（世界银行和联合国，2010）。根据 VSL，美国人生命的估价为 400 万～900 万美元，而其他地区则为 80 万～7410 万美元不等（wang 和 He，2010）。

在估价过程中，有可靠的估价模式可以利用，如未来期望收入、个人的经济贡献，或国家用于医疗卫生、教育及社会福利方面投资的替代成本。保险状况也可作为参考。应用这种估价模式，相对富裕的经济体自然要比不太富裕的经济体的估价高，平均收入水平也将影响 VSL 的估值结果。这通常导致发展中国家的估价会低几千美元。因地适宜的估值方法可能得出更高的估价：在柬埔寨，一项最近用于扫雷的研究给出了人均 40 万美元的估值。在一个国家内，地区、性别及种族的差异也可因此体现。

由此可见，估价方法的选择是决定估价结果的关键之一，甚至会影响不同解决方案的排序，因此，通常还需进行变量的敏感性分析。

5.3.1.4　可保性要求

对符合保险原则的残余风险投保，商业保险是最可靠的选择。再保险公司采用广泛的国际业务与互补的风险配置，丰富其投资组合，分散风险。

具有吸引力的保险计划有赖于对风险分布及触发风险事件的了解。政府应该通过建设防洪工程或内部资助的方式提供一定等级的安全保证，并许可在特定的防护标准之外由保险公司担保极端事件的风险。

前文提到的英国的"君子协定"，也称为"原则声明"（ABI，2008），将 1.3％（75 年一遇）作为防护的目标等级。防洪标准低于该目标等级会使防御措施保护区域内的居民及企业陷入不能投保的困境中。这种由可保性决定的投保标准很可能会导致最低标准即是最高标准的情况，如果政府没有进一步的法规，则会抑制提高防护水平的主动性。

5.3.1.5　横向比较及区域交叉合作

各国政府可能将其工作与经济体系相似的或相邻的区域进行比较。事实上，这种做法可使其在吸引投资、保障生计以及促进经济增长方面与其他国家并驾齐驱。此外，如果风险跨区域，或是需要在减轻影响及灾害救援行动中进行跨界合作，那么平等的保护等级也可能成为国家之间谈判的重要组成部分。

例如，如果流域横跨国界，下游国家的保护等级至少要等同于上游国家。

5.3.1.6　在不确定性条件下的决策

不确定性可能导致难以决断。计划建设的防洪工程和基础设施将会在未来相当长一段时期内使用，而又不存在所谓可将未来所有可能的气候变化情况（详见本书第 1 章）都囊括的最佳方案。令决策者担心的问题包括：

（1）响应过度。根据气候条件变化的实际，有些响应是没有必要的，例如，修建可承受海平面上升 4m 的海堤，这种现象在工程使用期限不可能出现。

（2）无所作为或准备不足。不采取任何行动，或应对气候变化做出的调整没有达到损失最小的目标，在某种情况下，气候变化的影响，远大于预期的应对方案。

（3）响应不当。进行了调整，但后来发现并不妥当或适得其反。

健全的方案，并非是最佳的方案，而是能很好适应各种变化的方案，应作为决策的首选。最佳方案可能在大多数情况下表现良好，但在某些变化时可能造成灾难性的后果，遵循 ALARP 理念可确保不会造成难以承受风险的健全方案的抉择。图 5.5 给出了如何权衡成本效益和健全性，并提出了在所有判别标准下都可良好运行的一些措施（如早期预警系统），其他措施（如工程措施）可能在某些情况下效果良好而在其他条件下表现不佳。

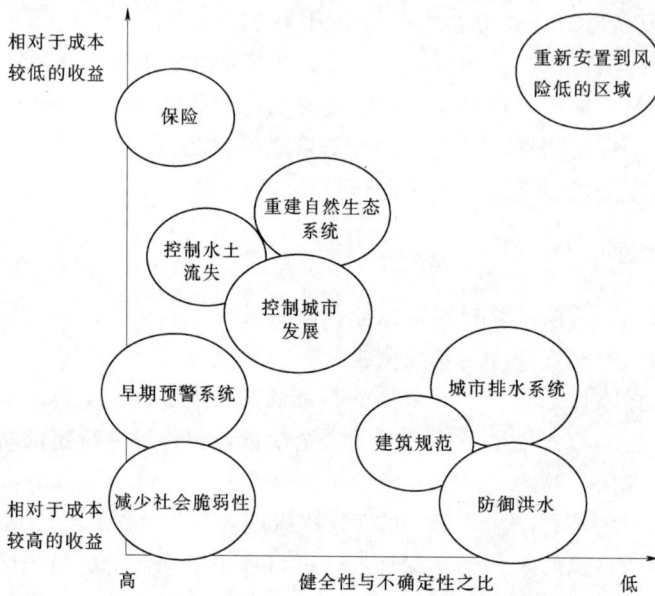

图 5.5　洪水管理方案的相对成本效益

来源：改编自 Ranger 和 Garbett-Shiels，2011

根据具体情况及决策紧迫程度，可以通过各种各样的策略获得健全的方案，如弹性策略、"无悔"策略、预防原则、计划冗余（"以防万一"）及"观望"策略。发展中国家应该认识到：制定健全的对策刻不容缓，伴随城市化及城市发展的进程，需要规划基础设施的建设，保护庞大的人口。这将导致对弹性的、"无悔"的及"以防万一"的策略的偏好。而发达国家则可以不急于改变现状。

5.3.1.7　"无悔"策略

有些措施，无论未来洪水风险如何变化，均具有较好的益本比率。这类措施即所谓"无悔"措施，通常具有以下特点：

（1）成本低，因此，无论未来如何变化都具有较高益本比。

（2）能创造洪水风险管理以外的利益。

（3）对未来洪水风险的变化不敏感。

这类措施包括洪水预报及早期预警系统，该系统的建立成本相对较低，对未来洪水风险的变化不敏感。改造或搬迁洪泛区的非正式居民区亦可在洪水管理及其他方面产生效益；湿地恢复还具有美化环境的价值。

专栏 5.1　早期预警系统

早期预警系统可以拯救生命，与其成本相比，具有很高的收益率。如果公众事先了解面临的风险，提前足够的时间收到可靠的、可信的警报，并转移至安全场所，则可有效避免伤亡。在美国，每年的飓风预报、预警及应急救援的效益高达 30 亿美元（2/3 源于生命损失的减少）。在加拿大安大略省，每年天气预报的价值约为 12.6 亿美元（Jha 和 Brecht，2011）。俄罗斯的一项研究发现，在全国各地的水文气象服务现代化上每投入 1 美元，可产生 4～8 美元的收益。

造成超过 30 万人丧生的 1970 年的超级飓风比厚拉（Bhola）发生后，孟加拉国政府与孟加拉红新月会合作，于 1972 年立项开展飓风应对项目。在当地社区的共同参与下，建立了适合当地具体情况的预警系统，通过无线广播预警，辅以各种颜色的旗子，确保居民更容易收到并直观发现危险警告。

作为全面、连贯的减灾、预警、疏散、避难系统的一部分，该措施极大地降低了飓风的生命及财产损失。另一个很好的例子是中国国家气象局通过短信提供天气预警服务，其用户已超过 9000 万人。

然而，城市贫困人口可能无视预警系统的警报，试图保护其住房和财产安全，而导致其风险增加，因此，需要采取针对性的沟通策略开展宣传教育。一个很好的例子是雅加达的洪水早期预警系统，在该系统建设和运行过程中注重于社区能力建设，并确保一线服务者（如非政府组织及社区组织）与地方政府协调配合。

来源：Jha 和 Brecht，2011

5.3.1.8　弹性策略

弹性策略可适应不断变化的未来情况。虽然根据未来风险的变化需要对措施进行调整，但弹性策略可保证这些变化不致引发巨大的再投资或废弃已建措施。许多非工程措施，其本身就具有弹性，如早期预警系统或转移计划。工程措施通常弹性较小，但在某些情况下可赋予其一定的弹性，例如，将防洪工程的地基修建得宽一些，未来若需要加高时，则不必重新处理地基。储备可装卸的临时防洪挡板也属弹性措施，这类临时结构可以根据洪水风险的改变而因时因地制宜。

5.3.1.9　决策树

在许多领域中，决策树或决策路径常用于辅助决策。其概念是在未来各时间节点设定方案评价的指标体系，确定每一方案的阈值（或"临界值"）。据此可将相关方案置于一个时间序列中，制作方案在每一时点值与期望阈值的对应过程图。在气候变化期，考虑减轻洪水风险的未来投资时，可以通过该图直观地判断方案的优劣。这种高度结构化的方法可确保将所有偶然事件考虑在内，并明确界定决策参数的时间特征及不确定性。案例 5.3 应用该方法，针对可能的海平面上升就泰晤士河水闸开展了评价。

案例 5.3　弹性规划：泰晤士河河口 TE2100 计划

泰晤士河河口 TE2100 计划为伦敦及泰晤士河河口制定了海潮洪水风险管理长期规划。泰晤士河河口已建有防浪墙、河堤、护栏、闸门及其他工程以应对海潮洪水。沿泰晤士河河口上游两岸建有保护周边地区的防浪墙，各支流也建有防浪墙、涵洞及蓄洪设施。在多数地区，防洪标准达到 1000 年一遇，在一些欠发达地区，标准稍低。

由于逐年老化，这些防洪措施将在未来 20～30 年达到其设计使用年限。同时，由于气候变化和经济社会变化，洪水发生的频率及其破坏性有可能增加，TE2100 计划因此而制定。该项目针对各种气候及社会经济变化情景，确定适应方案及路线，以应对未来的不确定性。图 5.6 展示了泰晤士河 TE2100 项目的适应方案及路线。

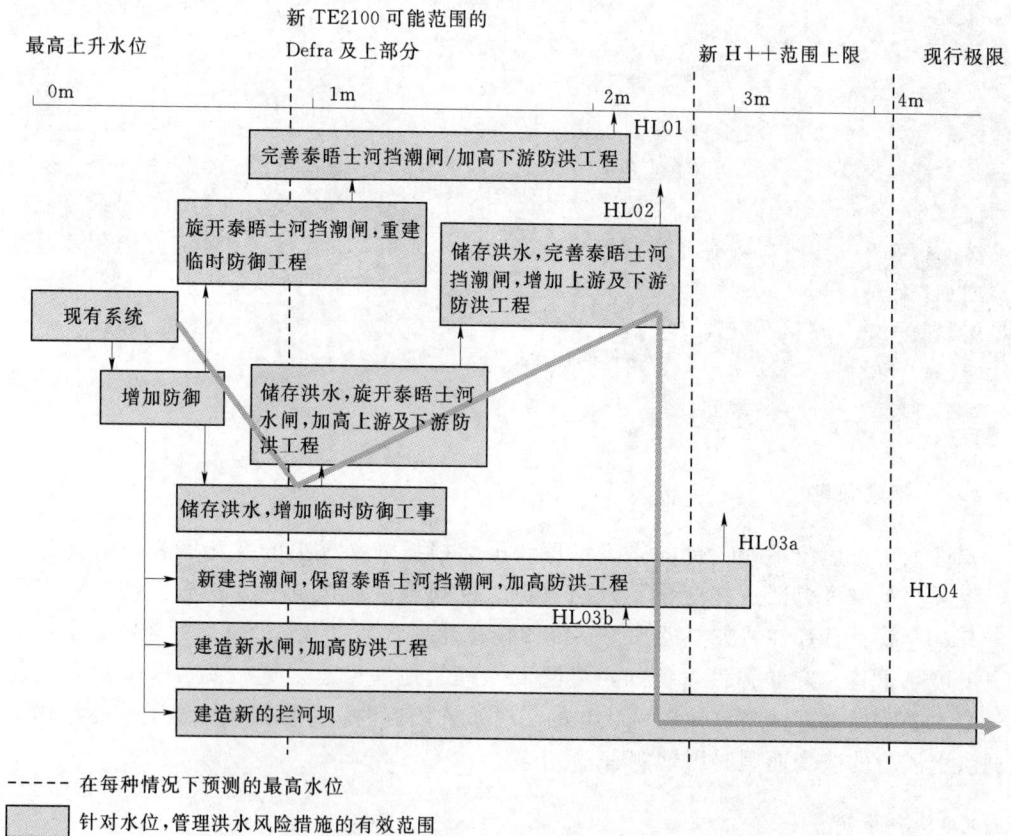

图 5.6　TE2100 项目采用的适应方案及路线（y 轴代表），相对于阈值程度
水位增长的极端值（x 轴代表）（浅灰色代表在海平面上升比预期
速度快时，决策者可能最先遵循的"路径"）

来源：改编自 Reeder 和 Ranger，2011

未来洪水风险预报的不确定性及决策对于气候变化的高敏感度，使城市洪水管理规划充满挑战。TE2100 项目采用适应规划的框架，确保减少风险的方案在成本效益可行的前提下，可有效应对未来的不确定性。

来源：Ranger 等，2010；Reeder 和 Nicola，2011；Defra，2009；Environment Agency，2009

5.3.2　考虑最坏的情况

在决策过程中，标准决策工具通常侧重于最可能发生的事件，而制定的方案及措施大多是应对平均预期的灾情。然而，根据概率论和以往经验，在决策过程中亦应考虑最坏情况。不言而喻，1‰概率的事件最终总会发生。此类不可想象的事件虽然很少发生，但仍需认真考虑可能造成的结果。而在决定最坏情况时，需要合理地评估判断。

系统失事也会出现最坏的情景。与其确定系统失事的可能性，不如了解如果系统失事的后果。为减小这种最坏情况下所产生的严重危害，应通过设计使系统"温顺"地，或尽可能"温顺"地失事。

远远超出预期模式的极端天气也可能造成最坏的情景。由于"可能天气事件"是个无穷的变量，定义最坏的情况亦困难重重。通常只考虑超过系统设计能力的一个极端天气事件，或可能使一个区域彻底毁灭的事件。

无论是哪种情景，强制考虑最坏情况的重要性在于防止懈怠或过度依赖已有的措施。其效益可能包括：

（1）制定应对系统失事的计划。

（2）避免防洪措施造成比自然灾害更严重的人为灾害。

（3）在关键基础设施布局时从长计议。

（4）强调工程和非工程措施结合的重要性。

（5）证明洪水风险管理投资相对于其他优先事项的重要性。

5.4 节讨论的模拟及可视化工具是考虑最坏情况的有用工具。

5.3.3　延伸阅读

ESPACE. 2008. "Climate Change Impactsand Spatial Planning Decision Support Guidance."

Defra. 2009. "Accounting for the Effects of Climate Change." London：Defra. http：//archive. defra. gov. uk/environment/climate/documents/adaptation – guidance. pdf.

Environment Agency. 2009. The Thames Estuary 2100 Environmental Report Summary. London，UK.

5.3.4　评估适宜措施时需考虑的因素

系统、高效的评价方案有助于阐明如何评估提案，以探究提案的预期产出是否在研究区域行之有效。对于任何决策机构，都是必不可少的工具，因为决策机构需要一个战略框架，形成更系统化和一致性的流程，以推进他们的工作，尤其是在风险评估及改善环境质量方面。表 5.4 列举了常用的防灾措施方法及其影响因素。

表 5.4   **防灾方法及其影响因素**

方法	考虑因素/操作	输出/效益
基于风险方法	洪水的可能性； 洪水的潜在影响	包括现有的及可能产生的风险
比例决定的方法	评估的费用应与项目所需的投资水平相协调； 应权衡信息的精度和成本	如在成本可行性和准确性之间合理权衡，则输出更为有效
认识问题	认真定义洪水问题，了解风险和可能的应对方案	定义问题有助于识别不同优先事项的迫切性
决策层次内的工作	可行性方案； 国家级考虑事项及其在方案选择中的位置； 考虑法律及伦理问题	产出通常是精心组织的并包含优先事项排序的计划； 当行动没有改变现有决策框架时，当地社团受益最多
利益相关者的合作	所有利益相关者参与，调查他们的意见、目标，使评估能够代表所有人的利益	提高社区参与意识，促进全面发展
确定基准和多方案	现状是有用的参照，对评估提案的净现值十分重要	为解决问题提供多种渠道，考虑产品评估的时间因素
综合环境评估	满足法定环境评估要求	环境评估为提升环境质量提供机会

5.4 模拟及可视化决策工具

洪水风险管理决策是一个复杂的过程，需要技术和非技术专家的广泛参与，同时也需要既能预测决策的产出，又能够在利益相关者之间进行风险沟通的工具。在这一领域，目前已经开发了大量的工具用于辅助决策过程。

这类工具不胜枚举，例如，欧洲最近的一个项目（ENCORA）认定了以下工具：Planning Kit、Water Manager、IRMA-Sponge DSS Large Rivers、IVB-DOS、STORM Rhine、MDSF、EUROTAS、Flood Ranger、DESIMA、NaFRA、PAMS、HzG、DSS-Havel、WRBM-DSS、Elbe-DSS、INFORM 2.0/.DSS、RISK/RISC、FLIWAS、FLUMAGIS、DSSñRAMFLOOD、ANFAS、MIKE 11 DSS 和 EFAS 等。此外，新的工具层出不穷，现有的工具很可能在不久的将来被新的、更好的工具所取代，因此，本节不对目前正在使用的所有工具一一评论，而是介绍几种用于城市洪水风险管理不同领域的工具，但并不表明支持或推荐某个工具。

这些工具有时统称为决策支持工具（DST）。洪水风险管理的技术工具往往是很复杂的，主要源于水文系统以及洪水与社会、经济、环境等各个方面相互作用的复杂性。其目的是通过信息和分析、教育和交流，以及最终决策及应用等辅助决策者。运用可视化技术这类工具扩展了公众参与的范围。在简化评估、沟通和决策制定的过程中，一个或是一系列好的工具通常能发挥至关重要的作用，对本章5.2节所述的多准则评估尤为有用。

表5.5列出了一系列的工具、方法以及其应用范围。后面将讨论这些工具在实践中的具体应用，最后将介绍如何把这些工具集成为完整的决策支持系统（DSS）。

表 5.5　　　　　　　　　　　　　决策支持工具、方法以及其应用范围

技 术 工 具	目　　　的	描　　　述
地理信息系统（GIS）	信息展示、分析和沟通	计算机辅助、地理空间映射信息分析和演示工具
二维或三维洪水模拟	信息获取	确定各重现期洪水的各要素（范围、水深、流速、开始时间）
转移及生命损失模型；转移过程模型；生命安全模型（LSM）	信息获取和分析	结合二维或三维模型和其他参数（如人口统计资料）进行模拟
溃坝分析	信息获取和分析	与时间相关的二维或三维模型
模拟游戏	教育沟通和培训	用于解释洪水风险和各种各样的解决方案的二维及三维计算机可视化工具
设计联系、模拟演习和工具包	教育、沟通、培训和决策	基于一套标准（如规划和法规）的物理知识和计算机工具，协助对方案达成共识
清单	决定	评估洪水风险开发建议，保证行业规范的完整性
决策支持系统	信息展示、教育和决策	通常是将洪水风险模拟与社会经济或其他问题相关联的编译工具

5.4.1　地理信息系统（GIS）

地理信息系统（GIS）是一种用于记录、整理、分析和显示空间信息的计算机辅助绘图工具。GIS 允许用户以地图、报告和图表的形式，在很多方面对数据进行查看、理解、质疑、解释和可视化，从而了解这些数据之间的关系、模式和趋势。GIS 通过易于理解和便于共享的方式展示数据，从而帮助用户认识并解决难题。

GIS 图层将空间信息和相关数据库的信息结合在一起，提供了一个基于查询的数据源。每一个目标都可以与其相关的数据联系起来，例如，GIS 可以定义平面上的多边形或线条的属性：代表什么、占用面积以及其他特定的信息。如果一个多边形代表一座建筑物，则可以将其建筑面积、高度以及结构信息联系起来。

GIS 适用于所有形式的空间地图绘制和分析，如考古资料、普查数据、洪水区划、动植物观赏区、地籍、土地价值、商业排水区以及城市整体规划数据。该工具可对各类信息进行并行整理、叠加并检查，对政府和市政部门十分有用。

GIS 的特点之一是可将洪水信息与其他信息，如城市发展规划、人口规划和土地价值规划信息等叠加，以便于识别洪水的影响区域、洪水的危害性以及受到洪水影响的土地和基础设施的价值，从而全面评估洪水损失。图 5.7 显示了两幅由 GIS 生成的地图。一幅标明了土地利用类型及产权，另一幅展示了 0.5％概率（200 年一遇）洪水淹没水深的预测值。

图 5.7 展示了城镇周边可开发区的主要制约因素，可同时为考虑城市未来 20 年可能的发展水平和类型，降低洪水风险，减轻污染和改善环境状况的城市综合规划的制定提供信息。

上述信息集成后，GIS 软件不但可以显示信息，还可以通过查询的方式提取各类不同详略程度的信息；例如，统计预测淹没区内资产总价值。运用更先进的评估"插件"，还可进行其他分析，如地形变化，并将其用于洪水分析模型，制作洪水灾害图。

图 5.7 展示土地产权（左）和淹没水深（右）的 GIS 图层
(信息由 Environment Agency，West Sussex County Council and Stakeholders 提供)
来源：Baca Architects

5.4.2 一维、二维、三维洪水数值模拟

洪水风险数值模拟可用于评估第 1 章所述的各类洪水灾害影响，也可用于比较不同洪水风险管理方案的效果，模拟的精细程度取决于项目不同阶段的需求。

任何类型的数值模拟都可为决策者了解洪水提供强有力的支撑。然而，模型仅仅是工具，只有输入准确的信息，才能得到好的结果。模型的输出结果还必须根据历史洪水记录和目击者的描述进行验证。

图 5.8 英国诺里奇（Norwich）发展计划模拟的 1000 年一遇洪水演进过程截图
来源：JBA Consulting 和 Baca Architects

在世界各地，作为评估洪水风险和洪水灾害的行业标准，二维（2D）模型或一维/二维（1D/2D）耦合的模型一直在不断发展。洪水模型可将水文模型与 GIS 信息，如二维地表、糙率（如建筑物、田地或林地等）、建筑物或其他障碍物信息结合。模型还可引入时间维，用以分析洪水在某一空间位置的发展过程，从而确定各处的洪水到达时间以及淹没历时。此外，模型还可评价防洪工程失事所造成的影响，测试各种解决方案和开发计划。图 5.8 显示的静态图为针对某一发展规划进行的特大洪水过程模拟的截图。这类信息对于确定安全路线和制定转移计划是非常有用的。

溃决分析是二维或三维模拟的一类，用于研究防洪工程或大坝失事时的洪水影响。计算机模型的输出信息通常与 GIS 兼容，便于将各类信息集成，绘制洪水影响范围图、洪水灾害图或洪水区划图。

5.4.3　转移和生命损失模型及转移过程模拟

转移和生命损失模型，或称为生命安全模型，是将 2D 模拟与人口统计信息结合的特殊类型的 2D/3D 模型。这种模型考虑了受灾群体和脆弱性识别，可用以确定潜在的生命损失和评估可用的转移时间，辅助开展分批撤离。

专栏 5.2　生命安全模型（LSM）

由 HR Wallingford 开发的生命安全模型（LSM），可评估有无洪水预警的洪水影响。生命安全模型有以下特点。

（1）洪水演进。不同的演进阶段对人们有不同的影响：①收到预警；②开始撤离；③到达安全地点；④困在路上或困在车里；⑤死亡。

（2）人们遭遇的随时间变化的洪水特征（水深和流速）影响了人们的应对能力、求生能力和逃生速度。溺水死亡的原因可能是被水卷走，也可能是长时间处于洪水之中耗尽了体力。

（3）如果开车撤离，发动机可能会熄火，或者汽车被洪水卷走。

（4）建筑物可能会因洪水冲击或长时间浸水倒塌。

（5）转移模拟时，人可以被视为个体，也可以被视为密不可分的团体。而最慢的成员会延缓整个团体的速度，最快的成员会提高最慢成员的速度。

（6）模型中人可以接收不同类型的警告。

（7）人们可以沿公路或是人行道转移至事先设置的安全场所。车辆的流动由交通流量算法模拟，该算法可以模拟因交通拥挤引起的减速。

来源：FLOODsite，日期不详；HR Wallingford，日期不详

根据洪水影响范围，洪水转移可基于二维或三维 GIS 模拟。转移模拟采用动态交通模型，如 INDY，确定撤出危险区域所需要的时间（FLOODsite，日期不详）。还可结合洪水分析模型，如溃决洪水分析模型，确定需要转移的危险区域，优化避难转移模拟。

火灾和地震的撤离模型可以是结合三维空间和时间的四维（4D）模型，也可将基于人工智能的行为模型融入其中。未来将针对飓风或海啸等灾害利用更详细的建筑物尺度模型分析城市建筑物内的疏散转移速度和路线。

5.4.4　模拟游戏

有很多组织开发了与洪水有关的模拟游戏，其中一些可以从网上查到。这些模拟游戏旨在以一种轻松愉快的方式提高人们的洪水风险意识。例如，由联合国国际减灾战略署（UNISDR）开发的游戏"停止灾难（Stop Disasters）"，邀请玩家在给定的预算下制定对策，减轻世界上五大灾难（洪水、飓风、地震、野火、海啸）的影响。以洪水和海啸灾害为例，游戏引入了一些降低洪水风险考虑的应对措施，如建筑物的位置、应急规划及工程和非工程措施。游戏不仅提供了洪水风险"防御"的成本和效益信息，还提供了有关可选

择的开发方案的成本和敏感性信息。

"洪水游侠 (FloodRanger)"游戏，作为英国前瞻性计划的一部分，由愉景软件有限公司在英国政府的资助下开发完成。玩家在游戏中可尝试采用不同的洪水方案（主要是工程方案），在解决英国地区 100 年期间的洪水风险的同时，还可提供住房和就业。这款游戏可以在两个前瞻性计划假定的气候变化情景下运行，图像以三维方式显示。第二个版本名为"洪水游侠世界 (FloodRanger World)"，是非英国地区的"洪水游侠"游戏。

"堤防巡逻者 (Levee Patroller)"采用三位一体的程序设计，是一款专门针对荷兰人的游戏，目的在于提高市民识别堤防损坏迹象的能力。它采用先进的游戏技术，以第一人称的视角对图像进行可视化显示，玩家如同身临其境。目前，游戏被融入到 Deltares 的课程中，以教授堤防检查的相关知识。不仅如此，6 个荷兰水资源局也在使用这一程序，并且在阿姆斯特丹的尼莫科学博物馆永久展出。

模拟游戏的开发过程复杂，成本昂贵，所以很少被作为决策的工具。这类游戏通常是在其他决策工具所产生的信息的基础上开发的，用于协助沟通或培训。

5.4.5　规划游戏和工具包

规划及咨询类的游戏，如"真实规划 (Planning for Real，日期不详)"，是十分有用的工具，能够把规划者和洪水风险工程师组织到一起，共同确定双方都能接受的标准。在城市扩张和发展的背景下，由于均具有提高洪水风险意识和促使接受洪水风险管理解决方案的能力，这些游戏是相互关联的。这种咨询着重于场所营造和社区加入，而并不优先考虑洪水风险管理。当结合其他评估和规划工具包时，则能增加人们的理解，以便制定更复杂、并被广泛接受的解决方案，尤其是在那些正在考虑非工程措施方案的地方。图 5.9 展示了这类项目在社区咨询中的应用：通过二维洪水灾害图测试综合规划工具包，以确定最佳安全地点的布局。

在处理与多个利益相关者的关系上，尤其是对于那些可能不懂计算机的人，物理规划

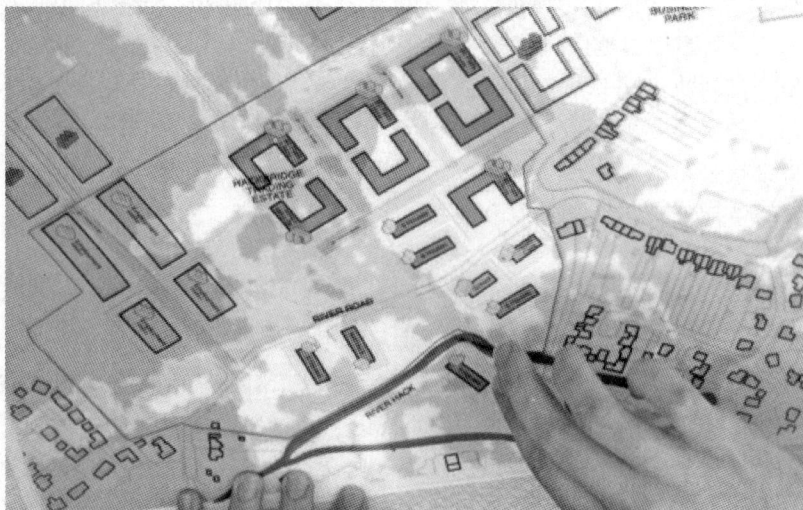

图 5.9　英国 Hackbridge 的生活规划

来源：Baca Architects

演习和游戏可能比数值模拟更有效。

5.4.6　洪水模拟演习

　　模拟演习的目的，主要是为了提高备灾能力。达到这一目的的方式包括许多方面，如规范响应行为、增强风险意识、测试应急预案、培训人员和监督准备情况。模拟演习从战略性的桌面推演到风险人群全面动员参与，无所不包。

　　除较可能发生的常规洪水情景外，针对稀遇的灾难性情景，如防洪工程失事，开展模拟演习也十分重要。模拟演习既可诊断灾难的次生影响，如类似于 2011 年日本海啸产生的次生灾害，还可凸显应急预案可能存在的缺陷，如设计的避难安置中心可能会在极端事件中被淹没或破坏，尤其是实战避难转移演习，可以更大程度地提升人们的意识。

　　许多援助机构在为其他发展中国家制定备灾战略时常以莫桑比克为范例。莫桑比克红十字协会灾害管理处的主管 Jorge Uamusse 称：“政府高度重视备灾投入。为了保护生活在河流沿岸受洪水威胁的居民，每年至少实施两次洪水模拟演习。”

　　随着模拟技术的发展，应急响应的全过程可以用复杂的计算机可视化程序成功地模拟。与此相比，实战演习显得代价高且具有破坏性，有时，使用纸面推演技术和小规模的训练练习实现相同的目标也是有可能的。重要的是要清楚每一个演习的目标，因为利益相关者会变化，而变化的原因取决于应急计划的复杂性和大型与小型演习的成本效益。

5.4.6.1　选择适宜的演习方式

　　适宜演习方式的选择，部分决定于演习目标，部分决定于应急计划的成熟度。应急计划的成熟度和适宜的模拟演习，可以概括如表 5.6 所示。

表 5.6　　　　　　　　　　　　　可能的模拟演习

对洪水风险有一定的认识，但职责上不清楚	与许多各种不同的利益相关者一起探索如何确立角色与责任（如英国的演习将社区纳入防洪计划中）
政府机构承担明确的角色和职责，对洪水风险充分了解，但在应急计划上存在空白	采用计算机虚拟模拟演练来使操作计划形式化，确定协同效应，提高实践能力
详细成熟的应急策略，居民和企业的认识和防备意识不高	规模小但众所周知的现实生活应急情况。例如，塔吉克斯坦是洪水多发区，Oxfam 进行实地演习把社区集中在安全的避难所，在转移到更安全的地方之前对居民进行登记和照顾，实地演习录像可由网上下载； 与利益相关者召开研讨会
成熟的应急计划，居民具有一定水平的认识和备灾意识	大规模应急测试： 2007 年，在捷克共和国拉贝河支流伏尔塔瓦河上发生了为期 3 天的洪水，对首都布拉格和 135 个乡镇与村庄进行了测试。主要关注的是 3 天期间各方面的不同反应、有关战略、政治和疏散。 培训演习： 在莫桑比克的希布托，进行测试的是移动应急操作中心、政府部门、人道主义机构、住房和疏散计划。 演习是根据政府 2010—2011 年的应急计划制定的。国际合作伙伴，包括开发计划署和其他一些联合国机构不再像往年一样仅仅是观察员，而是第一次以参与者的身份加入进来。像这种类型的训练，能够识别需要改进的地方，这将有助于加强应对机制

5.4.6.2　转移时间安排

转移群众所需要的时间可从已知的模型参数和对过去紧急情况的分析中得出。然而，大规模实战洪水模拟演练可以强化和深入了解转移计划。例如，由国家应急管理组织和伯利兹电气有限公司合作开展的伯利兹（Belize）洪水模拟表明，在圣伊格纳西奥（San Ig-nacio）和圣埃琳娜（St Elena），存在潜在的、灾难性的溃坝风险，需通过早期预警和应急转移避免生命损失。

模拟演习的目的是测试并告知公众现有预警系统的情况，确定模型估算的最初预警时间是否足够使群众转移至指定的安全区，测试转移道路和安置系统，分析洪水对灾民、地方经济和政府的影响，记录洪水的信息，对应急预案进行适当修改，使其在演习之后广泛可行。

5.4.6.3　国际合作

因为许多灾害事件跨越国界，灾害管理通常需要国际合作。即使灾难发生在国境内，也可能需要国际紧急救援人员的协助。例如，东盟地区灾害应急响应模拟演练 ARDEX06 为跨国模拟演练，其目的是测试和提高各成员国应对灾害的能力。

5.4.6.4　社区意识

培训社区民众，提高其风险意识也是模拟演习的目的之一。如越南，在外部捐助者资助下，汛期备灾工作将模拟演习和培训相结合。社区掌握了如何加固房屋抵御强风，如何制定应急避难预案，如何发布针对海上船只的预警。除此之外，还对社区群众进行了急救培训。而演习在社区军队和风暴控制委员会监督下完成。

社区人民委员会主席纽银·胡·库克（Nguyen Huu Quoc）称："这种模拟演习对于提高当地居民的防汛意识和控制本区域的暴风雨灾害而言，是一次很好的机会，尤其是对即将进入暴雨季节的社区更为重要。"

越南在 2007 年 3 月 1 日至 2008 年 4 月 30 日期间实施了一项社区层面的应急避险项目（CBDRM），大约有 21000 贫困人口先后参加了各种形式的备灾活动。

5.4.6.5　交流和学习

模拟和演练还可精简和优化应急响应系统。个人和机构可以学习如何更好地采取行动。同样，机构和个人之间的交流也会因此得到改善。应急管理人员和相关机构的官员面对面的交流，不但能使信息共享，而且能增加对应急计划的信心。菲律宾拉古板（Dagu-pan）市的安全城市案例研究表明了制定可操作的预警系统和避难转移计划的重要性，它是凝聚各方力量，共同建设安全又富有活力社区的有效机制（伊格莱西亚斯，2007）。该方法建立在准备充分、措施明确、社区灾害风险管理（CBDRM）有效和政令畅通的基础之上。有关经验包括：

（1）早期预警系统（EWS）的成功取决于当地民众及团体对其效果的认识。

（2）由社区参与开发的 EWS 响应更迅速。

（3）演习能够测试应急响应计划，并揭示其优缺点。

（4）模拟演习使参与其中的各部门能够分享备灾和应急方面的知识和技能，通过互相了解，取长补短，最终达到成功的目的。

5.4.7　决策支持系统

上述工具在辅助具体决策时可单独使用，也可以集成为结构化的决策支持系统（简称DSS）。决策支持系统的目的是建立一个促进利益相关者沟通、辅助个人或团体决策系统化的工具。

典型的决策支持系统的组成部分包括：

（1）收集和整理数据的数据库管理系统（DBMS）。

（2）知识或知识库管理系统（KBMS）。这些数据不是原始数据，而是从原始数据或相关信息中筛选和解读得到的信息。

（3）由各类模型，如洪水、城市发展、社会经济和气候变化模型等构成的模型库管理系统（MBMS）。

（4）图形用户界面，通常基于地理信息系统或基于网络浏览器。

决策支持系统中可以输入一系列的场景和变量，如气候的发展和变化，以便于快速排除某些方案或为可选择的方案进行优先排序。在确定解决方案时，为了使决策者能够做出明智的选择，把考虑的变量清晰地表达在结果中也很重要。正如 FLOODsite 所称："决策的不确定性体现为对选择的疑虑，重要的是决策支持系统应将有关不确定性的信息提供给决策者，以便其要么接受这种不确定性（认为不确定性是可控的），要么寻求减少疑虑的途径"。

案例 5.4 关于越南胡志明市的研究就应用了这一原则，研究目的是在大的水文背景、地面沉降和城市化进程都不确定性的情况下，制定最适宜的洪水管理战略。

前面提到的一些模型和可视化组件可集成到决策支持系统中。例如，欧洲河道洪水和总风险评估系统（EUROTAS），该系统使用 ArcView 的地理信息系统软件，系统可根据具体的目标和假定的情景，确定满足目标要求的模拟（摘自 FLOODsite，2007）。

正如其他工具一样，决策支持系统的具体目标应在系统设计前明确，最好的办法是在广泛深入地与用户沟通、交流，在了解其需求的基础上，予以界定。

案例5.4　越南胡志明市（HCMC）综合洪水管理策略

胡志明市约60%的地区位于赶潮地带。由于受上、下游及当地影响，胡志明市的洪水分析十分复杂。

尽管暴雨事件增加，但胡志明市中心区的排水系统在升级之后，已降低了洪水风险。然而，随着城市化的不断发展，周边地区不断扩张，仍使洪水风险增大。

为了保护城市免受海平面上升的威胁，计划建设堤防和挡潮闸。12 座大型闸门和170km 长堤防的建设总成本达 20 亿美元。潮汐控制项目采用的是大型圩田，该措施虽然经过批准，但仍存在争议。因为海水入侵比当初预计的要严重得多，海堤的建设也在考虑之中。

在水文、地面沉降和城市化进程不确定性的情况下，利用工程措施最小化洪水风险可能是不可持续的。胡志明市的城市防洪指导中心指出，综合洪水管理战略（IFMS）是最可能降低洪水风险的成功之路。综合洪水管理战略的组成包括：

- 防御适当频率的洪水，该频率由利用历史数据和非平稳分析得到的预测结果决定。
- 对超出设计标准的极端事件采取适应性措施。
- 与水和谐，即迁出洪泛区，恢复水的空间，以适应长期气候变化。

上述措施所占权重可能会随地点和时间发生变化。根据城市防洪指导中心的建议，应该利用科学全面的决策支持系统（DSS）决定 3 类措施的安排和布局。该案例表明，城市洪水风险管理不能仅依赖于工程措施，应该采用综合的、易变的方法，以应对未来气候、社会和经济的不确定性。

来源：Phi，2011

5.5　参考文献

ABI（Association of British Insurers）. 2002. "ABI Revised statement of principles on the provision of flooding insurance." http：//www. abi. org. uk/Publications/ ABI _ Publications _ Revised _ Statement _ of _ Principles _ on _ the _ Provision _ of _ Flood _ Insurance _ 72b. aspx.

Defra. 2009. Accounting for the Effects of Climate Change. London：Defra. Deltares. No date. "Flood Risk Management" Brochure.

DFID（Department For International Development）. 2005. "Natural Disaster and Disaster Risk Reduction Measures：A Desk Review of Costs and Benefits." London，DFID.

Discovery Software Ltd. n. d. "FloodRanger." http：//www. discoverysoftware. co. uk/FloodRanger. htm.

ENCORA Coastal Portal. n. d. "Development of Decision Support Tools for Long – term Planning，Review of Existing Tools." http：//www. coastalwiki. org/coastalwiki/ Decision _ support _ tools.

Environment Agency. 2008. Flood and Coastal Erosion Risk Management appraisal guidance. FCERM – AG. Bristol： Environment Agency. http：//www. environment – agency. gov. uk/research/planning/ 116705. aspx.

—2009. The Thames Estuary 2100 Environmental Report Summary. London：Environment Agency.

Evans，E.，Ashley，R.，Hall，J.，Penning – Rowsell，E.，Saul，A.，Sayers，P.，Thorne，C. and Watkinson，A. 2004. Foresight，Future Flooding. London：Office of Science and Technology.

FLOODsite. n. d. （a）"Modelling the evacuation process in case of flooding." FLOODsite，HR Wallingford. http：//www. floodsite. net/html/cd _ task17 – 19/docs/ reports/T17/T17 _ 08 _ 01 _ Modelling _ the _ evacuation _ process _ in _ case _ of _ flood. pdf.

—n. d. （b）"Evacuation and Traffic Management." FLOODsite，HR Wallingford. http：// www. floodsite. net/html/cd _ task17 – 19/docs/reports/T17/T17 _ 07 _ 02 _ Evacuation _ and _ traffic _ management _ D17 _ 1 _ V4 _ 4 _ P01. pdf.

—n. d. （c）"Language of Risk." FLOODsite，HR W allingfor d. http：//www. floodsite. net/html/ partner _ area/project _ docs/T32 _ 04 _ 01 _ FLOODsite _ Language _ of _ Risk _ D32 _ 2 _ v5 _ 2 _ P1. pdf.

—n. d. （d）"INDY." http：//www. floodsite. net/html/cd _ task17 – 19/indy. html.

—2007. "Development of DSS for Long – term Planning Review of Existing Tools – T18 – 06 – 01."

FLOODsite，HR Wallingford.

Halcrow. 2009. "Assessing the Benefits of Flood Warning: Phase 3," Halcrow Group Ltd. for SEPA (Scottish Environmental Protection Agency), SNIFFER, Edinburgh.

HR Wallingford. n. d. "Life Safety Model." HR Wallingford. http: //www. lifesafetymodel. net/about _ lsm. html.

Jha, A. K. and Brecht, H. 2011. "Building Urban Resilience in East Asia." An Eye on East Asia and Pacific. East Asia and Pacific. Economic Management and Poverty Reduction. Washington, DC: World Bank.

Lamond, J. E. , and I. J. Bateman. 2012 (forthcoming) . Methods for Valuing Preferences for Environmental and Natural Resources: An overview. In Climate change challenges for the built environment, edited by C. A. Booth, F. N. Hammond, J. E. Lamond and D. G. Proverbs. London: Blackwell.

Manous, J. 2011. " Flood Risk Reduction: Projects or Systems" IWR – USACE. http: // siteresources. worldbank. org/INTEAPREGTOPHAZRISKMGMT/ Resources/4077899 – 1228926673636/ 3 – Joe _ Manous. pdf.

Mechler, R. 2005. Cost – benefit analysis of natural disaster risk management in developing countries. Deutsche Gesellschaft für Technische Zusammenarbeit (GTZ), Eschborn.

Phi, H. L. 2011. "The Challenges of Urban Flood Management in Ho Chi Minh City (HCMC) and Requirements of an Integrated Strategy. " Presentation in the consultation workshop "Preparation of a Global Handbook for Urban Flood Risk Management," Jakarta, May 25 – 6.

Planning for Real. n. d. http: //www. planningforreal. org. uk/planningforreal/default. html.

Reeder, T. and Ranger, N. 2011. "How do you adapt in an uncertain world? Lessons from the Thames Estuary 2100 project. " World Resources Report, Uncertainty Series, World Resources Report, Washington DC. http: //www. worldresourcesreport. org/files/wrr/papers/wrr _ reeder _ and _ ranger _ uncertainty. pdf.

Ranger N. , Millner A. , Dietz S. , Fankhauser S. , Lopez A. and Ruta G. 2010. "Adaptation in the UK: a decision – making process. " Policy Brief, September 2010, Centre for Climate Change Economics and Policy and the Grantham Research Institute on Climate Change, London.

Triadic Game Design n. d. " Levee Patroller. " http: //triadicgamedesign. com/ leveepatroller. html.

UNISDR (International Strategy for Disaster Reduction) . 2009. "Thematic overview of Urban Risk Reduction in Asia. Global Assessment Report on Disaster Risk Reduction. " Geneva: United Nations.

— n. d. "Stop Disasters. " http: //www. game. org/en/home. html.

Wang, H. and He, J. 2010. "The Value of Statistical Life A Contingent Investigation in China. " Policy Research Working Paper 5421, World Bank, Washington, DC.

White, B. and Rorick M. 2010. Cost – Benefit Analysis for Community – Based: Disaster Risk Reduction in Kailali, Nepal. Lalitpur: Mercy Corps Nepal.

World Bank. 2001. "Project Appraisal Document on a proposed credit to the republic of Yemen for a Taiz municipal development and flood protection project. " Report number 22075 – RY, World Bank, Washington, DC.

World Bank and United Nations. 2010. Natural hazards, unnatural disasters. Washington, DC: World Bank.

第 6 章　城市洪水风险综合管理的实施

曼谷东部，在继续上涨的洪水中，食品商仍在卖食品
（泰国，2011年）。
来源：盖顿·蒙戴尔（Gideon Mendel）

6.1　引言

本章小结

　　本章结合工程和非工程措施，讨论实施城市洪水风险综合管理策略的过程。在实施综合管理策略时，运作良好的机构总是将利益相关者和受影响社区的参与放在重要地位，同时还需要可持续的资金安排。维护现有措施，以防失效，并评估其效用。这些都是洪水风险管理成功的关键环节。

　　本章旨在回答以下问题：

　　洪水风险综合管理中正规和非正规机构的作用是什么？决策者和洪水专家可能需要克服的挑战是什么？为什么在洪水风险管理中利益相关者和社区的参与至关重要？城市如何获得实施洪水风险管理措施所必需的资金？维护洪水风险管理的措施需要考虑哪些问题？为什么洪水风险管理的评估是必要的，它应该遵循什么样的程序？

　　本章的关键信息如下：

- 洪水风险综合管理可以设在国家、区域、城市和社区的决策层面，也可以介于这些层面之间。
- 洪水风险综合管理需要国家政府、市政府、公营企业，包括公用事业公司，以及民间团体、非政府组织（NGOS）、教育机构和私营部门之间的协调。
- 社区从风险管理策略的实施到评价的全程参与既有助于措施成功并可能产生额外的知识和资源，也有助于充分利用这些措施。
- 洪水风险综合管理的资金来源广泛，其中包括国际捐助者以及多方利益相关者的资助。
- 长期妥善地运营和维护现有措施是实施过程的重要方面。
- 监控不仅能够确保措施为未来应用提供经验，还能确保这些措施能够按照标准运行，并防范其失效。

　　采取行动应对洪水风险是十分必要的，但是这类行动往往被拖延或完全忽视，即使那些显而易见的、必要的可以有效降低洪水风险的措施早已存在。有时，即便是采取了一些措施，而其效果与预期亦相差甚远，甚至被废弃。

　　推进洪水风险综合管理，对于迅速发展的城市而言是一个巨大的挑战。它涉及诸多的变化，而这些变化可能与传统观念以及人们希望修建工程彻底消除洪水的愿望相冲突。在过去，这种传统的防洪方法发挥了巨大的作用，不仅挽救了数百万人的生命，保护了财产，还使得人们得以安居乐业。但是这类措施不能充分、全面、灵活地应对未来的气候变化、城市化以及城市的发展和扩张等问题，这些问题，尤其在发展中国家，使大量的人口处于洪水风险之中。

　　洪水风险的现代思维涉及动态决策的制定，其中包括相关机构、利益相关者，以及受洪水影响的社区的参与——这些对于需要公众更广泛地参与和改变传统管理方式的非工程

洪水影响的社区的参与——这些对于需要公众更广泛地参与和改变传统管理方式的非工程措施而言，尤为重要。建设适度的工程措施并适时对其进行维护和调整也十分关键。此外，如果市政管理缺乏技术能力、资金或资源的支持，这些措施则很难付诸实施。

本章 6.2 节说明了正规和非正规机构的作用，并主张建立强有力高效的机构；6.3 节讨论了社区参与备灾减灾的重要作用；6.4 节介绍了社区措施在提高应变能力中的具体应用；6.5 节讨论了推进减灾行动所需采取的资金和资源筹措措施；6.6 节讨论了工程和非工程措施的运行维护问题；6.7 节详细介绍了监控过程和洪水风险综合管理流程，以防止执行偏差；最后，6.8 节讨论了评估减灾行动，包括城市洪水风险管理措施在内的各种方法。

6.2　有效的机构和利益相关者

个人难以承担洪水风险管理的全部责任，而且某区域的洪水风险管理行动可能对相邻区域产生负面影响，如图 6.1 所示。因此，洪水风险管理的最佳方式是依靠利益相关者的联合行动。

为实现联合行动，通常需由相关机构制定正式和非正式的规范，或确定"游戏的规则"（romley，1989；Ciriacy Wantrup，1971；Kiser 和 Ostrom，1982；North，1990），促进和约束人的行为。就其性质而言，洪水风险管理应由多机构共同推进。一系列机构在其中发挥着重要的作用，这些机构包括

图 6.1　某区域的防护可能会增加
其他区域的洪水风险
来源：Baca Architects

地方、省和国家政府，社会团体，公用事业和民营企业，金融机构和保险业等。为了应对洪水风险管理所面临的挑战（专栏 6.1），建立有效的管理机构至关重要。

专栏 6.1　城市洪水风险管理面临的挑战

信息方面
- 缺乏风险意识或认知。
- 难以应对气候变化的不确定性。
- 难以应对城市发展、城市规划和城市非正式开发的不确定因素。
- 缺乏对洪水风险综合管理对策的了解。

权属方面
- 如何明确责任所属。
- 缺乏担当，持有"不属我的任期内"的想法而拖延疑难决策和实施，而将责任推卸给继任者。
- 缺乏私营部门参与。
- 缺乏公众参与及协商。

资源方面

- 资金或资源不足。
- 对土地利用法规缺乏监督和执行。
- 缺乏配套的基础设施。
- 缺少技能型人才。
- 基础设施维护系统不适宜。
- 实际成本和预期成本。

信念方面

- 对防洪措施的有效性缺乏信心。
- 措施的预期成本。
- 对风险的后果和措施带来的效益存在消极认识。
- 对政府能够起到的作用和带来的改变缺乏信心。

6.2.1　机构的作用

机构通常分两种类型，即正规机构和非正规机构。正规机构是基于正式的法规或法律所设置的机构，如政府、宗教或宗教信仰团体、非政府组织或其他大型组织如私人公司等；或根据具体法律而运营的机构、如金融机构、能源和自来水公司。在洪水风险管理中，正规机构通常负责收集信息、沟通、制定政策、决策、界定和实施产权、制定建筑规范和法规、筹措资金和实施执行等。

非正规机构是基于认同或不成文的原则而形成的机构。在发展中国家，尤其当正规机构高度官僚化时，这些非正规机构越来越成为日常生活的组成部分，也成为人们的某种依靠。非正规机构往往涉及信息收集、沟通、决策和实施。

洪水风险管理通常依赖于这两种类型机构的长期有序协同合作。建立具体机构负责洪水风险管理的各个方面，是措施实施、运行、维护和评估的关键。

洪水风险综合管理往往需要各机构或部门之间具有比平时更紧密的协调与合作，如国家政府和各部委、市政府、公共部门（公用事业、气象和规划机构）、非政府组织、教育机构和研究中心等。了解这些机构执行者的能力和激励机制亦十分重要，包括在高度不确定性的情况下，如何选择或使用其有限的资源。政府有关风险管理的决策是在平衡各方面对稀缺资源的竞争性需求以及优先程度（如土地利用和经济发展）的基础上作出的。

就洪水风险综合管理体系而言，首要需确定在任何情况下都可高效管控该体系的最佳体制。同时，还需建立监督体系实施负责机构的机制。专栏 6.2 列举了实现跨机构的综合洪水风险管理需考虑的一些因素。

专栏 6.2　机构建设需考虑的因素

- 最高政治权力机构如何声明对洪水风险管理的承诺？
- 是否具备兑现承诺的相应机制？

- 民间组织和私营机构致力于洪水风险管理的决心及程度？
- 是否有明确洪水风险管理及减灾计划优先度的具体政策？
- 是否具备制定、协调和改进洪水风险管理政策和策略的规范程序？
- 是否有洪水风险管理的专项法律？
- 在降低风险计划和活动中是否明确了政府和非政府组织的参与方式？
- 是否有鼓励洪水风险管理投资的激励制度？
- 洪水风险管理是否促进了个人和社区承担防洪责任和依据早期预警采取行动？
- 在城市层面是否存在协调洪水风险管理和利益相关者的机制？

来源：改编自 AfDB 等，2004

正如世界银行所指出，一个国家如果拥有运行良好的机构，则能更好地预防灾害（World Bank，2010）。然而，许多国家缺乏适宜的鼓励洪水风险综合管理的制度安排和政策体系。官方对灾害管理机制的管控与实施洪水风险综合管理的实际需要不协调，也是主要障碍之一。

如果缺乏技术支持和其他能力建设措施，体制和政策则会变得支离破碎，无法有效应对面临的众多问题。例如，如果政府采取单纯依赖于工程措施的政策，则可能会给人们造成"虚假的安全感"，进而阻碍洪水风险综合管理策略的实施（Wamsler，2006）。

以下是成功实施洪水风险综合管理需要考虑的因素（AFDB 等，2004）：

（1）减轻洪水风险的政治承诺取决于为决策者提供必要的前景、方向、政策效率、物质和非物质支持的能力。

（2）洪水风险综合管理的实施取决于对国家、区域和地方资源的有效利用，包括政策、法律、机构、财经资源和工作技能。

（3）基于权益的、主动的和有效的利益相关者参与是优越管理的要素。

（4）在强化地方行动的同时，有必要将地方与区域和国家行动结合起来。

（5）利益相关者的协同对强化洪水风险管理是必不可少的。

妥善运行和维护洪水风险管理设施，并筹措运行和维护所需资源，也是良好机构建设的基本要求。此外，机构还要确保能对各种量级和尺度的洪水做出有效响应，例如，从常遇洪水到极端洪水，大洪水与一般的洪水相比，通常更具破坏性，应对成本也更高。

对于尚未赋予各机构洪水风险管理职责的，应明确界定这些机构和现有系统的职责，以提高措施实施和应用效益。确定可最有效管控相关事务的机构是确保洪水风险管理策略成功的关键。

必须明确洪水风险管理的分工。通常由国家和地方政府进行责任分工，并由市政当局实施。因此，国家和地方领导应将相关职责落实到特定的组织，清晰界定其责任，并为洪水风险管理提供足够的资金，保障"专款专用"，以确保工作正常进行。如上所述，在许多情况下，类似于社区团体的非正规机构，会发挥特别重要作用（社区团体比正规机构与当地居民沟通更有效，也更值得信任等）。

机构的建立可以洪水事件为契机，因为洪水事件不仅使政治家意识到洪水的影响，还促使他们想办法应对洪水——从而凸显了制定洪水风险管理策略的必要性。

6.2.2　如何编制机构图

洪水风险管理有赖于不同的机构和个人的协同合作。确定最有效的实施机构是成功的基础。机构图是用以明确重要机构及其职责的工具，这些机构包括社区、城市、省或国家的正规和非正规机构，以及重要人员。机构图也将有助于确定各机构和个人之间的关系和重要性。

6.2.2.1　方法

该项工作应由协调员、观察员或记录员负责。必须牢记，良好的协调能力是至关重要的。使用机构图时还会用到其他辅助工具，包括社会地图和维恩图。机构图绘制的步骤概述如下。其中，每个阶段要考虑的因素都包含在内。绘制的程序应该适应当地的环境和需求。所需的材料是白板笔和活动挂图纸。

1. 选择本地参与者

第一步是确定参与者，共同讨论对洪水风险管理的认识和经历。参与者的数量可能有所不同，通常由 5～12 人组成。参与者的选取仅限于正规机构是不够的，也应包括非正式机构。因为参与者不同，展开的讨论也会不同，可能得出更好的结果。

从受洪水影响的人群或其他相关的正规或非正规机构中选出合适的参与者，可使决策者和洪水专家们有机会获得宝贵的反馈意见。此外，也为受洪水影响的社区参与洪水风险管理的讨论提供了相会。

2. 向参与者介绍和表明活动的目的

协调员和观察员（或记录员）以及所有参与者，应该首先进行自我介绍，协调员和观察员（或记录员）应向参与者解释清楚活动的目的。重要的是使参与者对后续工作有所了解，避免他们无所适从。

3. 制作（或绘制）机构图

参与者应确认在洪水风险管理或洪水应急过程中与他们互动或应互动的执行者。讨论不应局限于洪水应急事件，否则将会影响与城市洪水风险管理有关的全部利益相关者的确定。这些参与者可能居住在本地区，也可能是与之有直接或间接关系的个人、团体或组织。还应将非正式关系考虑在内。

有助于理解机构图的问题可能包括，但不限于以下几个方面：

（1）哪些机构与洪水风险管理有关？

（2）这些机构的利益、作用、权力和能力是什么？

（3）这些机构的任务是什么？

（4）这些机构彼此或与当地居民之间如何互动？是否有冲突？

（5）与其他机构有哪些重叠的地方？

（6）在应对紧急情况时，这些机构有什么计划？

（7）这些机构的优势和劣势是什么？

本步骤得出的直观结果将作为下一步骤讨论或分析的信息源。机构图绘制的越具体，将越有助于人们更好地理解不同的正规和非正规机构或个人之间的关系，并找出影响他们之间关系的关键因素，以及这些关系对洪水风险管理或应急管理的影响。

4．分析机构图

在该步骤中，可以探究机构图显示的关系，重点讨论以下的关键因素，但不仅限于这些因素：

（1）影响力。

（2）资金来源。

（3）信息完备性。

（4）社会或文化问题。

（5）挑战与机遇。

（6）威胁和弱点。

（7）法律或体制方面。

（8）合作与伙伴关系。

（9）良好的实践（知识共享）。

应要求参与者积极探索和说明可改变或改善这些关系的方法。此外，还应与当地参与者讨论本地洪水风险管理可能会发生的变化（如新的措施、政策变化），以及这些变化会对上述关系产生哪些正面或负面的影响。

此阶段将确定可能强化或改善主要执行者之间关系的方式，并探讨洪水风险管理可能的机遇和挑战，从而为改善现行措施或采取新的措施奠定基础。

5．总结

应确保参与者清楚如何使用信息。参与者也可反映机构图绘制过程中存在的优点和不足。

6.2.2.2　扩展阅读

World Bank. n. d. "Institutional Perception Mapping." Available at：http：//siteresources. worldbank. org/EXTTOPPSISOU/Resources/1424002 – 118530479 4278/4026035 – 1185375653056/4028835 – 1185375938992/2 _ Insti _ perception _ mapping. pdf

Mukerhjee，N. and van Wijk，C.，ed. 2003. Sustainability Planning and Monitoring in community water supply and sanitation – a guide on the Methodology for Participatory Assessment（MPA）for community – driven development programs. Washington，DC：World Bank.

6.2.3　建立洪水风险管理与城市管理的联系

联合国发展计划署称："政府管理是减轻灾害风险行动的保护伞"（UNDP，2010）。一个精心规划、完善管理的城市可以减轻洪水的影响，因为这样的城市无疑已经实施了减少洪水风险的措施，包括建设排水系统、推行洪水区划和合理利用土地等提高地表水管理能力的措施。

然而，情况通常并非如此，城镇并没有得到合理的规划和妥善的管理。一些地区，特别是非正式居住点，常常缺乏足够的排水系统和自然排水渠道。建筑物或基础设施选址不当而导致其暴露性增加，或设计建设不当而导致其脆弱性增加的现象比比皆是。

即使决策者认识到实施洪水风险综合管理策略的必要性，如果缺乏计划、设计、实施、运行和维护洪水风险管理系统的能力，则将严重制约策略的选取。专栏 6.3 概述了市政府面临的制约还与法律、横向以及纵向的政府关系和组织等方面相关。

为了将洪水风险管理与当地的实际情况相结合，还必须考虑将管理职能向地方分权（Christoplos，2008）。分权可以使政府工作更加高效和责任明确，洪水风险应对也更加灵敏。由于身处其境，地方当局能够做出更明智的决定。然而，如果地方政府缺乏采取措施的技术能力和资源，权力下放可能不会带来预期的结果。地方当局可能会遇到类似于专栏 6.3 所描述的制约因素，获得更广泛的政治支持和组织依托是地方政府确保洪水风险综合管理成功的至关重要的因素。

专栏 6.3　地方政府面临的制约因素

法律上的排除
- 市区区域往往不包括城市贫民居住的地区，从而把他们置于市辖区以外。
- 市政部门的责任可能会按地域和职能而分。
- 非正式居民区的工作可能会受法律制约，例如，不能为不缴纳物业服务费的人群提供服务。

纵向关系
- 缺乏财政支持和规划框架。
- 职责模糊和交叉。
- 与上级政府存在政治竞争。

横向关系
- 城市间或省份间具有相同的洪水风险来源，但不将其作为共同的问题解决。
- 地方、区域和中央的相关部门或机构之间缺乏理解、信息共享与合作。

组织限制
- 缺乏用以提高服务质量和基础设施建设的财政资源。
- 管理技术薄弱。
- 没有制度化的问责机制。
- 没有处理当地紧迫问题的意愿。
- 对许多公共服务，包括土地分配、住房、水资源和其他公共服务，地方政府通常没被赋予相应的责任。
- 缺乏有关贫困、环境条件、服务和基础设施的问题与缺陷的信息。

　来源：Devas 和 Batley，2004；Satterthwaite，2001；Tanner 等，2009；Corfee-Morlot 等，2009

6.2.4　与利益相关者分担城市洪水风险管理的责任

前面讨论的地方政府在全面落实洪水风险管理策略时遇到的制约因素，进一步印证了城市洪水风险管理需要利益相关者通力合作的结论。

对于即将实施的洪水风险管理措施，其运行的要求必须与现有的知识和技能相一致。

在实践中，由于对运行和维护的要求缺乏重视，即使是最简单的措施也会失效。如前所述，不同机构在不同领域对洪水风险管理负有责任，洪水风险管理需要多学科和多部门的共同努力。因此，减少洪水风险的措施既要全面综合，又要与当地具体情况相结合，还需要相关部门之间的协调。

非洲开发银行（AfDB，2004）指出，利益相关者责任的分配可以通过以下方式实现：

(1) 建立利益相关者之间的合作机制。

(2) 明确职权、责任和合作任务。

(3) 所有利益相关者应达成共识。

(4) 适当的制度框架。

柬埔寨的案例研究说明了加强备灾工作，可改善政府部门之间的合作机制，提高协同能力。

案例 6.1 柬埔寨的灾前准备和应急管理方案

波萝勉（Prey Veng）位于湄公河东岸，甘丹（Kandal）位于柬埔寨中南部，与波萝勉接壤，是柬埔寨两个洪水多发省份。对于生活在湄公河流域洪泛区的居民而言，洪水司空见惯。2004 年，为了提高当地政府防灾和减灾的能力，湄公河流域委员会（MRC）发起了一项为期 3 年的综合性计划，旨在制定省级和地区的洪水准备方案（图 6.2）。

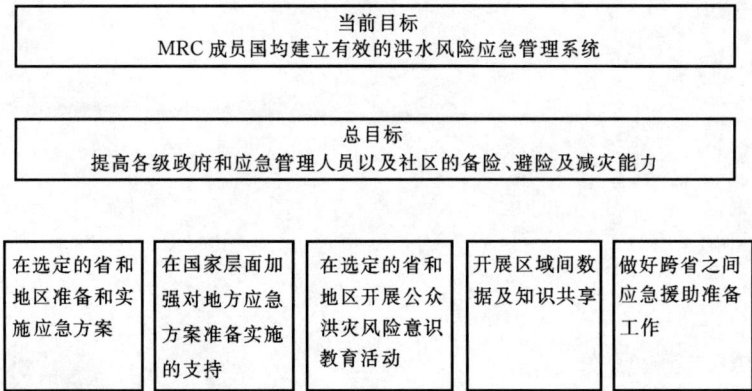

图 6.2 洪水准备和应急管理方案

来源：改编自 MRC 和 ADPC，2008

尽管柬埔寨已经形成了由国家、省和地区灾害管理委员会组成的灾害风险管理行政体系，但事实上，并没有明确的职权和责任分工。洪水准备方案（FPPs）通过机构分析，可发现需解决的体制问题，并明确需优先实施的洪水风险管理措施。

虽然将洪水风险管理纳入当地发展规划的过程尚未完成，但可以从这一举措中得出以下重要经验：

• 最高级别的政府官员和部门的政治意愿，是其影响范围内和本部门成功推行洪水风险管理的先决条件。

• 确认当地政府官员和部门存在的问题、参与度和职权，对持续开展活动是必要的。

- 对当地倡导者或"方案支持者"的认可,可增加当地利益相关者的责任感和促进一体化进程。
- 分权有助于将减灾措施纳入地方政府的发展计划中。
- 应高度重视提高意识、宣传和能力建设。
- 为有效地减轻洪水风险,提高相关部门,如健康或性别管理等部门应对灾害风险的能力十分重要。
- 减灾方案应通过与地方总体发展规划和各相关部门或行业计划相结合的方式实现洪水风险综合管理。
- 由于财力有限,将洪水风险管理融入地方发展规划,是保证降低洪水风险的资源得到长期投入的有效途径。

　　来源:MRC 和 ADPC,2008

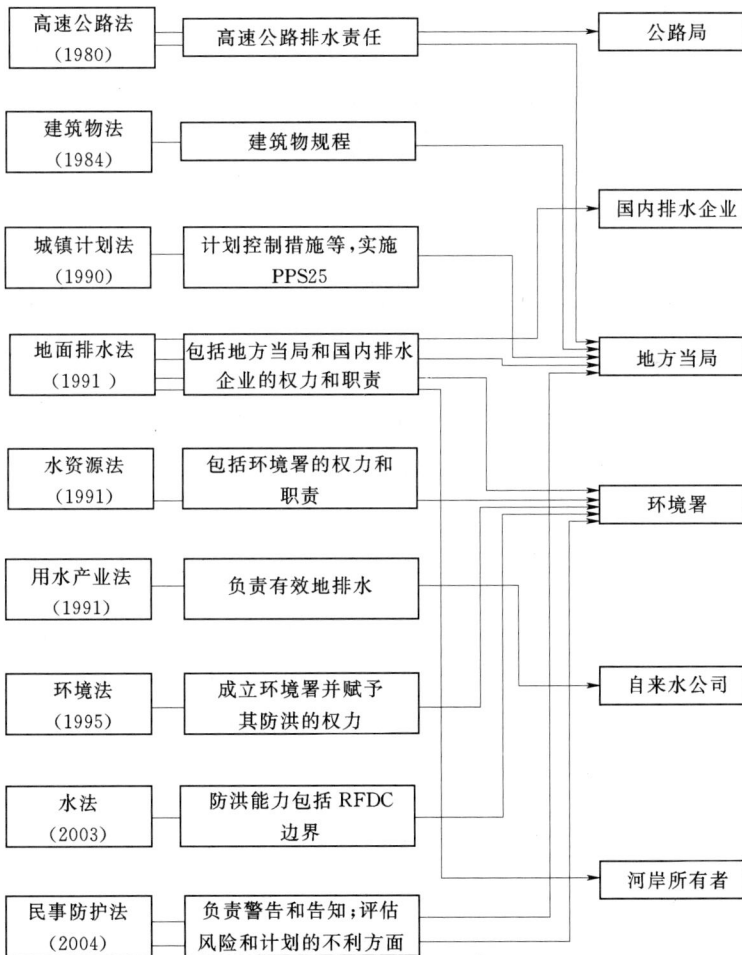

图 6.3　英国洪水风险管理立法简介

来源:改编自 Pitt,2008

建立防洪减灾责任制至关重要。洪水管理机构——可能是当地政府或独立的行政机构，面临着代表市民妥善管理减灾系统的挑战。在将系统日常运行维护任务委托给他人，如私营公司、家庭或社区时，清晰的职责界定至关重要——必要时还需通过立法加以明确。当涉及大流域时，需在省际间甚至国际间进行责任界定。可见，强化所有利益相关者之间的协调十分必要。

英国洪水风险管理中涉及的机构及其立法行为如图 6.3 所示。这些机构包括政府部门、半官方机构（半自治的非政府组织）、私营企业和私人土地所有者。《皮特评论》(2008) 对 2007 年英格兰大洪水，得出了这样的结论：不同的负责洪水管理的机构需要更加明确各自在不同来源洪水管理中的作用和责任。随后，在 2010 年颁布的《洪水和水资源管理法》中规定，英格兰的环境署负责制定各种类型洪水和海岸侵蚀的总体战略，当地防洪部门负责本地的洪水风险管理。在威尔士，环境署负责对所有来源的洪水和海岸侵蚀进行宏观监督，由当地防洪部门负责本地的洪水风险管理。

案例 6.2 以澳大利亚墨累达令流域（the Murray - Darling Basin）为例，说明了大流域管理中的机构间相互作用和利益冲突。

案例 6.2　墨 累 达 令 流 域

墨累达令流域以墨累河和达令河命名，位于澳大利亚东南部，流域面积约 100 万 km²。该流域包括新南威尔士部分区域、南澳大利亚州、维多利亚州、昆士兰州和澳大利亚首都直辖区。澳大利亚的主要城市和城镇多位于该流域，包括澳大利亚首都堪培拉（Canberra）、塔姆沃思（Tamworth）、沃加沃加（Wagga Wagga），奥尔伯里（Albury）、本迪戈（Bendigo）、伦马克（Renmark）和米都拉（Mildura）等。墨累达令流域养育了 200 多万的人口，粮食产量占澳大利亚粮食总产量的 1/3 以上。该流域的地貌多种多样，包括总长度为 77000 多 km 的河流，面积超过 25000km² 的湿地、河漫滩、森林、库隆（Coorong）泻湖。这些地貌特性共同形成了复杂而又生机勃勃的生态系统。此外，拉姆萨尔湿地也位于该流域。

旱季雨季分明是澳大利亚的气候特点。随着时间的推移，地貌、物种和生态系统已由依赖洪水转变为与洪水共存。墨累达令流域发生的洪水，使河流及洪泛区的水体之间能够进行交换与连通，维护了生态系统的健康。因此，该流域内的洪水风险管理立足于全流域层面，并融于水资源和环境管理的框架内。

墨累达令流域的洪水风险管理已有 90 多年的历史。以国家和各州之间以及政府内部与外部的协调合作为其主要特点。外部合作伙伴包括代表不同的政治、环境、产业和社区利益的各部门和机构团体。随着时间的推移，流域的管理模式也在不断演变，立法也发生了变化。最近发生的和建议的流域管理变更，引起了澳洲各机构的争议，因为他们都想确保自己的利益。

根据《墨累达令流域协议》，于 1988 年成立的墨累达令河委员会，标志着一个更加具有针对性，更加综合的管理模式的开端。委员会的首要职责是管理和公正分配水资源，其次是保护和改善环境，最后是给达令河部长级理事会提供意见。这一体制直到 2007 年的

《水法》颁布前，基本维持不变。《水法》的出台可以认为是对当时澳大利亚发生的持续干旱的直接响应。该法案的制定，表明澳大利亚政府认识到有必要通过立法和政策手段，应对由于气候变化、气候变异和水资源可利用量减少带来的挑战。2008 年，对该法案进行了修订，将墨累达令河委员会的权力移交给了新成立的墨累达令流域管理局（MDBA）。

MDBA 是一个独立的，由专家组成的权威机构，其主要目的是从国家利益出发，对流域的水资源进行综合管理。MDBA 是负责墨累达令流域水资源规划和管理的第一个独立机构。在这一架构下，各州政府通过部长级理事会和流域委员会的形式参与管理。部长级理事会从每个州选一位部长担任理事会成员，主席由联邦部长担任。而流域委员会的代表由每个州的政府或部门高级官员组成。这两个机构都具有顾问的角色，流域委员会还负责执行理事会制定的政策和做出的决定。当地政府和社区的意愿通过咨询小组向委员会的报告，在操作和实施层面上体现其作用。

长期以来，在澳大利亚国内对墨累达令流域的管理和水资源的分配一直存有争议。人们普遍认为需要改变该流域的管理方式。行业之间的竞争、城市化的压力和城市中心经济基础的变化，一直是流域管理的政治背景。加之在澳大利亚的部分地区，包括墨累达令流域，往往在严重的洪涝灾害之后发生持续的干旱，使人们围绕什么是最好的、长期的管理方案展开了激烈的讨论。2010 年，发生在维多利亚州的洪水给该州造成重大经济损失，但对下游南澳大利亚州的社区而言却是一件深受欢迎的事件，因为洪水冲洗了墨累河口，这种情况已经 10 多年没有发生了。与此相反，2010 年和 2011 年间发生在昆士兰（Queensland）的洪水，不仅使 20 余万人受到影响，也为整个生态系统提供了巨额水量，使人们对已提出的改革措施（详见下文）的必要性产生了质疑。

通过 2007 年的《水法》及其随后的修订，法定的国家流域管理规划已起草完毕。目前，流域规划正在为建立一个长期的管理体系而征求意见。该规划旨在调整整个系统中的水量失衡状况和改善流域的环境条件。该草案的核心原则是减少系统内的耗水量和恢复环境用水量。墨累达令流域管理局在其制定的《洪水和流域规划》中列出以下 4 个关键信息：

- 周期性洪水是一个自然过程，对墨累达令流域的环境健康至关重要。
- 流域规划将恢复更多的自然河流。
- 在与流域规划相关的各州环境用水和管理规划中，应包含详细的管理和减轻不可接受洪水风险的计划、政策和操作程序。
- 由墨累达令流域管理局进行技术评估，以确定限制环境用水有效配置的客观原因或政策阻碍。

在降雨强度大、持续时间长（相对少见）的情况下，降雨往往会产生大量径流，而控制工程，如大坝，无法完全控制这种径流。墨累达令流域管理局认为，流域规划对这种情况不会产生任何作用。相反，通过恢复环境流量［与流域规划相关的环境用水规划（EWP）］，墨累达令流域管理局计划推行流域尺度的水资源和环境管理方法。作为这一综合、全面方法的一部分，墨累达令流域管理局要求在环境用水规划下提出的各州水资源规划须由墨累达令流域管理局批准，环境用水配置机制和防洪减灾措施也需要细化。环境用水作为流域规划的一部分，拟通过"借用"流域内现有的、自然发生的小洪水事件的洪水补充环境用水，具体实施方法在流域内可能不同。这种综合方法与流域尺度的水资源和环境管理理念一致，而墨累达令流域管理局和其提出的流域规划是推行这些理念基础。

提出的管理规划也面临着重大挑战。在试图处理水量不平衡和实现环境用水问题上，联邦政府出台了关于水分配权的回购方案。流域内水的分配具有重大的政治影响，一直是人们长期争论的问题。各州和地方当局以及上下游干旱地区之间的竞争性用水，一直是争议不断的原因。有关墨累河上游各州保证每年向最下游的州输送固定水量的同时，上游各州如何平等分享其余水量，以及除干旱年外，各州希望可以完全拥有位于本州内的墨累河支流水权的历史性协议还在权衡之中。这些谈判和协议涉及城乡差异这一更大的政治考虑。而城市和乡村的辩论在政治上被进一步分为支持农业或被农业所支撑的城市和那些具有多元化经济的城市两类。

拟议的改革措施试图确立一个用"国家"的方式管理流域的方法。然而，对于受其影响的负责实施的政府机构和众多行业及社会团体，拟议的改革措施只能继续激起激烈的政治争论，继续使不同利益团体之间产生分歧，进而进行利益之间的争夺。

来源：Murray-Darling Basin Authority Website；World Bank，2006

6.2.5　公私部门的合作

私营企业参与洪水风险管理有利于借用这些企业的财力及人力资源，或与保险部门合作，有利于减轻洪涝灾害影响。对于私营部门的参与，政府必须首先落实相应政策、体制和基础设施体系。私营部门出于自身利益采取的减轻或预防措施，往往取决于政府如何激励他们积极参与。无疑，将政府和私营部门的资源相结合，有助于形成有效的管理体系。

私营部门在城市基础设施建设和维护中所起的作用已得到越来越多的认可。公私合作，尤其涉及基础设施的投资时，往往是国际开发组织和政府策略的基本组成部分（Tanner 等，2009）。

公私部门在减轻洪水风险中所建立的伙伴关系，可使私营部门更好地认识他们与当地重要的公共基础建设的相互依赖关系，并改善私营部门与当地利益相关者在减灾全过程［灾前、在中和灾后（NRC，2011）］的协调性。在马尼拉大都会，公私部门之间的合作已付诸实施，如案例 6.3 所示。

案例 6.3　菲律宾马尼拉大都会：利益相关者协作，改进洪水风险管理

包括马尼拉市在内，马尼拉大都会共有 17 个城市和直辖市，人口超过 1400 万。马尼拉地势低洼，帕西格河（Pasig River）及其支流贯穿该地区。2009 年"Ondoy"和"Pepeng"台风引发的洪水，在造成该地区严重的洪涝灾害的同时，也提高了公众的洪水风险意识。2010 年 9 月，马尼拉各市的市长签署了被誉为"埃斯特罗（Estero）宣言"的公约，声明要兑现保护马尼拉水系、控制环境污染和防止洪水重演的承诺。

马尼拉各市市长承诺，在清洁和疏浚位于其管辖范围内的赶潮河段、中小河流和其他水道的同时，各自颁布并执行反乱抛垃圾条例。他们还表态支持清除和搬迁侵占河道的所有结构、建筑物和其他设施，并愿与国家政府机构配合，协助安置非正式居住区的人口。

与此类似，帕西格（Pasig）市、马利仅那（Marikina）市、安蒂波洛（Antipolo）市、肯塔（Cainta）直辖市、圣马特奥（San Mateo）直辖市和罗德里格斯（Rodriguez）直辖市在 2010 年签署了一份谅解备忘录，即《成立马里基纳流域资源综合开发联盟》，也被称为 6 市联盟。该联盟的目的是恢复、保护马里基纳流域及其环境。马尼拉大都会发展局（MMDA）表示支持这一倡议，并动员马里基纳流域内的各利益相关者，如社会组织和商业团体、宗教组织、非政府组织和社区组织，在备灾和减灾方面采取协同行动。

该联盟还设法吸纳私营部门参与各项活动，并与私有企业签署了协议备忘录，保障当地排水系统清理的财政支持。此外，两家建筑公司免费或以"先借用，后付款"的方式为疏浚水道、赶潮河段和运河提供重型设备。

该案例表明，实施洪水风险综合管理需要利益相关者的全方位参与，这些利益相关者包括区域和地方政府机构以及私营部门。重要的是这些参与者表明了他们将致力于解决现有和未来问题的意愿。

来源：Personal communication with MMDA

6.3　社区的参与

社区在洪水准备和减灾方面的参与对诸如预警和避洪转移等措施的成功实施至关重要，社区的参与还可降低其他措施的成本，如建设当地防洪系统或维修排水系统等。无论工程措施还是非工程措施，社区参与都是非常重要的。社区在洪水风险管理项目全过程（评估、设计、实施、监测和评价）的参与，是确保所采取措施公平有效，能够满足所有面临灾害威胁群体的需要和优先利益的前提条件（Sphere Project，2004；WMO，2008）。

社区的参与可将社区的力量加入到由政府、非政府组织和私营部门等机构实施的防洪措施中。不论是工程还是非工程防洪措施，都应该寻求社会各界的意见和参与。6.4 节将要涉及的基于社区的措施，既与此相关又各具特点，因为基于社区的措施由社区自身发起：社区设计和实施这些措施，其动力和方向源自于社区自身的经验、能力和责任意识。

案例 6.4 介绍的是一个社区参与的例子，在雅加达，社区参与促进了洪水风险管理活动的进展，使地方应对洪水的能力得以提高。

案例 6.4　雅加达：洪水风险管理的社区参与

作为一个大城市，雅加达在其复杂的城市发展过程中，遇到了严重的挑战。2002 年洪涝灾害，造成 24％的城市面积被淹没。随后联合国教科文组织（UNESCO）联合当地政府机构、非政府组织（NGOs）和印尼红十字会开展了提高该城市 Bidara Cina 区居民抵御洪水能力的项目。

Bidara Cina 区位于雅加达东部主要的排水河道——吉利翁河（Ciliwung River）沿

岸，人口约 43000 人。Bidara Cina 面临的主要问题包括垃圾处理、供水、公共卫生与健康等，而这些问题又加剧了洪水的影响。洪水通常每年发生一次或两次。在洪水期间，需将大量居民转移至安全场所。

项目实施了旨在提高社区洪水风险意识，增强居民应对洪水能力的非工程措施。为确保措施的成功，并保持项目的持续性，要求地方机构积极参与项目全过程，并开展形式多样的活动：

- 与雅加达万隆技术研究所工业卫生和毒理学实验室合作进行水质、供水、用户评价研究。
- 采用参与式乡村评估（PRA）方法，通过专题小组讨论和问卷调查方式进行脆弱性和能力评估。
- 公共教育和培训。
- 社会组织的能力建设。
- 出版、发行有关社区参与洪水风险管理的实用手册，宣传源自社区的方法和实际效果。

建立防灾减灾地方社区组织，为当地现有组织提供培训和能力建设。这些地方组织进而将有关洪水的信息传播到其他社区，并积极参与其他社区和地方政府组织开展的备灾活动。

这一案例表明，地方社区组织可以而且应该积极参与防灾减灾行动，因为洪水风险管理措施的成功实施，在相当程度上取决于全体利益相关者的共同参与。

来源：UNESCO，2007；UNESCO，2004

每个社区都有各自的特点。社区参与应考虑到本社区的规模、收入、单一性、合作的历史以及政治参与等方面。基于社区的组织（CBO）、社区负责人和从事社区工作的非政府组织，都应当积极参与进来（Moga，2002）。Sphere 项目（2004）建议社区参与至少应确保：

（1）所有居民，包括生活在受洪水影响区域的弱势和易被忽视的群体，都收到有关实施措施的信息，并具有在项目全过程发表意见和参与的机会。

（2）所采取的措施应反映风险社区，尤其弱势群体的实际需求、优先事项、焦点问题和价值，以及保护的效果。

（3）设计的措施应最大限度地利用当地的技术能力。

6.3.1　社区参与的重要性

减灾措施的成功在很大程度上取决于当地社区的参与，社区的参与不仅可以提高措施的有效性，也增加了措施实施效果的可持续性。

以往的洪水风险管理措施通常采取自上而下的决策模式，并没有考虑吸纳受洪水影响社区积极参与（WMO，2008）。通常，采取自上而下的决策方法推行的措施往往是不可持续的，甚至导致分歧和矛盾。人们逐渐认识到，这种决策方法所确定的措施往往不能满足地方的具体需求，难以优先考虑最易受洪水影响的社区，不重视利用地方潜在的资源和能力，并有可能在某些情况下加剧洪水的影响（Abarquez 和 Murshed，2004）。而当地群众则更了解本地区的问题和需要优先考虑的事项。因此，洪水风险管理措施的决策者通过与当地社区的合作，可更有效地把握洪水风险的根本原因，确定更切合实际的措施。

国际机构、政府和非政府组织可能会在洪水发生前后发起并实施洪水风险管理措施。然而，一旦这些外部支持结束，有关措施则可能成为无本之木而自生自灭。这些措施之所以缺乏可持续性，在很大程度上可能与缺少社区参与、支持和所有权有关（Kafle 和 Murshed，2006）。例如，常会出现一些小型防洪减灾措施和基础设施，如水利和卫生基础设施的改进不可持续的情况。实施防洪减灾项目的机构往往担心社区参与会增加时间和资金成本，然而，从长远来看，社区的参与可以节省一些不当干预所产生的不必要的投资。案例 6.5 证实了这一点，在马拉维（Malawi），社区在风险评估与规划中的参与，为防洪减灾项目提供了额外的资源，使人们能够更好地认识和致力于实施防洪减灾的措施。

使社区组织起来并参与当地决策的机制，可保证洪水风险管理措施的可持续性。决策应该"将自上而下和自下而上方法相结合，从而在公平的基础上使所有利益相关者参与决策"（WMO，2008）。

案例 6.5　马拉维多方利益相关者共同参与的洪水管理

在马拉维，暴雨常引发洪水。据预测，气候的变化和变异，将导致降水的季节性和降水量变化，可能在未来引发更多的洪水。

2003 年，在非政府组织"泪水基金"（Tearfund）实施的项目中，位于马拉维南部奇克瓦瓦地区（Chikwawa District）Mthumba 的社区，全程参与了此项目中小规模防洪措施的设计和建设。这种全程参与也使得社区能够从理论上深入认识防洪措施，包括工程措施的建设，例如，为减少地表径流，建设排水渠、沿河植树等，项目也吸纳了不同利益相关者的参与，其中包括政府和私人公司。

项目采用了参与式风险评估方法，识别主要灾害类型，同时就环境资源管理，如利用植被防止河岸侵蚀等对社区开展了培训。此外，还向社区老人了解河流历史演变情况，以辅助选择新规划的河道路线，使其远离现有社区的住宅和商业区等。

这一工作表明，社区的参与可使社区民众更好地了解洪水灾害和洪水风险。此外，将减灾设施的所有权给予社区对于保证措施的长期可持续性是十分必要的。地方政府需要与社区相互配合，调动必要的资源。

来源：Tearfund，日期不详

6.3.2　与社区参与相关的利益相关者

如专栏 6.4 所述，辨识受洪水影响的社区和其他利益相关者是至关重要的。而对利益相关者的识别，需要考虑他们之间可能存在的分歧或冲突。因此，以包容方式处理他们之间的关系显得尤为重要。

向地方政府咨询并与之合作，不仅必不可少，也是民主的必然要求。但是，实施城市防洪措施的国际机构多侧重于与国家政府机构（如水利部或水务委员会等）合作；而忽视

（几乎无视）社区或地方当局、市长、区长、执行官员等。然而，这些利益相关者却在城市洪水管理中发挥着非常重要的作用。

专栏 6.4　城市洪水风险管理的利益相关者

- 受防洪措施实施影响的社区。
- 社区组织（CBO）。
- 非政府组织（NGO）。
- 负有责任的市政当局。
- 流域机构。
- 区域发展机构。
- 科研机构（包括大学）。
- 私营部门。

　来源：改编自 WMO，2008

所有利益相关者的参与是非常重要的，因为（WMO，2008）：

（1）可以从不同的角度为洪水风险管理提供知识和经验，从而可以更深入地了解洪水风险。

（2）受洪水影响的社区成员有机会表达自己的真实需求和当务之急，促使在决策时考虑他们的要求。

（3）利益相关者的参与，可使洪水风险管理措施的实施得到参与者的广泛支持，从而确保这些措施的可持续性。

在社区和其他利益相关者参与的时间限制是决策者需要考虑的问题。人们，尤其是较穷困的人，参与洪水风险管理措施公共咨询和其他活动的时间往往是有限的。除此之外，动员社会各界参与志愿服务也是一个挑战。正是由于这个原因，采取特殊手段推动利益相关者参与就显得更加重要。进一步的讨论见 6.3.4 小节。图 6.4 展示了洪水风险管理中涉及的利益相关者和参考者。

6.3.3　了解当地的知识和能力

社区常能获得洪涝灾害的直接经验。对社区而言，通常已经形成了应对洪水的机构，如地方机构和社区组织。然而，当地社区的知识和能力往往被忽视（Moga，2002）。

社区在防灾减灾上所做出的一些开创性实例包括：拉丁美洲防灾社会研究网络（PREDES），以及自 1994 年以来一直推动南非社区管理和减灾活动的组织和个人网络（Duryog Nivaran）。同样，在南非，为增强抵御风险的能力而成立的组织（Periperi）强调应该把社会作为一个整体，共同降低灾害和风险。亚洲防灾中心（ADPC）设立的亚洲城市减灾项目与美国国际开发署（USAID）合作，也开始通过鼓励社区参与防灾设施建设，加强南亚试点城市的应变能力，以降低这些城市的脆弱性。

洪水风险管理方案对社区现有应对洪水方式的肯定，是至关重要的。方案应与现有的洪水应对机制、资源和社会资本相互补充，而不是相互竞争（阿拉姆，2008）。较之于很少发生洪水的地区，生活在洪水多发地区的人们在应对洪水时显然准备的更为充分、更有经验。社区通常都建有应对灾害（包括洪水）的当地或社区机构，如果外来洪水风险管理援助与现有的机制和地方机构相互支撑和补充，那么在外来援助结束之后，仍可保证当地的洪水风险管理的持续进行（全球计划，2004）。

如上所述，在尚未或很少受洪水影响的地区，推动社区参与备灾减灾活动，也非常重要。洪水风险管理的社区参与，可以增强人们的尊严感，在危机时刻给人以希望（全球计划，2004），也可以为社会公平和可持续的长期发展做出贡献。

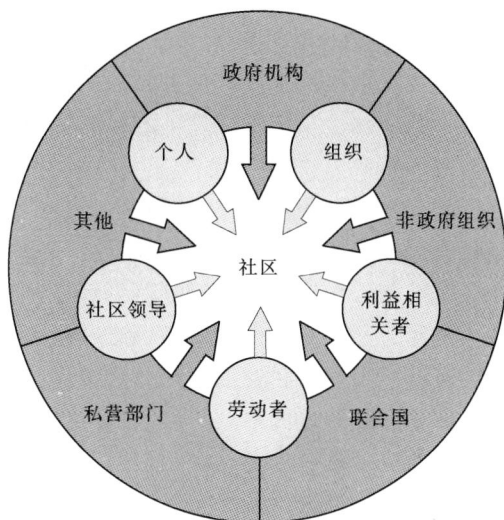

图 6.4　洪水风险管理中涉及的利益
相关者和参与者

来源：改编自 Abarquez 和 Murshed，2004

6.3.4　共享信息和知识

必须使社区全面了解洪水风险，以推动其积极参与到防灾减灾工作中。社区所获得的信息应该是完整的、公正的、一致的（Creighton，2005）。所有的利益相关者之间共享信息和知识，对于更好地理解存在的问题并协同互助是非常重要的。社区和利益相关者尤其应该知道，正在实施的措施将以哪种方式影响他们的生活（Creighton，2005）。

在广泛吸收当地社区参与防灾减灾的过程中，应将洪水风险和管理措施的信息以当地社区所能理解的方式和语言表达（Kafle 和 Zubair，2006）。此外，还应该建立公众评论机制，允许社区和利益相关者对目前实施的措施开展讨论批评，例如，召开公共会议，或通过社区组织收集意见、建议。针对那些行动不便者（如残疾人士），应考虑特殊的参与方式。

6.3.5　推动社区参与洪水风险管理的方法

社区参与洪水风险管理可确保将公众的真实需求、当务之急、资源和能力考虑在内。经验表明，社区的充分参与可更有效地降低洪水风险。然而，据观察，在社区中普遍存在这样一些问题，即公众对洪水风险缺乏重视，也缺乏参与防洪减灾活动的积极性。与此同时，官方机构也对社区参与可能带来的潜在效益缺乏重视，组织参与活动方面也缺乏相应的技术和经验。

社区应全程参与洪水风险管理，包括评估、规划、实施、监测和评价。社区的参与意味着洪水风险管理更加有效、主动。

由于社会、经济、政治和文化背景的不同，各个地区的情况也各不相同。因此，在激励社区参与时，应将这些因素考虑在内。广泛吸纳社区参与防洪行动的具体步骤概述如下。

1. 提高洪水风险意识和激励社区行动

虽然各地区情况不同，但可观察到社区通常对洪水可能带来的风险缺乏重视，以致公众缺乏参与防洪活动的积极性。因此，提高公众的洪水风险意识是成功激励社区参与洪水风险管理的核心。

应根据社会、经济和文化背景，选择适当的宣传沟通手段。通过宣传册和传单向公众传达信息，通过广播和电视广告鼓励公众积极参与的方式在一些社区会有作用。然而在很多社区，参与式沟通的方式越具有创新性，对提高公众的意识也就越有效。吸引公众参与的技术手段包括小组讨论、参与调查、维恩图、时间表、现场勘察和问题排序等方式。识别那些在社区中很活跃的组织并与之合作向公众介绍如何提高洪水意识和减轻洪水风险的知识是非常有效的方法。

公众的洪水风险意识是激励他们参与洪水风险管理的直接动力。在不同的社区，可用不同的技术手段促进公众参与。然而在公众对当局的能力缺乏信心或者对与社区的合作没有兴趣时，这类宣传鼓动活动则不容易开展。为了有效地促进公众的参与，建立社区和相关专业部门之间的信任和理解就显得尤为重要，这种信任和理解的建立可能需要一段时间，有时需要经验丰富的专业交流人员的协助。

随着公众意识的不断提高，参与积极性的不断增长，每周的研讨会可以使用模型和照片播放进行交流和提出观点，或者采用专家和公众共同参与的小组讨论的方式进行规划和设计，以确定出在技术上能够满足当地需求并且有效的洪水风险管理方案。由当地居民开展实地绘图练习可以突显存在的问题和风险管理措施可能的效果。为了确保能够辨识和减轻所有的风险，社区各部门的参与也非常重要。集体活动（如模拟演习、搭建帐篷、市政厅会议等）可用于鼓励当地民众考虑洪水风险，并对可能出现的变化或干预提出建议。

常受洪水影响的社区都有一套属于自己的防洪"土办法"。而学习、思考、理解这些适用于当地的"土方法"，对于防洪实践者们亦是至关重要的。将洪水风险管理措施建立在现有防洪体系的基础上，往往是鼓励社会各界积极参与的最好起点。利用现有经验，并在当地社区进行其他能力建设，将会使专业机构管理洪水风险的工作事半功倍。有效的社区参与也将增强风险管理的可持续性。

2. 加强相关社会机构之间的合作

若要保持社区参与的可持续性，应在社区中建立适当的行动机构。通常包括以下两种。

（1）指定适当的现有机构，使其承担洪水管理任务。

（2）建立一个新的专门从事洪水管理工作的社区组织。

鼓励现有组织关注洪水问题，并开展必要的技术和技能培训，可使他们将洪水风险管理规划和减灾工作融入已有活动（如健康、教育等）中。而成立一个新的专门针对洪水管理的社区组织，与那些已在其他社区服务方面发挥有效作用的组织相比，在组织成立之初和维持组织可持续发展上可能需要更多的投入。

无论采取哪种方式，都需要加强能力建设，充实其基础知识，特别是对承担社区防洪工作的理解、重视和管理能力。可以采取一系列的措施，如培训班、现场参观、现状踏勘、圆桌会议等，达成能力建设的目的。

另一个重要方面是确保社区组织与有关政府当局双向交流渠道的畅通。这种双向交流既可使政府决策从社区的支持中获益，也可使社区及时得到政府的帮助。

3. 确保包容性

不论社区一级的体制安排是如何实现的，防洪减灾工作都要确保把所有社会群体包括在内。

如前所述，洪水在社区内的影响各不相同，最贫穷和最边缘化的地区（如贫民窟和棚户区、洪泛区或河滩居民点等）往往受到的影响最大。同样，老年人、残疾人、妇女和儿童作为特殊群体，容易受到洪水威胁，而确认和有效应对这一威胁十分必要。确保社区最边缘地区参与洪水风险管理的全过程也很必要。这需要整个地区的详细地图和居民点分布图，以确保将最脆弱的地区包含在内。如果在制度层面上没有将这些团体代表包括在内，则需要专门咨询这些群体关于洪水的经验及他们在洪水中可能会遇到的困难。任何特殊的需求都应当被纳入规划中。

4. 认真规划

规划过程中的另一个尝试是将当地社区的知识与外部的专业知识和新技术融合在一起。目前，有很多方式可以做到这一点，但其核心是专业人员必须愿意接受地方社区的加入，同时地方社区也应该对自己有信心。

规划应避免使用正规的纸质规划和图表，这些不利于非技术性参与者的理解，相比之下，模型和范例有助于获得社区的理解和反馈。组织社区民众去其他已成功实施了防洪措施的地区参观考察，也可以激励民众参与本社区规划工作。专家与技术人员还可直接深入社区，聆听当地民众关于社区措施实施的具体意见，如应该在哪个地点采取哪种措施。

在有条件时，协商和信息共享可以利用网络工具来进行，各方团体、民众也可以通过网络提出意见。采用的技术越先进，工作也越简单快速，但是，如果使用不当，某些群体可能会被排除在外，尤其是较偏远和贫困的地区。

经过详细规划协商之后，应进行参与式设计审查，以获得当地社区的理解和支持。这种方式是对专家评审意见的一种补充。

5. 积极鼓励可持续参与

专业人员应认识到，社区参与不是一次性的行为，而是一个需要激励的长期过程。还应认识到，当地社区的能力建设将使专业机构的工作变得相对容易。规划应包括正在运行的机制，如支持社区的自救举措，激励社区维持既定活动或常备不懈。这些行动有时需要资金支持，有时不需要。为社区提供持续的教育和培训是很好的激励措施，定期的对话和对社区参与状态的评价也是必不可少的。

6. 监测和评价

一个设计良好的减轻洪水风险策略应该明确定义其预期的结果。这应作为规划过程的环节之一。策略还应包括：建立监测系统，以确保措施的有效执行；引入评价过程，以评价措施的影响并指导后续措施的改进。监测和评价还应有社区参与，因为只有社区最了解措施的优劣与效果差异。专业人员，特别是专业技术人员，往往不愿让公众评价他们的行为。然而，这是社区参与防洪的一个重要方面。

受洪水影响的社区不仅可记录和报告减灾措施的作用，最重要的是能发现某些措施失效的原因，为今后的改进提供信息，从而避免类似情况的发生。一个设计良好的监测和评价过程应能分解洪水对社区不同层次的影响。而记录社区对洪水事件反应的技术取决于当地的社会、经济和文化背景。

综上所述，建立确保监测和评价结果直接反馈的机制是必要的，如此则可不断改进防洪措施。如果这一机制能够得到公众的认可，社区组织也广泛参与其中，将会进一步增强公众的信任和社区的参与。

6.3.6 延伸阅读

Abbot，Jo，1999，'Beyond Tools and Methods：Reviewing Developments in Participatory Learning and Action'，Environment and Urbanization，Vol. 11，No. 1，pp. 231 - 235. http：//www. ucl. ac. uk/dpu - projects/drivers _ urb _ change/urb _ governance/pdf _ partic _ proc/IIED _ Abbot _ participatory _ learning. pdf.

CARE. 1999. "Embracing Participation in Development：Wisdom from the field. Worldwide experience from CARE's Reproductive Health Programs with a step - by - step fi eld guide to participatory tools and techniques." Edited by Meera Kaul Shah，Sarah Degnan Kambou and Barbara Monahan. http：//www. care. org/careswork/whatwedo/health/downloads/embracing _ participitation/embracing _ participitation _ en. pdf.

Chambers，R. 2007. "From PRA to PLA and Pluralism：Practice and Theory" IDS Working Paper 286. http：//www. forum - urban - futures. net/fi les/Preparational％20Text％20PUA％20Chambers％202007. pdf.

DFID. 2003. "Tools for Development. A handbook for those engaged in development activity"，Performance and Effectiveness Department，Department for International Development，Version 15. 1. http：//onlinewomeninpolitics. org/sourcebook _ fi les/Resources/Tools％ 20for％ 20Development -％20Handbook％20for％20those％20 engaged％20in％20development％20activity％20（DFID）. pdf.

Müller，D. and Wode，B. 2003. "Manual on Participatory Village Mapping Using Photomaps." Social Forestry Development Project（SFDP）Song DA. http：//www. iapad. org/publications/ppgis/participatory _ mapping _ using _ photomaps _ ver2. pdf.

World Bank. 1998. "Participation and Social Assessment：Tools and Techniques"，Compiled by Rietbergen - McCracken，J. and Narayan，D. http：//info. worldbank. org/etools/docs/library/238582/toolkit. pdf.

6.4 提高抗灾能力的社区措施

如前所述，社区参与对于有效实施洪水风险管理至关重要。在许多情况下，社区参与需辅以基于社区的洪水风险管理的措施（简称为"社区措施"），这些措施可以逐步改善社区的公共安全和提高社区抗灾能力。社区措施通常因社区而异，其决定、设计、实施、监测和评价都与社区自身的特性有关，虽然也时常需要外部技术和资金支持。

这类措施的目的是强化社区平时备灾并长期增强社区成员的抗灾能力，这对于洪水频发或曾经被洪水淹没的社区更为迫切。实施社区洪水风险管理措施所需的资源主要源自社区自身。

6.4.1   关键组分

社区的界定有两种方式：其一是根据洪水发生的地理位置，尤其是低洼地带或滩区定居点；另一是根据行政区划和城市的社会经济区（包括选举区、街区或住宅小区）。无论是以哪种方式，空间维度都是界定风险社区的基本要素。

社区本身是不断变化的复杂体。人们可能会因为同一个目标走到一起，而一旦目标实现，又会各奔东西（Twigg，2007）。生活在同一地区的人们，在财富、社会地位和职业上会有差异，同时社区内部也可能存在其他更严重的分歧。社区居民有可能共同管理过社区活动，无论是非正式的活动，如传统节日、文体活动和清理活动等，还是一些比较正式的活动，如当地民众自发的治安组织、垃圾回收、托儿所和保健所。如果采取防洪减灾措施的动议来自于社区之外，那么外来机构对当地现行社区活动的研究，以及以何种方式界定社区的隶属关系和社区的边界是十分重要的。

良好、有力、持续的管理是社区减灾有效性的关键。可对现有社区组织进行培训，增强其管理能力；也可在风险评价和减灾规划的过程中组建新组织。当正式和非正式社区组织已经承担了现有的防洪任务时，成立新的社区灾害管理组织的价值尚有争议（Delica - Willison，日期不详）。无论如何，很显然，为了实施最有效的管理，应明确管理职责和分工。

社区的各种利益相关者和不同利益群体有不同的需求和优先事项，社区组织应认真听取这些需求和事项并且公平对待，尤其是对弱势群体，包括妇女、儿童、老年人和残疾人，以及某些种族或其他被边缘化的少数群体，要给他们表达观点的机会，听取他们的意见。在管理的过程中结合本地知识也是非常重要的。例如，菲律宾拉古板（Dagupan，Philippines）市的 8 个集镇建立的洪水预警系统，在城市及集镇的重要地点使用 Kanungkong 和其他工具警示洪水。

Kanungkong 是当地常见的一种竹制工具，过去用于召集社区成员集会、报警、或呼唤孩子回家。因此，将本地知识与现代科技结合，有助于更有效地降低灾害风险（国际减灾战略，2008）。

案例 6.6 介绍了孟加拉国的实践。

案例 6.6   孟加拉国达卡：从基层学习应对气候变化的策略 ❶

基层在应对环境危害和降低环境脆弱性的实践中积累了许多宝贵的经验，总结这些经验有助于制定城市适应气候变化和变异的战略规划。

卡瑞尔（Karail）是达卡最大的非正式定居点，伦敦大学学院（UCL）的发展规划部门与孟加拉国 BRAC 大学合作，在卡瑞尔开展了基础调查，研究了家庭和集体应对现有

---

❶   http：//www. bartlett. ucl. ac. uk/dpu/adaptation _ to _ climate _ change _ in _ cities

的环境危害，如洪水泛滥可能采取的应变策略。照片 6.1 展现了达卡的非正式居民点的状况。

照片 6.1　达卡的非正式居民点
来源：Huraera Jabeen

1988 年、1998 年和 2004 年，河道洪水泛滥造成达卡严重的洪水灾害。由于降雨和洪水的增加，生活在卡瑞尔的人们几乎每年都经受环境灾害的影响。

研究发现，为了降低脆弱性，当地的社区及家庭采取了以下应对策略：

• 物理改造（抬升储藏室的高度，增加家具安放的高度，安装雨水槽，在门前设置屏障，灾害过后更换建筑材料和踢脚线等）。

• 储蓄和使用信贷（一般的家庭会选择金融机构或非政府组织进行定期储蓄）。

• 收入来源多元化（收入来源多元化家庭的脆弱性较低）。

• 建立强大的社会组织（37％的家庭是某种形式的社会组织的一部分，可以在紧急情况下寻求帮助）。

• 积累资产（可出售的家庭资产、建材，对子女健康和教育的投资）。

为了将当地应对策略融入洪水风险管理和城市规划，决策者和政策制定者需要考虑：①结合当地知识确定脆弱性模式；②规划应体现更高层次的发展目标；③建立低收入人群的风险转移机制，如集体储蓄计划和保险；④推动由政府、公用事业单位和民间团体合作建立工程及非工程的综合减灾方法。

来源：Jabeen 等，2010

社区应在社区组织的组织下，开展灾害风险评估，并准备灾害管理规划。本节的最后将介绍一些有助于这两项重要工作开展的具体方法。社区组织应根据灾害管理规划，确保各种准备、应急和重建活动的实施。有关活动见专栏 6.5。

专栏 6.5　基于社区的洪水风险管理活动

- 备灾活动。
- 对社区成员开展备灾培训。
- 提高社区成员在灾前、灾中和灾后全过程的正确行动能力。
- 监测灾害威胁，开展演习，并从中总结经验以改进计划。
- 地方政府、官方灾害管理机构、非政府组织和社区组织间建立联动配合机制。
- 开展灾害管理宣传教育，支持社区备灾和抗灾。
- 提高灾害风险管理和活动的社区参与度。
- 洪水应急响应。
- 发布警报，并组织必要的转移。
- 在社区和外部的援助下，按规范组织搜救。
- 提供急救和安排后续的医疗援助。
- 开展损失和需求评估，并向政府和灾害管理机构汇报评估结果，寻求援助。
- 协调、规划和实施外部援助机构交付的救灾工作。
- 恢复重建。
- 促进社区社会、经济恢复重建，如心理疏导、住宅和基础设施重建等。
- 接收政府和援助机构的灾后恢复援助。
- 在恢复重建过程中，确保防洪减灾措施的完整性。
- 进行能力评估，确定今后改进的策略。

　　来源：改编自 Abarquez 和 Murshed，2004

6.4.1.1　外部支持

　　社区的洪水风险管理方案的提议可能起源于社区内部，也可能来自外部机构。无论如何，外部机构都有可能参与社区洪水风险管理工作。但是，在利益相关群体的讨论中，如果外部专业人士的观点占据优势，而忽视社区的利益，这一过程则存在缺陷（Fetzner-Wilson，2009）。

　　为了支持或促进社区措施，外部机构应确保所采取的措施能够满足弱势地区的具体需求，并且充分利用当地的资源及潜力，提高社区的防灾减灾能力。在洪水风险管理的过程中，外部机构应尊重当地社区的领导机构，取得当地支持，而不是将提前准备好的方案强加于社区。最近的研究指出，"证据表明，直接支持社区及地方组织的项目，是提高抗灾能力的最有效的方式。"（Bhatt 和 Aysan，2008）

6.4.1.2　机构的责任

　　应该指出的是，政府的洪水风险管理责任不随社区措施实施的效益或效果而减少，因此，现任社区组织应使政府部门充分了解社区的工作和优先事项。

　　同样，政府应认识到，如果不能动员居民和社区组织参与，政府的单方行动不可能有效减轻风险。因此，建立不同的利益相关者间高效紧密的合作关系是所有洪水管理措施的目标之一，所有合作者都有责任促进这一关系的发展。

6.4.1.3　评估及社区组织间的经验交流和教训借鉴

有效且可持续的行动需要透明的监督和评估程序支撑。尤其是在大洪水之后，应由社区对各种防洪减灾措施的有效性、效益和影响进行独立且有公众参与的评估。并且有必要将评估结果向社会公布，因为任何成功的经验都将巩固支持行之有效的措施和方法，提高措施的可持续性，而负面教训则可为系统的改进完善提供依据。

经验学习和交流，共享评估结果，是提高实践能力的基础。通过与其他机构的合作，建立社区组织之间的联系，可将某一地区获得的经验教训及时有效地供其他地区应用和借鉴，这是最好的互相学习的方法。

6.4.1.4　申诉补救

资源具备时，管理良好的社区防洪减灾措施可能是最恰当和最有效的。但是，有些人的利益也许不能达到其所预期的保护程度。在这种情况下，社区组织需建立申诉补救机制。最可行的方式是组建由当地政府代表和当地德高望重人士组成的委员会，并确保委员会合理的性别比例和代表的社会均衡性（Prasad，2005）。必须将这一机制广而告之，当出现工作失误时，社区组织应通过已建立的机制，积极给予补救，使各方满意。这样做有助于维护社会和谐和居民之间的相互信任，也是保证社区措施长期有效性的重要手段。

6.4.1.5　立法和政策的变化

如果社区洪水管理方法已得到普遍采用，相关政府则应考虑通过立法正式确立社区组织的作用和地位，并制定政策，使社区组织共同参与和协商更大规模的工程和非工程的洪水管理行动。

6.4.1.6　可持续性

有评论称，由于资金紧张，机构和小型非政府组织的灾害风险管理工作往往是不可持续的，也不能扩大规模。有人建议将"社会各界的积极参与"作为取得长期成功的途径［如 Alam（2008）和 Moga（2002）所讨论的］。由此引出一个问题，即如何确保社区活动的可持续性。

显然，社区能够促进和维持自身的发展，社区洪水风险管理也不例外，但以下几个方面有助于管理的成功和可持续性：

（1）所有相关者应明了灾害风险管理的短期和长期利益。

（2）在确定降低风险的优先事项和方案时，应激励所有利益相关者积极参与（Abarquez 和 Murshed，2004）。

（3）社区内部及外部机构和各社区之间应建立良好的参与机制（详细讨论见 Abarquez 和 Murshed，2004；Prasad，2005；IFRC，2007；Creighton，2004）。

（4）在建立监测和评估系统时应设定具体的可持续性指标。

6.4.2　因地适宜地采用社区措施

从积极一面来看，就经济生产与分配、人力资源、社会资本和民间团体而言，大多数城市与乡村相比都具有明显的优势。实际上，城市是由"资源密集度"来定义的——城市的人力资本和社会资本吸引人们，这些资本也通过灾害应对用于支持人道主义的响应、恢复和发展（O'Donnell 和 Smart，2009）。对于面临洪水风险的社区或社区联合体而言，减轻洪水风险最适宜的方法是采用社区措施，不论是在发达国家还是欠发达国家，也不论是在这些国家的富裕地区还是贫困地区，都不例外。

这种方法在低收入的非正式居民点最为重要，原因有三：

（1）资产可以缓和灾害的影响。然而，穷人拥有的资产较少，所以面临洪水时，他们更容易受到影响，也更加脆弱（Alam，2008）。

（2）将灾害风险管理纳入其发展战略时，当地社区实施的可持续发展举措（如提供基本服务、健康意识以及金融服务）将会使其受益。

（3）政府推行的正式干预措施在这些贫困社区实施时往往会遇到很多问题。

鉴于以上第三个原因，在制定减灾方案时，应将建立和加强与社区组织和当地政府部门之间在洪水风险管理方面的合作关系纳入其中。

6.4.3　效益

社区措施的类型繁多、规模各异，产生的效益也不同。但其整体效益都表现为可持续地减少洪水风险的影响。

能够成功进行洪水管理的社区组织，可能会平行推行一些其他相关的干预措施，如改善环境管理或对社会弱势群体的持续支持。灾害风险管理的成功将使社区更强大，进而促进社区的健康发展。

6.4.4　缺陷

某些制约因素可能影响减灾措施的推行：

（1）规模。社区措施是从社区工作层面定义的，尽管多个社区可共同推行同一措施，或多个社区联合形成更大的社区联盟，但是，社区措施的性质决定了其不可能为大规模的或全市性的措施。

（2）协调和沟通。当灾害来临时，协调是社区面临的重大挑战；而各种社区组织的参与可能会进一步加剧这种挑战。若要解决这一难题，必须建立有效的沟通和协调机制，在得到社区内各组织的认可之后，纳入备灾规划。在洪水准备过程中，建立社区组织和官方机构之间以及社区组织之间的良好工作关系（见上述关于网络的讨论），将会为未来灾害管理过程中有效的协调和沟通奠定良好基础。

（3）可持续性。这是一个关键的挑战。许多灾害风险管理方法都建立在这样的假设之上：向个人和社区公示风险，会提高公众风险意识，意识将指导行动，进而产生持续的行为改变，实际上并非如此简单。利益相关者对风险的感知是不同的，也不认为所有的风险具有相同的类型、相同的规模和同等重要性（Abarquez 和 Murshed，2004）。可见，可持续性作为一个关键因素，在社区措施实施时应予以特别关注。

（4）问责制。有时，社区组织可能会被某些更大的利益所劫持，尤其是当涉及重要资源时。既要保持社区范围内减灾措施的质量，又要保证所有决策的透明度，这两点对于社区措施的可信度和可持续性都是必不可少的。

（5）覆盖范围。如何将最弱势群体包括在内也是一个挑战。例如，外部机构的防洪或紧急救援工作，很可能没有把城市地区的孤儿和流浪儿童考虑在内。而一些社区措施很可能将这些孤儿和流落街头的儿童作为特别脆弱的群体加以考虑。外部组织应该注意与社区组织合作，以便将所有弱势群体纳入正规的项目规划中（O'Donnell 和 Smart 2009；WFP，2002）。

6.4.5　主要注意事项

在实施社区层面的洪水风险管理措施时，必须与当地政府建立有效的伙伴关系，并与官方常规洪水风险管理措施并行实施。这种伙伴关系的倡议可以来自任何一方，但合作伙伴双方必须认识到这种倡议对于保持洪水风险管理的连贯性是必不可少的：没有地方当局的支持，社区自身不可能实现成功的管理；同时，地方当局也只有与社区合作，才能保证其措施的效益。

然而，如果没有外部的技术和资金支持，社区措施只能小规模地实施。这种支持可能来自于中央政府、地方政府、非政府组织或国际援助机构。6.5 节将会具体讨论这些内容，在此重申是为了强调外部支持必须与措施固有的社区驱动的性质相适应。对于各种外部援助，应在适当的监督下，尽可能由社区全程组织和管理相关社区措施。

6.4.6　社区灾害管理活动相关指南

Abarquez，I. and Murshed，Z. 2004. "Community – based disaster risk management：Field Practitioners' Handbook."ADPC.

Creighton，J. 2004."The public participation handbook：making better decisions through citizen involvement."Wiley，San Francisco.

ISDR. 2008. "Indigenous knowledge for disaster risk reduction：good practices and lessons learned from experiences in the Asia – Pacific region."UNISDR，Bangkok.

Prasad，K. 2005.，"Manual on community approach to flood management in India，Associated Program on Flood Management."WMO/GWP.

Twigg，J. 2007. "Characteristics of a disaster – resilient community，a guidance note，DFID Disaster Risk Reduction Interagency Coordination Group."DFID，London. http：//www. benfieldhrc. org/disaster _ studies/projects/communitydrrindicators/community _ drr _ indicators _ index. htm.

Shaw，R. and Okazaki，K. ed. 2003. Sustainability in grass roots initiatives：Focus on community based disaster management. Hyogo，UNCRD. http：//www. hyogo. uncrd. or. jp/publication/pdf/GrassRoots. pdf.

6.5　洪水风险管理措施的融资

6.5.1　洪水风险综合管理融资

洪水风险管理与减灾措施的选择主要受可用资源的制约。例如，在英格兰和威尔士，环境机构有实施和评估防洪项目的职权。然而，可支持项目实施的资金十分有限。政府负责根据项目的优先顺序，合理配置有限的资金。其中防洪工程建设只占项目的一小部分。Wamsler（2006）指出，在减灾措施与城市规划项目中，资金可能面临管理不严、财政支持不足或流向个别防洪项目的问题。在中等或低收入国家，资金短缺的情况则更为严重。

那些主要依靠外部援助的政府可能会发现，灾后是融资的最佳时机。数据显示，在2000—2008 年间，1/5 的人道主义援助用于灾害救济和应急响应。2008 年，仅有 0.7％的资金用于防洪减灾措施（World Bank，2010）。然而，减灾是为发展提供长期可持续性，因此，援助者需要将长期目标考虑到计划中。

在大多数发展中国家，市政当局因为缺乏基础设施建设所需资金，而更倾向于将国家拨款用于改善公共服务，包括减轻洪水风险的服务（Parkinson 等，2003）。城市低收入群体同样缺乏资金改善住房条件（城市中，住房条件的改善将大幅提升居民抗御洪水的能力），同时，信贷与保险的缺乏也降低了他们抵御洪水的能力。此外，租赁的不稳定也降低了居民改善住房条件的热情，从而降低了抗洪能力。

有时，地方政府及民众并没有建立有效的防洪减灾系统的需求。这可能与缺乏对洪水风险及灾害后果的认识有关。有理由相信，只有提高对洪水及其灾害的认识，才能了解洪水管理体系的重要性，才能投入到洪水管理体系的发展与建设中。民众及机构组织更倾向于将注意力放在具有明确短期效益的项目上，因此，有必要推行强制或强有力的激励手段。

由于洪水风险管理措施在短期内不能为政府和投资者提供显而易见的回报，从而限制了可能的融资渠道。虽然这些措施不仅可为降低贫困和应对气候变化做出贡献，包括在城市规划、住房管理、土地利用、提供基本服务和基本设施等方面的贡献，并可有效地降低洪水风险，支撑更高层次发展目标的实现，但若要将其融入城市发展规划，首先需征得在任决策者的认同（Wamsler，2006）。

洪水风险管理体系的实施通常需要大量的前期资金投入，这是制约其建设的主要因素。对于在经济上已经不堪重负的国家、地区和个人，洪水风险管理只是一系列需要优先解决的问题之一。而且，因防洪项目不能为人民提供明显的短期回报，而当政者"非本届政府事务"的观念，致使政客及政府官员通常对洪水问题采取消极态度，并往往在灾难发生后迫于舆论压力才开展行动，因此，防洪减灾资金在很多情况下来自于灾害保险及灾后重建款项。

然而，"亡羊补牢"毕竟是一种低效的方法，未雨绸缪"事先"部署实施防洪措施，从总体成本—效益衡量，是洪水风险管理的首选策略。在第 3 章、第 4 章中详细讨论了各种减灾的措施，显而易见，洪水风险管理的费用不必是显性的：它可以是更广泛的开发建设、适应气候变化、综合水利项目、贫民区改造或教育等投资的一部分。由此可见灾害风险管理费用在某种程度上已经在多个部门和机构的费用中占大部分（Jackson，2011）。为控制洪水风险，对大型防洪工程项目进行的专项投资，可能只有少数，这些投资的取得同样也有赖于融资机制的建立。

洪水风险管理措施的投资决策取决于其成本和效益情况，以及个人、政府和其他利益相关者承担的投入。对于发展中国家，在洪水中损坏的公共基础设施建设的资金主要来自于政府财政，因此，其损失也由政府承担。同样，主要防洪减灾支出费用也都由政府承担，所以政府必须寻找各种形式的资金来源，恢复基础设施，开展减灾活动。国家项目的首要资金来源自然是税收，但在发展中国家，这可能是一个非常有限的收入来源。

据估计，发展中国家投资能力难以满足其减灾战略的需求。依靠债务、股权、补助金、融资租赁、贷款、海外发展援助等诸如此类的外部渠道，为生态系统改善、风险管理、结构化金融和技术援助提供资金也是必要的。因此，就减少洪水风险而言，国际社会是重要的合作伙伴。本节考虑各种已有的国际融资方案，同时也着眼于其他来源的金融支持。

6.5.2 国际发展基金提供的资金和贷款

几十年来，国际捐助组织一直为洪水管理项目提供发展资金，这种援助具有重大的意义。目前在这些资金的援助下已经开发了许多大型项目，例如，最近由全球减灾基金和灾后重建基金（GFDRR）资助的太平洋洪水综合管理项目（NADI）。

捐助机构过去一直侧重于大型工程措施，而现在正向更为综合的方法转变。例如，最近为预警系统提供资金便是一个良好的拓展。表 6.1 列举了一些捐助机构及其捐助的重点领域，随着未来新的重点领域出现，表中内容也会相应变化。

表 6.1 捐助机构和重点领域

加拿大国际开发署 http：//www. acdi - cida. gc. ca/hom	支持发展中国家的可持续发展，减少贫困，促成更加安全、公平和繁荣的世界
德国技术合作公司（GIZ） http：//www. giz. de/en	一个推进可持续发展的国际合作企业。其业务遍布全球。该公司的目标是在可持续的基础上，改善人民生活条件
世界银行/国际发展协会（IDA） http：//www. worldbank. org/	通过提供无息贷款和项目赠款，促进经济增长，以减少贫困和不平等，改善人民的生活条件
欧佩克国际发展基金（OFID） http：//www. ofi d. org/	为撒哈拉以南非洲地区的发展提供融资支持
伊斯兰发展银行（IDB） http：//www. isdb. org/	根据伊斯兰教法、法律的原则，促进成员国和穆斯林社区的经济发展和社会进步。申请者可以是一个社区、国家或是联合体
美国援助机构（USAID） http：//www. usaid. gov/	支持长期和公平的经济增长和进步，并通过支持下列行动而促进美国的外交政策：经济增长，农业和贸易；全球卫生问题；民主，防止冲突和人道主义援助
南非发展银行（DBSA） http：//www. dbsa. org	通过为个人、社会和经济基础设施提供资金，促进社会经济可持续发展。DBSA 的目标是提高本地区人民的生活质量

欧洲银行的重建和发展银行（EBRD） http：//www.ebrd.com/pages	为中欧和中亚的项目提供支持，主要投资于市场需求不能得到满足的私营部门，促进银行走向开放和民主的市场经济
日本国际合作银行（JBIC） http：//www.jbic.go.jp/en/	日本经济和国际化的可持续发展和良性发展
美国贸易发展署（USTDA） http：//www.ustda.gov/	一个由美国国会资助的独立的美国政府对外援助机构。在新兴经济优先发展的项目中，通过美国商品和服务的出口，帮助企业创造就业机会
亚洲开发银行（ADB） http：//www.adb.org/default.asp	一个国际开发金融机构，其宗旨是帮助发展中成员国减少贫困和改善本国人民的生活质量
澳大利亚援助计划（AusAID） http：//www.ausaid.gov.au	澳大利亚援助计划，旨在帮助发展中国家减少贫困和实现可持续发展，符合澳大利亚的国家利益
DFID http：//www.dfid.gov.uk/	该机构管理英国对贫困国家的援助与工程，致力于摆脱极端贫困。努力实现联合国（UN）提出的国际发展目标（MDGs）：在 2015 年将使世界贫困减半
欧洲援助计划（EuropeAid） http：//ec.europa.eu/europeaid	欧洲援助发展与合作负责设计欧盟发展政策，并通过方案和项目，为世界各地提供援助
联合国开发计划署（UNDP） http：//www.undp.org/	将环境和可持续发展，包括气候变化，综合在国家发展规划和实施过程中，致力于实现 UN 开发计划署的减贫和千年发展目标

6.5.3　适应气候变化的融资方案

洪水管理资金的另一个来源是一些致力于缓解及适应气候变化影响的国际基金，虽然不足以满足发展中国家的所有需求，但国际社会已承诺为实现这一目标提供资助。目前国际社会正在开辟新的筹资途径，其中有一些属于原有的国际发展援助，其余则根据"联合国气候变化框架公约"（UNFCCC）（IFRC，2010）协调筹集。这些资金经协调可用于洪水管理方面，尽管很难直接将其分摊到应对气候变化的成本中（Pielke，2006）。目前，尚缺乏将适应气候变化的国际基金转交给地方政府的明确机制。

这些基金可用于减轻和适应洪水，从而支持洪水风险管理计划。例如，可以把资金直接用于生态系统修复，如通过植树造林，既服务于森林恢复目标，又形成自然的洪水缓冲区。而防洪工程则更适合适应气候变化基金的支持条件。一些可能的与气候相关的基金来源见表 6.2。

表 6.2　　　　　　　　　　　气候资金来源

基金名称	获得方式	与人道主义援助的关联性	基金规模
"联合国气候变化框架公约"适应气候变化基金	直接和间接	高	2353 万美元净基金
日本凉爽地球伙伴关系	直接	高	适应气候变化基金达 20 亿美元
全球减灾和灾后恢复基金	直接	高	1.35 亿美元
德国国际气候倡议	直接	中	给发展中国家和转型中国家每年预留 1.62 亿美元

基金名称	获得方式	与人道主义援助的关联性	基金规模
"联合国气候变化框架公约"最不发达国家基金	间接	高	1.808亿美元
欧洲委员会全球气候变化联盟	间接	高	存入1.87亿美元。另外2.4亿美元将用于DRR联盟的服务目标
世界银行气候恢复试行方案	间接	中、低	承诺6.14亿美元
联合国开发计划署—西班牙千年发展目标	间接	低	9000万美元的存款。未来将有5.4亿美元资金支持

气候资金来源的信息可从以下网站获得：http：//www.climatefinanceoptions.org/ CFO /Funding20％Sources。

6.5.4 保险措施：政府、私人和小型保险方案

在第4章已讨论过保险方案。本小节介绍这些保险方案为洪水管理提供资金支持的作用。洪水保险可以作为灾后提供资金的一种机制。这部分资金的作用是提高灾后恢复的经济能力。对于重建时防洪工程建设的费用，很多保险方案并不适用。例如，在英国，私人保险公司提供的民居保险限制了在民居中提高抗灾能力的投入（Lamond等，2009）。制定法规在某种程度上可以缓解这个问题。另一种方法是利用保险的力量，如限制保险范围、额外保费和保险费率刺激等，引导私有资金投入到减灾措施中。

6.5.5 国外直接投资

国外直接投资的金额要比从国际发展援助（ODA）中获得的可用资金多4倍（Bouwer和Aerts，2006）。如果能通过激励或立法等手段，将国外直接投资用于洪水风险管理，可显著增加国家的抗灾能力。例如，汇丰银行最近一直与城市合作，开展缓解气候变化的措施，如在学校使用再生能源等。

6.5.6 公私合作

通过公私合作，开展"双赢"的防洪减灾活动，私有企业可从中受益，这种情况在发达国家更常见。然而，在发展中国家也存在许多公私合作（PPP）建设多目标防洪项目的例子，如发电和防洪兼顾的水库，可由私有电力公司做出更好的预测预警系统；好的沿海安全预警系统可使旅游公司获益等。

案例6.7和案例6.8给出了两类公私合作的情况。

案例6.7 阿根廷科尔多瓦（Cordoba）市的防洪措施

科尔多瓦市现有的排水系统包括28hm² 地表径流蓄滞区。如果将处于设计阶段的城市规划中确定的滞洪区包括在内，未来的蓄滞洪面积将达到102hm²。

理论分析和降雨期间的现场观察表明，截至目前，这些修建于 20 世纪 90 年代的滞洪区运行正常。类似于藤上之瓜，这些滞洪区收集雨水后将其排入排水系统，一些滞洪区以溢流方式将水排入水沟。

大部分滞洪区由私人企业修建，多位于大型工厂和超市，通常是小规模的，每个设施均有各自的维护要求。有些设施具有良好的维护计划，能够很好地融入周围的城市环境，从而减少了潜在的环境问题。

一些较大的蓄水设施由市政部门建设维护。而这些设施通常会出现令人担忧的环境问题：被污水与垃圾等污染而产生气味或滋生病菌、设施损坏（河岸侵蚀、泥沙沉积等），以及杂草和蚊子。总之，这些设施很难融入城市和郊区环境。

科尔多瓦市的案例表明，私人部门可以参与实施洪水风险管理措施，如建设小型蓄滞工程。

来源：Tucci，2007

案例 6.8　印度阿兰杜尔（Alandur）的污水处理项目

阿兰杜尔是金奈（Chennai）都市区的郊区市（CMDA），人口超过 12500 人，其中约 1/4 的人口生活在贫民窟。阿兰杜尔的污水处理项目（ASP）由阿兰杜尔市于 1996 年发起，是印度一个直接由公私合营单位提供环境卫生设施的项目。

市政府若要建设这种规模的基础设施，需要资金和专业技术支撑，所以，污水处理系统根据工程量清单（BOQ）修建，而污水处理场的运营则根据修建—运行—转让（BOT）的原理操作。这是一种承包商修建—经营—最终把所有权转让给政府的工程模式。

承包商除了负责污水处理系统的建设之外，还必须在固定收费基础上，承担系统竣工后为期 5 年的运行和维护（O&M）。市政府负责运行维护期间税款的收缴和新管线的连接。

咨询公司为了评估当地居民对方案的接受程度，对 10% 以上的居民进行了"支付意愿"调查。结果发现，大约 97% 的人希望有下水道，并愿意为该服务支付合理的费用。据调查，人们愿意支付 2000 卢比（约合 44 美元）的管线连接费和每月 21~50 卢比（约合 0.5~1.1 美元）的维护费。

在与当地居民和市政官员讨论以及"支付意愿"调查的基础上，市政府修订了最初的收费结构，降低了收费上限。此外，市政府在当地的报纸和电视发布公告，以提高公众对项目的认识。根据可靠信息，所有与管线连接有关的土建工程已经完成。

这类项目的成功需要政治意愿、强有力的决策和建设并持续维护的承诺。此外，招标程序和合同的签订应该是透明和负责任的。利益相关者的参与和跨部门之间的协调有助于进一步促进该项目的成功实施。最后，宣传活动是项目的关键部分，由于获得了社区对这一倡议的支持，其中约 29% 的工程造价来自公众的捐款。

来源：Mathur，2002；IWA Water Wiki，日期不详；Government of India，日期不详；NIUA，2001

6.5.7　鼓励私人投资

前面提到的保险机制可以作为鼓励私人投资提高抗洪能力的方法之一。其他可行的投资方案或建议包括税收优惠政策，如取消防洪门、防洪闸、挡洪板、止洪阀和排洪泵等防洪减灾产品的销售税。

6.5.8　政策和行动的融合

相关部门和机构选择一些可以配合现有计划的健全方案，如固体垃圾管理等，也会增加洪水风险管理的资金。垃圾管理不仅有利于身体健康和环境卫生，而且也可能会产生一些收益，并减少洪水的影响。可以说，在需要垃圾管理的地方，这种方式是最有效的（Jackson，2011）。

6.5.9　慈善资金

非政府慈善组织从私人和机构筹集善款。这些款额在很大程度上用于"灾后援助"，但是也可以用于"灾前预防"。通常，这些组织也参与社区洪水风险管理，并发挥着重要的作用。

最近关于慈善资金的捐助用于缓解洪水风险的例子是由中国香港向中国大陆提供的用于建设耐水住宅的救济款（Lamond 和 Proverbs，2009）。

6.5.10　贷款

为特定基础设施项目提供国际贷款是很常见的。此类贷款的结构复杂，通常持续较长时期，因此，信贷方通常需要第三方提供信用担保，如世界银行和出口信贷机构。

个人或社区也可能依据其财产价值和社区计划获得资金。这可能是基于金融抵押或安全抵押贷款。然而，在发展中国家的许多个人和社区，通过传统市场的途径融资是有困难的，但可能依靠下述小额信贷。

6.5.11　小额信贷

小额信贷的形式有可能成为个人和社区实施洪水风险管理方案的资金来源。小额信贷可以成为发展战略的重要组成部分（ADB，2000），因为这类贷款为穷人和微型企业提供广泛的金融产品。以市场为基础的金融机构（MFIs）可以提供小额信贷，也可以通过非政府组织为最贫穷的阶层提供小额信贷。斯里兰卡（Sri Lanka）的小额信贷历史悠久（拥有超过 15 万的存款账户，2005 年为 2000 万人口提供了 200 万美元贷款），存户包括国家政府、商业银行和财务公司、合作社、非政府组织和放款人及店主等非正式供应商。

可以设立社区灾害基金，这些资金的来源有多个方面，包括来自社区的微投资。该基金为减轻洪水和其他灾害的行动拨款和小额贷款，可以由控制基金的社区组织予以分配。

印度自我就业妇女协会（SEWA）的住房建设规划，对在灾前进行防风改造的家庭提供个人贷款支持，也为洪水损坏的屋顶、墙壁或门提供贷款。通过 Mahila 住宅 SEWA 信托，该协会还支持为防止洪水泛滥，改善城市贫民窟排水系统和污水处理系统的社会融资

（O'Donnell，2009）。此外，在孟加拉国（如照片 6.2 所示），萨尔瓦多（El Salvador）和尼加拉瓜（Nicaragua）的一些计划中，一些市场化金融机构也已扩大其投资品种，增设了房屋的修复或重建贷款。

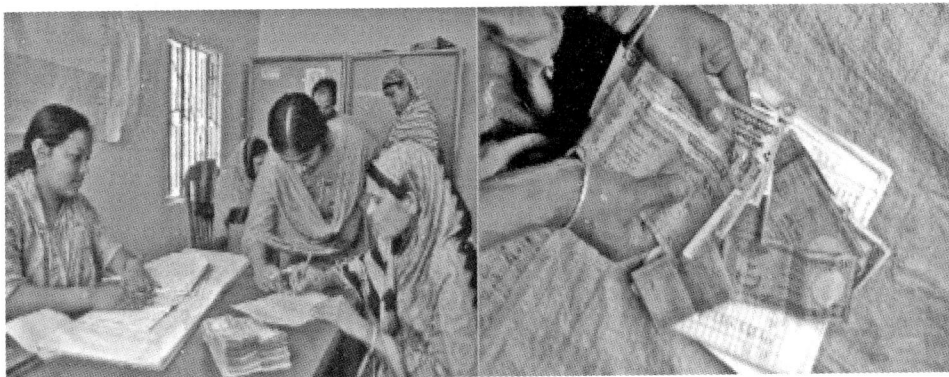

照片 6.2　孟加拉国的妇女团体小额信贷
来源：Shehzad Noorani

6.6　可持续的系统维护

本节主要讨论工程措施建成后的可持续运行及维护。工程的运行和维护需要长期投入，因此，在工程设计时，应将降低工程运行及维护费用作为设计原则之一。确定现实的可持续维护费用获取途径并使当地民众和政府充分认识工程维护的重要性至关重要。

防洪减灾基础设施需要在风险评估的基础上定期维修和养护，以确保关键的部位得到及时检查、维护和修复。

6.6.1　工程设施的运行与维护

遗憾的是，尽管工程设计合理，也常会由于采购和施工阶段的种种问题，如投标过程的限制、合同执行不力、过分追求降低施工成本等，而使工程质量达不到预期水平造成较高的维护费用。当工程建成时，维护费用并不一定显而易见，有时会在工程竣工若干年后，项目建设投资阶段已经结束，工程维护责任已经移交给当地政府，维护费用的问题才会凸显。

因此，所有工程措施需要满足下列要求：

（1）以最低维护成本为设计原则。

（2）在不影响施工质量的情况下，尽量采用当地原材料和工艺、技术。

（3）使用可靠的供应商和承包商，而不一定是价格最低的。

（4）严格执行施工合同，对于违反合同的行为照章罚款。

（5）合同中加入扩展维护条款，明确提出由于使用低劣材料及其他施工错误所造成的工程问题一概由施工承包商负责。

（6）使用合格的、公正的施工监理机构以确保施工合同的严格执行。

这些要求实行起来并非易事，但是如果付诸实施，则可降低长期维护的投入，从而改善项目的可持续性。

6.6.2　防洪设施的维护

所有防洪工程措施需进行下列维护：

（1）清淤、疏浚下水道、河道，维持其天然或设计排水或泄水能力。

（2）定期检查防洪墙和堤防，发现隐患并及时修复。

（3）定期检查和测试排水泵站，确保足够的燃料储备，保证洪水期间正常运行。

据《雅加达环球报》（The Jakarta Globe）报道（2009 年 7 月 14 日），如果雅加达河渠系统定期清淤疏浚，则受 2007 年洪水直接影响的总人数将会从 260 万降低到 100 万。

维护工作应在非汛期低流量时定期进行。

6.6.3　垃圾管理和排水通道清理

本书的第 4 章已经说明了有效管理垃圾防止下水通道堵塞的重要性。简言之，垃圾管理可通过下述方法实现：

（1）在社区内广泛开展宣传教育活动，使垃圾处置不当所产生的负面影响家喻户晓。

（2）培训市政工人及其他职员不往排水沟里扔垃圾。

（3）搬迁可能妨碍下水通道清理的非正式定居点和其他违规建筑物。

（4）有效执行相关土地利用法规，制止上述行为发生。

（5）在非正式定居点提供有效的垃圾管理服务。

（6）监控排水通道的排水能力。

在巴基斯坦费萨拉巴德（Faisalabad）附近，有一个小型铸造车间将大量的泥沙排入排水通道内，造成排水通道严重淤积，排水量锐减。由于道路狭窄，机械设备无法进入，只能采用人工清淤。然而，由于没有采取阻止原有排沙方式的措施，清淤后，新的泥沙流入并淤积在排水通道中，形成恶性循环。

维护要求是工程措施设计的关键要素之一。排水干渠应满足以下要求：

（1）设计为复式断面。旱季流量较小，水行小断面，以保持一定的自净流速；雨季流量大时，水位超过小断面顶部，全宽过流。

（2）衬砌渠道以保持水流速度并防止渠道冲刷、河岸崩塌和杂草树木生长。

（3）至少在渠道一侧沿岸设置维修通道。

（4）使用当地材料以便快速且经济地维修。如照片 6.3 所示，拉荷尔（Lahore）的排水系统是用当地常用材料——砖修建的，在当地，砖很廉价，而且当地的工人很熟悉这种材料。

6.6.4　与政策相结合的规划、执行与统一管理

规划法规作为空间规划和降低脆弱性的工具，其重要性已在上文中提及。然而，违规开发中最普遍、最不易察觉的一种形式是逐步侵占，这将引起以下后果：

照片 6.3　巴基斯坦拉荷尔地区排水渠道的整修

来源：Peter Lingwood

（1）影响排水通道清理。

（2）覆盖或填埋排水通道，使其排水能力降低。

（3）影响防洪措施有效运行。

（4）尤其是洪水风险较高的低洼地区，所受影响更为严重。

6.6.4.1　政策和行动一体化

政策是合理配置洪水风险综合管理资源，提高最脆弱社区应对洪水风险能力的基本保障。这种保障通过明确洪水风险管理相关的政策和体制框架实现（非洲开发银行等，2004）。

将洪水风险管理纳入更广泛的城市发展规划至关重要，因为城市政府难以承受忽视风险，特别是与气候变化、盲目城市化和环境退化等有关的风险所导致的代价。菲律宾达古潘（Dagupan）市是社区抵御洪水和热带气旋灾害的成功范例（ADPC，2001）。在亚洲实施二级城市水文气象减灾计划（PROMISE）期间，达古潘市是将减轻灾害风险作为当地管理的主要工作的若干城市之一。许多中低收入国家缺乏减轻灾害风险的综合管理措施，与其发展计划中未涉及减轻主要灾害的内容有关（Wamsler，2006）。鉴于对贫困、脆弱性与自然灾害之间的联系的认识日趋清晰，降低与风险相关的脆弱性应作为脱贫计划的组成部分（ODI，2005；UNISDR，2008）。采用切实可行的方法保证洪水风险管理被纳入发展规划十分必要。主要的减轻洪水风险的目标如下所列（改编自 ADPC，2010）：

（1）减少因以前城市发展所积累的洪水风险。

（2）避免将来产生新的城市洪水风险。

（3）建立所有利益相关者有效应对任何类型突发事件的能力，包括市政府、私营部门、社会团体和社区。

促进洪水风险综合管理的措施包括（ADPC，2010）：

（1）就洪水风险综合管理立法，包括将洪水风险管理纳入发展规划，洪水风险综合管理措施得以实施的保障等。

（2）为洪水风险综合管理设计适当的体制安排。减轻灾害风险（DRR）的体制结构应强化所有利益相关者，包括各级政府、公众、民间社会、私营团体、学校以及相邻地区之间的横向及纵向合作。

（3）为市政府提供资金，支撑洪水风险管理机构及其活动。

（4）政府机构需培养自身技能、能力和掌握工具，辅助洪水风险日常管理活动。

（5）提高政府官员和公众的意识，使其更好地了解洪水风险管理、可持续发展和减少贫困之间的联系。

（6）激励其他利益相关者，包括当地社区参与洪水风险综合管理。

6.6.4.2　土地利用规划条例的监督和执行

在发展中国家，许多建设开发、经济增长通常发生在缺乏规划的城市和城市边缘地区：不遵循官方计划，游离于官方指导和规定之外。在某种程度上，这是因为大部分人不能负担满足官方规定标准的住房。

此外，城市治理和决策也不能适应城市化发展进程。地方政府往往没有足够的实力、能力和信誉应对城市增长和扩张问题（Satterthwaite 等，2007）。标准和规范经常处于执行不力，甚至完全不执行的状态。规章制度通常设置不切实际的最低标准，同时却缺乏足够的机制保证规章制度的执行。

即使土地利用规划中将洪水风险考虑在内，但规范和法规的实施与执行却难以保证。可能制约因素如下：

（1）缺乏政治意愿。

（2）缺乏职责明确的法律条款。

（3）土地所有者和开发商的政治影响。

（4）公众无视政府的政策法规。

（5）某一级政府无视由其他各级政府或机构制定的政策法规。

（6）腐败。

（7）经济因素。

（8）认为（或确实）缺乏切实可行的其他选择。

为了克服这些制约因素并促进土地利用管理，可能的奖励和惩罚措施也许包括：

（1）在某些区域提供土地开发补贴，在某些区域征收开发费。

（2）政府在安全区域提前修建公共设备和城市服务设施。以此鼓励工业区和居民地在该地区发展。

（3）通过土地级差定价鼓励某些区域使用（在土地开发或未开发的情况下），或对从这些地区到其他地区（就业地、商店和企业）的交通运输费给予补贴。

6.6.5　运行和维护资金的融资

许多市政当局没有足够的资金来满足现有的承诺，更不用说承担额外的责任。事实上，他们没有这样做的动机，他们可能将洪水管理寄希望于国家政府或外部机构的资助。

前文已对洪水风险管理措施的可能资金来源进行了讨论。然而，相关基础设施的运行和维护需要地方政府以税收的方式支撑。

在许多情况下，增加税收并非易事，而为缓解洪水问题筹资则更为困难。向依靠低理赔率盈利的商业保险征收费用也不适合发展中国家，因为其保险覆盖率低且需要国家立法。可以考虑征收地方附加物业费用，但以此手段筹集资金并不一定可行，原因如下：

（1）不现实的收费标准。

（2）回报率低。

（3）腐败。

（4）市政府无管理该系统的能力。

案例 6.9 说明了将减轻灾害风险和市政预算相结合的效果。

案例 6.9　菲律宾帕洛（Palo）市将减轻灾害风险纳入规划与预算中

地处莱特省（Leyte）的帕洛市共有 33 个镇，其中大约有 12 个镇每年遭受两次洪水袭击，淹没水深 0.3～3m 不等。由洪水导致的溺水死亡、诱发疾病、饮水污染等问题，严重影响了当地居民的生活条件和生计。为了减少洪水的影响，该市重新审查了当地的规划和开发措施与减轻洪水风险之间的适应性。

审查内容包括：洪水风险、薄弱环节及抗灾能力评估，以确认适宜的洪水风险管理措施，并将这些措施纳入各个镇政府的发展规划和预算之中，同时将各镇规划与市政府的整体规划整合。审查明确了以下不足：

• 镇级灾害协调委员会薄弱。

• 许多房屋的建筑材料不适用于洪水多发区。

• 饮用水源不足。

• 缺少水封式厕所。

• 河岸冲刷或处于不稳定状态。

• 水道和排水系统堵塞。

据此，该市选择了最佳防洪措施，确定了所需资金的来源，并将责任落实到相关行政机构。作为良好实践的实例，本案例证明了减轻灾害风险（DRR）可以与政府年度投资计划（AIP），包括为当地居民提供安全的饮用水、建设高质量的可用做灾害期间安置中心的学校等，成功地结合。

来源：DILG，GTZ. 和 DIPECHO，2008

6.7 防止失效：有效的监控体系与协议

洪水风险管理项目需要进行双重监测：第一，对系统的运行开展监测与评价；第二，也许更重要的是，对系统目的（即降低风险的能力）的合理性进行长期监控，因为实际洪水不可能按预想的模式考验风险管理系统。理想情况下，监控的责任由负责运行和维护减灾系统的机构来承担。然而，将监控体系的需求和设计体现在法律或规范中也许更有效。无论使用哪种方式，如果用公共资金建设或维护，系统必须具有透明性，责任必须落实。

为了确保洪水风险管理设施正常运行，并达到其设计标准，监控程序和系统是必不可少的。正如堤防系统年久失修可能导致该系统在未达到设计标准时失事（如 2005 年新奥尔良发生的事故），排水系统可能被阻塞（如莫桑比克于 2010 年发生的事故），其他措施和系统也可能丧失功能。原因可能是疏于维修、系统陈旧过时或者缺少经验丰富人员的监督评价。

尽管不同的洪水风险管理设施需要不同的监测方式及系统，但是就一些常见的威胁，可以确定统一标准和通用模式。首先要做的是，分析可能导致风险管理措施失效的原因，并建立可以有效防止这种情况发生的监控程序。

在确定一个防洪系统是否需要改进时，监控系统还应该考虑防洪体系对其他系统，如生态系统以及当地人民生计等的影响。本节的讨论侧重于对降低洪水风险措施的定期监测。

6.7.1 失效情况

诊断洪水风险管理措施在洪水事件中失效的原因，具有重要的指导意义。以科学且系统化的方法对以往的洪水灾害进行评估，有助于诊断失效原因。通常，灾害之后，总会有各种各样的失误，在没有客观地审查整个事件之前，当局不可避免地会遭到公众和媒体的指责。如果要汲取经验教训，则应探究真正的原因，而不是屈服于媒体和公众的压力，选择最"迎合时局"的对策。

6.7.1.1 超标准洪水导致的失效

此类灾难的发生并不是防洪措施造成的，但是公众和媒体可能会认为就是因为防洪措施不当才造成损失。例如，2011 年日本海啸发生时，海浪越过防浪堤。当时认为是防浪堤工程的失效，但事实上，防浪堤并没有失效，只是它的设计标准未达到日本海啸的等级。

6.7.1.2 因无法预料的结果造成的失效

通常，每个地区的洪水风险管理方案都独具特色，在一个地区尝试或测试过的方案并不一定适用于另一个地区，因为洪水的特性、地形地貌、政治和文化环境都是独一无二的。因此，根据每一个地区的特点设计适宜的洪水风险管理方案是必要的。此外，新的方法也在不断出现，而这些新方法被认为是更有效的。然而，新的解决方案可能导致意外的后果。例如，修建防洪大坝给环境带来的毁灭性的后果，这是始料不及的。

美国国家洪水保险计划（NFIP）始于 1968 年。该计划有双重目的：其一，补偿因洪水造成的个人经济损失；其二，引导开发建设避开洪泛区。最近的一项评估结果显示，尽管该计划成功达成了第一个目的，但是第二个目的却相去甚远。失效的原因之一是缺乏风险意识，但更大程度是由于"道德风险"：为高风险区提供保险恰恰助长了在洪泛区的开发建设。其次，资助在发生洪水的地方重建，而不是鼓励向洪水风险区以外迁移。由此导致目前仍有许多房屋处于高风险区之内。这个失效可以理解为对人类行为的误判，即身处洪水风险中的民众对防洪政策的反应与预期的恰恰相反。

6.7.1.3　工程措施年久失修引起的失效

如果工程结构未定期进行检查维护，其结构可能会损坏。当洪水发生时可能会造成结构破坏，引起工程失效。美国新奥尔良（New Orleans）堤防失效被归咎于结构老化。同样，孟加拉国（Bandladesh）的河堤，有时也因为同样的原因而失效。

6.7.1.4　维护不当造成的失效

这类失效包括未能及时疏浚河道及排水通道，未定期检查水闸系统等。例如，在莫桑比克（Mozambique），新修的排水渠道未能有效保护城市地区，原因是渠道被淤积物堵塞，紧急救援人员被迫在很深的洪水中清理排水通道。

6.7.1.5　违反规定造成的失效

为减少洪水损失所制定的一系列规范、章程等需要地方团体及民众的紧密配合，自觉遵守，方能生效。这些措施包括：洪泛区管理法规、建筑规范、紧急避难转移和应急预案等。由于个人和组织出于自身利益的考虑，不遵守相应法规和规定，防洪措施则无法实现减灾目标。例如，在委内瑞拉（Venezuela），1999 年洪水和泥石流造成大约 30000 人死亡，主要是因为其中许多人生活在高度不安全的贫民窟，同时，也没有严格遵循地下水管理法规。

6.7.2　工程措施

工程措施可能的失效原因可以用故障树图判定。图 6.5 所示故障树图取自德国湾沿海地区的一个例子，用于对工程失效类型及可能发生的概率进行评估，从而可以确定发生可能性最大的失效类型及相应原因。《洪水地址报告》也讨论了工程措施失效的原因（2007，2008）。

在该案例中，洪水漫溢和漫顶导致防洪工程失效的原因可能是发生了超标准洪水。定期更新洪水风险图可判断设计标准是否仍然适用。堤防溃决（而非漫溢）有可能由于超标准洪水，也有可能由于堤防年久失修而造成。结构的整体性可以通过现场检查或远程监测、内置传感器（如位移传感器、水压传感器或电磁测量系统等）、结构测试等手段分析诊断。在洪水发生后对防洪结构的完整性进行检查也是必需的。适当的监测检查和及时维修可以延长工程措施的使用寿命，减少失事的发生。

防洪设施的定期现场检查可以根据洪水类型与发生频率制定。当某地有周期性的洪水季节，可在洪水季节之前进行现场检查。如果有足够的准备时间，可以在洪水到来之前进

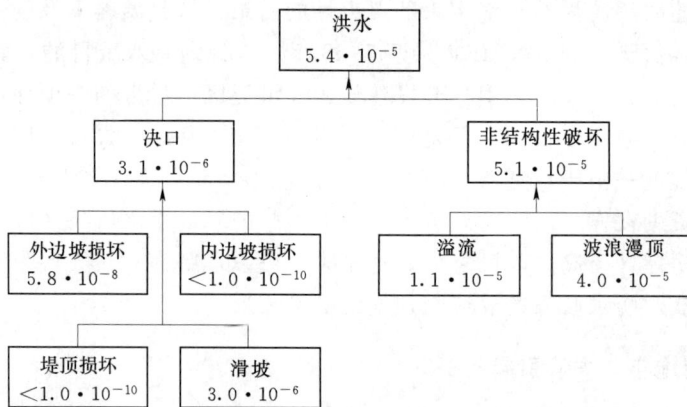

图 6.5　堤防失事概率树图

来源：改编自 FloodSite，2008

行检查以及采取必要的紧急维修措施。不论如何，定期检测可使维护工作稳妥有序地进行，并使失效风险最小化。

操作不当也可能造成某些防洪工程的失误。应定期对操作人员进行培训与测验。故障树图可以用来分析所有可能的失效方式，并确定需要检测的结构及其部位。

荷兰有一半国土位于海平面以下，由 15000 多处堤防保护。堤防一旦溃决，将产生灾难性的后果。因此，荷兰水资源委会不仅利用激光和卫星扫描监控堤防的稳定性、检查可能的危险，还配备了专业堤防巡查队进行人工检查。此外，荷兰还研制了一整套在困难条件下加固堤防的办法。

在 2003 年高温袭击期间，位于荷兰威尔尼斯（Wilnis）附近的一处堤防，由于泥炭堤身过于干燥而造成溃决。2010 年 7 月，荷兰在再次出现热浪天气时，当地政府加大了对 3500km 长的泥炭堤防的监控力度（RNW，2010）。大多数堤防巡查队成员从未见过堤防溃决，因为堤防巡查队员工流动率相对较高（平均 5 年），而溃坝缺是稀有事件。因此，有必要对巡逻人员进行培训，以便及时发现并迅速报告可能的隐患。前面（5.4.4 小节）讨论的"堤防巡查员"项目的目的即为提高巡查人员的专业技能。

6.7.3　排水系统

排水系统失效的主要原因包括：结构因年久失修出现渗漏，系统因垃圾、淤泥或碎石而堵塞，来水量超过设计流量。

定期检查排水系统可及时发现隐患。排水系统不易在地面观察，检查工作可以通过远程摄像头、遥感以及其他监控设备进行。

垃圾、淤泥、杂物有时会进入排水系统，堵塞部分排水通道，影响排水系统的正常功能，且有可能在某些区域溢出造成淹没并伴随环境污染。因而，定期清理排水系统十分必要。争取当地居民帮助，报告当局排水系统堵塞现象，费省效宏。可通过委任当地业余检查员或专职检查员负责排水系统重点部位的检查，及时发现问题。

应将排水系统规划作为城市规划中的组成部分进行设计和建设，以避免排水系统能力不满足排水需求的问题。然而，由于这种方式并非总是可行，因此，地方政府应对城市扩张以及排水系统进行跟踪检查，以确定排水需求并采取相应措施。

6.7.4 预报及早期预警系统

开展洪水预报和早期预警有助于及时采取应急行动并预防可能的损失，但这有赖于系统各组成部分正常发挥作用及相互协调配合，任一环节出现问题，将可能导致系统部分或完全失效。因此，有必要制定方案，对系统各个部分进行监控检查。采用跟踪监控技术，如遥感、遥测与卫星等，可减少现场实地定期检查工作量。这些跟踪系统的数据应定期提取，以及时发现可能的失效隐患。然而，预防性定期检查措施仍是必要的，因为在洪水发生时，即使是跟踪系统信息传送在很短的时间内中断，也会造成大量的财产及人员伤亡。

定期将预报结果与实测数据对照检查可及时发现软件及数值模型的误差，数值模型及模型参数应不断改进修正，以提高预报水平。应定期开展预报作业，确保预报系统正常运行。

对设备进行定期检测，可以确保通信硬件（如扩音器、警报器及标志等）之间的通信畅通。可通过定期演练或桌面推演测试通信协议（protocols）。因公众警觉性降低（特别是误预警率较高时）可能导致洪水来临时不采取行动，是预警系统面临的重要问题。可通过态度调查，评估处于风险下公众的准备状态或麻木程度。

6.7.5 应急

应急计划不起作用的原因可能包括：预警信息误发（如前文所述）、缺乏明确的责任制、缺乏合格的专业人员、信息更新不及时，以及事先对困难估计不足等。检验应急计划的完备性与有效性的可靠方法如第 2 章所述。缺乏训练有素的工作人员，以及员工流动性高等问题应给予高度重视。制定系统化的员工培训计划可改善这类问题。许多应急计划涉及个人、组织间的协同，因此，应建立人员联系方式及其他重要信息发生变化时及时更新公示的机制。

6.7.6 土地利用规划法规

下列原因可能导致土地利用规划和法规失效：非法开发、未经批准的建设、违反建筑规范、改变建筑物结构、擅自改变土地用途等。跟踪监测土地开发模式以及脆弱单元（如医院、学校、电力基础设施、政府控制中心）是洪水风险管理策略不可或缺的工作。这些跟踪信息也可用于评估土地利用规划法规是否切实可行。例如，在英格兰和威尔士，环境局定期通报不符合土地利用规划的建设项目，以检验其土地利用规划的有效性（Environment Agency，日期不详）。

与此类似，英格兰和威尔士还针对河道洪水和沿海洪水风险管理规划建立了统一国家标准，用于监测规划的进展，同时，这一标准也用于评估地方机构的工作成效。

6.7.7 环境监测

防洪体系可能会按照设计标准发挥防洪作用，减轻洪水风险，但是从长期来看，会对环境造成一定影响，这些影响包括正反两个方面。对此，应该设置监控系统，监测环境影响并及时采取补救措施，防止防洪体系对环境的长期损害。

6.8　评价

6.8.1　设计评价方案

自 20 世纪 90 年代以来，救灾计划和开发项目的评价方法与手段得到了长足发展。然而，灾害风险管理（包括洪水风险管理）计划（项目）的评价技术发展相对缓慢，而且现有的技术大多未经过测试与实践检验。图 6.6 列出了灾害风险管理计划评价的具体步骤。

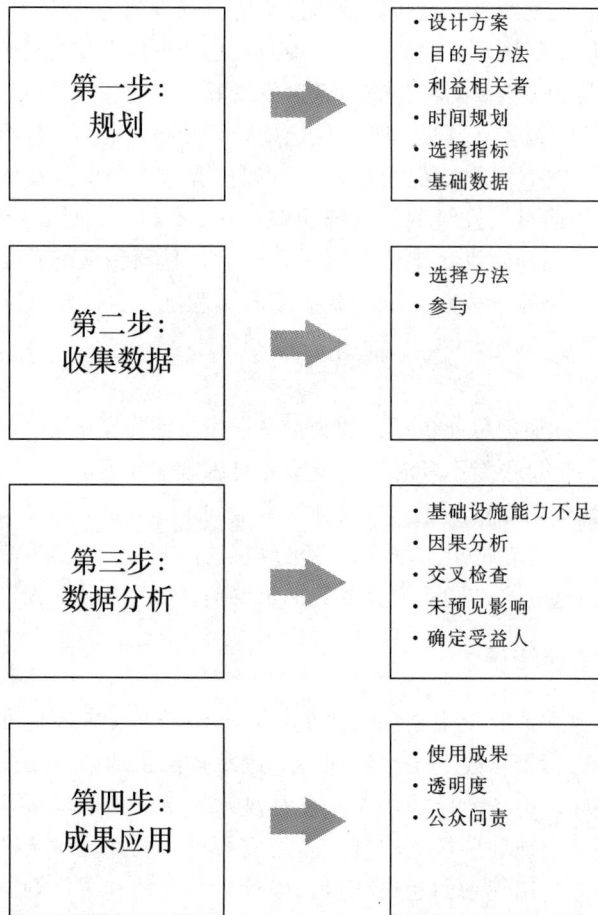

图 6.6　灾害管理评估步骤

来源：改编自 Twigg，2007

评价方法、目的、范围多种多样。因此，应在评价过程开始时，做好战略选择，但这通常是很困难的。确定评价原因以及受众十分重要，如图 6.7 所示，应列出所有的利益相关者，即使是对于最简单的洪水风险干预措施，也是如此。出于不同的目的，不同的利益相关者需要不同类型的信息。因此，包括洪水风险管理计划在内，需要为特定的灾害风险管理项目或者计划制定具体的评价目标与方法。

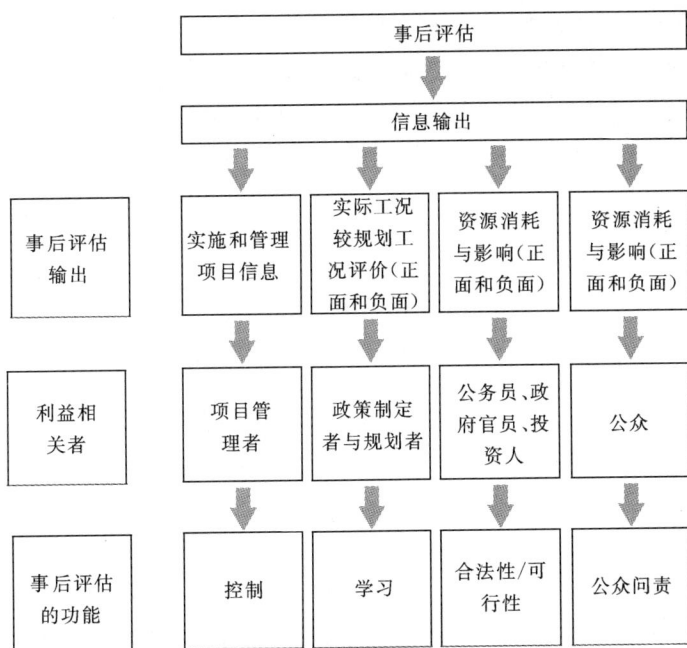

图 6.7　事后评估过程

来源：改编自 Olfert，2008

6.8.1.1　明确相关评价维度

项目的总体绩效表现为许多维度。只有选择适当的评价维度，评价结果才能将方案、措施或者工具的整体性能全面展现出来，以利于用户全面了解。评价维度，有时也称为评价指标，决定了评估成果报告的结构。例如：

（1）效果——体现目标实现的程度。

（2）效率——与成本相关。

（3）健全性或可持续性——长期的以及不同情况下的性能。

制定评价方案的第一步是确定评价目标，是单一的还是更广泛的综合评价。

通常，评价涉及项目或计划的所有方面，以把握项目不同方面之间的相互作用与相互关系。但是，专门针对减轻风险方案的特定阶段（环节）进行评价也是有益的，如专栏6.6所述。

专栏 6.6　洪 水 预 报 评 价

在开发先进的洪水预报系统时，信息的可获取性、预报的可靠性及公众的信任是需要考虑的关键因素。

将预报有效性的证据公开，则会提高公众响应的意愿。充分评价预报预警的有效性，是维持公众对预报预警信心的关键。由于低估了这一环节在洪水风险管理中的重要性，使得相关评价被忽视。

来源：WMO/GWP，2005

有些评价可能包括若干项目，而每个项目又包括若干个设施。在这种情况下，明确各项目不同的运行条件是非常重要的，据此可正确解释评价结果。

有时，更广泛的评价可能包括灾害风险管理的机制、体制或组织，如 Benson 和 Twigg（2001）的讨论。此外，评价还可能涉及风险管理政策以及国家战略等，如联合国开发计划署和联合国国际减灾战略的报告所述（UNDP 和 UNISDR，2006）。

6.8.1.2　方法

评价并非总是正式的，由外部主导的行动，如在项目完成后由资助方要求的那些评价。评价可以采用其他多种形式，包括实时评价、事后审查、战略评审，以及项目工作人员与合作伙伴参与的内部自评价。

当评价过程是由项目的所有利益相关者主导时，评价的结果更容易被广大民众所接受。经验教训可以直接反馈入正在实施的措施中，在必要的情况下，甚至重新设计减灾措施。应基于下列因素选择评价团队：综合平衡内部和外部评价人员的比例，对专业知识和当地情况的了解，评价的经验，减轻洪水风险的相关经验，团队内部的性别平衡。社区代表的参与是非常有益的。每种方法的选择应根据其是否有助于了解项目的影响而定。

良好的监测是评价系统的重要组成部分。监测系统有助于项目经理总结正在进行项目的经验教训，以及为后续评价提供数据。传统上，监测一直被认为与评价有明显的区别，但是其作为经验学习以及问责制的一个环节，正日益地被人们广泛接受。

6.8.1.3　时间与时机

评价主要包括规划、设计、调度和执行 4 个阶段，对每一阶段都应保证足够的时间。如果时间得不到保证，评价的质量则可能受到影响。在工程周期的任何一个环节（如项目中期或者项目结束后）都可以进行项目评价。但是，该工程必须已经进行到可以评价绩效，至少是初步绩效的程度。项目完成后的回顾性评价可以对项目影响有更全面的了解。理想情况下，应该在项目进行中直至项目完成后开展一系列的评价，以便进行纵向分析，然而，事实上这种理想情况很少发生。

6.8.2　影响的衡量与分析

影响评价大致有 3 种方法：

（1）科学方法。该方法对影响做出定量评价。

（2）演绎或归纳法。该方法利用人类学与社会经济方法评价影响。

（3）参与性方法。该方法主要通过收集利益相关者的意见进行影响评价。

目前，参与性方法被普遍视为理解影响的关键环节，但是时至今日，在风险管理中仍未得到广泛应用。可根据选择的方法或方法组合，采用不同手段收集数据（Wilkinson 和 Twigg，2009）。具体手段如下：

（1）文本证据（如实测数据）。

（2）正规的统计调查（如受洪水影响的地区、民众）。

（3）结构化的或半结构化的访谈。

（4）小组讨论。

（5）快速评价（参与性或者其他方式）。

（6）直接观察。

（7）案例研究。

（8）模拟。

应收集下列信息和数据：

（1）基准状态——干预前的状态。

（2）目标状态——干预后的状态。

（3）观察状态——实际观察到的状态。

指标主要分为两种类型（虽然术语有时有所不同）：①与方案实施相关的指标（输入、过程与输出指标）；②与方案结果相关的指标（结果和影响指标）。

影响通常难以衡量和定性，而复杂多变的城市洪水进一步增加了难度。然而，影响虽然难以衡量，但并不是绝对不可能。对影响指标进行详细规定还需要长期的实践应用与探索。

过程指标及输出指标，虽然比较容易定义与衡量，但是这些指标并不能表明措施的影响。例如，经过培训的员工数量，或者水位测量的规律性，并不会减轻洪水风险。在某些情况下，输出指标可以当做影响指标，但前提是衡量措施与相关影响之间存在强相关关系。

指标选择是项目评价过程中最敏感的环节。通常，在设计阶段（如在项目日志中）便已确定了评价指标，以确保明确地界定结果或影响。基于网络的工具，可协助这一进程。然而，适当指标的选择取决于评价目的的清晰度、设计人员与评价人员的经验以及对措施、项目、计划和投资组合问题的深入了解。

6.8.3　效益成本比

效益成本比是衡量经济效益的常用指标，它可以评价某项目或方案的整体经济价值。计算方法是用效益除以成本，效益与成本均以现值表示。它也是项目规划过程中进行成本—效益评价的一部分（详见第 5 章）。该经济指标衡量项目产生的效益或者影响的经济程度。

效益成本比的一个显著缺点在于，即使可能将无法用货币衡量的影响转化为相应的货币价值，但通常情况下，这些影响是不予统计的。

6.8.4　性别和文化方面：利益分配

将利益在城市、集镇以及社区之间均匀分配是不可能的。确定洪水风险管理措施的受益群体是至关重要的。这项工作可通过评价受益区的社会—经济特性来完成（将地域按照性别与的脆弱性区化，如种族、年龄、性别以及弱势群体），将性别和脆弱性因素与风险管理规划和设计相结合的指导性文献很多，尽管其中专门针对风险管理评价考虑性别的指导文献不多，但仍有一些（Benson 和 Twigg，2001）。其他与性别相关的参考文献在本节结束部分列出。

背景分析对于评价减灾措施的实用性和适宜性尤其重要。评价者应考量措施的规划、设计和实施需在多大程度上考虑当地文化背景。通过参与式方法，在清晰界定不同群体（女人、男人、女孩和男孩，或各种社会团体）不同风险特征和需求的基础上所设计的措施，才有望得到期望的结果（效益和影响）。此外，还应考虑文化适宜性：例如，孟加拉国 1998 年洪水发生后，一项评价发现，如果在避难所内设置私人空间（包括为女人和女孩们设置专用厕所），则更符合当地的文化习俗（ALNAP，2006）。

6.8.5 评价的反馈

评价的重要价值体现在汲取以前的经验教训，并尽可能完善将来的工作。因此，评价成果的展现与传播形式十分重要，这取决于评价的服务对象：评价成果可以以官方报告的形式递交给相关政府，如果有公共问责制，则应向公众展示。互联网和公共文件等是常用方式。

6.8.6 洪水风险管理措施评价经验

开展洪水风险管理措施评价和共享评价成果的目的是使全行业和全社会受益。然而，近期调查显示，与救灾行动评价或发展项目评价相比，洪水风险管理措施或项目的评价缺乏一致性与全面性。

对美国 44 个州的减灾计划研究发现，只有 23％的计划开展了绩效评价（Godschalk等，1999）。类似地，某个研究调查了英国 22 个国际救援非政府组织，分析了 75 个不同类型的防灾减灾项目，发现仅有 12 个项目进行了项目影响评价（Twigg，2004）。在洪水风险管理人员中普遍存在这样的共识：为更好地了解洪水风险管理投资和措施的效用与影响，并据此完善洪水风险管理，切实改进并开展评价势在必行。

6.8.7 延伸阅读

6.8.7.1 评估中的性别问题

Gander，C. et al. 2003. "Gender equality results and indicators for disaster‐related programmes‐, Evaluation of PAHO's Disaster Preparedness Programme in Latin America and the Caribbean." DFID, unpublished evaluation report，reproduced in Benson and Twigg (2001)，Annex 8. 2.

Levy，C. 1996. "The Process of Institutionalising Gender in Policy and Planning：The 'Web' of Institutionalisation." Working Paper No. 74，Development Planning Unit，UCL，London. http：//www. ucl. ac. uk/DPU/publications/working papers pdf/wp74. pdf.

ILO (International Labor Organisation). 2004. "The Manual of Implementation of Guidelines on Gender Mainstreaming in National Development Planning." Annex of Circular of Minister of Women Empowerment，no. B‐89/Men. PP/Dep. II/IX/2002，International Labor Organization，Geneva. http：//www. ilo. org/public/english/employment/gems/eeo/download/manual. pdf.

6.8.7.2 救灾计划评价规范

ALNAP (Active Learning Network for Accountability and Performance in Humanitarian Action). n. d. Homepage. http：//www. alnap. org. Beck，T. 2006. "Evaluating Humanitarian Action using the OECD‐DAC Criteria." ALNAP. http：// www. alnap. org/publications/eha _ dac/index. htm.

ODI Humanitarian Policy Group. n. d. "Approaches to Measuring the Impact of Humanitarian Assistance. Research Framework. "http://www. odi. org. uk/hpg/apers/Impact - research framework. pdf.

OECD - DAC (Organisation for Economic Co - operation and Development, Development Assistance Committee). 1991. Principles for Evaluation of Development Assistance. Paris: Organisation for Economic Co - operation and Development, Development Assistance Committee. http://www. oecd. org/dataoecd/secure/9/11/31779367. pdf.

Proudlock, K., Ramalingam, B., and Sandison, P. 2009. "Improving humanitarian impact assessment: Bridging theory and practice. " In 8th Review of Humanitarian Action: Performance, Impact and Innovation, ALNAP/ODI, London.

6.8.7.3　其他相关资料

Feinstein International Center. 2008. "Participatory Impact Assessment: a Guide for Practitioners. " https://wikis. uit. tufts. edu/confluence/download/attachments/10979253 /Part _ Impact _ 10 _ 21 _ 08. pdf? version=1.

Godschalk, D. R., Beatley, T., Berke P., Brower, D. J. and Kaiser, E. J. 1999. Natural Hazard Mitigation: Recasting disaster policy and planning. Washington, DC: Island Press.

Freeman, P. K., Martin, L. A., Linnerooth - Bayer, J., Mechler, R., Pfl ug, G. and Warner, K. 2003. Disaster Risk Management: National Systems for the Comprehensive Management of Disaster Risk and Financial Strategies for Natural Disaster Reconstruction. Washington: Inter - American Development Bank (IADB). http://idbdocs. iadb. org/wsdocs/getdocument. aspx? docnum=560964.

ISDR/ World Bank (2006) Global Facility for Disaster Reduction and Recovery: APartnership for Mainstreaming Disaster Mitigation in Poverty Reduction Strategies.

Geneva: ISDR and New York: World Bank. http:// www. unisdr. org/eng/partnernetw/wb - isdr/wb - isdr - GFDRR. pdf.

La Trobe, S. and Davis, I. 2005. Mainstreaming Disaster Risk Reduction: A Tool for Development Organisations. Teddington: Tearfund. http://www. tearfund. org/webdocs/Website/Campaigning/Policy and research/Mainstreaming disaster risk reduction. pdf.

Venton, P. and. La Trobe, S. 2007. Institutional donor progress with mainstreaming disaster risk reduction, UK: Tearfund. http://www. tearfund. org/webdocs/website/Campaigning/Policy and research/DRR donor progress 2007. pdf.

Wamsler, C. 2006. "Mainstreaming risk reduction in urban planning and housing: a challenge for international aid organisations. " Disasters 13 (2): 151 - 77.

WFP (World Food Programme). n. d. "Monitoring and Evaluation Guidelines. " http://www. wfp. org/operations/evaluation/guidelines. asp? section=5 & sub _ section=8.

IEG (Independent Evaluation Group). 2006. Hazards of Nature Risks to Development, An IEG Evaluation of World Bank Assistance for Natural Disasters. Washington, DC: World Bank.

6.9　参考文献

Abarquez, I. and Murshed, Z. 2004. Community - Based Disaster Risk Management: field practitioners'handbook. Bangkok: ADPC.

ActionAid. 2002. Emergencies impact review. London: ActionAid International.

ADPC (Asian Disaster Preparedness Center). 2010. Mainstreaming Disaster Risk Reduction. Urban

Governance and Community Resilience Guides. Bangkok：ADPC.

AfDB（African Development Bank）；African Union（AU）；New Partnership for Africa's Development Planning and Coordinating Agency（NEPAD）；United Nations International Strategy for Disaster Reduction Secretariat - Africa（UNISDR - AF）. 2004. Guidelines for mainstreaming disaster risk assessment in development. Geneva：United Nations.

Alam，Khurshid. 2008. "Flood disasters：Learning from previous relief and recovery operations." ALNAP Lessons Paper. ALNAP and Provention Consortium. http：// www. alnap. org/pool/files/ ALNAP - ProVention _ flood _ lessons. pdf.

ADB（Asian Development Bank）. 2000. Finance for the Poor：Microfinance Development Strategy. ADB.

Bouwer，L. M. and Aerts，J. C. J. H. 2006. "Financing climate change adaptation." Disasters，30：49 - 63.

Christoplos，I. 2008. "Incentives and Constraints to Climate Change Adaption and Disaster Risk Reduction - a Local Perspective." Commission on Climate Change and Development. http：//www. ccdcommission. org.

Corfee - Morlot，Jan，Lamia Kamal - Chaoui，Michael G. Donovan，Ian Cochran，Alexis Robert and Pierre - Jonathan Teasdale（2009），"Cities，Climate Change and Multilevel Governance." OECD Environmental Working Papers N° 14. OECD.

Creighton，J. L. 2005. The Public Participation Handbook：Making Better Decisions Through Citizen Involvement. San Francisco，CA：Jossey - Bass (a Wiley Imprint).

Dale N.，Nyirongo J.，Anderson C.，Baker L.，Dilloway S.，Faleiro F.，van den Ende P.，Bercilla J.，and Beesley J. 2009. Local voices，Global choices：For successful disaster risk reduction. Christian Aid，Oxfam，Practical Action，Save the Children and Tearfund.

Devas，N.，and Batley，R. 2004. "Urban governance and poverty：lessons from a study of ten cities." Paper presented at ADB Regional Seminar and Learning Event, "Local Governance and Pro - Poor Service Delivery," Manila，February 10 - 12.

DILG.，GTZ. & DIPECHO（Disaster Preparedness European CommissionHumanitarian Aid Department）. 2008. "Mainstreaming Disaster risk reduction in local governance." Proceedings of the National Conference on Mainstreaming Disaster Risk Reduction In Local Governance，March 4 - 6，Makati City，Philippines.

Emergency Management Australia. 2000. The Good Practice Guide. Canberra：EMA.

Environment Agency. n. d. http：//www. environmentagency. net/cy/ymchwil/ cynllunio/33704. aspx.

Flood & Water Management Act 2010 (c29). London：HMSO.

Flood Plan UK "Dry Run：A Community Flood Planning Guide." Flood Plan Uk. FLOODsite. 2007. "Failure Mechanisms for Flood Defence Structures - report no T04 - 06 - 01." Floodsite. http：//hikm. ihe. nl/floodsite/data/Task4/pdf/failmechs. pdf.

FLOODsite. 2008. "Reliability Analysis of Flood Defence Systems - factsheet no T07 - 08 - 03." Floodsite. http：//www. floodsite. net/html/partner _ area/project _ docs/ Fact _ Sheet _ Task _ 7 _ v2 _ 0. pdf.

Government of India. n. d. "Public private partnerships in India（2010 - 11），Case studies Alandur Sewerage Project（online）." Ministry of Finance，Government of India. http：//toolkit. pppinindia. com/highways/module3 - rocs - asp8. php? links=asp8.

Hellmuth，M. E.，Moorhead，A. and Williams，J. 2007. Climate risk management in Africa：

Learning from practice. The International Research Institute for Climate and Society (IRI).

Iglesias, G. 2007 Cooperation between Local Authority and Communities: Reducing Flood Disaster Risk in Dagupan City, Philippines. Safer Cities, No. 16, Bangkok: ADPC.

IFRC (International Federation of Red Cross and Red Crescent Societies). 2010. World disasters report: focus on urban risk. IFRC.

International Water Association (IWA) Water Wiki. n. d. "Alandur Sewerage Project." (created June 01, 2011) http://www. iwawaterwiki. org/xwiki/bin/view/Articles/ Alandur+Sewerage+Project +-+India? language=en.

ISDR (International Strategy for Disaster Reduction). 2004. Living with risk: A global review of disaster reduction initiatives. Geneva: United Nations Publications.

Jabeen, H, Johnson, C. , and Allen, A. 2010. "Built - in resilience: learning from grassroots coping strategies to climate variability." Environment and Urbanization 22 (2): 415 - 432.

Jackson, D. 2011 Effective Financial Mechanisms at the national and local level for Disaster Risk Reduction. United Nations Capital Development Fund.

Jha, A. , Lamond, J. , Bloch, R. , Bhattacharya, N. , Lopez, A. , Papachristodoulou, N. , Bird, A. , Proverbs, D. , Davies, J. and Barker R. 2011. "Five Feet High and Rising: Cities and Flooding in the 21st Century." Policy Research Working Paper 5648, World Bank, Washington DC. http://econ. worldbank. org/docsearch.

Kafle, S. Kanta and Murshed, Z. 2006. Participant's Workbook: Community - based Disaster Risk Management for Local Authorities. Bangkok: ADPC.

Kiser, L. and Ostrom, E. 1982. "The Three Worlds of Action, a Metatheoretical Synthesis of Institutional Approaches." In Strategies of Political Inquiry. ed. Ostrom, E. Elinor. Beverly Hills: Sage.

Lamond, J. and Proverbs, D. 2009. "Resilience to flooding: learning the lessons from an international comparison of the barriers to implementation." Urban Design and Planning 162: 63 - 70.

Lamond, J. , Proverbs, D. and Hammond, F. 2009. Accessibility of flood risk insurance in the UK - confusion, competition and complacency. Journal of Risk Research 12: 825 - 840.

Lovelock, D. 1994. "Eight Propositions and a Proposal." Paper presented at ABSEL/SAGSET Conference, Warwick, UK.

Mathur, P. M. 2002. Alandur Sewerage Project: A success story of Public - private partnership arrangements. Published in the India Infrastructure Report 2002, Governance Issues for Commercialization. New Delhi: 3iNetwork, Oxford University Press.

MRC and ADPC. 2008. Sustaining the Flood Preparedness and Emergency Management System in Cambodia: Creating the momentum for mainstreaming. Flood Emergency Management Strengthening - Component 4 Of The MRC Flood Management And Mitigation Program (FMMP). Safer Communities Case Study 4. MRC and ADPC.

Mukerhjee, N. and van Wijk, C, ed. 2003. Sustainability Planning and Monitoring in community water supply and sanitation - a guide on the Methodology for Participatory Assessment (MPA) for community - driven development programs. Washington, DC: The World Bank.

North, D. 1991. Institutions, Institutional Change and Economic Performance. Cambridge: Cambridge University Press.

NIUA. 2001. The Alandur Underground Sewerage Project, Experiences with the implementing a private sector participatory project (draft report). New Delhi: Alandur Municipality, Tamil Nadu.

NRC (National Research Council). 2011. Building Community Disaster Resilience through Private - Public Collaboration. Committee on Private - Public Sector Collaboration to Enhance Community Disaster

Resilience. Geographical Science Committee, National Research Council. Available online: http://www. nap. edu/ catalog/13028. html.

ODI. 2005. "Aftershocks: Natural Disaster Risk And Economic Development Policy. " Overseas Development Institute Briefing Paper, ODI.

O'Donnell, I. 2009. A Contribution to the 2009 ISDR Global Assessment Report on Disaster Risk Reduction. Practice Review on Innovations in Finance for Disaster Risk Management. ProVention Consortium.

Olfert A. 2008. "Guideline for Ex – Post Evaluation of Measures and Instruments in Flood Risk Management. " Sixth Framework Programme, Wallingford. http:// www. floodsite. net/html/publications2. asp+Olfert+A. +2008. + "Guideline+for+ Ex - Post+Evaluation&cd=1&hl=en&ct=clnk&gl=uk.

Parkinson, J. and Tayler, K. 2003. "Decentralized wastewater management in peri – urban areas in low – income countries. " Environment and Urbanization 15 (1): 75 – 90.

Pielke, R. A. 2006. "White paper prepared for the workshop. " Paper presented at "Climate change and disaster losses workshop, understanding and attributing trends and projections. " Hohenkammer. 25 – 26 May.

Pitt, M. 2008. The Pitt Review: Learning lessons from the 2007 floods. London: Cabinet Office.

RNW. n. d. http://www. rnw. nl/english/article dutch – heat – wave – raises – dyke – safety – concerns.

Satterthwaite, D. 2001. "Environmental governance: a comparative analysis of nine city case studies. " Journal of International Development 13: 1009 – 1014.

Satterthwaite, D. Huq, S. Pelling, M. Reid, H. and Lankao P. R. 2007. "Adapting to climate change in urban areas: the possibilities and constraints in low and middle income nations. " Human Settlements Working Paper Series, Climate Change and Cities No. 1. London: IIED.

Sphere Project. 2004. "Humanitarian charter & minimum standards in disaster response. " Geneva: The Sphere Project. http://www. sphereproject. org/content/ view/27/84.

Tanner, T. Mitchell, T. Polack, E. and Guenther, B. 2008. "Urban Governance for Adaptation: Assessing Climate Change in Ten Asian Cities". Report to Rockefeller Foundation. Brighton: IDS.

Tearfund. n. d. "Disaster Risk Reduction: Multi – Stakeholder Flood Mitigation in Malawi. A Case Study. " http://tilz. tearfund. org/webdocs/Tilz/Topics/DRR/ Benefits%20of%20Multi – stakeholder%20Flood%20Mitigation%20in%20Malawi. pdf (accessed September 1, 2011).

Tucci, M. 2007. Urban Flood Management. WMO, Cap – Net, APFM.

Twigg, J. 2007. "Evaluating Disaster Risk Reduction Initiatives. " Guidance Note 13, Tools for Mainstreaming Disaster Risk Reduction, ProVention, Geneva.

UNDP. 2010. Disaster Risk Reduction, Governance & Mainstreaming. Bureau for Crisis Prevention and Recovery.

UNISDR. 2008. "Linking Disaster Risk Reduction and Poverty Reduction: Good Practices and Lessons Learned. " A Publication of the Global Network of NGOs for Disaster Risk Reduction. Geneva: UNISDR.

UNESCO. 2007. Petunjuk Praktis: Partisipasi Masyarakat dalam Penanggulangan Banjir. Jakarta: UNESCO.

UNESCO. 2004. Flood Mitigation. A Community – based Project. Maximizing Knowledge to Minimize Impacts. Jakarta: UNESCO.

UN – HABITAT (United Nations Human Settlements Program). 2003. The Challenge of Slums:

Global Report on Human Settlements 2003. London：Earthscan.

ALNAP. 2006. Evaluating Humanitarian Action using the OECD－DAC criteria：An ALNAP Guide for Humanitarian Agencies. London：ODI.

Benson，C. and Twigg，J. 2004. Measuring Mitigation. Methodologies for assessing natural hazard risks and the net benefits of mitigation－a scoping study. Geneva：International Federation of Red Cross and Red Crescent Societies/ProVention Consortium.

FLOODsite. n. d. "Selection of Indicators－FLOODsite report T12－07－03." http：// www. floodsite. net/html/work_programme_research. asp? taskID＝12♯6.

Godschalk，D. R. et al. 1999. In Wilkinson，E. and Twigg，J. 2009. "Monitoring and Evaluation Sourcebook." Provention. http：//www. proventionconsortium. org/? pageid＝61.

Twigg，J. 2004. Disaster Risk Reduction：Mitigation and preparedness in development and emergency programming. London：ODI.

UNDP and UNISDR (United Nations Development Programme and United Nations International Strategy for Disaster Reduction). 2006. Integrating Disaster Risk Reduction into CCA and UNDAF：Guidelines for Integrating Disaster Risk Reduction into CCA/UNDAF. Geneva：United Nations Development Programme and United Nations International Strategy for Disaster Reduction. http：//www. unisdr. org/ eng/ risk－reduction/sustainable－development/cca undaf/cca－undaf. htm♯2－3.

Wilkinson，E. and Twigg，J. 2009. "Monitoring and Evaluation Sourcebook." Provention. http：//www. proventionconsortium. org/? pageid＝61.

WMO/GWP. 2005. "Overview Situation Paper on Flood Management Practices." Associated Programme on Flood Management，Technical Support Unit，WMO/GWP.

第 7 章　结语：倡导城市洪水风险综合管理

在泰国曼谷，人们乘船在洪水淹没的街道
中穿行（2011）。
来源：盖顿·蒙戴尔（Gideon Mendel）

7.1　引言

本章小结

　　本章概括了确保以综合的方式应对洪水的主要注意事项。涉及的问题包括：如何启动洪水风险综合管理以及如何评估构建灾害风险综合管理框架的进展。评价和评定是改进洪水风险管理措施（工程与非工程措施）设计和实施的重要环节。

　　本章主要信息如下：

- 由于洪水每年对数百万人口造成巨大影响，有必要尽快实施洪水风险管理措施。
- 洪水的影响正在加剧，将来的影响可能更加深远。采取的计划必须能够平衡短期和长期目标，并应综合运用工程与非工程措施。
- 洪水风险管理措施的长期成功实施需要有明确的领导、强大的宣传以及正确的体制和法律保障。
- 即使某段时间内没有发生洪水事件，洪水风险管理监控和评判应常抓不懈。

　　本书的前6章从认识灾害与风险，到辨识、选择和实施适宜的措施，介绍了洪水风险综合管理过程。然而，必须认识到，无论采取什么措施，只能减轻风险，不能完全消除风险；此外，考虑到实际情况与资源的制约，有些减灾作用最大的措施，在短期内有可能无法实施。城市洪水风险管理是一个循序渐进的、通过一系列步骤实现长远目标的过程。

　　本章7.2节重申了城市洪水风险综合管理的12条准则。7.3节重点介绍了洪水风险综合管理的5个步骤。7.4节在12条基本准则的基础上设定了最低标准。设计这些标准主要是为了测试工程与非工程措施是否充分结合，从长远看来，这关系到多个利益相关部门与群体在更广泛的城市管理中的利益，并为未来洪水风险管理目标的设置提供依据。7.5节列举了4个关于城市洪水风险管理的详细案例，说明洪水风险管理在不同城市与城镇中的综合应用。7.6节以结束语的形式为本书收尾。

7.2　洪水风险综合管理的 12 条准则

　　1. 洪水风险因时因地而异：洪水风险管理没有一成不变的蓝图

　　认识洪水类型、来源及发生概率，了解受洪水威胁的人口资产及其脆弱性，是确定适宜的城市洪水风险管理措施的先决条件。措施应顺应环境，因地制宜。例如，在错误的地方修建堤坝有可能隔断排水通道，加重内涝，也有可能将洪水导向下游，转移风险；早期预警系统对降低突发性洪水风险作用有限。

　　2. 洪水管理需应对未来可能的变化和不确定性

　　在目前与未来，城市化都将对洪水管理造成显著的影响。但是，完全预测未来是不可能的。此外，在当前和将来相当长的时期内，即使最好的洪水模型和气候预测模型所得到的结果仍会存在很大程度的不确定性。这不仅因为未来的气候将受到人类活动的影响，而人类活动是不可预知的，还因为气候变化的进程与以前截然不同。鉴于此，洪水风险管理者应当策划采用既可妥善处理不确定性，又能应对不同气候变化条件的洪水管理措施。

3．洪水风险管理应纳入城市规划及管理之中

由于洪水风险综合管理涉及土地利用、避难场所、基础设施和公共服务内容，因此，需将其纳入城市规划管理的过程中统筹考虑。城市快速扩张也要求针对新的开发建设开展洪水风险综合管理。此外，洪水管理设施的合理调度运行及日常维护也属城市管理的范畴。可见城市洪水风险管理是城市管理的重要组成部分。

4．合理组合、综合应用工程与非工程措施

工程和非工程措施并非互不相干，恰恰相反，它们是相辅相成的。每一种措施都能够在一定程度上减少洪水风险，最有效的策略是两类措施的优化组合，优势互补。在制定洪水风险管理策略过程中，需深入分析、切实把握具体措施减轻洪水风险程度和效果，已确定可实现目前及未来预期目的的策略。

5．防洪工程可能将风险转移到上游或下游

如果应用得当，设计良好的防洪工程效果显著。然而，工程措施在减少某一区域的洪水风险的同时，可能会增加其他区域的洪水风险。城市洪水管理者应在流域层面上综合权衡这些措施是否有利于全局。

6．洪水风险不可能完全被消除

工程措施是按照一定的标准设计建造的，因此，只能防御特定量级的洪水，存在着失效的可能性，而非工程措施通常设计为尽可能减轻而非彻底消除洪水风险。在制定任何计划时均应当对剩余风险有充分的认识和准备。因此，工程措施在设计时就应当考虑其可能存在的失效或失事的危险，并制定针对性预案，以防万一，保证即使其失效或失事，所造成的危害不超过未修建该设施时可能出现的危害。

7．许多洪水风险管理措施兼有其他效益

将洪水管理、城市规划管理以及应对气候变化等统筹考虑可提高管理效益。例如，城市绿化带在消化蓄滞雨洪的同时，还能够美化市容，增加生物多样性，缓解城市热岛效应，用做消防隔离带和避难安置区。加强垃圾管理既能改善卫生条件，同时又可维持排水系统的排水能力，减少洪水风险。

8．洪水管理费用评估应考虑社会及生态成本

虽然成本和效益可以从单纯的经济学角度来定义，但决策者在做决定时一般很少单纯地依靠经济学。一些决定所引起的，诸如使团体凝聚力减少或者生物多样性损失等社会和生态后果，不能用简单的经济指标定量衡量。因此，城市管理者、规划者、存在风险的社区团体以及洪水管理人员们通常要对此类广泛的问题做出定性判断。

9．应明确实施洪水风险管理计划各部门的职责

洪水风险综合管理通常涉及各级政府的相关部门，如国家级、省级、市县级、社区级等。各级部门均有各自的管理及决策程序。明确洪水问题涉及的相关机构和个人的职责，

能够使他们采取积极的行动以减少可能面对的洪水风险。

10. 实施洪水风险管理措施需各利益相关者密切配合

身处风险的人们达成共识，遵循共同规则并全程参与是洪水风险管理措施成功实施的关键因素之一。共识和规则增加了人们相互之间的信任，让人们变得更加包容，可减少不必要的冲突和分歧。当然，达成共识和形成规则需要强大且果断的领导力，以及国家和当地政府的相关支持和承诺。

11. 加强宣传教育对于提高公众风险意识，增强备灾能力必不可少

一般而言，每次大灾难的记忆"半衰期"都不超过两代人，而一些其他的惊吓和恐慌延续的时间则更短暂。通常，在3年的时间内，一些不太重要的事件往往就能够被彻底遗忘。因此，有必要进行持续的宣传，提醒公众时刻警惕洪水威胁，提高风险意识，常备不懈，随时应对可能发生的洪水灾害。

12. 制定灾后迅速恢复计划并在恢复过程中提高城市的抗灾能力

即使采用最好的洪水风险管理措施，洪水灾害仍会发生，社区仍可能遭受严重损失。因此，预先制定灾后快速恢复重建计划，包括对可用的人力和物力资源进行规划至关重要。最有成效的灾后恢复计划是以灾后重建为契机，建设更加安全和具有更强抗灾能力的城市和社区，从而更为有效地应对未来可能出现的洪水。

7.3 洪水风险综合管理的流程

图7.1展示了城市洪水风险综合管理的流程，不仅涵盖了认识洪水和确定适宜的应对方案，还包括规划、实施和评价等战略和措施。

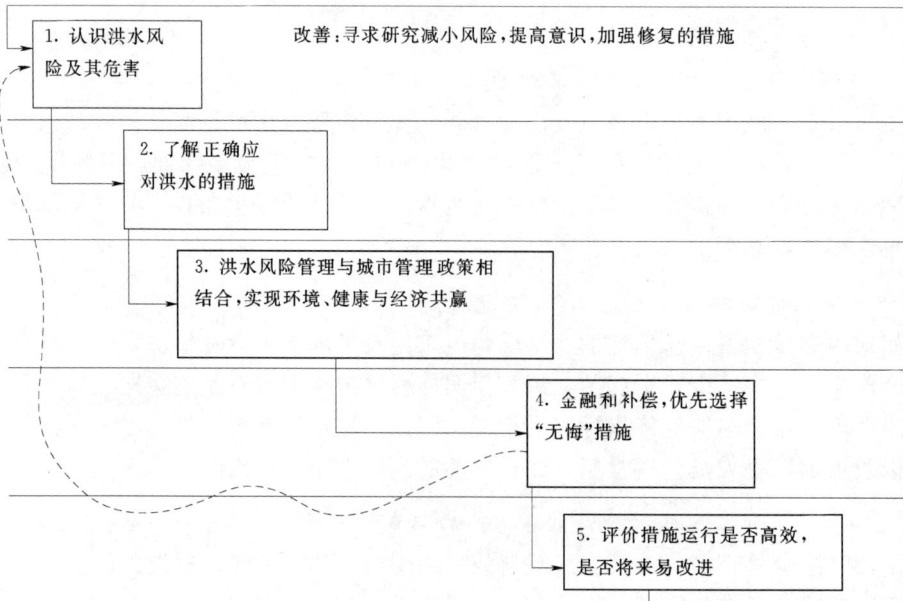

图7.1 洪水风险综合管理程序

表 7.1

准　则	案例研究	理解重点	进展评定过程			
			识　别	计　划	实　施	评　估
洪水风险因时因地而异：洪水风险管理没有一成不变的蓝图	达喀尔周边地区：自然灾害与风险空间分析；加尔各答：处于气候不断变化环境下的大城市	理解灾害与风险的多源性	考虑适合特定风险的各种选方案	查阅已有结构、措施及规划	洪水风险管理措施应因地制宜，充分考虑当地的习俗及具体情况	认识到相对的风险等级降低而不是绝对风险等级的降低
洪水管理需应对未来可能的变化和不确定性	英国泰晤土河口：弹性规划；越南胡志明市（HCMC）：洪水综合管理战略	考虑气候变化及城市化的影响，并关注其他不确定因素	进行敏感性分析，据此选择最稳健的方案	确定在哪些情况下，计划需要改变	修建防洪工程，系统以及制定方针时，应考虑最大的灵活性	以未来的条件鉴定措施的健全性并制定适应未来的变化
洪水风险管理应纳入城市规划及管理之中	菲律宾 Palo：将减轻灾害风险纳入大城市规划中	理解城市环境的多样性以及洪水风险管理的多样性	寻求与现有管理职责和其他发展目标协调的方法	广泛协商并寻求联合规划	协调，实施展示最大化的效率及效益	将商定的目标作为定期检测的一部分进行检测
应合理组合综合应用工程和非工程措施	印度尼西亚雅加达：洪水管理；萨摩亚：维希港流域费用效益分析	理解不同方案的优势与局限	考虑两类措施并将其有机组合	规划中应考虑所有的措施，尤其是资本投资已通过合理的体系所支持	首先实施最有效的措施，通常是先将非工程措施落实	对项目进行定期评价，但要指明最可能失效的环节
防洪工程可能将风险转移到上游或下游；洪水风险不可能完全消除	密西西比河：2011 年洪水——莫甘扎分洪道；Wroclaw：现代化分洪系统；菲律宾：2003—2011 年卡曼瓦防洪项目	考虑更广泛的流域范围，防洪其他区域是否会使其受灾更严重。超出历史记录的极端事件可能会发生	考虑风险转移最小的措施，设法处理分到其他地方的洪水选择合适的防护级别，并且对当超出防护级别时会造成更大危害的措施	广泛协商，在风险增加的区域建立补偿计划或减灾处理分行动。确定合适的防护级别，并且对超出防护级别时做好灾难准备	及时交流风险变化情况，采取措施以防止其他地区出现洪灾风险的风险。建立剩余风险预警评价系统	监测补偿措施的有效性以及风险的变化。与设计的保护标准相比较，而非零风险
许多洪水风险管理措施兼有其他效益	Mali，Bamako：固体垃圾处理西非西亚：吉隆坡智能隧道；纽约：绿色基础设施项目	理解洪水风险如何与自然灾害和城市发展相适应	确定有利于其他目标的减灾措施	广泛征求意见，参与联合规划及目标设定	在项目实施过程中应考虑所有利益相关者的共同筹资	以更广泛的目标来衡量，但必须确定对洪水风险的影响

续表

准　则	案例研究	理解重点	识　别	计　划	实　施	评　估
洪水管理费用应用评估应考虑社会及生态成本	加纳，Kumasi：贫穷与安全的困境——Aboabo流域城市防洪；印度：Surat脆弱性分析；尼泊尔：社区减灾措施成本效益分析	全面的脆弱性分析	考虑建议方案的所有影响，如通过环境和社会影响评价	使用MCA（微观结构）选择方案，并在规划过程中受影响的利益相关者协商沟通	持续跟进利益相关者工作，采取减灾措施，确保补偿措施到位	利用参与性方法跟踪并监测前期评价中确定的潜在影响
应明确实施洪水风险管理各部门的职责	柬埔寨：洪水准备及应急管理计划	确定受洪水风险直接及间接影响的社区，绘制周边组织、机构和管理机制关系图	确定在决策过程中有可能受政府机构或部门控制或影响的措施	吸收所有利益相关者参与决策，但需要明确参与角色与责任	将防洪系统的实施、运行与维护的职责现在立法中、重新定义各部门义务，如有必要成立新的部门	吸收所有利益相关者参与，包括难以接触到的群体以及参与规划的群体
实施洪水风险管理措施需各利益相关者密切配合	越南：耐水住宅建设；莫桑比克：洪水风险管理与儿童参与；成都：城市复兴；菲律宾马尼拉：利益相关者合作、完善洪水风险管理	参与式风险和脆弱性评价过程，辅之以最佳的科学预测方法	广泛地征求意见，利用当地社会关系接触弱势群体。对专家、同行知识以及当地企业和非政府组织的能力进行评估	在利益相关者之间建立协议，以促进相互支持合作	在实施的过程中尽可能吸收所有利益相关者参与，以建立良好的关系	在评估中，确保利益相关者的目标得到体现
加强宣传教育对于提高公众风险意识、增强防备洪水能力必不可少	阿富汗：通过广播剧提高灾害风险意识；马拉维：利益相关者合作洪水风险管理	以最简易、最广泛的方式与公众共享灾害和风险图	就不同项目的成本、效益及后果广泛征求意见，并对收集的意见做出反馈	详细的规划应该对利益相关者广泛协商共享	许多措施需要对预期的负面影响程度进行详细沟通。这类沟通应包括措施局限性和保持高度警惕的必要性	防洪设施的成功基于民众的双向沟通，在制定减灾计划与长远的FRM时尤其重要
制定计划并在灾后恢复过程中提高城市的抗灾能力	索马里：深受海啸危害的村庄Xaafuun	衡量剩余风险	应对剩余风险：应急通常包括：应急规划、预警系统、保险等	防洪设施需要对预未来的负面影响程度最小。制定应急程序设置在风险管理设施最低的地方	优先考虑关键设施与弱势群体；灾致力于提高社区的承灾能力	恢复重建时应尽可能应对未来风险提高灾区的能力

在洪水风险综合管理过程中，有三点需重点关注：第一，确保在各阶段开展有意义并有效的协商，这一点至关重要；第二，城市洪水风险综合管理是持续的过程，其效益取决于利益相关者洪水风险意识的提高以及改善城市洪水风险管理措施的实施；第三，措施不当，可能会增加洪水的风险，降低系统的抗灾能力。

7.4　进展评定

进展评定的概念有助于决策者评价洪水风险综合管理措施的进展程度。与 12 条准则和 5 大实施阶段一致，表 7.1 列出了洪水风险管理措施过程中的进展评定。从广义上讲，用户可以审视在某城市或国家进行的项目，并从表 7.1 中确定在目前阶段该项目实现了哪些准则，从而为更完整的综合方案奠定基础。表 7.1 中还列出了本书中提到的一些案例。

7.5　城市案例研究：洪水风险综合管理

7.5.1　阿根廷：城市防洪与排水项目

阿根廷的巴拉那河（Parana River）和拉普拉特河（La Plata River）毗邻安第斯（Andes）山脉。两河的冲积平原同时受安第斯山脉的山洪和河流上游洪水的威胁。而这样的洪水多发区却集中了阿根廷 80% 的人口和经济活动。这种极端的脆弱性，使得该国在 1983 年、1985 年、1992 年、1998 年的数次大洪水中，直接损失达 10 亿美元以上。而近年来的城市化发展导致的洪泛区无序开发、排水设施不完善、天然蓄水条件丧失、体制和政策框架薄弱等弊端进一步加剧了城市洪水风险的威胁。

自 20 世纪 90 年代初以来，该国政府即将降低洪水风险作为首要事务，并开展了一系列减轻洪水灾害的战略计划。这些战略计划是在与省级政府、布宜诺斯艾利斯（Buenos Aires）市政府以及地方当局的密切协调，并在世界银行和美洲发展银行等世界组织的参与下完成。战略的第一阶段为实施应急响应计划，包括修复受损基础设施、制定应急预案和强化各部门间的协调。第二阶段为防洪措施建设，包括工程与非工程措施，旨在保护生命和基础设施、减少经济损失。第三阶段侧重于提高排水能力、改进土地利用总体规划、水资源综合管理以及其他有关政策和制度，提高城市和部分农村地区的防洪减灾能力。

布宜诺斯艾利斯市的排水系统建于 20 世纪 30 年代，排水能力低于 10 年一遇的标准，目前城市不透水面积几乎达到 100%。而且，城市的人口密度很高，平均大约为每公顷 150 人，有些地区甚至达到每公顷 300 人。相比之下，固体垃圾收集系统能力远远不足。气候变异也是一个不利因素，城市处于南大西洋风暴频发地区，而来自海洋的风暴又时常与高潮遭遇。受城市化、下垫面不透水性增加、地下水位高、气候变化等综合因素影响，布宜诺斯艾利斯市长期被复杂的排水问题所困扰。

为解决这些问题，布宜诺斯艾利斯市政府申请国家政府财政援助，制定了全面的城市排水总体规划。规划在世界银行的资助下，由国际财团和当地咨询公司共同合作，于 2004 年完成。规划在全面了解该城市洪水问题的基础上，对一系列可行的洪水综合管理方案（包括工程和非工程措施）进行评估。此外，还对这些方案进行了社会经济分析与环境影响评价。2007 年，城市中受洪水影响最严重地区迈多那多河（Maldonado River）流域的洪水管理和投资项目以最高的优先等级获得批准。截至 2011 年底，项目中的大型地下隧道基本完成，二级排水管网正在建设，非工程措施也在实施过程中，项目还包括雨量站与水文站建设，先进排水模型运行，以及提高土地利用管理水平和固体垃圾收集能力的研究。后续方案将致力于实施其他城市地区的相关规划和巩固非工程措施。图 7.2（略）展示了布宜诺斯艾利斯市的排水规划。

以下重点介绍目前正在布宜诺斯艾利斯市和部分省份实施项目的前两个阶段。这两个阶段通过一系列措施建设，保护洪水多发区域的生命财产安全。这些措施包括：修建防洪工程、实施住宅建设计划以增加低收入群体的抗灾能力、开展国家和省级机构应对洪水的能力建设等。

7.5.1.1 第一阶段

该阶段的措施旨在通过提高排水系统的标准和实施风险管理计划，降低洪水对布宜诺斯艾利斯市生命财产的威胁。项目的重点是辨识洪水风险，并采取防灾减灾措施和宣传教育等手段减轻洪水风险。

项目旨在通过以下措施提高城市防御洪水的能力：①土地利用总体规划、建筑规范、施工条例、城市环境管理、编制洪水风险图、深入了解洪水风险信息、编制应急预案和开展脆弱性分析；②通过排水改善城市的防洪能力。项目包括以下 3 个主要组成部分。

1. 风险管理计划

为市政府提供资金，支持其开展一系列推进风险管理的方案，包括防灾、减灾和应急响应。此外，该部分通过强化现有行政机构的能力，确保措施完成后，顺利进行实施单位向行政机构的责任交接。

2. 关键防洪设施建设

工程措施部分的投资总额共 2.82 亿美元，包括修建两个长度分别为 9.9km 和 4.7km 的地下深隧（1.92 亿美元）和 46km 长的二级辅助连接管道（0.9 亿美元），以改善迈多那多河流域现行排水系统。这些隧道与现有地下排水系统结合，将有效地提高该流域排洪能力。地下主隧道预计于 2012 年中期完成。然而，很大一部分二级辅助管道将在后续阶段完成。

这部分的措施还包括：

（1）开展城市其他流域的洪水风险管理可行性研究，作为总体排水规划的辅助项目，支持未来排水设施决策。

（2）委托专门团队负责隧道施工监理，成立独立技术顾问小组审查项目的战略方法，并协助工程设计。

相对而言，非工程措施的实施相对滞后，但也有一些重要成果，如创办于 2009 年 10 月的"水力协商中心"是专门用于与公众交流、协商、咨询的机构。

3. 项目实施和审计

在城市管理之下，现有的项目实施管理单位将逐步移交工程与非工程措施的经营权，由经过培训，具备相应能力的永久性机构接手运营。

7.5.1.2 第二阶段

第二阶段有 6 个省参与，旨在通过相应的体制建设和洪水管理设施建设，提高国家风险管理能力。此阶段在各省的领导和跨省联邦水力委员会（COHIFE）的密切协助下，在联邦水协议的框架之内筹建。COHIFE 负责制定国家水资源管理原则，这些原则由省级政府采纳，作为协调行动的基础。在 COHIFE 框架内，选择最易受洪水威胁的省份。这一阶段侧重于：

（1）通过为省级机构提供减灾手段强化机构能力。

（2）在缺乏工程措施保护的脆弱地区加强备灾工作，包括为居住在洪水多发区的低收入家庭以及为工作之便而居住在那里的家庭提供安全度更高的住房。

（3）建设关键防洪工程，保护重要市区免受洪水影响。

阿根廷以前工作的经验教训：

（1）一些防洪设施建设资金可能来自于计划外的公共资金，而这类资金的不可预见性会影响施工进程。

（2）防洪工程很少考虑经常性费用，而且政府的财政支持中通常不包括工程维护费用。为解决这一问题，该市已将现有排水工程的长期维护工作委托给私人公司，并承诺将新建工程纳入延伸合同中。考虑到地下深隧管理上的技术特殊性，其维护合同单独签订。

（3）固体垃圾收集不当会降低排水系统的能力。然而，目前尚未找出有效解决方案。

（4）现有的跨行政管辖区的协调程序是在省级机构能力较弱的背景下达成共识的，应该及时更新，以提高其效率及效益。

7.5.1.3 政策方面的经验教训

（1）从流域角度考虑的策略有助于以整个流域为背景决定所需措施的优先等级。

（2）在城市层面上将工程与非工程措施相结合有助于增强城市应对洪水的能力。

（3）在防洪工程的设计和实施阶段对维护工作考虑不足。经验表明，将全面的维护策略纳入整体工程中将会提高工程的长期可持续性。

（4）冗长的采购程序和旷日持久的地方选举是造成工程进展缓慢的两个主要因素。在布宜诺斯艾利斯市，一旦主合同得以批准，工程一般可以按计划进行。

来源：世界银行，2005，2006；Halcrow，2011

布宜诺斯艾利斯主要排水规划：http://www.halcrow.com/Our-projects/Project-details/Buenos-Aires-drainage-masterplan/.

7.5.2 德国：科隆市的城市防洪

科隆市约有 100 万人口，是德国第四大城市。洪水在科隆司空见惯，早在 792 年就有洪水的记载。

科隆市政排水集团（StEB）是一家负责城市水资源管理的市政公司，其业务包括：污水处理、雨水排放、洪水控制和预防、地表水资源管理等。

在防洪方面，科隆市政排水集团为莱茵河两岸沿线 67km 的地区建设 100～200 年一遇防洪标准的工程设施。该集团不仅建设防洪工程措施，如蓄滞洪区，还提供洪水管理服务，如确保当地居民及时得到洪水风险管理活动的消息。以下介绍科隆洪水风险管理的具体情况。

7.5.2.1　工程措施与移动防洪设施

莱茵河沿岸 67km 范围内的防洪工程措施，可防御 100 年一遇洪水，对于特别重要的区域，防洪标准提高到 200 年一遇。此外，还建设了两个滞洪区削减洪峰。这些措施耗资 6 亿美元，可保护 15 万居民免受 100 年一遇洪水的影响，可见，这些措施的投资效益显著。

StEB 在工程措施的设计中充分考虑了与市容的整体协调性。该公司在排水泵站的设计中，采取建筑设计竞赛的方式，遴选最佳设计。而且科隆设计咨询委员会以及公民均积极参与其他防洪设施的设计。因此，工程为广大市民所接受。照片 7.1 展示了科隆泵站。

照片 7.1　科隆泵站
来源：Peter Jost, pj‐photography.de

科隆新型防洪系统的一个基本元素是"移动式防洪墙"（亦称为可装卸防护设施），必要时，移动防洪墙可在 10h 内沿该城 9.5km 长的河岸安置。该公司的 350 个员工、德国技术救援组织和承包商负责"移动防洪墙"的装载、运输和安装。如图 7.3 所示，移动式防洪墙可提高和增强原有防洪能力。

7.5.2.2　洪水风险管理与防洪

工程措施，包括排水系统、防洪墙、堤防与为淹没区住户建设的桥梁，都是城市防洪战略的重要组成部分，并辅之以其他改进防洪和洪水灾害管理的措施，包括交通管理、淹没区轮渡服务、部署排水泵等。

图 7.3　采用移动式防洪墙提高和增强原有防洪能力
来源：Heinz Brandenburg，StEB

为确保及时高效地完成洪水管理任务，该市还设立了防洪中心。当莱茵河水位到达科隆水尺 4.5m 时，防洪中心启动洪水管理行动——将洪水发展情况与相应对策及时通知居民和可能受洪水威胁的其他民众。此外，还建立了市民热线，直接解答市民的问题。

当河水位达到 7.5m 时，防洪中心，包括所有部门、服务单位和其他相关机构均将采取行动。该中心负责协调所有机构防洪行动。

稳定可靠的信息来源以及防洪措施的协同配合是防洪中心工作得以正常开展的根本保障。在 2009 年的防洪演习中首次测试的洪水信息与预警系统（FLIWAS），确保与洪水应急相关信息的可靠收集。该系统的基本功能为监控水位、通信、组织、实施和评估计划等，开展人员测试与培训。

洪水风险图的网络公开发布是提高公众风险意识的关键环节。人们可以通过查看风险图，判断其财产或住宅是否受洪水影响。洪水风险图标识有洪水水位和淹没范围，并对有无防洪设施两种情况进行比较。该市还制定了应急人员定期演练程序，以确保应急过程的顺利开展。此外，StEB 还就修建工程措施的问题在全市范围内广泛征求意见，并同时开展有关洪水风险知识的宣传教育活动，提高公众洪水风险意识。

7.5.2.3　政策的经验教训

（1）StEB 的各项方针、措施及行动均以整个城市的水循环过程为基础来考虑。

（2）设定长期总体战略目标，并充分考虑质量、整体经济可行性与生态的可持续性。

（3）应对洪水风险不仅注重工程措施，也充分考虑非工程的洪水管理与应对措施。

（4）1993 年和 1995 年发生的造成约 1.2 亿美元损失的灾难性洪水事件，使政策制定者认识到建设防洪措施的必要性。

（5）StEB 的优先任务是向社会公众提供与洪水相关的信息，如编制并发布洪水风险图。

为有效管理这些活动，StEB 对未来可能面临的洪水风险挑战（气候变化的可能影响、城市人口变化的后果等）进行了研究与分析。

来源：Brandenburg，2011；StEB，日期不详

7.5.3　莫桑比克：城市及城镇的洪水综合管理

莫桑比克位于非洲南部许多主要河流的交汇处，其中包括赞比西河（Zambezi River）

和林波波河（Limpopo River）。2000年、2001年、2007年和2008年该国遭遇了34次严重的热带风暴和4场大洪水的袭击。

莫桑比克的首都马普托聚集着全国45％的城市人口，其中36％的人口生活在贫困线以下。最新数据表明，农村人口向城市的迁移进一步增加城市的贫困程度和面对洪水的脆弱性。尽管该国的城市与农村大部分地区均处于洪水威胁之下，然而，在2000年的洪水中，70％的生命损失发生在马普托市附近的城市地区，主要集中在沿岩（Xai-Xai）和寇库（Chokwe）两个城市。

位于津巴布韦境内的卡厚拉巴萨（Cahora Bassa）水库和卡瑞巴（Kariba）水库是具有发电和调节径流的多功能水库，同时为非洲南部的几个国家提供服务。这两座水库建成后，大大降低该流域洪水泛滥的频率。虽然这两个水库的主要功能不是防洪，但其对径流的调控能力显著降低了洪水的频率与危害性。然而，若该区域出现大暴雨，往往会使水库上游河流水位升高，从而增大洪水风险。此外，许多位于或者临近印度洋沿岸的城市，包括马普托在内，还会受海平面上升的影响。

莫桑比克，特别是其首都马普托，为减轻洪水风险，采取了各种措施，其中以非工程措施为主。自2003年起，该国开始实施一项结合气候变化的减灾策略。

莫桑比克国家灾害管理研究院是负责防灾减灾、应急响应和灾后恢复的国家级机构。该研究院以"制定防灾减灾中、长期规划"为指导，致力于减少风险脆弱性，强化洪水多发区居民的备灾能力。研究院通过学校和地方政府在当地社区开展提高应对洪水能力的风险意识教育与培训。此外还通过地方灾害管理委员会组织了一系列培训、模拟演习，对采取的措施进行现场测试。

为更好地应对洪水，该国的国家水利指导中心、国家气象研究所和国家灾害管理研究院共同开发建设了洪水早期预警系统，其功能包括：洪水预报、测量和监控洪水进展情况、洪水预警等。

2003年，联合国人居署基于"与洪水共存"的理念制作出一本手册，以简单实用的方法介绍有关水的问题，例如，展示用于建筑物的简单适应措施，并发明出一种纸牌游戏，如图7.4所示。这些建议均源于实际情况，很容易被当地社区认同、接受。

其他措施包括修建耐水建筑物。例如，埃航构马（Ihangoma）村坐落在赞比西河与希雷河的汇合处，是洪水频发地区。该村新建几座耐水型建筑物，这些建筑物在洪水期间可用做临时避难场所，而在平时则用做学校或者其他社区服务设施。

在2000年和2001年的洪水中还发现，一些受洪水影响的地区虽然已经制定土地利用规划，如采取措施缓解水土流失和山体滑坡，但是这些措施并没有被严格执行。此外，土地与住房所有权不能得到保障是洪水影响加剧的另一个原因。德国国际合作公司的报告指出，尽管政府努力让居民搬出低洼住宅区，迁移到安全的地方，但是居民们往往不配合。针对这种情况，联合国环境计署、人居署和莫桑比克政府合作设立了旨在提高受灾地区土地使用权安全保障的项目。具体措施如下：

（1）为办理土地登记的机构提供必要的设备。

（2）为编制城市洪水影响住宅区地图的相关部门提供技术支持。

（3）审查土地所有权制度的法律框架。

图 7.4　"与洪水共存"手册实例——雨水收集、理想房屋、高台厕所和临时避难台与物品暂存高台
来源：UN‒HABITAT

该国的城市排水工程也已经开展，例如，在马普托地区和玛法拉拉（Mafalala）区与扎曹城区（Urbanizacao）交界处修建城市排水渠道。照片 7.2 展示马普托的排水系统。

照片 7.2　马普托的排水系统（运行良好的排水系统可以防止大暴雨时洪水泛滥）
来源：Sustainable sanitation Ase Johannessen

尽管提高了排水系统的能力，但在 2010 年，由于固体垃圾堵塞排水通道，仍引发城市内涝，只得采取紧急措施进行清淤。虽然，该城市此前已经实施改进城市固体垃圾管理系统的计划，并通过征收"垃圾税"筹资，但是垃圾堵塞排水通道的事件仍然发生。

政策的经验教训：

（1）2000 年莫桑比克洪水后，世界银行强调，咨询与协商改善了措施的性质，但是公众参与后应该产生的权力下放并未得到实施。

（2）为了增强居民应对洪水的能力，当地社区引入意识提高工具，这些工具源自实际洪水情况，易获得居民的认同。

（3）建造耐水建筑物，在洪水时用做临时避难场所，在平时用做社区服务设施，这一做法是应对洪水风险的一种创新，也具有较高的性价比。

（4）洪水可能会暴露出早期土地管理不当的问题。

来源：ALNAP 和 Provention，2008；ADPC，2006；UN－HABITAT，2007；OCHA，2001；Hellmuth 等，2007；Kruks－Wisner，2006；Magaia，2011；UNDP 和 ECHO，2010；UN－HABITAT，日期不详

7.5.4　印度尼西亚：雅加达的洪水管理

雅加达约有 2800 万人口，是印度尼西亚的政治、经济中心，其 GDP 占印度尼西亚非石油 GDP 的 1/4。雅加达都市区呈扇状分布在平坦的低洼区域，由 13 条源于南部山脉的河流冲积形成。城市大约 40% 的地区低于海平面 1～1.5m。每年雨季，城市的大部分地区遭受水灾。

2002 年 2 月和 2007 年 2 月的洪水灾情尤为严重。2007 年 2 月的洪水，造成雅加达 36% 的区域淹没，洪水达 7m 之深，造成超过 70 人死亡，34 万人流离失所。2007 年 11 月，涨潮引发"小海啸"，突如其来的潮水淹没该城北部低洼地区数百座房屋。2008 年的洪水造成 30 人死亡，雅加达国际机场关闭 3 天之久。洪水严重影响城市的正常运行：据印度尼西亚国家发展规划机构估计，2007 年洪水的经济损失高达 9 亿美元，显然，总的社会经济损失明显更高，包括生命损失、医疗成本、劳动力损失和学校教育损失等。

在过去的几年，该国加大防洪减灾投入，在低洼地区修建渠道和圩田系统（临时蓄滞洪区），导洪水入海。由于未来气候不可预测的变化，预计海平面上升、地面沉降和风暴潮等会导致更大的危害。

7.5.4.1　防洪措施的历史

早期修建的防洪设施使城市主要地区达到 100 年一遇防洪标准。该设施包括西线和东线两条分洪道（将所有河流的上游来水在城市低洼区之外拦截，并直接输送入海）和防御海浪侵袭的海堤。西线分洪道在原分洪道（修建于 1924 年）基础上进一步延伸，除原先拦截的赤丽湾（Ciliwung）河、赤登（Cideng）河和克鲁克特（Krukut）河的洪水外，还将葛洛格尔（Grogol）河、斯克泰斯（Sekretaris）河和安可（Angke）河的洪水一并分泄入海。该分洪道于 1992 年竣工，耗资 1 亿美元，主要由日本 ODA 资助。

雅加达西部防洪工程系统的目标为：

（1）修建萨瑞那/萨马瑞（Sarinah/Thamrin）排水泵站和西线分洪道，更好地控制雅加达西部地区洪水。

（2）修建澄咔仁（Cengkareng）分洪道（非日本 ODA 资助项目）。

（3）整修美拉提（Melati）调节水库，治理赤登萨马瑞（Cideng Thamrin）和克鲁克特（Krukut）河道。

（4）改造普鲁依特（Pluit）调节水库的泄水建筑物。

此外，在萨瑞那/萨马瑞泵站建设的同时，还实施了堤岸改造工程，提高当地排水系统的排水能力。

东线分洪道用以拦截所有其他河流的洪水，如赤平南（Cipinang）河、山特尔（Sunter）河、包瑞安（Buaran）河、加缇库马（Jatikramat）河和坎康（Cakung）河，将其排入扎瓦海（Java Ocean）。该工程于 1973 年初步设计，2002 年开工建设。

东线分洪道工程的目标为：

（1）从雅加达东部的赤平南至北部的马润达（Marunda）之间开挖、修建一条 23.57km 长的人工河道，将来自上游的洪水直接引进扎瓦海。

（2）河道平均宽度 100~300m，深度 3.7m。

（3）泄流量为 390m³/s。

该项目由雅加达市政府与中央政府联合支持。由于土地收购程序过于复杂，导致该工程进展缓慢。2009 年 12 月 31 日，该工程最终全线贯通。但是，有几处施工仍未全部完成。2010 年洪水过后，政府计划将赤丽湾河连接到赤平南河（现被东线分洪道所拦截），从而将东线与西线分洪道连为一体。

这两条分洪道的设计流量为 100 年一遇的洪峰流量，即西线分洪道的泄洪能力为 290~525m³/s，东线分洪道为 101~340m³/s。位于两条分洪道下游的地区大约为 240km²，分成 6 个排水区。大部分土地（约 150km²）的高程低于 2m，视做圩区，其余视为重力排水区，圩区的水由水库和泵站排出。以前的旧河道是该地区的主要排水系统，其设计标准为 25 年一遇。

7.5.4.2　措施评估

两条分洪道是雅加达防洪的有效手段。据记载，在西线分洪道建成之前，该城市在 10 年间曾发生 6 次大洪水。在工程 1992 年建成后的 10 年内仅发生 2 次大洪水（1996 年 1 月和 2 月）。在此期间，雅加达地区的天气模式没有特别变化，而且该区上游仍然不时有一天降雨量超过 100mm 的大暴雨出现。此外，该区域上游没有建设其他防洪工程。显然，西线分洪道工程为城市防洪发挥了巨大作用。

但是，尽管这些工程措施已经实施，由于其他因素的存在，雅加达地区洪水风险依然严峻。

1. 人口压力

自 1980 年以来，雅加达人口由 1190 万增长到 2800 万。每年，大约有 25 万人迁移到城市。迫于人口压力，该城市半数小型湖泊被填埋开发为住宅或商业区，导致蓄洪能力和削减洪峰的能力严重下降。由于对空间规划和建筑法规执法不严以及不合理的地下水开采，雅加达的防洪系统也受到严重影响。

2. 防洪系统操作不当与维护不足

公共工程部（MoPW）和雅加达市政府（DKI）负责维护防洪设施。但是由于缺少资金，防洪系统维护工作落实不到位，导致大量泥沙淤积在分洪道与排水道内，将防洪标准由 25 年一遇降低到 5 年一遇。

3. 固体垃圾收集服务缺乏

人口的迅速增长导致固体垃圾增加。雅加达市政府只能收集不足 40% 的固体垃圾，大约 15% 的固体垃圾（每天 1000t）倾倒在河渠里，严重影响了河渠水质，并造成水生疾病的发生。

4. 洪水管理部门之间缺乏协调

公共工程部和雅加达市政府负责管理防洪系统。公共工程部负责跨省分洪道与省界内的排水渠和蓄水池管理。然而，由于公共工程部没有足够的财政资源维持这些设施的正常运行，因此，雅加达市政府也需投入资金维护分洪道。在空间规划方面，雅加达政府机构之间也缺乏必要的协调。当洪水发生时，水资源规划与市政府内部协调便成为需要慎重考虑的关键问题。

5. 地面沉降

最新证据表明，雅加达某些区域的地面正在迅速沉降，预计未来的最小沉降速度可达每年 5～10cm。这使沿海地区面临着更大的淹没风险。修建新的防浪高墙、加高已有防浪墙已势在必行。地面沉降还使跨河渠结构（如桥梁）降低，而阻碍水的流动。雅加达市政府进行的最新研究显示，地面沉降主要由于开采深层地下水造成。此外，建筑物和施工活动的荷载也是造成地面沉降的原因之一。

7.5.4.3 雅加达洪水综合管理

进一步的防洪减灾项目计划涉及各种工程与非工程措施。有些是紧急项目，有些则是长期项目，目前正在进行广泛的风险评估和方案评价。例如，通向机场的收费高速公路正在加快施工速度，使其早日投入使用，并计划利用高速公路的预期收费支持防洪工程的建设。图 7.5 展示了雅加达洪水风险管理现有的和未来的项目计划。

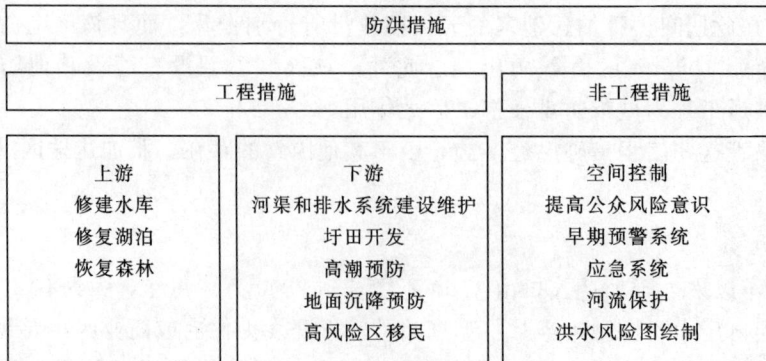

防洪措施		

工程措施		非工程措施

上游 修建水库 修复湖泊 恢复森林	下游 河渠和排水系统建设维护 圩田开发 高潮预防 地面沉降预防 高风险区移民	空间控制 提高公众风险意识 早期预警系统 应急系统 河流保护 洪水风险图绘制

图 7.5　雅加达防洪措施的组成部分

主要战略计划包括：雅加达紧急防洪减灾工程/雅加达应急河道疏浚项目（JUFMP/JEDI 工程），雅加达海岸防洪战略和雅加达洪水管理综合计划。这些计划分别应对发生在城市、城市上游和城市沿海的洪水。其他更多的地方措施与这些战略计划相结合，解决地方的一些诸如垃圾管理与生态等问题。

1. 雅加达紧急防洪项目（JUFMP/JEDI 项目）

项目包括改善雅加达洪水管理系统中关键设施的运行与维护、信息管理系统与早期预警系统升级、探索安全处理河道疏浚材料的方案（包括材料筛选、送往复垦地处理和送往危险垃圾填埋场处理）等。该项目在世界银行的资助下由中央政府（公共工程部）和雅加达市政府共同实施。由于移民、补偿措施协商和谈判的公开透明性要求等挑战，该项目被推迟实施，预计可能在 2012 年动工。照片 7.3 展示了雅加达市的垃圾处理。

照片 7.3　雅加达市的垃圾处理
来源：JUFMP/JEDI；WB/Asnaap

2. 雅加达沿海防洪策略

项目为一项长期措施，旨在建立洪水风险管理策略，使雅加达免受海平面上升与土地沉降的影响。短期海岸防护措施也在项目中进行了重新评估，包括新建并加高沿海堤防、重新设计沿海泵站和闸门等。与此同时，结合长期气候变化预测和继续开采地下水的影响分析，勾画出未来洪水风险情景。据此确定在多种气候变化和地面沉降条件下仍可发挥防洪减灾作用的方案，由于涉及近海防护措施、限制地下水开采、新修大型滞洪区等措施，所有方案均需要大量的准备和前期工作。因此，该项目旨在根据实测的海平面上升和地面沉降情况，为启动未来应对策略的转变提供明确的方向。

3. 雅加达洪水综合管理（JCFM）：雅加达洪水综合管理能力建设项目

雅加达洪水综合管理由日本国际协力机构（JICA）资助，包括推行排水量零增长政策，即新的开发建设不得增加外排径流量（关于土地规划的国家条例 26）。这只能通过制定上下游协调合作的综合规划实现，其中包括土地区划、建设地下水回补设施、规范上游地区的排水用水以解决下游的水问题等措施。项目将以流域现状为基准，构建全流域数值模型，模拟地面径流，建立可持续的径流分配制度。

保险计划：印度尼西亚有洪水保险。但是，在大洪水发生后，保险不是很难购买，就是费用高昂。小额保险计划旨在为雅加达的穷人提供洪水损失补偿。但由于成本太高，这项新型产品未能延续下来。目前，在雅加达因地制宜地进行风险融资可能是正确的选择。

社区洪水风险管理措施包括：

（1）排水沟渠的清洁服务和固体垃圾管理试点项目。

（2）防洪培训。

（3）社区实用手册。

防御和管理未来洪水的能力建设包括：在 Bantar Gerbang 和 Ciangir Tangerrang 两地提供综合垃圾管理设施，处理雅加达大量的固体垃圾。

4. 制定垃圾管理和回收系统建设计划

Kebon Baru 的社区洪水早期预警系统建设。该项目将提高地方对雅加达洪水早期预警的行动能力，包括当地管理员利用手提洪水预警设施进行灾情警报。

雅加达洪水信息移动终端建设。该项目是一个创新型的试点项目，将基于气象的洪水预报通过社会媒体（如 Facebook Twitter）与当地的现有技术相结合，为雅加达居民与管理者提供洪水（将发洪水和已发洪水）动态的移动信息服务。

5. 红树木种植恢复项目

地下水开采控制。由于限制所有地下水开采会中断城市大部分人口的水源供给，因此，该项目属于循序渐进型项目。已开始对酒店和企业按自来水价格征收地下水开采费。

7.5.4.4 政策经验教训

（1）原有工程措施减轻了洪水风险，但剩余风险依然较高。

（2）有必要采取非工程与工程措施相结合的方法。

（3）较之未来的海平面上升，雅加达的城市化和土地沉降问题更为严峻。

（4）由于相关研究和项目建设涉及 30 多个组织和机构，真正的综合管理的实施仍面临挑战。

（5）经验表明，将社区防洪措施直接复制到城市规模并非易事，但地方最佳实践经验可以在城市范围内推广。

（6）经验表明，类似雅加达这样的大城市，涉及全市的大规模防洪工程措施建设需要长时间的前期筹备。前瞻性规划应具有弹性，并辅之以情景测试（如 JCDS 的做法）。

（7）另一方面，为应对大流域可能的强降雨、海岸线沉降和海平面上升问题，采用结合上、中、下游蓄滞洪区建设的更全面的综合管理措施将更加高效。

来源：Mercycorps，2011；Handhayani，2009；Fook Chuang Eng，2011；Brink-
mann，2011；Nasir，H.，2008；Rukmana，2010.；Haryanto，U.，2009；Jakarta Post，
2003. Japan International Cooperation Agency（JICA）；World Bank，2008；Tucci，
2009；WHO，2007；BAPPENAS

7.6　结束语

本书讨论了面对巨大且日益增长的城市洪水风险，开展洪水风险综合管理，采取防灾
减灾和恢复措施所面临的各种挑战。对于数量巨大且不断增长的世界人口而言，与洪水风
险共存是不得不面对的严峻现实，但这并不是人类日常面对的唯一的、最迫切的挑战。为
满足大量的、更直接的需求，洪水风险管理优先度会因各种原因而被忽视。经济、实用和
心理（包括洪水将不再发生的普遍思维）等因素，都会导致这一现象的发生。

本书倡导洪水风险综合管理方法，对于一个成功的系统而言，洪水风险意识、认知和
良好实践至关重要。从安于现状向综合理念的转变，通常涉及痛苦的过程，需要转变思维
方式，激励多方利益相关者参与，权衡利益相关者之间相互竞争需求和利益。在城市管
理、城市规划和适应气候变化行动中统筹兼顾洪水风险管理，其效益显而易见，但是，当
这种统筹实现之后，有可能因很长时间不发生洪水，而面临传统思维的质疑。

因此，需要在城市、区域、国家和国际层面上支持洪水风险管理，使其在重大发展的
决策过程中被纳入议题，适当考虑。通常得到强有力支持、高度关注的事务往往会得到成
功的处置（Bulkeley 等，日期不详）。而诸如洪水这种频率低、影响严重的风险事件，其
应对更需要得到广泛持久的支持。开展洪水风险管理工作评价十分重要，如果将洪水管理
融入国家的灾害、紧急、抗灾和适应能力等规划之中，则可利用其定期规范的监督机制对
洪水风险管理开展评价，并据此进行持续改进。

必须认识到，尽管反复开展提高风险意识的活动，但洪水预警和常规通告并非总能导
致应急行动。处于风险区的机构与民众都会产生惯性，而且因不确定性而进一步增加的决
策偏差使情况变得更加糟糕。最成功的长期洪水风险管理策略应是在综合考虑工程及非工
程措施之后，由建设期短、见效快的非工程措施与适应性及效果最佳的长期工程措施组成
的综合平衡的策略。全面了解资源需求、最好与最坏情景和采取行动契机，而非生硬调
节，可产生更好的决策。此外，排除那些根本不可行的措施，有助于制定解决日常实际问
题的方案。

正如本书案例和理论研究所揭示和证明的，通常在大洪水发生后的较短时间内，人们
会重视减轻洪水风险的行动，并大幅增加相关投资。然而，仍可把握其他机会，如利用城
市复兴计划、重大建设项目、应对气候变化项目等机遇，争取大量资金，主动采取行动减
轻洪水风险，减少洪水发生后"亡羊补牢"的被动行为。有时，政府换届及国际协议变更
或是其他地方发生重大灾害也会引发减灾行动。国际联盟，如城市联合会，甚至国际商务
投资等也可能创造投资意愿和资金流入。

无论机遇之窗如何开启，群情激昂、意识高涨期通常短暂，留给制定规划、改变现状

的时间十分有限。与之相反，评价方案、协商咨询和利益相关者参与等却是相对漫长的过程。因此，有必要提前将洪水风险综合管理实施前的有关工作准备就绪，一旦机遇来临，环境条件具备，则可把握时机，成就事业。

7.7　参考文献

ALNAP and Provention. 2008. "Learning from previous relief and recovery operations."

ADPC（Asian Disaster Preparedness Center）. 2006. "Integrated Flood Risk Management in Asia." ADPC.

Brandenburg，H. 2011. Cologne Flood Prevention. Presentation in the BBL on the River Flood Protection Experience from the City of Cologne. Washington DC. USA. 19 July 2011.

Brinkmann，J. J. 2011 " Towards a public - private partnership for the coastal development and protection of Jakarta" Urban resilience workshop May 26，2011，Jakarta.

Bulkeley，H.，Schroeder，H.，Janda，K.，Zhao，J.，Armstrong，A.，Chu，S. Y and Ghosh，S. 2009. Cities and Climate Change：the role of institutions，governance and urban planning. Report prepared for the World Bank Urban Symposium on Climate Change. University of Durham and Oxford.

Fook Chuang Eng 2011 "Jakarta Urgent Flood Mitigation Project" (JUFMP). Urban resilience workshop May 26，2011 Jakarta.

Halcrow. 2011. Buenos Aires drainage master plan. Available online：http：//www. halcrow. com/Our - projects/Project - details/Buenos - Aires - drainage - masterplan/.

Handhayani，S.，2009 "Ciliwung - Jakarta：Delta Dialogue From Fighting Floods to Living in Harmony with Water" Aquaterra Second Forum on Delta & Coastal Development Amsterdam，10 - 12 February 2009.

Haryanto，U. 2009. "East Flood Canal Finally Reaches Jakarta Bay." The Jakarta Post.

Hellmuth，M. E.，Moorhead，A. and Williams，J. 2007. Climate risk management in Africa：Learning from practice. The International Research Institute for Climate and Society (IRI).

Jakarta Post，the. 2003. "Special team proposed for East Flood Canal project." Jakarta Post.

Kruks - Wisner，G. 2006. "After the Flood：Crisis，Voice and Innovation in Maputo's Solid Waste Management Sector." Massachusetts Institute of Technology (MIT).

Magaia，S. 2011. Didactic Tools：A Fundamental Part of the Strategy for Vulnerability Reduction in Mozambique. Presentation in the Preparation of a Global Handbook for Urban Flood Risk Management Workshop，Accra，Ghana 17 - 18 May 2011.

Mercycorps (2011) presentation Jakarta workshop.

Nasir，H. 2008.，"Flood since Batavia until Jakarta (1614 - 2008) problems and solutions. Available from http：//www. eu - changde. com/english/download. asp.

OCHA. 2001. "Mozambique Floods 2001 - Lessons Learned" Workshop 26 - 27 July 2001 Beira. Summary Report produced by the Office of the United Nations Resident Coordinator Maputo.

Rukmana，D.，2010. "Jakarta Annual Flooding in February 2010." Indonesia's Urban Studies.

StEB. Nd. Your professional partner for wastewater，water management and flood protection. The Stadtentwässerungsbetriebe Köln，AöR，(StEB).

Tucci C. 2009 "LAC Water Bean Retreat." PowerPoint Presentation February 12，2009 ，World Bank.

UNDP and ECHO. 2010. Community - Based Best Practices for Disaster Risk Reduction. Prepared under the United Nations Development Programme (UNDP) and the European Commission Humanitarian Office (ECHO) through the Disaster Preparedness Programme (DipECHO).

UN – HABITAT. n. d. "Scoping Report: Addressing Land Issues after Natural Disasters." Available from http: //www. gltn. net/images/stories/downloads/utf – 8nat _ disaster _ scoping _ paper _ jan _ 08. pdf. >.

UN – HABITAT. 2007. Enhancing urban safety and security: global report on human settlement, London, Earthscan.

World Bank 2008. "Project Information Document (PID). Concept Stage. " WB Report No. : AB4043.

World Bank. 2007. "Flood Management in Jakarta: Causes and Mitigation" February 2007. World Bank.

World Bank 2005 Argentina Urban Flood Prevention and Drainage Project Project Information Report, Appraisal Stage No. : AB1399.

World Bank. 2006. Argentina – Urban Flood Prevention and Drainage Project. Project Appraisal Document. Report Number: 34001.

WHO (World Health Organization). 2007. "Emergency Situation Report No. 6. " 19 February 2007.

缩略语

ACCCRN　亚洲城市气候变化应对网络

ADPC　亚洲备灾中心

ADRC　亚洲减灾中心

AEP　年超越概率

AfDB　非洲开发银行

AIP　年度投资计划

ALARP　合理抑低

ALERT　实时自动局部评估

ALPHALOG　促进就业和建房协会

AR4　IPCC第四次评估报告

ASP　阿伦杜尔排水工程

BAPPENAS　印度尼西亚国家发展计划局

BCPR　危机预防与恢复局

BCR　益本比

BDCCs　巴拉盖灾难协调委员会

BGCP　政府和商业连续性计划

BMP　最佳管理措施

BMTPC　建筑材料和技术促进委员会

BOM　气象局（澳大利亚）

BOQ　工程量表（合约条款）

BOT　建设—运营—移交（合约条款）

CBA　成本收益分析

CBDRM　社区灾害风险管理

CBO　社区组织

CDERA　加勒比紧急救灾机构

CFMC　社区洪水管理委员会

CIDA　加拿大国际发展署

CPNI　国家基础设施保护中心

CRED　灾害流行病学研究中心

CWC　中央水务委员会（印度）

DaLa　灾害损失评估方法

DFID　国际发展部（英国）

DGPC　阿尔及利亚民事保护局

DGPS　差分全球定位系统

DipECHO　欧洲人道主义委员会备灾计划部

DRF　数据请求文件

DSC　数据存储中心

DSM　数字地表模型

DSS　决策支持系统

DST　决策支持工具

DTM　数字地形模型

DWF　法国发展研讨会

ECHO　欧洲共同体人道主义救援办公室

EFFS　欧洲洪水预报系统

EM-DAT　紧急事件数据库

EPM　环境规划与管理

EROS　地球资源观测系统

ESA　欧洲宇航局

EWS　早期预警系统

FAO　联合国粮食及农业组织

FEMA（US）　联邦应急管理署

FEWS　洪水早期预警系统

FMU　洪水管理单元

FRM　洪水风险管理

GCM　全球气候模型

GDIN　全球灾害信息网络

GDP　国内生产总值

GDPFS　全球数据处理和预测系统

GFDRR　全球减灾与重建基金

GHGs　温室气体

GIS　地理信息系统

GIZ　德国国际合作机构

GLOF　冰湖溃决洪水

GNP　国民生产总值

GOY　也门政府

GPS　全球定位系统

GUI　图形用户界面

GWP　世界生产总值

HEC-RAS　水文工程中心河流分析系统

HEPS　水文组合预报系统

ICHARM　国际水灾害风险管理中心

IFMS　洪水综合管理策略

IFRC　红十字会与红新月会国际联合会

IIRS　印度遥感研究所

ILWIS　陆地水体信息集成系统

INGC　国家灾害管理研究所（莫桑比克）

IOC　印度洋委员会

IP‑CCTV　互联网协议闭路电视

IPCC　联合国政府间气候变化专门委员会

IRIN　综合区域信息网

IUCN　国际自然保护联盟

IWPDC　国际水电与水坝建设

KBMS　知识管理系统

KDRRI　kailali 减灾措施

LGU　地方政府机构

LID　低影响开发

LIDAR　激光雷达

MBES　多波速测量

MBMS　模型管理系统

MCA　多准则分析

MDGs　千年发展目标

MFI　基于市场的金融机构

MMDA　马尼拉都市发展局

MRC　湄公河委员会

NADI　菲律宾全球减灾与重建基金资助的 IFM 项目

NASA　美国宇航局

Nat‑CatSERVICE　慕尼黑自然灾害损失和相关服务数据库

NATMO　国家制图局和专题制图组织

NFIP　国家洪水保险计划（美国）

NFIs　非食品类

NGO　非政府组织

NHWC（US）　全国水文预警委员会

NMHS　国家气象和水文服务局

NOAA（US）　国家海洋和大气管理局

NSIDC（US）　国家冰雪数据中心局

NWS（US）　国家气象服务局

O and M　使用和维护

OECD　经济合作与发展组织

Ofwat　英格兰、威尔士供水和污水处理服务官方调节机构

ORT/ORS　口服补液疗法/口服补液盐

PDNA 灾后需求评估

Periperi 增强风险区民众应变能力合作组织（南非）

PLA 参与式学习与行动

PPP 公共部门与私人企业合作模式

PRA 参与式农村评估

PREDES 拉丁美洲社会防灾研究网络

PROMISE 亚洲中等城市水文气象防灾减灾计划

PROSAM 巴西卫生计划

PTSD 创伤应激障碍

PWRI 土木工程研究所（日本）

RCM 区域气候模式

RTK‐GPS 实时动态 GPS

SAR 合成孔径雷达

SFM 河流模型（南非）

SHOALS 激光雷达水下地形测量

SMART 防洪—交通双用途隧道

SRES IPCC 废气排放情景特别报告

StEB 科隆市政排水运行集团

SUDS 可持续城市排水系统

SWAN 模拟近岸波

TE2100 2100 泰晤士河河口计划（英国）

TFP 全要素生产率

TRCA 加拿大洪水预报系统

UN‐ECLAC 联合国拉丁美洲和加勒比海地区经济委员会

UN‐HABITAT 联合国人居署

UNCHS 联合国人居组织

UNDHA 联合国人道主义事务部

UNEP 联合国环境规划署

UNEP/SEI 联合国环境规划署/斯德哥尔摩环境研究所

UNFCCC 联合国气候变化框架公约

UNOCHA 联合国人道主义事务协调办公室

UNOSAT 联合国训练研究所下属的卫星应用服务项目

UNISDR 联合国国际减灾战略

USACE 美国陆军工程师兵团

USGS 美国地质调查局

USVI 美属维尔京群岛

VSL 统计寿命的价值

WASH 供水、环境卫生和卫生宣传

WDR　世界发展报告
WGCCD　气候变化和发展工作组
WHO　世界卫生组织
WMO　世界气象组织
WRC　水资源委员会（加纳）